MBA、MPAcc、MEM、MPA、MTA、EMBA 等管理类综合能力

数学新教材

管理类专业学位大纲配套教材研发中心 主编

MBA
MEM
MPAcc

管理类综合能力 科目代码：199
考纲配套教材
精编版

中国教育出版传媒集团
高等教育出版社·北京

图书在版编目(CIP)数据

MBA、MPAcc、MEM、MPA、MTA、EMBA等管理类综合能力数学新教材 / 管理类专业学位大纲配套教材研发中心主编. --北京:高等教育出版社,2022.12(2024.10重印)
ISBN 978-7-04-059498-0

Ⅰ. ①M… Ⅱ. ①管… Ⅲ. ①高等数学-研究生-入学考试-自学参考资料 Ⅳ. ①O13

中国版本图书馆CIP数据核字(2022)第193501号

MBA、MPAcc、MEM、MPA、MTA、EMBA等管理类综合能力数学新教材
MBA、MPAcc、MEM、MPA、MTA、EMBA DENG GUANLILEI ZONGHE NENGLI SHUXUE XIN JIAOCAI

策划编辑 李晓翠　责任编辑 邓玥　封面设计 贺雅馨　版式设计 童丹
责任校对 刘娟娟　责任印制 刘弘远

出版发行 高等教育出版社
社　　址 北京市西城区德外大街4号
邮政编码 100120
印　　刷 北京七色印务有限公司
开　　本 787mm×1092mm 1/16
印　　张 22
字　　数 510千字
购书热线 010-58581118
咨询电话 400-810-0598

网　　址 http://www.hep.edu.cn
　　　　 http://www.hep.com.cn
网上订购 http://www.hepmall.com.cn
　　　　 http://www.hepmall.com
　　　　 http://www.hepmall.cn

版　　次 2022年12月第1版
印　　次 2024年10月第12次印刷
定　　价 65.00元

物 料 号 59498-B0

前　言

本书根据《全国硕士研究生招生考试管理类综合能力考试大纲》数学基础部分的考试要求编写，旨在帮助考生熟练掌握考试内容，有效提升解题能力，构建科学、系统、高效的备考体系，在短时间内提高数学成绩.

本书由方向篇、基础篇、高分篇和真题实战篇四大模块组成.

第一模块是方向篇，涉及大纲解读与分析. 这一模块给出了重点与考点，考生可以提纲挈领地熟悉考试的模式化内容，系统地把握常考的重点、难点，同时了解自己需要加强学习的短板.

第二模块是基础篇，共四部分，细分为十一章. 这一模块涉及考试大纲规定的基本考试内容和题型. 掌握了基础篇的内容和练习题，考生就可轻松取得数学总分的70%. 基础篇属于“画龙”，特别强调夯实“三基”，即基础知识的理解、基本技能的提高和基本方法的运用. 本模块对所有考点涉及的概念和原理进行了全面系统的讲解，尤其重视对基本概念、基本理论和基本方法的解读，并通过典型例题对考试热点进行展开和补充，力求让考生详尽、透彻地掌握相关知识.

第三模块是高分篇，共四章，每一章都分为三小节：技巧点拨、高频考点及丢分陷阱. 在这一模块，通过讲解核心题型，引领考生掌握考试的重点、难点，进而点拨解题技巧，揭示命题陷阱，帮助考生做到能解题、会解题、巧解题和快解题. 学习了这一模块的内容，可以帮助考生明显提高成绩的档次以及做题的速度，在考场上最大限度地争取做题时间.

第四模块是真题实战篇. 为了使广大考生能尽快了解综合能力数学部分的主要内容及考试重点，合理地确定自己的复习方案，本书将近两年全国硕士研究生招生考试管理类综合能力数学真题及答案编入这一模块中.

解题速度是管理类综合能力考试取得高分的重要因素. 因此，我们在编写本书的过程中，也特别注重解题思维和解题规律的总结，这需要考生认真体会，勤加练习，就可以逐渐“悟道”了. 考试中的数学题都是选择题，只看结果，不看过程. 选择题往往有多种方法求解，能用什么方法以最快的速度找对答案是极为重要的. 考场上平均每题的作答时间为1.5～2分钟，这样才有充足的时间去完成2篇作文. 因此，复习备考的过程中，大家不能满足于所有的题自己都会做，对于书中的例题和习题，应该多引申、多思考、多分析，这比盲目地刷题效果要好得多. 当然，只是通过技巧不可能解出所有题目. 快速准确地解题是一个综合的过程，大家平时学习要多动笔，积极训练自己提取信息和准确计算的速度.

本书在编写过程中始终得到都学课堂各位领导的关心，感谢学术团队的各位老师的辛劳付出，他们在放假期间仍笔耕不辍. 在编写本书时，作者参考了许多教材和有关著作，引用了其中的一些例子，恕不一一指出，在此一并向有关作者致谢. 由于作者水平有限，书中疏漏之处在所难免，恳请同行专家和读者批评指正，我们也会在今后努力做得更好.

最后，祝考生取得佳绩、金榜题名！

管理类专业学位大纲配套教材研发中心

如何使用本教材获得数学高分

考生拿到本书时，需要认真阅读这部分内容. 它涉及如何高效地利用本书来获得一个满意的分数.

一、基础篇

1. 内容要点

这一篇包含了考试大纲规定的基本考试内容，帮助考生在短时间内快速拾起遗忘的考点，回忆起曾经学过的解题思路. 其中引入的例题，很多都是经典题目、常考题型，并且几乎每道例题都给出了“解题信号”，也就是看到题眼应该想到的思路. 考生一定要仔细阅读“解题信号”，它是一种启发. 学会了看题眼，将来做题就会事半功倍. 通过这一篇的认真学习，可以使考生夯实基础，从而能够提纲挈领地熟悉考试的内容，以及系统地把握常考的重点和难点.

其中，第二章是应用题，占考试比例最大，一般是 6 道，常考题目类型：销售问题、行程问题、工程问题、浓度问题、分段计费问题、集合问题等；第十一章中的方差与标准差占比最小，往年几乎都是 1 道；剩余九章内容，往往在考试中平均占 2 道题目的比例. 重点章节是第二章“应用题”，第四章“函数、方程与不等式”，第五章“数列”，第六章“平面几何”，第八章“解析几何”，第九章“排列组合”，第十章“概率初步”. 难点因人而异，但考生普遍反映第九章“排列组合”无从下手，没有思路，或是明明认为考虑周全，却总是跟答案有出入. 在本书中，详细介绍了排列组合的各种题型，看到题目中出现的题眼，要马上想到所用的方法，从而加快做题速度，能够一招制胜. 这一内容是与市面上其他教辅资料所不同的地方.

2. 学习方法

建议所有考生认真读完这一篇，应该是可以得到 50 分以上（满分 75 分）. 先理解基础知识点，着重记忆公式和注解. 然后配合相应例题，巩固复习知识点的综合应用，此时一定要仔细揣摩“解题信号”，它告诉了考生在读题的过程中，如何判断题眼所在，并马上联想解题方法，它是思路之精髓. 有一些题目是存在两种解题方法的，一种方法是系统地解题，有助于巩固知识；另一种方法往往比较巧妙，是专门针对选择题所做出的应对方式，考生对此也要进行适度关注. 最后每章都有配套的练习题及参考解析，旨在让考生进行自我阶段测试，如果题目做错或在做的过程中有犹豫的现象，一定要对照解析，回顾知识点，再重新返回相应的内容进行练习并掌握.

尤其是 MBA 考生，尽量把这一篇内容通过反复巩固来吃透、消化，即使不看后续的“高分篇”，也可以达到一定的应试水平.

二、高分篇

1. 内容要点

这一篇的每一章都分为三个小节，分别是技巧点拨、高频考点和丢分陷阱. 技巧点拨是针对题目类型所独有的方式方法，做到以不变应万变，从而达到触类旁通的效果；高频考点会讲解核心题型、必考题型，引领考生掌握考试的重点、难点；丢分陷阱用形形色色的题目去揭示命题圈套，从而避开错误的解题思路. 这一篇的目的在于帮助考生做到巧解题和快解题.

其中，技巧点拨中代数方法包括配方法、换元法、裂项法等；解题思维包括整体思维、方程与函数思维、经验公式等；快速解题技巧包括特殊值法、排除法、数字特征观察法、估算法、代入法、列举法等. 这些方法如果能够融会贯通，必将使考生在考场上顺利通关.

2. 学习方法

如果认真研读过前面的基础篇，那么在高分篇的学习过程中，可以依据自己的方式来有所侧重地选择学习顺序. 每一章的三个小节都是具有独立性的，顺序依考生自己的情况而定. 若是做题较慢、习惯于模式化思路的考生，最好着重于第一节“技巧点拨”，这部分内容有助于扩展解题思路，提高做题速度；若是对考点内容模糊、一盘散沙乱抓一气的考生，应当把侧重点放在第二节“高频考点”上，这部分内容有助于考生系统地把握知识点，掌握必考内容和必考题型，把精力多放在此，避免过于关注偏题、怪题、不考题型而浪费时间；若是经常做题有明确思路，但总是与答案对不上号，解析过后才知道自己漏算或者掉入出题者圈套的考生，最好把精力多放在第三节“丢分陷阱”上，注意着重判断为什么自己经常出错，究竟是漏看、漏想了哪一个题眼导致的错误，从而避免下一次出错.

想要在考试中利用数学来提升总分，拉大与竞争者分数的考生们，尤其是参加 MPAcc 考试的考生们，这一篇必须要用心揣摩.

条件充分性判断的解题说明

【考点说明】该类型的题目在管理类综合能力考试数学科目中占10题，分值30分．这类题是国内其他考试都不具备的，来源于国外的GMAT考试，所以考生对这个题型需要有初步的了解，尤其是思维的转换．下面就这种题型的解法给出详细的说明．

一、基础知识点介绍

1．充分条件的定义

若由条件 A 成立可以推出结论 B 成立，则称 A 是 B 的充分条件．若由条件 A 成立不能推出结论 B 成立，则称 A 不是 B 的充分条件．

2．解题说明

本书中，所有条件充分性判断题的A、B、C、D、E五个选项所规定的含义严格按照考试给出的标准定义，均以下列陈述为准，即

A．条件（1）充分，但条件（2）不充分．

B．条件（2）充分，但条件（1）不充分．

C．条件（1）和条件（2）单独都不充分，但条件（1）和条件（2）联合起来充分．

D．条件（1）充分，条件（2）也充分．

E．条件（1）和条件（2）单独都不充分，条件（1）和条件（2）联合起来也不充分．

二、例题讲解

例题1　（2024年真题）已知 n 是正整数，则 n^2 除以3余1．

（1）n 除以3余1．

（2）n 除以3余2．

解析　对于条件（1），设 $n=3k+1$，其中 k 为非负整数，则 $n^2=9k^2+6k+1=3(3k^2+2k)+1$，充分；

对于条件（2），设 $n=3k+2$，其中 k 为非负整数，则 $n^2=9k^2+12k+4=3(3k^2+4k+1)+1$，充分.

答案 D

例题 2 （2024 年真题）设曲线 $y=x^3-x^2-ax+b$ 与 x 轴有三个不同的交点 A，B，C，则 $|BC|=4$.

（1）点 A 的坐标为（1，0）.

（2）$a=4$.

解析 显然两个条件单独均不充分，现考虑联立两个条件. 设 $f(x)=x^3-x^2-ax+b$.

将点 A 的坐标（1，0）代入可得，$f(1)=0$，解得 $-a+b=0$，即 $a=b$.

由于 $a=4$，则 $f(x)=x^3-x^2-4x+4=(x-1)(x-2)(x+2)$ 则点 B 和点 C 坐标分别为（2，0）和（−2，0）

故 $|BC|=4$，充分.

答案 C

例题 3 （2023 年真题）有体育、美术、音乐、舞蹈 4 个兴趣班，每名同学至少参加 2 个，则至少有 12 名同学参加的兴趣班完全相同.

（1）参加兴趣班的同学共有 125 人.

（2）参加 2 个兴趣班的同学有 70 人.

解析 简记体育、美术、音乐、舞蹈分别为 A、B、C、D.

条件（1），由于每名同学至少参加 2 个兴趣班，则每名同学的选择共有 AB/AC/AD/BC/BD/CD/ABC/ABD/ACD/BCD/ABCD 共 11 种情况.

由于 $125\div11>11$，则必然有某种情况的选择人数大于或等于 12. 故条件（1）充分. 条件（2），参加 2 个兴趣班的同学选择共有 AB/AC/AD/BC/BD/CD 6 种情况. 由于 $70\div6>11$，则必然有某种情况的选择人数大于或等于 12. 故条件（2）充分. 两个条件都充分，选 D.

答案 D

例题 4 （2023 年真题）已知 m，n，p 是三个不同的质数，则能确定 m，n，p 的乘积.

（1）$m+n+p=16$.

（2）$m+n+p=20$.

解析 若三个质数的和为偶数，则必然其中一个为偶数 2，另外两个为奇数，不妨设 $m=2$，且 $n<p$.

条件（1），$n+p=14$，只能 $n=3$，$p=11$，三个质数的乘积唯一，充分.

条件（2），$n+p=18$，可以 $n=5$，$p=13$ 或 $n=7$，$p=11$，三个质数的乘

积不唯一，不充分，本题选 A.

答案 A

例题 5 （2023 年真题）八个班参加植树活动，共植树 195 棵，则能确定各班植树棵数的最小值.

（1）各班植树的棵数均不相同.

（2）各班植树棵数的最大值是 28.

解析 条件（1），各班植树的棵数可以是 1、2、3、4、5、6、7、167 或 2、3、4、5、6、7、8、160 等多种情况，不充分.

条件（2），各班植树的棵数可以是 28、28、28、28、28、28、26、1 或 28、28、28、28、28、28、25、2 等多种情况，不充分.

联立条件（1）和条件（2），当各班植树棵数的最大值为 28 且各班植树的棵数均不相同时，只有 28、27、26、25、24、23、22、20 唯一一种情况，充分，选 C.

答案 C

例题 6 （2022 年真题）设实数 x 满足 $|x-2|-|x-3|=a$，则能确定 x 的值.

（1）$0<a\leqslant\frac{1}{2}$.

（2）$\frac{1}{2}<a\leqslant 1$.

解析 $-|2-3|\leqslant|x-2|-|x-3|\leqslant|2-3|$，即 $-1\leqslant|x-2|-|x-3|\leqslant 1$.

当 $|x-2|-|x-3|=1$ 或 $|x-2|-|x-3|=-1$ 时，有无穷解，不能确定 x 的值；

当 $-1<|x-2|-|x-3|<1$ 时，有唯一解，可以确定 x 的值.

比较两个条件可知，条件（1）充分，条件（2）不充分.

答案 A

例题 7 （2022 年真题）两个人数不等的班数学测验的平均分不相等，则能确定人数多的班.

（1）已知两个班各班的平均分.

（2）已知两个班的总平均分.

解析 显然两个条件单独都不充分，考虑联立两个条件；

设两班人数分别为 a，b，平均成绩分别为 m，n，总平均成绩为 x，则有 $am+bn=(a+b)x$，则有 $a(m-x)=b(x-n)$，则 $\frac{a}{b}=\frac{x-n}{m-x}$，由于 m，n，x

均已知，则若等式右边大于 1 时，a 更大；等号右边小于 1 时，b 更大，即联立两个条件后可以确定.

答案 C

例题 8 （2022 年真题）在$\triangle ABC$ 中，D 为 BC 上的点，BD，AB，BC 成等比数列，则$\angle BAC=90^\circ$.

(1) $BD=BC$.

(2) $AD\perp BC$.

解析 BD，AB，BC 成等比数列，则 $BD:AB=AB:BC$. 在$\triangle DBA$ 和$\triangle ABC$ 中共用$\angle B$，则有$\triangle DBA\backsim\triangle ABC$，则$\angle BAC=\angle ADB$；比较两个条件，只有条件（2）可以确定$\angle ADB=90^\circ$，从而$\angle BAC=90^\circ$.

答案 B

例题 9 （2022 年真题）将 75 名学生分为 25 组，每组 3 人. 能确定女生的人数.

(1) 已知全是男生的组数和全是女生的组数.

(2) 只有 1 个男生的组数和只有 1 个女生的组数相等.

解析 显然两个条件都单独不充分. 考虑两个条件联立：

条件（1）全是女生的组数和全是男生的组数确定，则这些组里面女生人数的可以确定且男女混合组的组数和这些混合组的总人数可以确定；

条件（2）只有 1 个男生组和只有 1 个女生的组数量相等，说明女生占这些男女混合组的总人数的一半.

即联立（1）（2）能确定女生的人数，充分.

答案 C

例题 10 （2021 年真题）清理一块场地，则甲、乙、丙三人能在 2 天内完成.

(1) 甲、乙两人需要 3 天.

(2) 甲、丙两人需要 4 天.

解析 显然两个条件单独均不充分，现考虑联立两个条件. 设总工量为 12（取 3，4 的最小工倍数），则甲、乙、丙三人能在 2 天内完成时，需要三人的单日工量之和应大于等于 6.

联立两条件可知，甲的单日工量＋乙的单日工量＝4 且甲的单日工量＋丙的单日工量＝3.

两式相加可得关系式 2×甲的单日工量＋乙的单日工量＋丙的单日工量＝7，显然当甲的单日工量超过 1 时，甲的单日工量＋乙的单日工量＋丙的单日工量＜6，无法推出结论.

答案 E

三、解题思维总结

上述例题的讲解说明，此类题型的特点是“由条件向上推题干结论”，请考生牢记这一点．不难发现，条件如果小于或者等于题干给出的结论，则条件是充分的．

目 录

方向篇

基础篇

高分篇

真题实战篇

方向篇

管理类综合能力初试数学部分，25 道题，不能用“难”或是“简单”去形容它.每道题都有读题、分析、计算、导出结果几部分，每道题平均用 2.4 分钟解出，建议用 2 分钟做完.这就要求考生熟知每一个考点，一定不能避开自己不会做的题；尤其对于典型题型，在做题过程中，考生要学会归纳总结，形成自己的一套知识体系，对每一个考点都有一种熟练的解题方法或者解题套路.

第一章　大纲解读与分析

综合能力考试中的数学基础部分主要考查考生的运算能力、逻辑推理能力、空间想象能力和数据处理能力，通过问题求解和条件充分性判断两种形式来测试.

第一节　算　　术

一、整数

知识点：（1）整数及其运算；（2）整除、公倍数、公约数；（3）奇数、偶数；（4）质数、合数.

名师解读：本节主要考点是数的奇偶性判定、数的互质与公倍数、质因数分解与整除分析、质数、合数联合奇偶性分析（特别注意质数中唯一的偶数是 2，其余均为奇数）. 近年来单独命题的数量不多，但可以综合到其他考点中进行考查，比如排列组合或概率中涉及数量的问题、不定方程类应用题、平面几何的边长等.

二、分数、小数、百分数

名师解读：本节大纲仅列出了有理数的考点，实则无理数及其运算（主要是根号及其运算）也属于考查范围. 需要掌握有理数与无理数混合运算的结果判定（应特别注意特殊的有理数 0）、实数的乘方和开方运算、分数的化简等. 近年来单独命题的数量较少，但无理数的运算在平面几何（如三角形、梯形、扇形等）中一般都有所涉及. 百分数主要通过应用题考查，尤其是利润、打折和浓度类应用题，要注意百分比对应的基准量，即比较量比基准量提高或降低了百分之几.

三、比与比例

名师解读：本节主要通过应用题考查. 比例和百分比类型的应用题自 2009 年至今每年必考，解这类题的基本方法是列方程，但有些问题列方程容易，解方程烦琐，特别是涉及多个基准量、多个量联比、比例多次变化等题目. 此时，可灵活采用特殊值、整除、比例统一等技巧求解.

四、数轴与绝对值

名师解读：本节须掌握绝对值的代数意义和几何意义，尤其是几何意义，这样，在求解很多问题时会更加直观和简洁. 如果考查绝对值的代数意义，则特别要注意绝对值的自比性、非负性和三角不等式. 自 2009 年至今，绝对值问题每年都考，更多的是结合函数、方程、不等式一起考查.

第二节　代　数

一、整式

知识点：（1）整式及其运算；（2）整式的因式与因式分解.

名师解读：本节主要考查代数式求值（可能涉及非负性）、多项式的系数、因式分解与配方、因式和余式定理. 多项式的系数一般从两个角度命题：一是求展开以后某次项的系数，二是求展开式中所有项系数的代数和. 因式分解和因式定理实际上一个是乘法形式，一个是除法形式，本质上是一致的. 相关考题每隔几年出现一次，难度呈递增趋势（除式由一次式变为二次式，再变为高次式）. 多项式的考题近年来较少出现，但与多项式的相关知识点会经常用到，如排列组合的试题中曾考过二项式定理. 这部分的试题难度不大，但技巧性较强.

二、分式及其运算

名师解读：本节主要考查齐次分式的变形与化简、“$x+\frac{1}{x}$”类运算. 前者主要考查多个未知量的消元，后者往往结合均值不等式、韦达定理、二次函数、因式分解等知识点联合考查.

三、函数

知识点：（1）集合；（2）一元二次函数及其图像；（3）指数函数、对数函数.

名师解读：本节虽然近几年较少单独命题，但却是方程、不等式、数列、几何和数据分析的基础. 须掌握一元二次函数与一元二次方程、一元二次不等式、等差数列前 n 项和的关系，掌握一元二次函数在应用题和解析几何最值求解中的运用，掌握指数函数、对数函数的增减性与不等式的关系、指数函数与对数函数的关系、指数函数的非负性、对数与等比数列的关系、集合与概率的关系等. 解题时须能熟练画出一元二次函数、指数函数、对数函数的图像.

四、代数方程

知识点：（1）一元一次方程；（2）一元二次方程；（3）二元一次方程组.

名师解读：本节的重点在于一元二次方程，每年必考 1～2 题，其中判别式、韦达定理、根的特征与分布、分式方程的增根等属于高频考点，解题中特别要熟练掌握数形结合法．近五年的考试真题中均出现了关于一元二次函数、方程与不等式的综合考查，属于代数版块的易得分点．容易丢分的反而是大纲中未明确提及的高次方程（必可化为二次方程）、对数方程、指数方程和无理方程．一元一次方程不会直接考查，如果出题一定会设置障碍，比如改造成含参变量的方程或绝对值方程．二元一次方程组的考查主要通过应用题来体现．

五、不等式

知识点：（1）不等式的性质；（2）均值不等式；（3）不等式求解［一元一次不等式（组）、一元二次不等式、简单绝对值不等式、简单分式不等式］．

名师解读：本节的重点在于均值不等式和一元二次不等式，每年必考 1～2 题．一元二次不等式（组）解集的讨论实际上就是围绕对应的一元二次函数，以及一元二次方程的根和判别式展开，此处不再赘述．考试难点同样在于高次不等式（必可化为二次不等式）、对数不等式、指数不等式、无理不等式以及绝对值不等式的求解．绝对值不等式、分式不等式和根式不等式特别要注意取值范围．

均值不等式一般都是二元或三元的，通常来说运用好“一正二定三相等”，并熟记完全平方公式、立方和公式和立方差公式即可．

六、数列、等差数列、等比数列

名师解读：本节的考点在于数列的判定、数列的参数与通项公式、元素求和、数列的递推等，每年考 2～3 题．对于等差或等比数列，须熟练掌握其相关性质，掌握数列公式的多种变化形式；对于递推数列，往往要找出其规律方可解题．有些表面上非等差（或等比）的数列，通过变形可转化为等差（或等比）数列求解，这种题目属于数列中较难的，其中变换是解题的关键．另外，还须注意数列综合题的考查，如公差与直线斜率的关系、等差数列前 n 项和与二次函数的关系、数列应用题等．

—— 第三节 几　何 ——

一、平面图形

知识点：（1）三角形；（2）四边形（矩形、平行四边形、梯形）；（3）圆与扇形．

名师解读：本节主要考查面积、长度和形状三类问题，每年考 2～3 题，难度适中，考查方式灵活多变，尤其是求面积的题．求长度和形状一般都根据图形特点寻找边长关系，如利用直角三角形、等腰三角形、等边三角形、全等三角形、相似三角形的性质．规则图形的面积利用相似、全等、同底不等高、等高不同底等办法，大多先求边长，再算面积．不规则图形的面积利用割补、拼接、代数和、分块、等积变换等方法求解.

二、空间几何体

知识点：(1) 长方体；(2) 柱体；(3) 球体.

名师解读：本节常考查表面积、体积、内接与外接、内切与外切、几何体的切割等，每年考 1～2 题. 空间几何体体积或表面积求解时，往往会用一些近似计算去简化计算过程，实现快速解题. 近年来，球体、正方体、圆柱体等往往结合在一起命题，要求考生具有较好的空间想象能力. 迄今为止，立体几何尚未考过难题，多半都是基本题，稍难一些的是空间几何体的展开、空间直线的长度、空间几何体截面的面积、空间对称关系以及立体几何应用题.

三、平面解析几何

知识点：(1) 平面直角坐标系；(2) 直线方程与圆的方程；(3) 两点间距离公式与点到直线的距离公式.

名师解读：本节对多数考生而言是一个难点，每年考 2～3 题，常考查平面直角坐标系中点、直线、圆等相互的位置关系，如直线与圆的位置关系、圆与圆的位置关系、各种对称关系等. 对称问题要重点掌握点关于点对称、点关于特殊直线的对称、直线关于特殊直线的对称三类. 距离问题要特别注意转化关系，如直线与圆的问题转化成圆心到直线的距离，圆与圆的问题转化为圆心之间的距离. 另外，要理解平面解析几何的核心在于用代数的方式来描述几何问题，比如方程的图像与坐标轴所围成图形面积的求解.

—— 第四节 数据分析 ——

一、计数原理

知识点：(1) 加法原理、乘法原理；(2) 排列与排列数；(3) 组合与组合数.

名师解读：本节对大多数考生都是一个难点，每年考 1～2 题，解题首先要做到合理分类与正确分类，进而采用正难则反、特殊元素优先安排、容斥原理、错排问题、分堆问题、配对问题、摸球问题、捆绑法、插空法、隔板法、穷举法等办法求解. 纵观历年真题，题目本身并非难题，但试题经常会有所创新. 对很多考生来说，新即是难. 另外，令人眼花缭乱的解题方法本身也是学习的难点，因为首先要记住这么多题型；其次遇到一个题，还要能进行正确的归类.

二、数据描述

知识点：(1) 平均值；(2) 方差与标准差；(3) 数据的图表表示（直方图、饼图、数表）.

名师解读：本节迄今为止考查的都是基本题，也不大可能出难题，每年考 1～2 题. 须熟记均值与方差关系的公式、方差和标准差的计算公式，掌握直方图的原理. 均值、饼图和数表都相对简单.

三、 概率

知识点：（1）事件及其简单运算；（2）加法公式；（3）乘法公式；（4）古典概型；（5）伯努利概型.

名师解读：本节对大多数考生都是一个难点，每年考 1～2 题. 一般而言，求解概率问题是要有排列组合基础的，如果排列组合学得不扎实，那么概率题基本不得分. 另外，排列组合与概率往往是综合出题的，对排列组合部分要特别注意准确分类，不重不漏. 主要考点有摸球问题、分房问题、取样问题、几何概型. 古典概型和伯努利概型原理很简单，都来源于事件的独立性.

第二章　学习方法与备考建议

管理类综合能力考试主要是对考生解决实际问题的能力进行考查，数学也是如此，每一年都维持一定的难度，但为什么还有考生觉得考试的难度增加了呢？这是因为考点虽然没有变化，但是考法变了，有一些试题较新颖，这就增加了考生的心理难度系数．事实上，大多数试题都在往年有类似的题，我们能够明显地发现出题人的指向性：希望更多地考查考生对基础知识的掌握，而不是对具体题型的了解．如果考生基础知识比较扎实，考得应该不错．如果考生平时只是学一些考试方法，或者押题的话，那么肯定会遇到很大问题．

大多数考生复习数学科目至少是两轮，第一轮是基础＋提高，第二轮是强化＋冲刺，最后再参加几次模考，其实也就差不多了．基础、提高阶段不要一天同时复习两个以上专题，强化、冲刺阶段解答综合题的时候则需要穿插复习．基础、提高阶段不会做的题直接看解答，不要过分冥思苦想．强化、冲刺阶段不会的题不要轻易看答案，尽量自己想办法解决．无论处在哪个学习阶段，都要重视总结而不是创新．

学习数学，若只看书思考，不做一定数量的习题，“眼高手低”，水平和成绩肯定是无法得到切实提高的．你从别人那里学来的“绝招”，只有在练习中不断地运用，才能真正做到熟练掌握．不仅如此，考试不允许使用计算器，笔算的快慢与正误也直接影响最后的分数．从这个意义上来说，刷题也是必要的，尤其是刷历年真题．然而，我们也不赞成盲目地刷题，只注重“题海”，以为多多益善．遇到似曾相识的问题，永远只从一个角度出发，永远只用固有的老办法计算求解，那只是在原地滚爬，没有发生“螺旋上升”，没有质变．考生不能仅仅满足于会做、能做对，还要速度快才行．按最惯常的说法，数学和逻辑 2 分钟解决一个题，需要 110 分钟，那么留给大小两篇作文的时间也就不足 70 分钟了（考场上不可能真的 180 分钟全答满）．不到 70 分钟时间，两篇作文都需要审题、构思、落笔成文、通读检查，其实要求是非常高的．从这个意义上说，数学和逻辑不可以满足于平均 2 分钟做一个题，有些题只需要 30 秒，有些题只需要 10 秒．但是，只做题不思考，则无法达到快速求解的境界，很难在实战中取得高分，只能在台下当英雄．以下我们举例说明．

—— 例题解析 ——

例题 1　（条件充分性判断）圆 C_1：$x^2+y^2-6x+4y+13-m^2=0$ 和圆 C_2：$x^2+y^2+4x-20y+23=0$ 有交点．

（1）$m>-4$．

（2）$m<21$．

【注】　详见本书目录前的“条件充分性判断的解题说明”．全书不再一一说明．

名师解析　该题惯常的解法是什么？配方将两个圆的一般方程化为标准方程，然后根据圆心距计算两个圆的位置关系，进而讨论参数 m 的取值范围．相信 90％以上的学员对这种解法没有异议，也不会再寻求什么改进的路数.

其实，我们把带参数 m 的圆的一般方程 $x^2+y^2-6x+4y+13-m^2=0$ 化为标准方程之后，有 $(x-3)^2+(y+2)^2=m^2$，那还有必要再处理第二个圆的一般方程吗？很显然 $m=0$ 时，第一个圆半径为 0，不可能与第二个圆再有交点. 条件（1）和条件（2）都包含 $m=0$，直接选 E 即可.

例题 2 不等式 $(x+1)(x+2)(x+3)(x+4)>120$ 的解集为（　　）.

A. $(-\infty, -6)$　　B. $(-\infty, -6)$或$(1, +\infty)$

C. $(-\infty, -1)$　　D. $(-6, 1)$

E. $(1, +\infty)$

名师解析 该题惯常的解法是什么？估计不少考生想到了穿线法，但是穿线法须将常数项 120 移到不等式左边，展开多项式重新做因式分解，计算相当复杂. 也有考生可能会想到选项代入排除法，找满足选项的特殊值代入，去否定错误选项. 但代入法如果使用不当，也会很耽误时间，验证了半天，结果还是无法排除其中四项. 事实上，很容易看出当 $x\to+\infty$ 或 $x\to-\infty$ 时，不等式一定是成立的. 唯有 B 选项能同时满足 $x\to+\infty$ 和 $x\to-\infty$，心算即可解题，不超过 5 秒.

例题 3 已知实数 a，b，x，y 满足 $y+\left|\sqrt{x}-\sqrt{2}\right|=1-a^2$ 和 $|x-2|=y-1-b^2$，则 $3^{x+y}+3^{a+b}=$（　　）.

A. 25　　B. 26　　C. 27　　D. 28　　E. 29

名师解析 细心的考生会发现，命题人的本意是考查“非负性”，简单移项有：$\begin{cases}a^2+\left|\sqrt{x}-\sqrt{2}\right|=1-y,\\ |x-2|+b^2=y-1,\end{cases}$ 两个式子相加，非负项之和为 0，意味着所有项均为 0，得到 $a=b=0$，$x=2$，$y=1$. 进而可以求解. 这种解法当然没问题. 不过本题也可以绕开命题者的指向，另辟蹊径. 容易判断 $3^{x+y}+3^{a+b}=$奇数+奇数=偶数，排除 A，C，E. 选项都是 30 以内的整数，这个范围内 3 的整数次幂只有 1，3，9，27，很显然 $28=1+27$ 符合，答案为 D，心算即可解题，不超过 5 秒.

通过上述三个题目，大家是否体会到了“四两拨千斤”的巧妙？可见勤于思考，多总结解题方法和技巧，确实能省时省力. 一题多解，到了考场上是无用的. 因为条条大路通罗马，不论什么方法，只要答对了就行. 然而，在平时做题训练中，特别是对于自己已经做过的题，考虑一题多解有利于加深巩固概念，拓展解题思路. “快速解题”的技巧，只有变成了“本能”，才能在考场上“杀敌”. 你要指望战时出现“灵感”，往往是靠不住的. 当然，不是所有的题目都能用所谓的技巧来“快速解题”，对基本概念、基本原理和运算能力的考查也是考纲中明确规定的. 有些技巧只有真正掌握了相关基础理论，才能运用得得心应手.

基础篇

第一部分　算术

考点分析

管理类综合能力初试数学部分，25 道题，不能用“难”或是“简单”去形容它. 每道题都有读题、分析、计算、导出结果几部分，平均每道题算下来为 2.4 分钟，建议用 2 分钟做完. 这就要求考生需熟知每一个考点，一定不能避开自己不会做的题；尤其对于经典题型，在做题过程中，要学会归纳总结，形成自己的一套知识体系，对每一个考点都有一种熟练的解题方法或者解题套路.

时间安排

本部分建议考生用三周时间学习，第一章用 7 天时间，第二章用 14 天时间. 例题一定要仔细吃透，注意琢磨“解题信号”，它代表了看到题目中的“题眼”，要联想到哪些知识点和方法，提示考生从何处下手.

第一章　实数及其运算

第一节　整数及其运算

一、整数

整数包括正整数、负整数和零．任意两个整数的和、差、积仍然是整数．

$$\text{整数}\ \mathbf{Z}\begin{cases}\text{正整数}\ \mathbf{Z}_+：1，2，3，\cdots，\\0，\\\text{负整数}\ \mathbf{Z}_-：-1，-2，-3，\cdots．\end{cases}$$

整数＋整数→整数，
整数－整数→整数，
整数×整数→整数．

二、整除、公约数、公倍数

1．整除

【定义】　设 a，b 是任意两个整数，其中 $b\neq 0$，若存在一个整数 q，使 $a=bq$ 成立，则称 b 整除 a 或 a 能被 b 整除，记作 $b\mid a$，此时我们把 b 称为 a 的因数，把 a 称为 b 的倍数．如果这样的 q 不存在，则称 b 不整除 a，记作 $b\nmid a$．

由整除定义可知，$\frac{a}{b}$是整数的充分必要条件是 $b\neq 0$，且 $b\mid a$．

整除具有如下性质：

（1）如果 $c\mid b$，$b\mid a$，则 $c\mid a$；

（2）如果 $c\mid b$，$c\mid a$，则对任意的整数 m，n，有 $c\mid(ma+nb)$．

2．带余除法定理

设 a，b 是两个整数，其中 $b>0$，则存在整数 q，r，使得

$$a=bq+r\quad(0\leqslant r<b)$$

成立，而且 q，r 都是唯一的，q 称为 a 被 b 除所得的商，r 称为 a 被 b 除所得的余数．

【注】　由整除的定义及带余除法可知，若 $b>0$，则 $b\mid a$ 的充分必要条件是带余除法中的余数 $r=0$．

3．公约数

【定义】　设 a，b 是两个正整数，若整数 d 满足 $d\mid a$ 且 $d\mid b$，则称 d 是 a，b 的公约数．正整数 a，b 的所有公约数中，最大的正整数称为 a，b 的最大公约数，记为（a，b）．若（a，b）$=1$，则称 a，b 互质．

4．公倍数

【定义】　设 a，b 是两个正整数，若 d 是整数，满足 $a\mid d$ 且 $b\mid d$，则称 d 是 a，b 的公倍数正整数 a，b 的所有公倍数中，最小的正整数称为 a，b 的最小公倍数，记为 $[a，b]$．

【性质】 设 a，b 是任意两个正整数，则有：

(1) a，b 的所有公倍数都是 $[a, b]$ 的整数倍数，即若 $a|d$ 且 $b|d$，则 $[a, b]|d$；

(2) $[a, b]=\dfrac{ab}{(a, b)}$. 特别地，当 $(a, b)=1$ 时，有 $[a, b]=ab$；

(3) 若 $a|bc$ 且 $(a, b)=1$，则 $a|c$.

三、奇数、偶数

整数中，能被 2 整除的数是偶数，不能被 2 整除的数是奇数. 奇数个位为 1，3，5，7，9. 偶数个位为 0，2，4，6，8. 偶数可用 $2k$ 表示，奇数可用 $2k+1$ 表示，这里的 k 是任意整数.

根据奇数、偶数的定义，则有：

【性质 1】 两个连续的整数中必有一个奇数和一个偶数.

【性质 2】 奇数±奇数→偶数； 偶数±偶数→偶数； 奇数±偶数→奇数；
奇数×奇数→奇数； 偶数×偶数→偶数； 奇数×偶数→偶数.

【性质 3】 若 a，b 为整数，则 $a+b$ 与 $a-b$ 有相同的奇偶性，即 $a+b$ 与 $a-b$ 同为奇数或同为偶数.

【性质 4】 n 个奇数的乘积是奇数，n 个偶数的乘积是偶数；n 个整数的乘积中，如果其中有一个整数为偶数，则乘积为偶数.

四、质数、合数

(1) 一个大于 1 的整数，如果它的正因数只有 1 和它本身，则称这个整数为质数.

(2) 一个大于 1 的整数，如果除了 1 和它本身以外还有别的因数，则称这个整数为合数.

(3) 如果两个数的最大公约数是 1，那么称这两个数互质.

质数 p 具有以下性质：

【性质 1】 若 p 是一质数，a 是任一正整数，则 a 能被 p 整除或 p 与 a 互质.

【性质 2】 设 a_1，a_2，…，a_n 是 n 个正整数，p 是质数，若 $p|(a_1a_2\cdots a_n)$，则 p 至少能整除其中一个 a_k ($k\in\{1, 2, \cdots, n\}$).

【注】 1 既不是质数，也不是合数. 最小的合数是 4，最小的质数是 2，也是质数中唯一的偶数，称为质偶数，其余质数全部都是奇数.

例题 1 若 m 是一个大于 2 的正整数，则 m^3-m 必有约数（ ）.

A. 7　　B. 6　　C. 8　　D. 4　　E. 5

解题信号 当考生看到求"……必有约数……"时，首先要分解因式.

解析 $m^3-m=m(m-1)(m+1)$，$m>2$，m 是正整数，所以该式是由三个连续的正整数相乘而得来的，故一定可以被 $3!=6$ 整除.

答案 B

【注】 连续 n 个正整数相乘，结果一定可以被 $n!$ 整除.

例题 2 $|m-n|=5$.

（1）m 和 n 都是正整数，m 和 n 的最大公约数为 15，且 $3m+2n=180$.

（2）质数 m 和 n 满足 $5m+7n=129$.

解题信号 当考生看到“公约数”字眼时，要想到用代数式去表示，如本题中“公约数是 15”，就可以设为 $15k$（k 是正整数）.

解析 由条件（1），可设 $m=15k_1$，$n=15k_2$，其中 k_1 与 k_2 是互质的正整数. 则

$$3m+2n=45k_1+30k_2=180,$$

两边约分，得 $3k_1+2k_2=12$，所以 $k_1=2$，$k_2=3$，则 $|m-n|=15\neq5$，条件（1）不充分；

由条件（2），$5m+7n=129$，则 $\begin{cases}m=23,\\n=2\end{cases}$ 或 $\begin{cases}m=2,\\n=17,\end{cases}$ 则 $|m-n|\neq5$，条件（2）不充分；

联合条件（1）和条件（2），不存在同时满足条件（1）（2）的 m，n（满足条件（1），必须 $m=30$，$n=45$，此时并不满足条件（2）），所以也不充分.

答案 E

（条件充分性判断题的选项及解读，详见本书目录前的“条件充分性判断的解题说明”，正式考试中的 16～25 题，均为此类题型）

例题 3 设 p 是正奇数，则 p^2 除以 8 的余数等于（　　）.

A. 1　　B. 2　　C. 3　　D. 4　　E. 5

解题信号 当考生看到“……是正奇数”的字眼时，要想到用代数式 $2n+1$（n 为自然数）来表示正奇数.

解析 由 p 是正奇数，可设 $p=2n+1$，n 为自然数，则

$$p^2=(2n+1)^2=4n^2+4n+1=4n(n+1)+1.$$

因为 n 与 $n+1$ 一定是一奇一偶，所以 $4n(n+1)$ 是 8 的倍数，那么 $4n(n+1)+1$ 除以 8 的余数是 1，即 p^2 除以 8 的余数等于 1.

答案 A

例题 4 若 a，b 都是质数，且 $a^2+b=2\,021$，则 $a+b$ 的值等于（　　）.

A. 2 015　　B. 2 016　　C. 2 017　　D. 2 018　　E. 2 019

解题信号 当考生看到两个数的和是奇数时，要想到这两个数一定是一奇一偶. 考题中常常会涉及特殊的质数 2，它也是质数中唯一的偶数.

解析 已知 $a^2+b=2\,021$，则 a^2 与 b 之间必有一个奇数和一个偶数，而偶数中只有 2 是质数.

当 $a=2$，$b=2\,017$ 时，符合 $a^2+b=2\,021$，则 $a+b=2\,019$；

当 $b=2$ 时，$a=\sqrt{2\,019}$，不符合题意.

答案 E

例题 5 已知 p，q 都是质数，关于 x 的方程 $px^2+5q=97$ 的根是 1，则 $40p+102q+1$ 的值等于（　　）.

A. 2 015　　B. 2 016　　C. 2 017　　D. 2 018　　E. 2 019

解题信号 当考生看到"方程……的根是 1"，要想到把 $x=1$ 代入方程. 遇到质数问题，也要想到特殊的质偶数 2.

解析 将 $x=1$ 代入方程，得 $p+5q=97$ 为奇数，于是 p 和 $5q$ 中一定有一个是奇数、一个是偶数，又由于 p，q 都是质数，所以 p，q 中有一个等于 2.

若 $q=2$，则 $p=87$，p 不是质数，不符合题意；

若 $p=2$，则 $q=19$，符合题意，代入 $40p+102q+1$，得 2 019.

答案 E

【注】 两个质数之和为奇数，则其中一个质数必定是 2.

例题 6 $a+b+c+d=32$.

（1）a，b，c，d 是互不相等的四个质数，且倒数和为 $\frac{1\,312}{1\,785}$.

（2）a，b，c，d 是互不相等的正整数，且 $abcd=441$.

解题信号 当考生看到"倒数和"这个字眼时，要想到通分，分母是四个质数的乘积，此时就应该把分母进行质因数分解.

解析 由条件（1），$1\,785=3\times5\times7\times17$，则 $a+b+c+d=32$，充分；

由条件（2），$441=1\times3\times7\times21$，则 $a+b+c+d=32$，充分.

答案 D

例题 7 已知 p，q 均为质数，则以 $p+3$，$1-p+q$，$2p+q-4$ 为边长的三角形是直角三角形.

（1）p，q 满足 $5p^2+3q=59$.

（2）p，q 是方程 $x^2-15x+26=0$ 的两个根且 $p<q$.

解题信号 当考生看到"质数"的字眼时，要想到它的特性，以及唯一的质偶数 2.

解析 由条件（1），$5p^2+3q=59$，因此 p，q 中一定有一个是 2.

若 $p=2$，则 $q=13$，满足 p，q 均为质数的条件；

若 $q=2$，则得出 p 不是整数，不满足 p，q 均为质数的条件.

因此，$p=2$ 且 $q=13$.

此时，三角形三边长分别是 $p+3=5$，$1-p+q=12$，$2p+q-4=13$，满足勾股定理 $5^2+12^2=13^2$，所以是直角三角形，充分.

由条件（2），解方程 $x^2-15x+26=0$，得两个根是 2 和 13，$p<q$，所以 $p=2$ 且 $q=13$，则同条件（1），充分.

答案 D

例题 8 三个质数之积恰好等于它们之和的 5 倍，则这三个质数之和为（　　）.

A. 11　　B. 12　　C. 13　　D. 14　　E. 15

解题信号 考生看到“质数”，要想到其特殊性.

解析 方法一：设三个质数分别为 p_1，p_2，p_3，由已知，

$$p_1p_2p_3=5(p_1+p_2+p_3),\quad 即\ 5\mid(p_1p_2p_3),$$

由于5是质数，从而5一定整除 p_1，p_2，p_3 中的一个．不妨设 $5\mid p_1$，又由于 p_1 是质数，可知 $p_1=5$，因此 $5p_2p_3=5(5+p_2+p_3)$，得 $p_2p_3=5+p_2+p_3$，所以 $p_2p_3-p_2-p_3+1=6$，即 $(p_2-1)(p_3-1)=6=1\times6=2\times3$，不妨设 $p_2<p_3$，得 $\begin{cases}p_2-1=1,\\p_3-1=6\end{cases}$ 或 $\begin{cases}p_2-1=2,\\p_3-1=3\end{cases}$（舍），则 $p_2=2$，$p_3=7$，$p_1+p_2+p_3=14$．综上所述，答案是D.

方法二：（试算）选项不超过15，可枚举得三个质数分别为2，5，7，符合题意，$2+5+7=14$.

答案 D

例题9 自然数 n 的各位数字之积为6.

(1) n 是除以5余3，且除以7余2的最小自然数.

(2) n 是形如 2^{4m}（m 是正整数）的最小自然数.

解题信号 考生看到“除以……余数……”的字眼，要想到带余除法定理.

解析 由条件(1)，设 $\begin{cases}n=5x+3,\\n=7y+2,\end{cases}$ 则 $5x+3=7y+2$，即 $7y=5x+1$.

满足 $7\mid(5x+1)$ 的最小正整数为21，即 $x=4$，从而 $n=5\times4+3=23$，$2\times3=6$，充分.

由条件(2)，取 $m=1$，则 $n=2^4=16$，$1\times6=6$，充分.

答案 D

第二节　有理数与实数

一、有理数

1. 分数

分数表示一个数是另一个数的几分之几.

【注】 既约分数的分子和分母必须是整数，且分母不能等于零.

【性质1】 一个分数，要么是有限小数（即小数点后的数位是有限的），要么是无限循环小数（即小数点后的数位是无限的，但从某一位开始，会不断循环出现前一个或前几个连续的数字）.

$$分数\begin{cases}有限小数\\无限循环小数\end{cases}$$

【性质2】 当分子与分母同时乘或除以相同的数（0除外），分数值不会改变．因此，

每一个分数都有无限个与其相等的分数.

2. 有理数

【定义】　整数和分数统称为有理数.

【定理】　任何一个有理数都可以写成分数$\frac{m}{n}$的形式（m，n 均为整数，且 $n\neq 0$）.

【注】　分数可以与有限小数或无限循环小数互化，所以又称分数为有限小数和无限循环小数. 无限不循环小数（相对无限循环小数而言，强调不循环）就不是有理数，不能写成分数的形式，如 π.

二、实数

1. 实数的基本概念

上面我们介绍了，凡是可以写成分数$\frac{m}{n}$（其中 m，n 均为整数，且 $n\neq 0$）形式的，称为有理数. 小数中的无限不循环小数，称为无理数. 有理数和无理数统称为实数.

【注】　任意两个实数的四则运算（除数不为 0），仍然是实数.

2. 实数的分类

$$\text{实数}\begin{cases}\text{有理数}\left.\begin{cases}\text{正有理数}\begin{cases}\text{正整数}\\\text{正分数}\end{cases}\\0\\\text{负有理数}\begin{cases}\text{负整数}\\\text{负分数}\end{cases}\end{cases}\right\}\text{有限小数和无限循环小数}\\\text{无理数}\left.\begin{cases}\text{正无理数}\\\text{负无理数}\end{cases}\right\}\text{无限不循环小数}\end{cases}$$

有理数和无理数的性质如下：

【性质 1】　有理数之间的加、减、乘、除（除数不为 0）四则运算，结果必为有理数.

【性质 2】　非零有理数与无理数之间的加、减、乘、除四则运算，结果必为无理数.

【性质 3】　若 a，b，c，d 为有理数，$\sqrt{c}$，$\sqrt{d}$ 为无理数，且 $a+\sqrt{c}=b+\sqrt{d}$，则能够推出 $a=b$ 且 $c=d$.

【性质 4】　若 a，b 为有理数，$\sqrt{m}$ 为无理数，且满足 $a+b\sqrt{m}=0$，则能够推出 $a=0$ 且 $b=0$.

3. 无理数的整数部分和小数部分

设 m 是无理数，若 $n<m<n+1$（n 为整数），则 m 的整数部分就是 n，小数部分是 $m-n$.

例题 1　$\frac{1}{13\times 15}+\frac{1}{15\times 17}+\cdots+\frac{1}{37\times 39}$的值等于（　　）.

A. $\frac{1}{37}$　　B. $\frac{1}{39}$　　C. $\frac{1}{40}$　　D. $\frac{2}{41}$　　E. $\frac{2}{39}$

解题信号 每一项分式的形式都是有规律的，即分子都是1，分母都是两个相差为k的数相乘，考生应该想到可以拆分为两个分数相减，跟后项变成一加一减的形式而抵消中间项，即$\frac{1}{n(n-k)}=\frac{1}{k}\left(\frac{1}{n-k}-\frac{1}{n}\right)$，从而达到简化运算的目的.

解析 $\frac{1}{13\times15}+\frac{1}{15\times17}+\cdots+\frac{1}{37\times39}$

$=\frac{1}{2}\left(\frac{1}{13}-\frac{1}{15}\right)+\frac{1}{2}\left(\frac{1}{15}-\frac{1}{17}\right)+\cdots+\frac{1}{2}\left(\frac{1}{37}-\frac{1}{39}\right)$

$=\frac{1}{2}\left(\frac{1}{13}-\frac{1}{15}+\frac{1}{15}-\frac{1}{17}+\cdots+\frac{1}{37}-\frac{1}{39}\right)$

$=\frac{1}{2}\left(\frac{1}{13}-\frac{1}{39}\right)=\frac{1}{39}.$

答案 B

例题2 $\left(1+\frac{1}{2}+\frac{1}{3}+\frac{1}{4}\right)\left(\frac{1}{2}+\frac{1}{3}+\frac{1}{4}+\frac{1}{5}\right)-\left(1+\frac{1}{2}+\frac{1}{3}+\frac{1}{4}+\frac{1}{5}\right)\left(\frac{1}{2}+\frac{1}{3}+\frac{1}{4}\right)$的值等于（　　）.

A. $\frac{1}{5}$　　B. $\frac{2}{5}$　　C. $\frac{3}{5}$　　D. $\frac{4}{5}$　　E. 1

解题信号 观察可知四个括号中有相同的分数项，为避免计算麻烦，考生要想到使用代换法化简.

解析 令$m=\frac{1}{2}+\frac{1}{3}+\frac{1}{4}$，$n=\frac{1}{2}+\frac{1}{3}+\frac{1}{4}+\frac{1}{5}$，则所求式子可化简为

$$(1+m)n-(1+n)m=n-m=\frac{1}{5}.$$

答案 A

例题3 若x，y是有理数，且$(1+2\sqrt{3})x+(1-\sqrt{3})y-2+5\sqrt{3}=0$，则$x$，$y$的值为（　　）.

A. 1，3　　B. -1，2　　C. -1，3　　D. 1，2　　E. 2，-1

解题信号 当考生看到等式中有根号和“有理数”字样，且等式右端为0时，就考虑有理数部分等于零且无理数部分的系数也等于零（查看性质4）.

解析 $x+y-2+\sqrt{3}(2x-y+5)=0$，则$x+y-2=0$且$2x-y+5=0$，所以$x=-1$，$y=3$.

答案 C

例题4 设$\frac{\sqrt{5}+1}{\sqrt{5}-1}$的整数部分是$a$，小数部分是$b$，则$ab-\sqrt{5}=$（　　）.

A. 3　　B. 2　　C. -1　　D. -2　　E. 0

解题信号 首先，当考生看到“……的整数部分”时，要想到必须找出最接近分式的整数. 其次，题目中的数出现分母有无理数时，一定要先把分式有理化.

解析 $\frac{\sqrt{5}+1}{\sqrt{5}-1}=\frac{(\sqrt{5}+1)(\sqrt{5}+1)}{(\sqrt{5}-1)(\sqrt{5}+1)}=\frac{6+2\sqrt{5}}{4}=\frac{3+\sqrt{5}}{2}$.

因为 $2<\frac{3+\sqrt{5}}{2}<3$，因此 $a=2$，$b=\frac{3+\sqrt{5}}{2}-a=\frac{3+\sqrt{5}}{2}-2=\frac{-1+\sqrt{5}}{2}$，则 $ab-\sqrt{5}=2\times\frac{-1+\sqrt{5}}{2}-\sqrt{5}=-1$.

答案 C

例题 5 $4a^2+2a-1=0$.

（1）a 表示 $\frac{1}{3-\sqrt{5}}$ 的小数部分.

（2）a 表示 $3-\sqrt{5}$ 的小数部分.

解题信号 显然，一定要先把 a 求出来.

解析 由条件（1），$\frac{1}{3-\sqrt{5}}=\frac{3+\sqrt{5}}{(3-\sqrt{5})(3+\sqrt{5})}=\frac{3+\sqrt{5}}{4}$，因为 $2<\sqrt{5}<3$，所以 $1<\frac{3+\sqrt{5}}{4}<2$，则 $a=\frac{3+\sqrt{5}}{4}-1=\frac{\sqrt{5}-1}{4}$，代入题干方程，充分；

由条件（2），因为 $2<\sqrt{5}<3$，所以 $0<3-\sqrt{5}<1$，则 $a=3-\sqrt{5}$，代入题干方程，不充分.

答案 A

例题 6 关于 $\sqrt{3}\div(3-\sqrt{3})$，下列说法正确的为（　　）.

A. 其数值大于 2　　B. 其数值大于 1，小于 2　　C. 其数值小于 1

D. 其数值为有理数　　E. 其数值小于 $\frac{\sqrt{3}+1}{2}$

解题信号 看到除数（改为竖式后的分母）有根号，考生要想到利用平方差公式去掉根号.

解析 $\sqrt{3}\div(3-\sqrt{3})=\frac{\sqrt{3}}{3-\sqrt{3}}=\frac{1}{\sqrt{3}-1}=\frac{\sqrt{3}+1}{(\sqrt{3}-1)(\sqrt{3}+1)}=\frac{\sqrt{3}+1}{2}$.

由于 $1<\sqrt{3}<2$，所以 $1<\frac{\sqrt{3}+1}{2}<2$.

答案 B

例题 7 已知多项式 $f(x)=\frac{1}{(x+1)(x+2)}+\frac{1}{(x+2)(x+3)}+\cdots+\frac{1}{(x+9)(x+10)}$，则 $f(8)=$（　　）.

A. $\frac{1}{9}$　　B. $\frac{1}{10}$　　C. $\frac{1}{16}$　　D. $\frac{1}{17}$　　E. $\frac{1}{18}$

解题信号 看到分母是有规律的，考生要想到分式能够裂项抵消.

解析 $f(x)=\left(\frac{1}{x+1}-\frac{1}{x+2}\right)+\left(\frac{1}{x+2}-\frac{1}{x+3}\right)+\cdots+\left(\frac{1}{x+9}-\frac{1}{x+10}\right)$

$=\frac{1}{x+1}-\frac{1}{x+10}$,

则 $f(8)=\frac{1}{8+1}-\frac{1}{8+10}=\frac{1}{18}$.

答案 E

例题 8 $\frac{1}{1+\sqrt{2}}+\frac{1}{\sqrt{2}+\sqrt{3}}+\frac{1}{\sqrt{3}+2}+\cdots+\frac{1}{\sqrt{2\ 024}+\sqrt{2\ 025}}=$（　　）.

A. 43　B. 44　C. 45　D. 46　E. 47

解题信号 观察分母有根号，考生要想到利用平方差公式去掉根号.

解析 原式$=(-1+\sqrt{2})+(-\sqrt{2}+\sqrt{3})+(-\sqrt{3}+\sqrt{4})+\cdots+(-\sqrt{2\ 024}+\sqrt{2\ 025})$

$=-1+\sqrt{2\ 025}=44$.

答案 B

例题 9 $\frac{1\times2\times3+2\times4\times6+3\times6\times9+\cdots+100\times200\times300}{1\times3\times5+2\times6\times10+3\times9\times15+\cdots+100\times300\times500}=$（　　）.

A. $\frac{2}{3}$　B. $\frac{2}{5}$　C. $\frac{3}{5}$　D. $\frac{1}{3}$　E. 1

解题信号 观察分子、分母的构成特征，提取公因数.

解析 原式$=\frac{1\times2\times3\times(1+2^3+3^3+\cdots+100^3)}{1\times3\times5\times(1+2^3+3^3+\cdots+100^3)}=\frac{2}{5}$.

答案 B

—— 第三节　绝　对　值 ——

一、数轴

【定义】 规定了原点、正方向和单位长度的直线，称为数轴（见下图）.

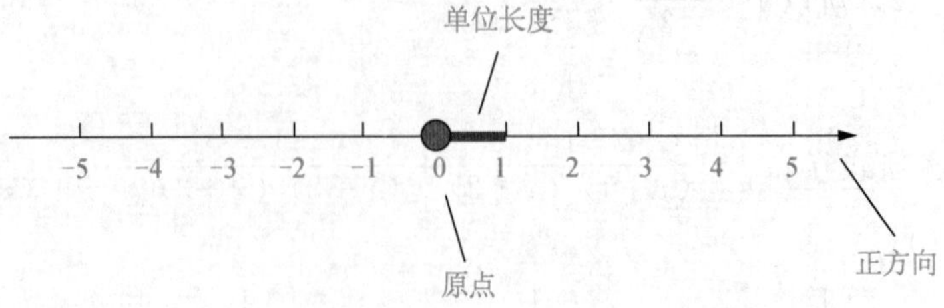

【注】　所有的实数都可以用数轴上的点来表示.

在这条数轴上，$+3$ 可以用位于原点右边 3 个单位长度的点表示，-4 可以用位于原点左边 4 个单位长度的点表示.

二、绝对值

【定义】　数轴上一个数所对应的点与原点（0 点）的距离，称为这个数的绝对值. 那么，绝对值只能是非负数.

我们用数学符号来描述绝对值：实数 a 的绝对值定义为

$$|a|=\begin{cases}a, & a\geqslant 0,\\ -a, & a<0.\end{cases}$$

例如，$+3$ 的绝对值等于 3，记作 $|+3|=3$；-1 的绝对值等于 1，记作 $|-1|=1$.

【性质 1】　对称性：$|-a|=|a|$，即互为相反数的两个数的绝对值相等.

【性质 2】　等价性：$\sqrt{a^2}=|a|$，$|a|^2=|a^2|=a^2$（$a\in\mathbf{R}$）.

【性质 3】　自比性：$-|a|\leqslant a\leqslant |a|$，推而广之，$\dfrac{|a|}{a}=\dfrac{a}{|a|}=\begin{cases}1, & a>0,\\ -1, & a<0.\end{cases}$

【性质 4】　非负性：$|a|\geqslant 0$，任何实数 a 的绝对值非负.

具有非负性的数还有正偶数次方（根式），如 a^2，a^4，…，$\sqrt{a}$，$\sqrt[4]{a}$，…，那么有以下推论成立：

【推论】　若干个具有非负性质的数之和等于零时，则每个非负数为零；有限个非负数之和仍为非负数.

三、绝对值不等式

1. 当 $a>0$ 时，$|x|<a\Leftrightarrow -a<x<a$.
2. 当 $a>0$ 时，$|x|>a\Leftrightarrow x<-a$ 或 $x>a$.
3. （三角不等式）$|a|-|b|\leqslant|a+b|\leqslant|a|+|b|$.

四、绝对值的几何意义

绝对值代表了距离，那么有如下性质：

【性质 1】　$|x-a|+|x-b|\geqslant|a-b|$.

【注】　当且仅当 x 的值取在 a 与 b 之间（含 a，b）时，等号成立.

【性质 2】　$-|a-b|\leqslant|x-a|-|x-b|\leqslant|a-b|$.

例题 1　若 $|a|=\dfrac{3}{2}$，$|b|=2$，则 $|a-b|=$（　　）.

A. $\dfrac{1}{2}$　　B. $\dfrac{1}{2}$ 或 1　　C. $\dfrac{1}{2}$ 或 $\dfrac{7}{2}$　　D. $\dfrac{7}{2}$ 或 1　　E. $\dfrac{1}{2}$ 或 $-\dfrac{1}{2}$

解题信号 当考生看到绝对值符号时，要尽可能去掉绝对值来运算.

解析 由 $|a|=\frac{3}{2}$，得 $a=\pm\frac{3}{2}$，由 $|b|=2$，得 $b=\pm 2$.

因此 $|a-b|=\frac{1}{2}$ 或 $\frac{7}{2}$.

答案 C

例题 2 如果 a，b，c 是非零实数，且 $a+b+c=0$，那么表达式 $\frac{a}{|a|}+\frac{b}{|b|}+\frac{c}{|c|}+\frac{abc}{|abc|}$ 的可能取值为（ ）.

A. 0　　B. 1 或 -1　　C. 2 或 -2　　D. 0 或 -2　　E. -2

解题信号 当考生看到绝对值符号时，要尽可能去掉绝对值来运算. 同时，题目中已知三个数的和是 0，要想到这三个数一定不可能都是正的或都是负的.

解析 由 $a+b+c=0$ 可知，a，b，c 为两正一负或两负一正.

① 当 a，b，c 为两正一负时：

$\frac{a}{|a|}+\frac{b}{|b|}+\frac{c}{|c|}=1$，$\frac{abc}{|abc|}=-1$，所以 $\frac{a}{|a|}+\frac{b}{|b|}+\frac{c}{|c|}+\frac{abc}{|abc|}=0$.

② 当 a，b，c 为两负一正时：

$\frac{a}{|a|}+\frac{b}{|b|}+\frac{c}{|c|}=-1$，$\frac{abc}{|abc|}=1$，所以 $\frac{a}{|a|}+\frac{b}{|b|}+\frac{c}{|c|}+\frac{abc}{|abc|}=0$.

由①和②可知，$\frac{a}{|a|}+\frac{b}{|b|}+\frac{c}{|c|}+\frac{abc}{|abc|}$ 的可能取值为 0.

答案 A

例题 3 （2011 年真题）实数 a，b，c 满足 $|a-3|+\sqrt{3b+5}+(5c-4)^2=0$，则 $abc=$（ ）.

A. -4　　B. $-\frac{5}{3}$　　C. $-\frac{4}{3}$　　D. $\frac{4}{5}$　　E. 3

解题信号 绝对值、算术平方根、平方，它们都是非负数，三个非负数的和等于零，则必定都等于零.

解析 $|a-3|+\sqrt{3b+5}+(5c-4)^2=0$，则 $\begin{cases}a-3=0,\\3b+5=0,\\5c-4=0,\end{cases}$ 得 $\begin{cases}a=3,\\b=-\frac{5}{3},\\c=\frac{4}{5},\end{cases}$ 代入得 $abc=-4$.

答案 A

例题 4 已知实数 a，b，x，y 满足 $y+|\sqrt{x}-\sqrt{2}|=1-a^2$，$|x-2|=y-1-b^2$，则 $3^{x+y}+3^{a+b}=$（ ）.

A. 25　　B. 26　　C. 27　　D. 28　　E. 29

解题信号 考生看到有算术平方根、绝对值、平方，要考虑可能会用到非负性.

解析 由 $|x-2|=y-1-b^2$，得 $y=|x-2|+1+b^2$，代入 $y+|\sqrt{x}-\sqrt{2}|=1-a^2$，整理得 $|x-2|+|\sqrt{x}-\sqrt{2}|+a^2+b^2=0$，则 $\begin{cases}x=2,\\a=b=0,\end{cases}$ 那么 $y=|x-2|+1+b^2=1$，所以 $3^{x+y}+3^{a+b}=3^3+3^0=28$.

答案 D

例题 5 （2008 年真题）设 a，b，c 为整数，且 $|a-b|^{20}+|c-a|^{41}=1$，则 $|a-b|+|a-c|+|b-c|=$（　　）.

A. 2　　B. 3　　C. 4　　D. -3　　E. -2

解题信号 考生看到题干中的等式，要想到其中两个绝对值分别是 1 和 0.

解析 显然，可以设 $|a-b|=0$，$|c-a|=1$，所以 $a=b$，从而 $|b-c|=1$，则 $|a-b|+|a-c|+|b-c|=0+1+1=2$. 同理，当 $|a-b|=1$，$|c-a|=0$ 时也可得到相同结果.

答案 A

例题 6 不等式 $\frac{1}{4}<|2x-1|<\frac{1}{2}$.

（1）$\frac{1}{4}<x<\frac{3}{8}$.

（2）$\frac{5}{8}<x<\frac{3}{4}$.

解题信号 绝对值不等式，条件给的集合要包含于题干中不等式的解集才充分.

解析 题干等价于 $\begin{cases}|2x-1|<\frac{1}{2},\\|2x-1|>\frac{1}{4},\end{cases}$ 则 $\begin{cases}\frac{1}{4}<x<\frac{3}{4},\\x>\frac{5}{8}\text{或}x<\frac{3}{8}.\end{cases}$

因此 $\frac{1}{4}<|2x-1|<\frac{1}{2}$ 的解集是 $\left(\frac{1}{4},\frac{3}{8}\right)\cup\left(\frac{5}{8},\frac{3}{4}\right)$.

答案 D

例题 7 不等式 $|3-x|+|x-2|<a$ 的解集是空集，则 a 的取值范围是（　　）.

A. $a<1$　　B. $a\leqslant 1$　　C. $a>1$　　D. $a\geqslant 1$　　E. $0<a<1$

解题信号 含有未知数的绝对值不等式，要想到利用绝对值的几何意义.

解析 利用绝对值的几何意义可知 $|3-x|+|x-2|$ 的最小值为 $|3-2|=1$，所以当且仅当 $a\leqslant 1$ 时，不等式无解.

答案 B

例题 8 已知 $|x-1|+|x-5|=4$，则 x 的取值范围是（　　）.

A. $1\leqslant x\leqslant 5$　　B. $x\geqslant 5$　　C. $x\leqslant 1$　　D. $1<x<5$　　E. $1<x\leqslant 5$

解题信号 含有未知数的绝对值不等式，考生要想到利用绝对值的几何意义.

解析 利用绝对值的几何意义可知 $|x-1|+|x-5|$ 的最小值是 $|5-1|=4$，又由已知 $|x-1|+|x-5|=4$ 取最小值，故当且仅当 $1\leqslant x\leqslant 5$ 时，等号成立.

答案 A

五、两个绝对值相加的函数图像（平底锅图像）

例如 $y=|x-3|+|x+2|$.

1. 先找出每项的零点：$x-3=0$ 和 $x+2=0$ 时 $x=3$，$x=-2$.
2. 分段讨论：当 $x\leqslant -2$ 时，化简可得 $y=3-x-x-2=-2x+1$；
   当 $-2<x<3$ 时，化简可得 $y=3-x+x+2=5$；
   当 $3\leqslant x$ 时，化简可得 $y=x-3+x+2=2x-1$.
3. 画函数图像.

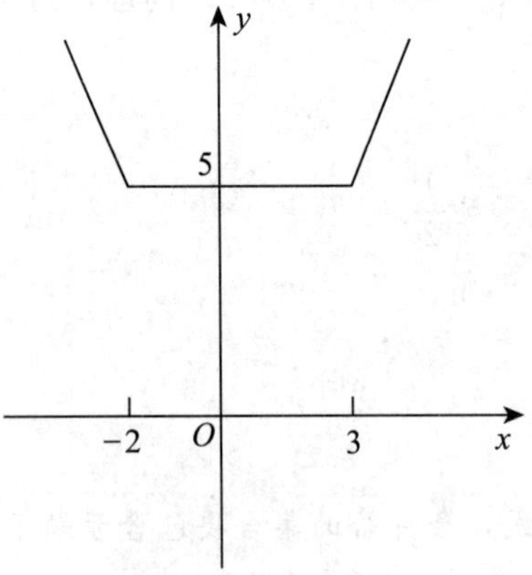

第四节 平 均 值

一、算术平均值

有 n 个数 $a_1, a_2, \cdots, a_n$，称 $\frac{a_1+a_2+\cdots+a_n}{n}$ 为这 n 个数的算术平均值，记 $\bar{a}=\frac{1}{n}\sum_{i=1}^{n}a_i$，$a_1+a_2+\cdots+a_n=n\bar{a}$.

二、几何平均值

有 n 个正实数 $a_1, a_2, \cdots, a_n$，称 $\sqrt[n]{a_1a_2\cdots a_n}$ 为这 n 个数的几何平均值，记 $G=$

$\sqrt[n]{\prod_{i=1}^{n} a_i}$，$a_1 \cdot a_2 \cdot \cdots \cdot a_n = G^n$.

【注】 若 $a_1 = a_2 = \cdots = a_n = a > 0$，则 $\overline{a} = G = a$.

三、平均值定理

1. 对 n 个正实数 a_1，a_2，…，a_n，有 $\overline{a} \geqslant G$.

2. 特殊地，当 $n=2$ 时，两个正实数的算术平均数大于或等于它们的几何平均数. 用不等式可表示为：

若 $a>0$，$b>0$，则

(1) $\frac{a+b}{2} \geqslant \sqrt{ab}$，$a+b \geqslant 2\sqrt{ab}$（此不等式可用于求最小值）；

(2) $\sqrt{ab} \leqslant \frac{a+b}{2}$，$ab \leqslant \left(\frac{a+b}{2}\right)^2$（此不等式可用于求最大值）.

当且仅当 $a=b$ 时，等号成立.

例题 1 （2007 年真题）一元二次函数 $f(x)=x(1-x)$ 的最大值为（　　）.

A. 0.05　　B. 0.10　　C. 0.15　　D. 0.20　　E. 0.25

解题信号 当看到求“最大值”时，考生要想到平均值定理，或一元二次函数图像（即抛物线）的顶点.

解析 方法一：$f(x)=x(1-x)=-x^2+x$，由一元二次函数的性质可知：当 $x=-\frac{b}{2a}=\frac{1}{2}$ 时，函数有最大值，最大值为 $[f(x)]_{\max}=\frac{4ac-b^2}{4a}=\frac{1}{4}=0.25$.

方法二（平均值定理）：$f(x)=x(1-x) \leqslant \left(\frac{x+1-x}{2}\right)^2=\frac{1}{4}=0.25$，当且仅当 $x=1-x$，即 $x=\frac{1}{2}$ 时等号成立.

答案 E

例题 2 三个实数 x_1，x_2，x_3 的算术平均数是 4.

(1) x_1+6，x_2-2，x_3+5 的算术平均数为 4.

(2) x_2 为 x_1 和 x_3 的等差中项，且 $x_2=4$.

解题信号 当看到“算术平均数”的字眼时，考生要想到它的公式.

解析 由条件 (1)，$\frac{x_1+6+x_2-2+x_3+5}{3}=\frac{x_1+x_2+x_3}{3}+3=4$，故 $\overline{x}=\frac{x_1+x_2+x_3}{3}=1$，不充分.

由条件 (2)，$x_1+x_3=2x_2=8$，故 $\overline{x}=\frac{x_1+x_2+x_3}{3}=\frac{8+4}{3}=4$，充分.

答案 B

例题 3 已知 2，4，$2x$，$4y$ 这四个数的平均数是 5；5，7，$4x$，$6y$ 这四个数的平均数是 9，则 x^2+y^2 的值是（　　）.

A. 12　　B. 13　　C. 15　　D. 16　　E. 17

解题信号 考生看到“平均数”，一般在计算算术平均数时，要先列出关系式.

解析 由题意，得 $\begin{cases}\dfrac{2+4+2x+4y}{4}=5,\\ \dfrac{5+7+4x+6y}{4}=9,\end{cases}$ 解得 $\begin{cases}x=3,\\ y=2,\end{cases}$ 因此，$x^2+y^2=13$.

答案 B

例题 4 把自然数 1，2，3，4，5，…，98，99 分成三组，如果每组数的平均数刚好相等，那么此平均数为（　　）.

A. 55　　B. 60　　C. 45　　D. 50　　E. 40

解题信号 题目没有说明，所以可以假设是平均分成 3 组，每组都有 33 个数.

解析 方法一：设平均分成 3 组，每组都是 33 个数，平均数相等意味着每组数的总和也相等，都等于 99 个数之和的 $\frac{1}{3}$，即每组数的总和为 $\frac{1}{3}\times\frac{(1+99)\times 99}{2}=50\times 33$，每组数有 33 个，则平均数为 $50\times 33\div 33=50$.

方法二：设每组数的个数为 a，b，c，每组数的平均数是 x，则所有数的平均数为 $\frac{ax+bx+cx}{a+b+c}=x$，恰好等于每组数的平均数. 所以 $x=\frac{(1+99)\times 99}{2}\div 99=50$.

答案 D

例题 5 x，y 的算术平均数是 2，几何平均数也是 2，则可以确定 $\frac{1}{\sqrt{x}}+\frac{1}{\sqrt{y}}$ 的值是（　　）.

A. 1　　B. $\sqrt{2}$　　C. 2　　D. $\frac{\sqrt{2}}{3}$　　E. $\frac{\sqrt{2}}{2}$

解题信号 看到平均数，要想到其公式，或者均值不等式.

解析 方法一：根据均值定理，只有在两个数相等的情况下，几何平均值和算术平均值才相等，所以 $x=y=2$，$\frac{1}{\sqrt{x}}+\frac{1}{\sqrt{y}}=\frac{1}{\sqrt{2}}+\frac{1}{\sqrt{2}}=\sqrt{2}$.

方法二：由已知得，$\frac{x+y}{2}=2$，$\sqrt{xy}=2$，则

$$\frac{1}{\sqrt{x}}+\frac{1}{\sqrt{y}}=\frac{\sqrt{x}+\sqrt{y}}{\sqrt{xy}}=\frac{\sqrt{x+y+2\sqrt{xy}}}{\sqrt{xy}}=\frac{\sqrt{4+2\times 2}}{2}=\sqrt{2}.$$

答案 B

例题 6 已知 x_1，x_2，…，x_n 的几何平均值为 3，前 $n-1$ 个数的几何平均值为 2，则 x_n 的值为（　　）.

A. $3\left(\frac{3}{2}\right)^{n-1}$　　B. $\left(\frac{3}{2}\right)^{n}$　　C. $2\left(\frac{3}{2}\right)^{n-1}$　　D. $\frac{9}{2}$　　E. $\left(\frac{3}{2}\right)^{n-1}$

解题信号　看到平均值，考生要想到其公式.

解析　由已知得，$\sqrt[n]{x_1x_2\cdots x_n}=3$，即 $x_1x_2\cdots x_n=3^n$，同理 $\sqrt[n-1]{x_1x_2\cdots x_{n-1}}=2$，即 $x_1x_2\cdots x_{n-1}=2^{n-1}$，因此 $x_n=\frac{x_1x_2\cdots x_n}{x_1x_2\cdots x_{n-1}}=\frac{3^n}{2^{n-1}}=3\left(\frac{3}{2}\right)^{n-1}$.

答案　A

—— 第五节　比与比例 ——

一、比与比例

【定义 1】　两个数相除，又称为这两个数的比，即 $a:b=\frac{a}{b}$ $(b\neq 0)$.

【定义 2】　表示两个比相等的式子叫作比例，记作 $a:b=c:d$ 或 $\frac{a}{b}=\frac{c}{d}$ $(bd\neq 0)$.

二、比例的基本性质 $(abcd\neq 0)$

【性质 1】　$a:b=c:d\Leftrightarrow ad=bc$.

【性质 2】　$a:b=c:d\Leftrightarrow b:a=d:c\Leftrightarrow b:d=a:c\Leftrightarrow d:b=c:a$.

三、重要定理 $(abcdf\neq 0)$

1. 更比定理：$\frac{a}{b}=\frac{c}{d}\Leftrightarrow\frac{a}{c}=\frac{b}{d}$.

2. 反比定理：$\frac{a}{b}=\frac{c}{d}\Leftrightarrow\frac{b}{a}=\frac{d}{c}$.

3. 合比定理：$\frac{a}{b}=\frac{c}{d}\Leftrightarrow\frac{a+b}{b}=\frac{c+d}{d}$.

4. 分比定理：$\frac{a}{b}=\frac{c}{d}\Leftrightarrow\frac{a-b}{b}=\frac{c-d}{d}$.

5. 合分比定理：$\frac{a}{b}=\frac{c}{d}\Leftrightarrow\frac{a+b}{a-b}=\frac{c+d}{c-d}$ $(a\neq b,\ c\neq d)$.

6. 等比定理：$\frac{a}{b}=\frac{c}{d}=\frac{e}{f}=\frac{a+c+e}{b+d+f}$ $(b+d+f\neq 0)$.

四、增减性变化关系（a，b，$m>0$）

1. 若$\frac{a}{b}>1$，则$\frac{a+m}{b+m}<\frac{a}{b}$. 注意，反之也成立.

2. 若$0<\frac{a}{b}<1$，则$\frac{a+m}{b+m}>\frac{a}{b}$. 注意，反之也成立.

例题 1 已知$\frac{x}{3}=\frac{y}{5}$，则$\frac{x+y}{x-y}$的值是（　　）.

A. 5　　B. -5　　C. 4　　D. -4　　E. 1

解题信号 当看到“比例”时，考生要想到可以设这个比例中的比值为k.

解析 本题类型为$\frac{x}{a}=\frac{y}{b}$（a，b为非零常数），可以设$\frac{x}{3}=\frac{y}{5}=k$，则$x=3k$，$y=5k$，所以$\frac{x+y}{x-y}=\frac{8k}{-2k}=-4$.

答案 D

例题 2 （2014年真题）若实数$a:b:c=1:2:5$，且$a+b+c=24$，则$a^2+b^2+c^2=$（　　）.

A. 30　　B. 90　　C. 120　　D. 240　　E. 270

解题信号 考生看到比例，可以设这个比例中的比值等于一个常数k.

解析 设$\frac{a}{1}=\frac{b}{2}=\frac{c}{5}=k$，则$a=k$，$b=2k$，$c=5k$，则$a+b+c=8k=24$，得$k=3$，因此$a^2+b^2+c^2=k^2+(2k)^2+(5k)^2=30k^2=270$.

答案 E

例题 3 设$\frac{1}{x}:\frac{1}{y}:\frac{1}{z}=4:5:6$，则使$x+y+z=74$成立的$y$值是（　　）.

A. 24　　B. 36　　C. $\frac{74}{3}$　　D. $\frac{37}{2}$　　E. 12

解题信号 考生看到比例，可以设这个比例中的比值等于一个常数k.

解析 由$\frac{1}{x}:\frac{1}{y}:\frac{1}{z}=4:5:6$，设$\frac{1}{x}=4k$，$\frac{1}{y}=5k$，$\frac{1}{z}=6k$，则$x+y+z=\frac{1}{4k}+\frac{1}{5k}+\frac{1}{6k}=\frac{15+12+10}{60k}=\frac{37}{60k}=74$，得$\frac{1}{k}=120$，所以$y=\frac{1}{5k}=24$.

答案 A

例题 4 已知某公司男员工的平均年龄和女员工的平均年龄，则能确定该公司员工的平均年龄.

（1）已知该公司员工的人数.

（2）已知该公司男员工和女员工的人数之比.

解题信号　有关比例问题的应用题，可以通过设比来求解.

解析　设男女职工的人数之比为 $a:b$，男女职工的平均年龄分别为 M，N，则全公司的平均年龄为 $\frac{Ma+Nb}{a+b}$，可知条件（2）充分，条件（1）不充分.

答案　B

第六节　练　习

一、问题求解

1. 若 a 为整数，则 a^2+a 一定能被（　　）整除.

A. 2　　B. 3　　C. 5　　D. 6　　E. 7

2. 设 n 为整数，则 $(2n+1)^2-25$ 一定能被（　　）整除.

A. 5　　B. 6　　C. 7　　D. 8　　E. 9

3. 四个各不相等的整数 a，b，c，d，它们的积 $abcd=9$，那么 $a+b+c+d$ 的值是（　　）.

A. -1　　B. 0　　C. 1　　D. 3　　E. 5

4. 已知 a 与 b 以及 a 与 c 的最大公约数分别是 12 和 15，且 a，b，c 的最小公倍数是 120，则 $a+b+c=$（　　）.

A. 99　　B. 147　　C. 99 或 147　　D. 109　　E. 177

5. 如果 x_1，x_2，x_3 三个数的算术平均值为 5，则 $2x_1+2$，$2x_2-3$，$2x_3+6$ 与 9 的算术平均值是（　　）.

A. 7　　B. 9　　C. 11　　D. 13　　E. 15

6. 一个数分别与两个相邻奇数相乘，所得的两个积相差 150，这个数是（　　）.

A. 55　　B. 65　　C. 75　　D. 100　　E. 70

7. 已知关于 x 的二次三项式 ax^2+bx+c（a，b，c 为整数），如果当 $x=0$ 与 $x=1$ 时，二次三项式的值都是奇数，那么 a（　　）.

A. 不能确定是奇数还是偶数　　B. 必然是偶数

C. 必然是奇数　　D. 必然是零

E. 必然是非零偶数

8. 已知 n 是偶数，m 是奇数，方程组 $\begin{cases}x-2\,020y=n,\\11x+27y=m\end{cases}$ 的解 $\begin{cases}x=p,\\y=q\end{cases}$ 是整数，那么（　　）.

A. p 是奇数，q 是偶数　　B. p，q 都是奇数

C. p 是偶数，q 是奇数　　D. p，q 都是偶数

E. p 是质数，q 是偶数

9. 有一个四位数，它被 131 除余 13，被 132 除余 130，则该四位数的各位数字之和为（　　）.

A. 23　B. 24　C. 25　D. 26　E. 27

10. 每一个合数都可以写成 k 个质数的乘积，在小于 100 的合数中，k 的最大值为（　　）.

A. 3　B. 4　C. 5　D. 6　E. 7

11. $11+22\frac{1}{2}+33\frac{1}{4}+\cdots+77\frac{1}{64}=$（　　）.

A. $306\frac{1}{64}$　B. $307\frac{63}{64}$　C. 308　D. $308\frac{1}{64}$　E. $308\frac{63}{64}$

12. 若$\frac{1}{3-\sqrt{7}}$的整数部分是 a，小数部分是 b，则 $a^2+(1+\sqrt{7})ab$ 的值等于（　　）.

A. 6　B. 7　C. 8　D. 9　E. 10

13. 设 $m=\sqrt{5}+1$，则 $m+\frac{1}{m}$的整数部分为（　　）.

A. 1　B. 2　C. 3　D. 4　E. 5

14. 已知 x_1，x_2，x_3 的算术平均值为 a；y_1，y_2，y_3 的算术平均值为 b. 则 $2x_1+3y_1$，$2x_2+3y_2$，$2x_3+3y_3$ 的算术平均值为（　　）.

A. $2a+3b$　B. $\frac{2}{3}a+b$　C. $6a+9b$　D. $2a+b$　E. $a+2b$

15. 已知 $x>0$，函数 $y=\frac{2}{x}+3x^2$ 的最小值是（　　）.

A. $2\sqrt{6}$　B. $3\sqrt[3]{3}$　C. 6　D. $4\sqrt{2}$　E. $6\sqrt{2}$

16. 已知 a，b，c，d 均为正数，且$\frac{a}{b}=\frac{c}{d}$，则$\frac{\sqrt{a^2+b^2}}{\sqrt{c^2+d^2}}$的值为（　　）.

A. $\frac{a+b}{c+d}$　B. $\frac{c^2}{d^2}$　C. 1　D. $\frac{b^2}{d^2}$　E. $\frac{a^2}{d^2}$

17. 已知非零实数 a，b 满足 $|2a-4|+|b+2|+\sqrt{(a-3)b^2}+4=2a$，则 $a+b$ 等于（　　）.

A. -1　B. 0　C. 1　D. 2　E. 3

18. 已知 $|a-1|=3$，$|b|=4$，$b>ab$，则 $|a-1-b|=$（　　）.

A. 1　B. 7　C. 5　D. 16　E. 9

19. 若$\frac{x}{|x|-1}=1$，则$\frac{|x|+1}{2x}$的值为（　　）.

A. 1　B. $\frac{1}{2}$　C. $\frac{3}{2}$　D. $-\frac{1}{2}$　E. $-\frac{3}{2}$

20. 已知$\frac{x}{3}=\frac{y}{4}=\frac{z}{5}$，$x+y+z=48$，那么 x 的值是（　　）.

A. 12　B. 16　C. 20　D. 24　E. 28

二、条件充分性判断

21. m 是偶数.

(1) 设 n 为正整数，$m=n(n+1)$.

(2) 在 1，2，3，…，2 020 这 2 020 个自然数中，每相邻两个数之间任意添加一个加号或减号，设这样组成的运算式的结果是 m.

22. $132n$（n 为正整数）是一个自然数的平方.

(1) n 为素数（质数）.

(2) n 为合数.

23. a，b 为质数，且 $a\neq b$，则 $\frac{b}{a}+\frac{a}{b}=\frac{125}{44}$.

(1) $a^2-13a+m=0$.

(2) $b^2-13b+m=0$.

24. $a=b=0$.

(1) $ab\geqslant 0$，$\left(\frac{1}{2}\right)^{a+b}=1$.

(2) a，b 是有理数，m 是无理数，且 $a+bm=0$.

25. $|3-x|+|x+2|=a$ 有解.

(1) $a=5$.

(2) $a=1$.

26. 设 a，b，c，d 均为正数，则 $|a-b|<|c-d|$.

(1) $a+b=c+d$.

(2) $ab>cd$.

27. 利用长度为 a 和 b 的两种管材连接成长度为 37 的管道（单位：m)，能确定使用管材的总数.

(1) $a=3$，$b=5$.

(2) $a=5$，$b=7$.

28. a，b，c，d 都是有理数，x 是无理数，$d\neq 0$，则 $S=\frac{ax+b}{cx+d}$ 为有理数.

(1) $a=0$.

(2) $c=0$.

29. $ad>bc$ 成立.

(1) $a+d=b+c$.

(2) $|a-d|<|b-c|$.

第七节 参考答案及解析

一、问题求解

1. 答案：A

解析：因为 $a^2+a=a(a+1)$，且 a 为整数，所以 a^2+a 可以看作 a，$a+1$ 这两个连续整数的乘积，故一定可以被 2 整除.

【注】 连续 n 个自然数的乘积一定可以被 $n!$ 整除.

2. 答案：D

解析：$(2n+1)^2-25=(2n+1+5)(2n+1-5)=4(n+3)(n-2)$，因为 n 为整数，所以 $n+3$ 和 $n-2$ 两数中一定有一个是奇数有一个是偶数. 故 $4(n+3)(n-2)$ 一定是 8 的倍数.

3. 答案：B

解析：本题主要考查 9 的约数，确定满足 $abcd=9$ 的四个互不相等的整数即可. $abcd=9=3\times(-3)\times1\times(-1)$，故 $a+b+c+d=0$.

4. 答案：C

解析：① 因为 12，15 都是 a 的约数，所以 a 应当是 12 与 15 的公倍数，即 $[12, 15]=60$ 的倍数. 再由 $[a, b, c]=120$ 可知，a 只能是 60 或 120. $(a, c)=15$，说明 c 没有质因数 2，又因为 $[a, b, c]=120=2^3\times3\times5$，所以 $c=15$.

② 因为 a 是 c 的倍数，所以求 a，b 的问题可以简化为"a 是 60 或 120，$(a, b)=12$，$[a, b]=120$，求 a，b".

当 $a=60$ 时，$b=(a, b)\times[a, b]\div a=12\times120\div60=24$；

当 $a=120$ 时，$b=(a, b)\times[a, b]\div a=12\times120\div120=12$.

所以 a，b，c 的值分别为 60，24，15 或 120，12，15. 故 $a+b+c=99$ 或 147.

5. 答案：C

解析：x_1，x_2，x_3 三个数的算术平均值为 5，由此，$x_1+x_2+x_3=15$，则 $2x_1+2$，$2x_2-3$，$2x_3+6$ 与 9 的算术平均值是

$$\frac{2x_1+2+2x_2-3+2x_3+6+9}{4}=11.$$

6. 答案：C

解析：方法一：因为相邻两个奇数相差 2，所以 150 是这个要求的数的 2 倍. 那么这个数就是 $150\div2=75$.

方法二：设这个数为 x，相邻的两个奇数为 $2a+1$，$2a-1$ $(a\geqslant1)$，则有 $(2a+1)x-(2a-1)x=150$，整理得 $2x=150$，解得 $x=75$. 因此这个要求的数是 75.

7. 答案：A

解析：当 $x=0$ 时，$ax^2+bx+c=c$ 为奇数，故 c 为奇数；

当 $x=1$ 时，$ax^2+bx+c=a+b+c$ 为奇数，由于 c 为奇数，故 $a+b$ 为偶数，则 a 的奇偶性无法判断.

8. 答案：C

解析：由于 $2\,020y$ 是偶数，由第一个方程知 $p=x=n+2\,020y$，所以 p 是偶数；

将其代入第二个方程，于是 $11x=11p$ 也为偶数，从而 $27y=m-11x$ 为奇数，所以 $y=q$ 是奇数.

9. 答案：C

解析：设所求四位数为 n，商分别为 x，y，由已知 $\begin{cases}n=131x+13,\\ n=132y+130,\end{cases}$ 且 $n=(131+1)y+130=131y+y-1+131=131(y+1)+y-1$，由带余除法商和余数的唯一性可得 $\begin{cases}y-1=13,\\ y+1=x,\end{cases}$ 因此，所求四位数为 $n=132\times 14+130=1\,978$，从而 $1+9+7+8=25$.

10. 答案：D

解析：若 a 是合数，则 $a=p_1p_2\cdots p_k$，这里 p_1，p_2，…，p_k 都是质数，且 $k\geqslant 2$. 要使 k 最大，只要 p_1，p_2，…，p_k 取最小质数 $p=2$ 即可.

故 $2\times 2\times 2\times 2\times 2\times 2=2^6=64<100$，即 $k=6$ 为最大值.

11. 答案：E

解析：$11+22\frac{1}{2}+33\frac{1}{4}+\cdots+77\frac{1}{64}=(11+22+\cdots+77)+\left(\frac{1}{2}+\frac{1}{4}+\cdots+\frac{1}{64}\right)=$

$$11\times(1+2+3+\cdots+7)+\frac{\frac{1}{2}\left(1-\frac{1}{2^6}\right)}{1-\frac{1}{2}}=11\times\frac{7\times(1+7)}{2}+1-\frac{1}{64}=308\frac{63}{64}.$$

12. 答案：E

解析：$\frac{1}{3-\sqrt{7}}=\frac{3+\sqrt{7}}{2}$，由于 $2<\sqrt{7}<3$，所以整数部分为 $a=2$，那么它的小数部分就是 $b=\frac{3+\sqrt{7}}{2}-2=\frac{\sqrt{7}-1}{2}$，代入表达式即可求出答案. $a^2+(1+\sqrt{7})ab=4+(1+\sqrt{7})\times 2\times\frac{\sqrt{7}-1}{2}=4+6=10$.

13. 答案：C

解析：$m=\sqrt{5}+1$，所以 $m+\frac{1}{m}=\sqrt{5}+1+\frac{1}{\sqrt{5}+1}=\frac{5\sqrt{5}+3}{4}$，由于 $\sqrt{121}<5\sqrt{5}=\sqrt{125}<\sqrt{144}$，所以 $11<5\sqrt{5}<12$，$\frac{14}{4}<\frac{5\sqrt{5}+3}{4}<\frac{15}{4}$，故 $m+\frac{1}{m}$ 的整数部分是 3.

14. 答案：A

解析：由已知，得$\begin{cases}\dfrac{x_1+x_2+x_3}{3}=a,\\ \dfrac{y_1+y_2+y_3}{3}=b,\end{cases}$即$\begin{cases}x_1+x_2+x_3=3a,\\ y_1+y_2+y_3=3b,\end{cases}$则

$$\begin{aligned}\frac{2x_1+3y_1+2x_2+3y_2+2x_3+3y_3}{3}&=\frac{2(x_1+x_2+x_3)+3(y_1+y_2+y_3)}{3}\\&=\frac{6a+9b}{3}=2a+3b.\end{aligned}$$

15. 答案：B

解析：根据平均值定理，有$\dfrac{\frac{1}{x}+\frac{1}{x}+3x^2}{3}\geqslant\sqrt[3]{\frac{1}{x}\frac{1}{x}3x^2}=\sqrt[3]{3}$，所以$y=\dfrac{2}{x}+3x^2\geqslant3\sqrt[3]{3}$.

16. 答案：A

解析：令$\dfrac{a}{b}=\dfrac{c}{d}=k$（$k\neq0$），则$a=bk$，$c=dk$，代入算式中，得

$$\frac{\sqrt{a^2+b^2}}{\sqrt{c^2+d^2}}=\frac{\sqrt{b^2k^2+b^2}}{\sqrt{d^2k^2+d^2}}=\frac{\sqrt{k^2+1}\cdot b}{\sqrt{k^2+1}\cdot d}=\frac{b}{d}=\frac{(1+k)\ b}{(1+k)\ d}=\frac{a+b}{c+d}.$$

17. 答案：C

解析：$|2a-4|+|b+2|+\sqrt{(a-3)\ b^2}+4=2a$，化简后得到$|2a-4|+|b+2|+\sqrt{(a-3)\ b^2}=2a-4$，所以$2a-4\geqslant0$，即$|b+2|+\sqrt{(a-3)\ b^2}=0$，故$b+2=0$且$(a-3)\ b^2=0$，所以$a=3$，$b=-2$，代入$a+b=1$.

18. 答案：B

解析：方法一：$b>ab$，则$(a-1)\ b<0$，所以$|a-1-b|\cdot|b|=|(a-1)\ b-b^2|=|-12-16|=28$，故$|a-1-b|=\dfrac{28}{|b|}=7$.

方法二：直接讨论法.

① 当$b=4$时，则$a<1$，则$a=-2$，所以$|a-1-b|=7$；

② 当$b=-4$时，则$a>1$，则$a=4$，所以$|a-1-b|=7$.

19. 答案：E

解析：因为$\dfrac{x}{|x|-1}=1$，所以$x=|x|-1$. 若$x\geqslant0$，则$x=x-1$，出现矛盾，所以$x<0$. 故$x=-x-1$，则$x=-\dfrac{1}{2}$，代入得$\dfrac{|x|+1}{2x}=-\dfrac{3}{2}$.

20. 答案：A

解析：设$\dfrac{x}{3}=\dfrac{y}{4}=\dfrac{z}{5}=a$，可得$x=3a$，$y=4a$，$z=5a$，则$x+y+z=12a=48$，$a=4$，故$x=3a=12$.

二、条件充分性判断

21. 答案：D

解析：条件（1），$m=n(n+1)$，连续两个整数中，正好一个奇数、一个偶数，从而 m 是偶数，充分.

条件（2），在 1，2，3，…，2 020 中有 1 010 个偶数、1 010 个奇数，其运算式的结果一定是偶数，充分.

22. 答案：E

解析：$132n=2\times2\times3\times11\times n$，是完全平方数，则 n 必为合数，但是由条件（2），n 仅仅为合数，是推不出结论成立的.

23. 答案：E

解析：条件（1）和条件（2）单独都不充分，联合起来有 $\begin{cases}a^2-13a+m=0,\\b^2-13b+m=0,\end{cases}$ 即 a，b 为方程 $x^2-13x+m=0$ 的两个不同的实数根，根据韦达定理有 $\begin{cases}a+b=13,\\ab=m,\end{cases}$ 而 a，b 为质数，所以 $\begin{cases}a=2,\\b=11,\\m=22\end{cases}$ 或 $\begin{cases}a=11,\\b=2,\\m=22,\end{cases}$ 则 $\dfrac{b}{a}+\dfrac{a}{b}=\dfrac{a^2+b^2}{ab}=\dfrac{(a+b)^2-2ab}{ab}=\dfrac{125}{22}\neq\dfrac{125}{44}$，联合不充分.

24. 答案：D

解析：由条件（1），$\left(\dfrac{1}{2}\right)^{a+b}=1$，则 $a+b=0$，而 $ab\geqslant0$，则必有 $a=b=0$，充分.

由条件（2），可直接得 $a=0$ 且 $b=0$，充分.

25. 答案：A

解析：$|3-x|+|x+2|$ 的最小值为 5，因为 $|3-x|+|x+2|=a$，所以 $a\geqslant5$ 时方程有解，故条件（1）充分，条件（2）不充分.

26. 答案：C

解析：显然条件（1）和（2）单独都不充分，考虑联合. 因为 $(a-b)^2=(a+b)^2-4ab<(c+d)^2-4cd=(c-d)^2$，所以 $|a-b|<|c-d|$，联合充分. 故答案选 C.

27. 答案：B

解析：设长度为 a 的管材数为 x，长度为 b 的管材数为 y. 条件（1）：$3x+5y=37\Rightarrow x=\dfrac{37-5y}{3}$，由于 x，y 均为正整数，得到两组解 $\begin{cases}x=9,\\y=2\end{cases}$ 或 $\begin{cases}x=4,\\y=5,\end{cases}$ 不能确定最终为哪组，故条件（1）不充分. 条件（2）：$5x+7y=37\Rightarrow x=\dfrac{37-7y}{5}$，得到一组解 $\begin{cases}x=6,\\y=1,\end{cases}$ 条件（2）充分. 故答案选 B.

28. 答案：C

解析：条件（1）：$a=0$，$d\neq0$，$S=\dfrac{b}{cx+d}$，若 $b\neq0$ 且 $c\neq0$，S 为无理数，不充分.

条件（2）：$c=0$，$d\neq 0$，$S=\frac{ax+b}{d}$，同上分析，也不充分．联合后，$S=\frac{b}{d}$，充分．故答案选 C.

29. **答案**：C

解析：显然两个条件单独都不充分，联合后得

$$|a-d|^2<|b-c|^2\Rightarrow (a+d)^2-4ad<(b+c)^2-4bc\Rightarrow ad>bc.$$

联合后充分.

第二章 应 用 题

第一节 利润、变化率与储蓄问题

一、利润问题

利润＝售价－进价.

利润率＝$\frac{\text{利润}}{\text{成本}}\times 100\%$.

【注】 (1) 这里的分母是成本不是售价.

(2) 有折扣时：售价＝商品标价×折扣.

(3) 如果售价＜成本，说明是亏损，则亏损＝成本－售价.

二、变化率问题

变化率＝$\frac{\text{变化量}}{\text{变前量}}\times 100\%$.

这里的“变前量”指的是变化以前的量，通常也称它为“原值”；变化以后的量，通常也称为“现值”.

【注】 (1) 如果是增加，变化率就是增长率，变化量＝现值－原值；如果是下降，变化率就是下降率，变化量＝原值－现值.

(2) 若增长率是 $p\%$，原值是 a，则现值是 $a(1+p\%)$.

(3) 若下降率是 $p\%$，原值是 a，则现值是 $a(1-p\%)$.

三、储蓄问题

顾客存入银行的钱称为本金，银行付给顾客的酬金称为利息，本金和利息合称为本息和，存入银行的时间称为期数，利息与本金的比称为利率.

利息结算公式：

利息＝本金×利率×期数；

本息和＝本金＋利息；

利息税＝利息×税率.

例题 1 (2022 年真题) 某商品的成本利润率为 12%，若其成本降低 20% 而售价不变，则利润率为（ ）.

A. 32% B. 35% C. 40% D. 45% E. 48%

解题信号 本题明显是有关变化率的应用题，对于此类原值未知的应用题，可以设原值为某方便计算的量，或者根据所求的量来设未知数.

解析 设原有成本为100元，则原利润为12元，售价为112元. 成本降低80%，则现成本为100×80%=80元，则现利润率为（112－80）÷80×100%=40%.

答案 C

例题2 某服装商贩同时卖出两套服装，每套均卖168元，以成本计算，其中一套盈利20%，另一套亏本20%. 则这次出售中商贩（　　）.

A. 不赚不赔　B. 赚37.2元　C. 赚14元　D. 赔14元　E. 赔37.2元

解题信号 盈利和亏本，意味着增长率和下降率.

解析 方法一：两套共卖168×2=336（元），则实际成本为168÷1.2+168÷0.8=350（元），故利润为336－350=－14（元）.

方法二：设一套成本为A元，另一套成本为B元，则$\begin{cases}A\times(1+20\%)=168,\\B\times(1-20\%)=168,\end{cases}$解得$\begin{cases}A=140,\\B=210,\end{cases}$故成本是140+210=350（元），收入是168×2=336（元），利润为336－350=－14（元）.

答案 D

例题3 某商场的老板销售一种商品，他要以不低于进价20%的利润销售出去，但为了获得更多利润，他以高出进价80%的价格标价. 若你想买下标价为360元的这种商品，最多降价（　　）时商场老板可以出售.

A. 80元　B. 100元　C. 120元　D. 160元　E. 200元

解题信号 这明显是一道"利润问题"，一定会用到变化率. 题中没有告知原值，可以设未知数.

解析 假设进价为x，那么标价为$360=x+0.8x$（进价+利润），解出这件商品的进价$x=200$.

老板要以不低于进价20%的利润销售出去，这件商品最少要卖240元，所以标价360元的商品最多降价120元销售.

答案 C

例题4 2018年，某公司所销售的计算机台数比上一年度上升了20%，而每台的价格比上一年度下降了20%. 如果2018年该公司的计算机销售额为3 000万元，那么2017年的计算机销售额大约是（　　）.

A. 2 900万元　B. 3 000万元　C. 3 100万元　D. 3 300万元　E. 3 200万元

解题信号 利润问题，考生要想到变化率.

解析 设2017年时，销售的计算机台数为x，每台的价格为y（万元），则2018年销售的计算机的台数为x（1+20%），每台价格为y（1－20%）（万元），2018年销售额为

$x(1+20\%)\times y(1-20\%)=3\ 000$（万元），所以 $xy=\frac{3\ 000}{(1+20\%)(1-20\%)}$，那么2017年销售额为 $xy\approx 3\ 100$（万元）.

答案 C

例题5 （2024年真题）甲股票上涨20%后价格与乙股票下跌20%后的价格相等，则甲、乙股票的原价格之比为（　　）.

A. 1∶1　　B. 1∶2
C. 2∶1　　D. 3∶2
E. 2∶3

解题信号 考生要通过"价格相等"，建立等量关系式.

解析 设甲股票的原价为 a，乙股票的原价为 b，则 $a(1+20\%)=b(1-20\%)$，有 $a:b=2:3$.

答案 E

例题6 王大伯承包了25亩土地（1亩≈666.67 m^2），今年春季改种茄子和西红柿两种大棚蔬菜，共用去了44 000元，其中种茄子每亩需投资1 700元，可获纯利2 400元；种西红柿每亩需投资1 800元，可获纯利2 600元. 那么，王大伯一共可获利（　　）元.

A. 61 000　B. 63 000　C. 66 000　D. 72 000　E. 69 000

解题信号 题目中茄子和西红柿的产量不确定，所以想到设其中一种产量为未知数.

解析 设王大伯种茄子 x 亩，则种西红柿 $(25-x)$ 亩，则 $1\ 700x+1\ 800(25-x)=44\ 000$，解得 $x=10$，$25-x=15$，故王大伯一共获纯利 $10\times 2\ 400+15\times 2\ 600=63\ 000$（元）.

答案 B

例题7 某企业人均产值减少40%.

（1）总产值减少25%.

（2）员工总数增加25%.

解题信号 "利润问题"，要想到变化率公式.

解析 条件（1）和条件（2）单独都不充分，联合起来，如下表所列：

项 目	原 来	计 算	现 在
总产值	1	$1\times(1-25\%)$	0.75
员工总数	1	$1\times(1+25\%)$	1.25
人均产值	1	$\frac{1\times(1-25\%)}{1\times(1+25\%)}$	0.6

显然 $0.6=\frac{0.75}{1.25}$，充分.

答案 C

例题8 某商品按七五折出售可获利7.8%.

（1）该商品按八折出售可获利 15%.

（2）该商品按原价出售可获利 75%.

解题信号 利润问题，进价可以设为 1，根据条件，先求出售价，再计算要求的利润率.

解析 由条件（1），有

进　价	原标价	折扣价	利润率
1	$\frac{1.15}{0.8}$	1.15	15%

则如果按七五折出售，折扣价为 $\frac{1.15}{0.8}\times 0.75\approx 1.078$，利润率为 $\frac{1.078-1}{1}\times 100\%=0.078\times 100\%=7.8\%$，充分；

由条件（2），有

进　价	原标价	折扣价	利润率
1	1.75	1.75	75%

则如果按七五折出售，折扣价为 $1.75\times 0.75=1.3125$，利润率为 $(1.3125-1)\div 1=0.3125=31.25\%$，不充分.

答案 A

例题 9 王明同学将 100 元第一次按一年定期储蓄存入“少儿银行”，到期后将本金和利息取出，并将其中的 50 元捐给“希望工程”，剩余的又全部按一年定期存入，这时存款的年利率已下调到第一次存款时年利率的一半，这样到期后可得本金利息共 63 元. 第一次存款时的年利率为（　　）.

A. 5%　　B. 6%　　C. 8%　　D. 9%　　E. 10%

解题信号 储蓄问题，考生要想到公式“利息＝本金×利率×期数”.

解析 设王明同学第一次存款时的年利率为 x，则 $[100(1+x)-50]\cdot\left(1+\frac{1}{2}x\right)=63$.

整理得 $50x^2+125x-13=0$，解得 $x_1=\frac{1}{10}$，$x_2=-\frac{13}{5}$（舍）.

答案 E

第二节 行程问题

一、基本关系

路程＝速度×时间，即 $s=vt$.

二、相遇问题

甲、乙相遇问题（相向而行），这类问题的相等关系：

(1) 甲走的路程＋乙走的路程＝全路程；

(2) 如果同时走，那么相遇时，甲走的时间＝乙走的时间.

三、追及问题

甲、乙追及问题（同向而行），这类问题的等量关系：

1. 同时不同地

甲走的时间＝乙走的时间，甲走的路程－乙走的路程＝原来甲、乙相距的路程.

2. 同地不同时

甲走的时间＝乙走的时间－时间差，甲走的路程＝乙走的路程.

四、环形跑道上的相遇和追及问题

1. 同向的等量关系（经历时间相同）

$S_{甲}-S_{乙}=S$（S 代表周长，$S_{甲}$ 代表甲走的路程，$S_{乙}$ 代表乙走的路程）.

【注】 甲、乙每相遇一次，甲就比乙多走一圈，若相遇 n 次，则有 $S_{甲}-S_{乙}=nS$.

2. 逆向的等量关系

第一次相遇时，$S_{甲}+S_{乙}=S$（S 代表周长，$S_{甲}$ 代表甲走的路程，$S_{乙}$ 代表乙走的路程）.

【注】 甲、乙每相遇一次，甲与乙路程之和为一圈，若相遇 n 次，则有 $S_{甲}+S_{乙}=nS$.

五、船（飞机）航行问题

相对运动的合速度关系：

(1) 顺水（风）速度＝船的静水（无风）速度＋水流（风）速度；

(2) 逆水（风）速度＝船的静水（无风）速度－水流（风）速度.

六、车上（离）桥问题

1. 车上桥

车头抵达桥到车尾抵达桥的一段路程，所走的路程为一个车的长度.

2. 车离桥

车头离开桥到车尾离开桥的一段路程，所走的路程为一个车的长度.

3. 车过桥

车头抵达桥到车尾离开桥的一段路程，所走的路程为一个车的长度＋桥的长度.

4. 车在桥上

车尾抵达桥到车头离开桥的一段路程，所走的路程为桥的长度－一个车的长度.

【注】 这里的桥也可以指隧道，那么桥长就换成隧道长.

例题 1 甲、乙两汽车从相距 695 km 的两地出发，相向而行，乙比甲晚 2 h 出发，甲的行驶速度为 55 km/h，若乙出发后 5 h 与甲相遇，则乙的行驶速度为（ ）km/h.

A. 55 B. 58 C. 60 D. 62 E. 65

解题信号 相遇问题，考虑二者行驶时间相等，或二者行驶的路程之和等于两地的距离.

解析 乙出发 5 h，比甲晚 2 h 出发，则甲行驶了 7 h，甲一共行驶的路程为 $55\times7=385$（km）.

甲、乙原本相距 695 km，所以乙行驶的路程为 $695-385=310$（km），故乙的速度为 $310\div5=62$（km/h）.

答案 D

例题 2 （2024 年真题）甲、乙两码头相距 100 km，一艘游轮从甲地顺流而下，到达乙地用了 4 h，返回时游轮的静水速度增加了 25%，用了 5 h. 则道的水流速度为（ ）.

A. 3.5 km/h B. 4 km/h

C. 4.5 km/h D. 5 km/h

E. 5.5 km/h

解题信号 通过位移和速度的关系建立方程.

解析 设游轮原静水速度为 a km/h，水流速度为 b km/h，则有以下方程 $4(a+b)=5(1.25a-b)=100$，解得 $a=20$，$b=5$.

答案 D

例题 3 （2022 年真题）已知 A、B 两地相距 208 km，甲、乙、丙三车的速度分别为 60 km/h、80 km/h、90 km/h，甲、乙两车从 A 地出发去 B 地，丙车从 B 地出发去 A 地，三车同时出发. 当丙车与甲、乙两车的距离相等时，用时（ ）min.

A. 70 B. 75

C. 78 D. 80

E. 86

解题信号 同时出发，时间相等.

解析 由于乙车车速＞甲车车速，故当丙车与甲、乙两车距离相等时，必然与甲车未相遇，与乙车已相遇，设乙、丙两车相遇时用时 t（h），则有：$208-60t-90t=80t+90t-208$，解得 $t=1.3$（h）$=78$（min）.

答案 C

例题 4 小王沿街匀速行走，发现每隔 6 min 从背后驶过一辆 18 路公交车，每隔 3 min 迎面驶来一辆 18 路公交车．假设每辆 18 路公交车行驶速度相同，而且 18 路公交车总站每隔固定时间发一辆车，那么发车间隔的时间是（　　）min.

A. 3　　B. 4　　C. 5　　D. 18　　E. 6

解题信号　间隔的时间，等于间隔路程除以车速.

解析　设 18 路公交车的速度是 x m/min，小王行走的速度是 y m/min，同向行驶的相邻两车的间距为 s m．每隔 6 min 从背后开过一辆 18 路公交车，则 $6x-6y=s$．每隔 3 min 迎面驶来一辆 18 路公交车，则 $3x+3y=s$.

综上可得 $s=4x$，所以$\frac{s}{x}=4$．即 18 路公交车总站发车间隔的时间是 4 min.

答案　B

例题 5　一人从甲地去乙地，路程 19 km，先步行 7 km，后改骑自行车，共用 2 h 到达乙地，骑自行车的速度是步行的 4 倍，则骑自行车的速度为（　　）km/h.

A. 5　　B. 10　　C. 15　　D. 20　　E. 25

解题信号　路程和时间已知，速度未知，可以设未知数.

解析　设此人步行的速度 x km/h，骑自行车的速度为 $4x$ km/h，$\frac{7}{x}+\frac{19-7}{4x}=2$，$x=5$，故骑自行车的速度为 $4x=20$（km/h）.

答案　D

例题 6　A，B 两地相距 160 km，一辆公共汽车从 A 地驶出开往 B 地；2 h 后，一辆小汽车也从 A 地驶出开往 B 地，小汽车速度为公共汽车速度的 2 倍．结果小汽车比公共汽车迟 40 min 到达 B 地，则小汽车和公共汽车的速度分别为（　　）km/h.

A. 90，45　　B. 120，60　　C. 70，35　　D. 140，75　　E. 100，75

解题信号　两车的路程已知，速度有关系，时间也有关系，可以设未知数，通过两个关系来列方程求解.

解析　设公共汽车速度为 x km/h，小汽车速度为 $2x$ km/h.

小汽车比公共汽车晚 2 h 出发，迟 40 min 到达，意味着两车行驶时间相差 $2-\frac{40}{60}=\frac{4}{3}$（h）.

所以，$\frac{160}{x}-\frac{160}{2x}=\frac{4}{3}$，$x=60$．故公共汽车速度为 60 km/h，小汽车速度为 120 km/h.

答案　B

例题 7　两人沿 400 m 跑道跑步，甲跑 2 圈的时间，乙跑 3 圈．两人在同地反向而跑，32 s 后两人第一次相遇，则甲、乙两人的速度为（　　）m/s.

A. 5，4.5　　B. 12，6　　C. 7，3.5　　D. 5，7.5　　E. 9，6

解题信号　环形跑道逆向跑，甲、乙每相遇一次，甲与乙路程之和为一圈.

解析　设甲速度为 x m/s，则乙速度为$\frac{3x}{2}$ m/s，则 $400=32\left(x+\frac{3x}{2}\right)$，$x=5$．故甲速度为 5 m/s，乙为 7.5 m/s.

答案 D

例题 8 甲、乙二人在周长为 400 m 的环形跑道上跑步，已知甲 8 m/s，乙 6 m/s. 当两人同地同向出发，第一次相遇时，乙跑了（　　）圈.

A. 2　　B. 3　　C. 4　　D. 5　　E. 6

解题信号 环形跑道同地同向出发，第一次相遇，两人的路程差是一圈.（同理，第二次相遇，则路程差是两圈，以此类推.）

解析 设第一次相遇时乙跑了 x 圈，则甲此时应当跑了 $x+1$ 圈，由于两人所跑的时间相等，得 $\frac{400x}{6}=\frac{400(x+1)}{8}$，$x=3$.

答案 B

例题 9 在周长为 400 m 的环形跑道的一条直径的两端，甲、乙两人分别以 6 m/s 和 4 m/s 的速度骑自行车同时同向出发（顺时针沿圆周行驶），经过（　　）s，甲第二次追上乙.

A. 300　　B. 320　　C. 280　　D. 270　　E. 240

解题信号 环形跑道，如果同地同向出发，当第一次相遇时，两人的路程差是一圈；但如果不是同地，那么两人第一次相遇的路程差等于出发前相距的路程，第二次相遇的路程差等于第一次相遇的路程差加上一圈，第三次相遇的路程差等于第一次相遇的路程差加上两圈，以此类推.

解析 如图，在出发的时候，甲、乙两人相距半个周长，即 200 m.

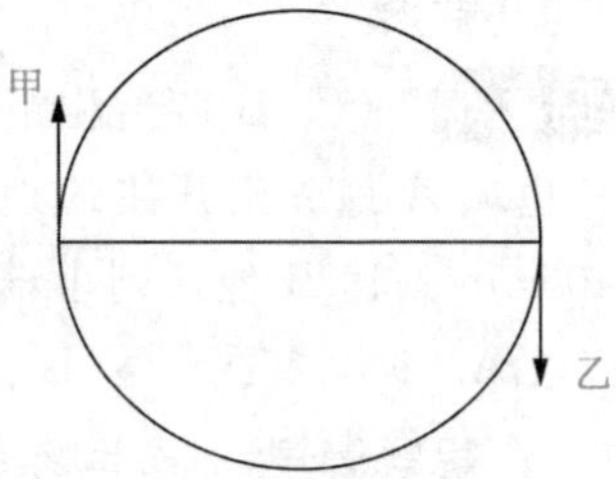

设经过 t s 两人第二次相遇，此时两人路程差等于第一次的路程差加上一圈，即 $6t-4t=200+400$，$t=300$ s.

答案 A

例题 10 轮船在顺水中航行 30 km 所用的时间与在逆水中航行 20 km 所用的时间相等，已知水流速度为 2 km/h，则船在静水中的速度为（　　）km/h.

A. 6　　B. 7　　C. 8　　D. 9　　E. 10

解题信号 顺水速度等于船速加水速；逆水速度等于船速减水速.

解析 设船在静水中速度为 x km/h，则顺水航行速度为 $(x+2)$ km/h，逆水航行速度为 $(x-2)$ km/h，依题意得 $\frac{30}{x+2}=\frac{20}{x-2}$，$x=10$.

答案 E

例题 11 一列火车完全通过一个长为 1 600 m 的隧道用了 25 s，通过一根电线杆用了 5 s，则该列火车的长度为（　　）m.

A. 200　　B. 300　　C. 400　　D. 450　　E. 500

解题信号 火车本身是有长度的，计算路程时要加上长度.

解析 设火车长度是 x m，火车通过隧道的路程是火车长度＋隧道长度，通过电线杆的路程是火车长度，速度不变，则$\frac{1\,600+x}{25}=\frac{x}{5}$，$x=400$.

答案 C

例题 12 （2023 年真题）甲、乙两人从同一地点出发，甲先出发 10 min，若乙跑步追赶甲，则 10 min 可追上，若乙骑车追赶甲，每分钟比跑步多行 100 m，则 5 min 可追上，那么甲每 min 走的距离为（　　）.

A. 50 m　　B. 75 m　　C. 100 m　　D. 125 m　　E. 150 m

解析 甲 20 min 路程=乙 10 min 跑步路程，则 $V_{乙}=2V_{甲}$；

甲 15 min 路程=乙 5 min 骑车路程，则 $V_{车}=3V_{甲}$；

$V_{甲}=3V_{甲}-2V_{甲}=V_{车}-V_{乙}=100$，选 C.

答案 C

第三节 工程问题

一、工作量、工作效率、工作时间三者的关系

（1）工作量=工作效率×工作时间；

（2）工作时间=$\frac{工作量}{工作效率}$；

（3）工作效率=$\frac{工作量}{工作时间}$.

二、重要说明

1. 工作量

对于一个工程问题，工作量往往是一定的，如果题目中没有涉及具体的工作量，则可以将总的工作量看作“1”.

2. 工作效率

合作时，总的效率等于各效率的代数和.

三、重要结论

若甲单独完成需要 x 天，乙单独完成需要 y 天，则

（1）甲的效率为$\frac{1}{x}$，乙的效率为$\frac{1}{y}$；

（2）甲、乙合作的效率为$\frac{1}{x}+\frac{1}{y}$；

(3) 甲、乙合作完成需要的时间为$\dfrac{1}{\dfrac{1}{x}+\dfrac{1}{y}}=\dfrac{xy}{x+y}$.

例题 1 一项工程，甲、乙两队合作 20 天可以完成. 共同做了 8 天后，甲队离开了，由乙队继续做了 18 天才完成. 如果这项工程由甲队单独完成，则需要（　　）天.

A. 20　　B. 30　　C. 40　　D. 50　　E. 60

解题信号 工程问题，考生要想到把工程总量看作“1”，时间可设未知数，列方程组求解.

解析 设这项工程为单位“1”，甲队单独做需要 x 天，乙队单独做需要 y 天，那么甲队每天做$\dfrac{1}{x}$，乙队每天做$\dfrac{1}{y}$，根据题意，有$\begin{cases}\left(\dfrac{1}{x}+\dfrac{1}{y}\right)\times 20=1,\\ \dfrac{1}{x}\times 8+\dfrac{1}{y}\times(8+18)=1,\end{cases}$ 解得$\begin{cases}x=60,\\ y=30.\end{cases}$

答案 E

例题 2 一件工作，甲先做 7 天、乙接着做 14 天可以完成；如果由甲先做 10 天、乙接着做 2 天也可以完成. 现在甲先做了 5 天后，剩下的全部由乙接着做，还需要（　　）天完成.

A. 20　　B. 22　　C. 25　　D. 32　　E. 48

解题信号 工程问题，要想到把工程总量看作“1”，时间可设未知数，列方程求解.

解析 方法一：设甲每天做$\dfrac{1}{x}$，乙每天做$\dfrac{1}{y}$，则$\begin{cases}\dfrac{7}{x}+\dfrac{14}{y}=1,\\ \dfrac{10}{x}+\dfrac{2}{y}=1,\end{cases}$ 得$\begin{cases}x=\dfrac{21}{2},\\ y=42.\end{cases}$甲先做了 5 天后还剩下的工作量为$1-\dfrac{1}{\frac{21}{2}}\times 5=\dfrac{11}{21}$，则由乙来完成需要的时间为$\dfrac{11}{21}\div\dfrac{1}{42}=22$（天）.

方法二：使用等量代换法，甲$(10-7)$天的工作量等于乙$(14-2)$天的工作量，所以乙还需要$(7-5)\times 4+14=22$（天）. 答案选 B.

答案 B

例题 3 （2024 年真题）在雨季，某水库的蓄水量已达警戒水位，同时上游来水注入水库，需要及时泄洪，若开 4 个泄洪闸，则水库的蓄水量到安全水位要 8 天，若开 5 个泄洪闸，则水库的蓄水量到安全水位要 6 天，若开 7 个泄洪闸，则水库的蓄水量到安全水位要（　　）.

A. 4.8 天　　B. 4 天　　C. 3.6 天　　D. 3.2 天　　E. 3 天

解题信号 本题属于“牛吃草问题”，考生注意使用固定方法解题

解析 设已超出水库水位量为 A，每天上游来水量为 a，设每天每闸泄洪量为 1，则 $A+8a=4\times 8\times 1$；$A+6a=5\times 6\times 1$，解得 $A=24$，$a=1$. 设开 7 个闸需要 t 天，则 $A+ta=7\times t\times 1$，解得 $t=4$.

答案 B

例题 4 有一条公路，甲队单独修需 10 天，乙队单独修需 12 天，丙队单独修需 15 天．现在让三个队合修，但中间甲队撤出去到另外的工地，结果用了 6 天才把这条公路修完．当甲队撤出后，乙、丙两队又共同修了（　　）天才完成．

A. 2　　B. 3　　C. 5　　D. 7　　E. 9

解题信号 工程问题，可以将工程总量看作“1”，题目已知每个队伍单独完成需要的时间，其实也就知道了工作效率．

解析 乙、丙两个队合修的工作效率为 $\frac{1}{12}+\frac{1}{15}=\frac{3}{20}$，那么他们 6 天完成的工程量为 $\frac{3}{20}\times6=\frac{9}{10}$，则甲队完成了的工程量为 $1-\frac{9}{10}=\frac{1}{10}$，甲每天做 $\frac{1}{10}$，所以甲队的工作时间是 $\frac{1}{10}\div\frac{1}{10}=1$（天），所以当甲队撤出后，乙、丙两队又共同合修了 $6-1=5$（天）才完成．

答案 C

例题 5 一件工程，甲队单独做 12 天可以完成，甲队做 3 天后乙队做 2 天恰好完成一半．现在甲、乙两队合作若干天后，由乙队单独完成，做完后发现两段所用时间相等，则共用了（　　）天．

A. 4　　B. 6　　C. 8　　D. 10　　E. 12

解题信号 工程问题，可以将工程总量看作“1”，时间设未知数．

解析 甲队做 6 天完成一半，甲队做 3 天、乙队做 2 天也完成一半．所以甲队做 3 天的工作量相当于乙队做 2 天的工作量，即甲的工作效率是乙的 $\frac{2}{3}$，从而乙单独做 $12\times\frac{2}{3}=8$（天）完成．已知两段所用时间相等，设每段时间是 x 天，则 $\left(\frac{1}{12}+\frac{1}{8}\right)x+\frac{x}{8}=1$，$x=3$，因此共用 $3\times2=6$（天）．

答案 B

例题 6 抄写一份书稿，甲每天的工作效率等于乙、丙二人每天的工作效率的和；丙的工作效率相当甲、乙每天工作效率和的 $\frac{1}{5}$．如果三人合抄只需 8 天就完成了，那么乙单独抄写需要（　　）天才能完成．

A. 24　　B. 36　　C. 18　　D. 40　　E. 44

解题信号 设工程总量为 1，求时间，可以设未知数．观察题目，都是关于三人工作效率的条件，所以设工作效率为未知数而不是设时间．

解析 设甲、乙、丙的工作效率分别是 x，y，z，则 $\begin{cases}x+y+z=\frac{1}{8},\\x=y+z,\\z=\frac{1}{5}(x+y),\end{cases}$ 得 $y=\frac{1}{24}$，所

以乙单独抄写需要 $1\div\frac{1}{24}=24$（天）才能完成.

答案 A

例题 7 （2022 年真题）一项工程施工 3 天后，因故障停工 2 天，之后工程队提高工作效率 20%，仍能按原计划完成，则原计划工期为（　　）天.

A. 9　　B. 10　　C. 12　　D. 15　　E. 18

解题信号 本题为工程问题，在题目中找不变量，题中总工作量不变，工期不变.

解析 设原效率为 a，原计划工期为 t 天，则总工作量为 at，根据总工作量不变，故有：$at=3a+a(1+20\%)(t-5)$，解得 $t=15$（天）.

答案 D

例题 8 加工一批零件，原计划每天加工 15 个，若干天可以完成. 当完成工作任务的 $\frac{3}{5}$ 时，采用新技术，效率提高了 20%. 结果，完成任务的时间提前了 10 天，这批零件共有（　　）个.

A. 1 500　　B. 2 250　　C. 1 800　　D. 2 700　　E. 2 000

解题信号 看到"效率提高……"，可以算出采用新技术以后的效率. 求工作总量，可以直接设未知数.

解析 方法一：效率提高 20%，每天加工 $15\times1.2=18$（个），每天多 3 个.

原计划的 10 天内共生产 150 个零件，而由于每天多 3 个导致提前 10 天结束，则效率提高后共生产了 $150\div3=50$（天）. 这部分零件原计划生产 60 天，则全部零件原计划生产 $60\div\frac{2}{5}=150$（天），共有零件 $150\times15=2\ 250$（个）.

方法二：设零件共有 x 个，则 $\frac{2}{5}\times\frac{x}{15}-\frac{2}{5}\times\frac{x}{18}=10$，得 $x=2\ 250$.

答案 B

例题 9 一个水池，上部装有若干同样粗细的进水管，底部装有一个常开的排水管，当打开 4 个进水管时，需要 4 h 才能注满水池；当打开 3 个进水管时，需要 8 h 才能注满水池. 现需要 2 h 内将水池注满，至少要打开进水管（　　）个.

A. 3　　B. 5　　C. 6　　D. 7　　E. 8

解题信号 进水管和排水管效率都不知道，可以设未知数，工程问题，工程总量看作"1".

解析 设一个进水管的效率为 x，排水管的效率为 y，由题意得 $\begin{cases}4\cdot4x-4y=1,\\3\cdot8x-8y=1,\end{cases}$ 得 $\begin{cases}x=\frac{1}{8},\\y=\frac{1}{4},\end{cases}$ 若要 2 h 注满水，设至少打开 n 个进水管，则 $n\cdot2\cdot\frac{1}{8}-2\cdot\frac{1}{4}=1$，得 $n=6$.

答案　C

例题 10　一项工作，甲、乙、丙三人各自独立完成需要的天数分别是 3，4，6，则丁独立完成该项工作需要 4 天时间.

（1）甲、乙、丙、丁四人共同完成该项工作需要 1 天时间.

（2）甲、乙、丙三人各做 1 天，剩余的部分由丁独立完成.

解题信号　工程问题，工程总量看作"1"，题目已知甲、乙、丙三人完成工作的时间，则他们的效率即可得出. 未知量是丁的时间，可设未知数.

解析　设丁独立完成该项工作需要 t 天，由条件（1），则 $\frac{1}{3}+\frac{1}{4}+\frac{1}{6}+\frac{1}{t}=1$，得 $t=4$，充分；

由条件（2），设剩余的部分由丁独立完成需要 x 天，则 $\left(\frac{1}{3}+\frac{1}{4}+\frac{1}{6}\right)\cdot 1+\frac{1}{t}\cdot x=1$，得 $\frac{x}{t}=\frac{1}{4}$，因为 x 是未知量，所以无法求出 t，不充分.

答案　A

例题 11　现有一批文字资料需要打印，两台新型打印机单独完成此任务分别需要 4 h 与 5 h，两台旧型打印机单独完成此任务分别需要 9 h 与 11 h，则能在 2.5 h 内完成任务.

（1）安排两台新型打印机同时打印.

（2）安排一台新型打印机与两台旧型打印机同时打印.

解题信号　工程问题，工程总量看作"1"，题目时间明确，则效率可得. 分别计算条件（1）和条件（2）所需时间，与 2.5 h 比较即可.

解析　由条件（1），两台新型打印机的工作效率分别是 $\frac{1}{4}$ 和 $\frac{1}{5}$，则它们合作的效率是 $\frac{1}{4}+\frac{1}{5}=\frac{9}{20}$，完成任务所需时间为 $1\div\frac{9}{20}=\frac{20}{9}<2.5$（h），充分.

由条件（2），两台旧型打印机的工作效率分别是 $\frac{1}{9}$ 和 $\frac{1}{11}$，只需要计算它们二者与两台新型打印机中工作效率较低的那台合作所需时间即可，效率是 $\frac{1}{5}+\frac{1}{9}+\frac{1}{11}=\frac{199}{495}$，完成任务所需时间为 $1\div\frac{199}{495}=\frac{495}{199}<2.5$（h），充分.

答案　D

—— 第四节　浓度问题 ——

一、基本公式

（1）溶液＝溶质＋溶剂；

（2）浓度 $=\frac{溶质}{溶液}\times100\%=\frac{溶质}{溶质+溶剂}\times100\%$.

二、重要等量关系

1. 浓度不变准则

将溶液分成若干份，每份的浓度相等，都等于原来溶液的浓度；将溶液倒掉一部分后，剩余溶液的浓度与原溶液的浓度相等.

2. 物质守恒准则

物质（无论是溶质、溶剂，还是溶液）不会增多也不会减少，前后都是守恒的.

三、重要命题思路

1.“稀释”问题

特点是加溶剂，溶质不变，以溶质为基准进行求解.

2.“蒸发”问题

也称“浓缩”问题，特点是减少溶剂，溶质不变，以溶质为基准进行求解.

3.“加浓”问题

特点是增加溶质，溶剂不变，以溶剂为基准进行求解.

4.“混合”问题

用两种或多种溶液混合在一起，采用溶质或溶剂质量守恒分析，特殊情况也可以利用十字交叉法求解.

【注】 这里说的特殊情况，指的是“已知两种溶液混合以后的浓度”这种类型的题目．具体做法如下：

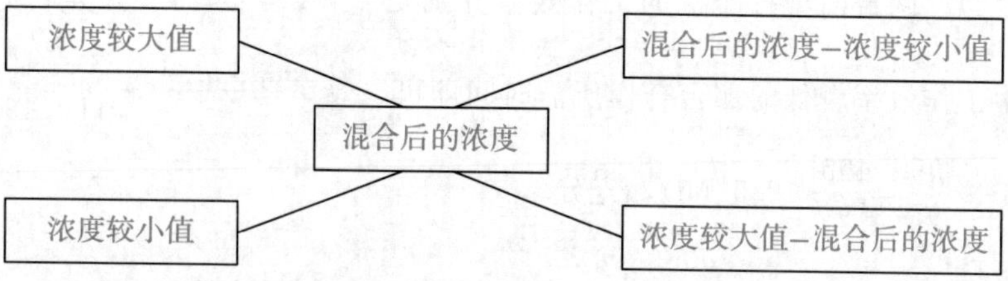

这意味着：$\frac{浓度较大的溶液量}{浓度较小的溶液量}=\frac{混合后的浓度-浓度较小值}{浓度较大值-混合后的浓度}$. 详见【例题 4】和【例题 5】.

5.“置换”问题

一般是用溶剂等量置换溶液，可以记住结论：原来溶液 v L，倒出 m L，再补充等量的溶剂（水），则浓度为原来的 $\frac{v-m}{v}$.

例题 1 含盐 12.5% 的盐水 40 kg，需蒸去（ ）kg 水分才能制出含盐 20% 的盐水.

A. 15 B. 16 C. 17 D. 18 E. 12

解题信号 “蒸发”问题，溶质不变.

解析 设应蒸去水 x kg，根据溶质守恒，有 $40\times12.5\%=(40-x)\times20\%$，$x=15$.

答案 A

例题 2 含盐 8%的盐水 40 kg，要配制成含盐 20%的盐水，需加（　　）kg 盐.

A. 5　　B. 6　　C. 7　　D. 8　　E. 4

解题信号 “加浓”问题，溶剂不变.

解析 设需加盐 x kg，$40\cdot(100\%-8\%)=(40+x)\cdot(100\%-20\%)$，$x=6$.

答案 B

例题 3 一种溶液，蒸发掉一定量的水后，溶液的浓度为 10%；再蒸发掉同样多的水后，溶液的浓度变为 12%；第三次蒸发掉同样多的水后，溶液的浓度变为（　　）.

A. 14%　　B. 17%　　C. 16%　　D. 15%　　E. 18%

解题信号 “蒸发”问题，溶质不变.

解析 方法一：第一次蒸发以后溶液的浓度为 10%，可以设第一次蒸发以后溶液为 100，溶质为 10，水为 90，再设每次蒸发水 x，则第二次蒸发以后的溶液为 $(100-x)$，浓度为 $12\%=\frac{10}{100-x}$，$x=\frac{50}{3}$；则第三次蒸发以后的溶液为 $100-2x=\frac{200}{3}$，浓度为 $10\div\frac{200}{3}\times100\%=15\%$.

方法二：设第一次蒸发后溶液为 120，溶质为 12，依题意，第二次蒸发后溶液为 100，溶剂为 12，知蒸发了 20 的溶剂，故第三次蒸发后溶液为 80，溶剂为 12，所以浓度为 $\frac{12}{80}\times100\%=15\%$.

答案 D

例题 4 某种溶液的浓度为 60%，加入 100 L 溶质后，配成浓度为 80%的溶液，则原有溶液（　　）L.

A. 70　　B. 80　　C. 90　　D. 100　　E. 150

解题信号 “混合”问题，已知两种溶液混合后的浓度，所以可以用“十字交叉法”.

解析 方法一：加入溶质，意味着原来 60%的浓度的溶液与 100%的浓度的溶液混合，混合后的浓度是 80%.

所以，$\frac{\text{浓度 }100\%\text{的溶液量}}{\text{浓度 }60\%\text{的溶液量}}=\frac{20\%}{20\%}=1$，而浓度 100%的溶液量就是溶质 100 L，所以浓度 60%的溶液量也等于 100 L.

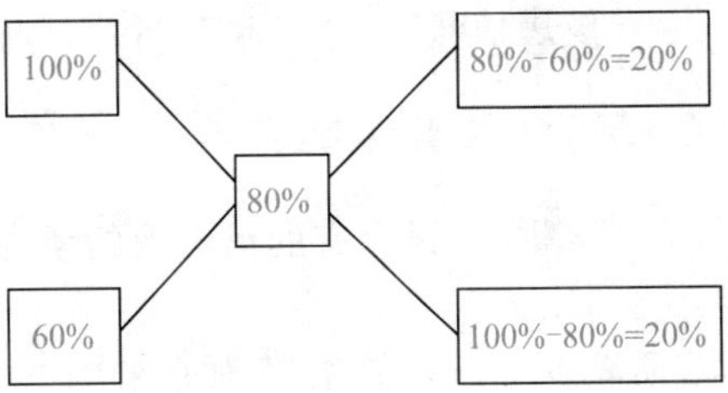

方法二：设原有溶液 x L，则 $\frac{x\cdot60\%+100}{x+100}=80\%$，$x=100$.

答案 D

例题 5 要把浓度为 30%的甲种食盐溶液和浓度为 20%的乙种食盐溶液混合，配成浓度为

24%的食盐溶液 500 g，则甲、乙两种溶液各取（　　）.

A. 180 g，320 g　　B. 185 g，315 g　　C. 190 g，310 g

D. 195 g，305 g　　E. 200 g，300 g

解题信号　“混合”问题，已知两种溶液混合后的浓度，用“十字交叉法”.

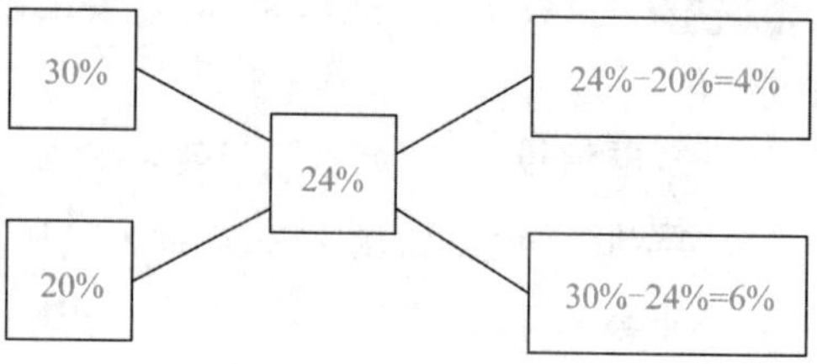

解析　方法一：混合后浓度是 24%，利用“十字交叉法”可得$\frac{\text{甲种溶液的量}}{\text{乙种溶液的量}}=\frac{4\%}{6\%}$，而已知甲种溶液的量＋乙种溶液的量＝500 g，故甲种溶液的量为 200 g，乙种溶液的量为 300 g.

方法二：设甲种溶液的量是 x g，乙种溶液的量为 $(500-x)$ g，则 $x\times30\%+(500-x)\times20\%=500\times24\%$，$x=200$，故甲种溶液的量为 200 g，乙种溶液的量为 300 g.

答案　E

例题 6　甲杯中有溶质 12 g，乙杯中有水 15 g，第一次将甲杯中的部分溶质倒入乙杯，使溶质与水混合. 第二次将乙杯中的部分溶液倒入甲杯，这样甲杯中溶质含量为 50%，乙杯中溶质含量为 25%. 则第二次从乙杯倒入甲杯的溶液是（　　）g.

A. 13　　B. 14　　C. 15　　D. 16　　E. 17

解题信号　“混合”问题，已知混合后的浓度，可以考虑“不变量”.

解析　由题意得，甲杯中的部分溶质倒入乙杯混合后，浓度为 25%，设从甲杯中倒入的溶质为 x g，则$\frac{x}{15+x}=25\%$，$x=5$. 此时甲杯中剩余溶质 7 g，设第二次从乙杯中倒出溶液 y g，则$\frac{7+y\cdot25\%}{7+y}=50\%$，$y=14$.

答案　B

例题 7　一瓶浓度为 20%的消毒液倒出$\frac{2}{5}$后，加满清水，再倒出$\frac{2}{5}$后，又加满清水，此时消毒液的浓度为（　　）.

A. 7.2%　　B. 3.2%　　C. 5.0%　　D. 4.8%　　E. 3.6%

解题信号　“置换”问题，利用浓度比公式$\frac{v-m}{v}$求解，即初始浓度$\times\left(\frac{v-m}{v}\right)^n$＝现在浓度，$n$ 为置换次数.

解析　设原有的消毒液的量为“1”，倒出$\frac{2}{5}$后，加满清水，说明溶液跟原来一样多，溶质减少了$\frac{2}{5}$，故浓度为原来的$\frac{3}{5}$；再操作一次，浓度又为上次的$\frac{3}{5}$，故最后浓度变为 $20\%\times\frac{3}{5}\times\frac{3}{5}=7.2\%$.

答案　A

例题 8 一容器盛满纯药液 63 L，第一次倒出部分纯药液后用水加满，第二次又倒出同样多的药液，再加满水，这时容器中剩下的纯药液是 28 L，那么每次倒出的液体是（　　）L.

A. 18　　B. 19　　C. 20　　D. 21　　E. 22

解题信号 “置换”问题，利用浓度比公式$\frac{v-m}{v}$求解，即初始浓度$\times\left(\frac{v-m}{v}\right)^n=$现在浓度，$n$ 为置换次数.

解析 设每次倒出的药液为 x L，根据题意，初始浓度为 100%，即 1，第一次倒出后，剩下的纯药液浓度为$\frac{63-x}{63}$；第二次倒出后，剩下的纯药液浓度为第一次浓度的$\frac{63-x}{63}$倍，则第二次浓度为$\left(\frac{63-x}{63}\right)^2$，此时溶质为 28 L，溶液为 63 L，可得$\left(\frac{63-x}{63}\right)^2=\frac{28}{63}$，

$(63-x)^2=63^2\cdot\frac{28}{63}=63\cdot28=7\cdot9\cdot7\cdot4=(2\cdot3\cdot7)^2$，$63-x=2\cdot3\cdot7$，$x=21$.

答案 D

例题 9 在盛有 x L 浓度为 60% 的盐水容器中，第一次倒出 20 L 后，再加入等量的水，又倒出 30 L 后，再加入等量的水，这时盐水浓度为 20%，则 $x=$（　　）.

A. 40　　B. 45　　C. 50　　D. 57　　E. 60

解题信号 “置换”问题，变形公式初始浓度$\times\frac{v-m_1}{v}\times\frac{v-m_2}{v}\times\cdots=$现在浓度.

解析 由题意得，$60\%\cdot\frac{x-20}{x}\cdot\frac{x-30}{x}=20\%$，解得 $x=15$（舍）或 $x=60$.

答案 E

例题 10 将 2 L 甲酒精溶液和 1 L 乙酒精溶液混合得到丙酒精溶液，则能确定甲、乙两种酒精浓度.

（1）1 L 甲酒精溶液和 5 L 乙酒精溶液混合后的浓度是丙酒精溶液浓度的$\frac{1}{2}$倍.

（2）1 L 甲酒精溶液和 2 L 乙酒精溶液混合后的浓度是丙酒精溶液浓度的$\frac{2}{3}$倍.

解题信号 “混合”问题，混合以后溶质溶液的总量与混合前的总量相等.

解析 设甲、乙、丙酒精溶液的浓度分别为 x，y，z，则 $z=\frac{2x+y}{1+2}=\frac{2x+y}{3}$. 由条件（1），得$\frac{x+5y}{1+5}=\frac{1}{2}\cdot z=\frac{1}{2}\cdot\frac{2x+y}{3}$，即 $x=4y$，故无法确定 x，y，不充分；由条件（2），得$\frac{x+2y}{1+2}=\frac{2}{3}\cdot z=\frac{2}{3}\cdot\frac{2x+y}{3}$，即 $x=4y$，故无法确定 x，y，不充分；条件（1）和条件（2）联合起来，也无法确定 x，y，不充分.

答案 E

—— 第五节 分段计费问题 ——

对于分段计费问题，关键掌握两点：一是确定每段的边界值，来判断所给数值落入的区间；二是选取对应的计费表达式进行运算.

分段计费问题，尤其要注意的是，每段所能得到的最大值应该是区间长度（而不是区间临界值）乘相应的比例.

例题 1 某企业发奖金是根据利润提成的，利润低于或等于 10 万元时，可提成 10%；低于或等于 20 万元时，高于 10 万元的部分按 7.5%提成；高于 20 万元时，高于 20 万元的部分按 5%提成. 当利润为 40 万元时，应发放奖金（ ）万元.

A. 2　　B. 2.75　　C. 3　　D. 4.5　　E. 5

解题信号 显然是分段计费问题，注意每段的区间长度及比例.

解析 奖金应为 10×10%＋（20－10）×7.5%＋（40－20）×5%＝2.75（万元）.

答案 B

例题 2 某公司按照销售人员营业额的不同，分别给予不同的销售提成，其提成规定如下表所示. 某员工在 2018 年 4 月所得提成为 770 元，则该员工该月的销售额为（ ）元.

A. 33 125　　B. 26 625　　C. 32 625　　D. 33 625　　E. 33 525

销售额/元	提成率/%
不超过 10 000	0
10 000～15 000	2.5
15 000～20 000	3
20 000～30 000	3.5
30 000～40 000	4
40 000 以上	5

解题信号 按表中给出的数据，包含了比例数值，一般都属于分段计费的应用题. 找准所给数据包含了哪几个区间. 此题是逆着推原始的数据.

解析 先计算每段最多的提成：10 000～15 000 元最多提成 5 000×2.5%＝125（元）；15 000～20 000 元最多提成 5 000×3%＝150（元）；20 000～30 000 元最多提成 10 000×3.5%＝350（元）.

前三段的提成总和为 125＋150＋350＝625（元），剩下提成 770－625＝145（元），应该按照 4%计算，可以得到 145÷4%＝3 625（元），因此销售额为 30 000＋3 625＝33 625（元）.

答案 D

例题 3 某市用水价格为：每户每月不超过 5 t 的部分按 4 元/t 收取，超过 5 t 不超过 10 t 的部分按 6 元/t 收取，超过 10 t 的部分按 8 元/t 收取. 某户居民两个月共缴水费 108 元，则该户居民这两个月用水总量最多为（ ）t.

A. 21　　B. 24　　C. 17.25　　D. 21.33　　E. 22

解题信号　属于分段计费问题，要找准所给数据包含了哪几个区间．此题是逆着推原始的数据，首先要计算出每段最多的水费．

解析　该户将每月 4 元/t 的额度用完会产生水费 $4\times5\times2=40$（元），每月 6 元/t 的额度会产生水费 $6\times5\times2=60$（元），共有 $40+60=100$（元）．而实际多 $108-100=8$（元），故 8 元/t 的额度用了 1 t．故该户居民这两个月用水总量最多为 $5\times2+5\times2+1=21$（t）．

答案　A

第六节　集合问题

一、容斥原理问题

先不考虑重叠的情况，把包含于某内容中所有对象的数目先计算出来，然后把计算的重合数目排斥出去，使得计算的结果既无遗漏又无重复，这种计数的方法称为容斥原理．

二、两个集合容斥问题

1．如果被计数的事物有 A，B 两类，那么，$\text{card}(A\cup B)=\text{card}(A)+\text{card}(B)-\text{card}(A\cap B)$．

【注】　$\text{card}(A)+\text{card}(B)$ 表示 A 的个数加上 B 的个数，这个总数里，可能有重合的元素个数．

2．文氏图

解决简单的两类或三类被计数事物之间的重叠问题时，采用文氏图会更加便捷、直接．如图所示，左边圆圈表示 A，右边圆圈表示 B，中间阴影部分表示 A 与 B 的交集，即 $\text{card}(A\cup B)=\text{card}(A)+\text{card}(B)-\text{card}(A\cap B)$．

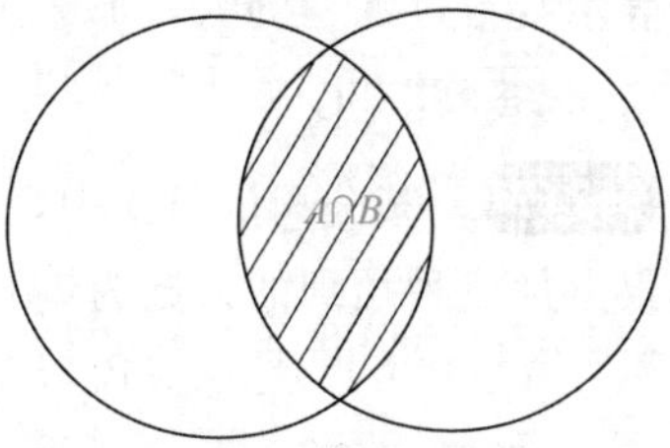

三、三个集合容斥问题

如果被计数的事物有 A，B，C 三类，那么

$\text{card}(A\cup B\cup C)=\text{card}(A)+\text{card}(B)+\text{card}(C)-\text{card}(A\cap B)-\text{card}(B\cap C)-\text{card}(C\cap A)+\text{card}(A\cap B\cap C)$．

四、容斥原理公式总结

适用于“条件与问题”都可直接代入公式的题目．

(1) 两个集合：card $(A\cup B)$ =card (A) +card (B) −card $(A\cap B)$；

(2) 三个集合：card $(A\cup B\cup C)$ =card (A) +card (B) +card (C) −card $(A\cap B)$ −card $(B\cap C)$ −card $(C\cap A)$ +card $(A\cap B\cap C)$.

【注】 单纯使用容斥原理来解题，会比较麻烦. 推荐使用文氏图，结合容斥原理解题.

例题 1 学校文艺组的人，至少会演奏一种乐器. 已知会拉小提琴的有 24 人，会弹电子琴的有 17 人，其中两样都会的有 8 人. 这个文艺组共有（　　）人.

A. 25　　B. 32　　C. 33　　D. 41　　E. 47

解题信号 "集合问题"，利用容斥原理.

解析 设 A={会拉小提琴的人}，B={会弹电子琴的人}，因此所求为 card $(A\cup B)$ = card (A) +card (B) −card $(A\cap B)$ $=24+17-8=33$.

答案 C

例题 2 老师问班上 50 名同学的周末复习情况，结果有 20 人复习过数学，30 人复习过语文，6 人复习过英语，且同时复习过数学和语文的有 10 人，同时复习过语文和英语的有 3 人，同时复习过英语和数学的有 3 人. 若同时复习过这三门课的人为 2 人，则没复习过这三门课程的学生人数为（　　）.

A. 6　　B. 7　　C. 8　　D. 9　　E. 10

解题信号 "集合问题"，利用容斥原理. 要求没复习过的人数，就用总人数减去复习过的人数即可.

解析 设 A = {复习数学的人}，B = {复习语文的人}，C = {复习英语的人}，则 card $(A\cup B\cup C)$ =card (A) +card (B) +card (C) −card $(A\cap B)$ −card $(B\cap C)$ −card $(C\cap A)$ +card $(A\cap B\cap C)$ $=20+30+6-10-3-3+2=42$（人）. card $(A\cup B\cup C)$ 表示复习过课程的人，那么没复习过这三门课程的学生人数为 $50-42=8$.

答案 C

例题 3 某公司的员工中，参加数学、外语、会计培训的人数分别为 130，110，90. 又知仅参加一种培训的人数为 140，三个都参加的人数为 30，则恰好参加两项的人数为（　　）.

A. 45　　B. 50　　C. 52　　D. 65　　E. 100

解题信号 这类题目中，明显有人数交叉的情况，判断是集合问题，用容斥原理结合文氏图来求解.

解析 如图分别设出每部分人数，有
$$\begin{cases}a+x+c+m=110,\\ b+y+a+m=130,\\ c+z+b+m=90,\\ x+y+z=140,\\ m=30.\end{cases}$$

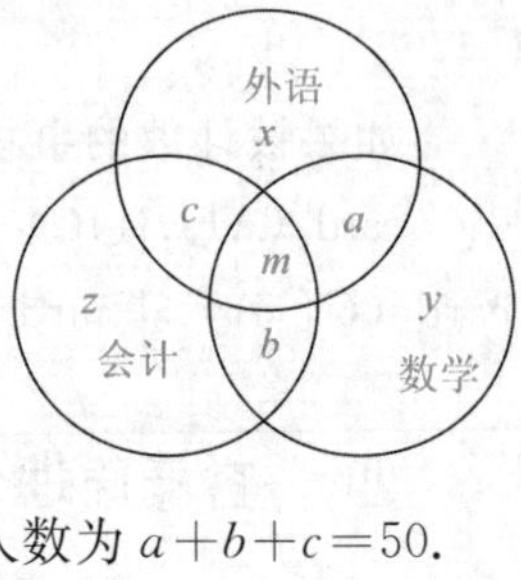

故 $a+b+c=\dfrac{110+130+90-140-3\times 30}{2}=50$. 则恰好参加两项的人数为 $a+b+c=50$.

答案 B

例题 4　某社团共有 46 人，其中 40 人爱好戏剧，38 人爱好体育，35 人爱好写作，30 人爱好收藏，则这个社团至少有（　　）人四项活动都喜欢.

A. 5　　B. 6　　C. 7　　D. 8　　E. 4

解题信号　“集合问题”，用容斥原理求解.

解析　先分别求出每种不爱好的人数：46－40＝6，46－38＝8，46－35＝11，46－30＝16，故四项活动不都喜欢（即至少有一项活动不喜欢）的人至多有 6＋8＋11＋16＝41（人），则四项活动都喜欢的人至少有 46－41＝5（人）.

答案　A

第七节　练　习

一、问题求解

1. 某商品按定价出售，每件可获得利润 50 元. 如果按定价的 80％出售 10 件，与按定价每件减价 30 元出售 12 件所获得的利润一样多，则这种商品每件定价（　　）元.

A. 130　　B. 140　　C. 150　　D. 160　　E. 170

2. 某人将甲、乙两种商品卖出，甲商品以 1 200 元卖出，盈利 20％，乙商品以 1 200 元卖出，亏损 20％，则此人在这次交易中（　　）.

A. 盈利 50 元　　B. 盈利 100 元　　C. 亏损 150 元　　D. 亏损 100 元　　E. 亏损 50 元

3. 某商店出售某种商品每件可获利 m 元，利润率为 20％. 若这种商品的进价提高 25％，而商店将这种商品的售价提高到每件仍可获利 m 元，则提价后的利润率为（　　）.

A. 25％　　B. 12％　　C. 16％　　D. 12.5％　　E. 20％

4. 某储户于 1999 年 1 月 1 日存入银行 6 万元，年利率为 2％，存款到期日即 2000 年 1 月 1 日将存款全部取出，国家规定凡 1999 年 11 月 1 日后产生的利息收入应缴纳利息税，税率为 20％，则该储户实际提取本息合计为（　　）元.

A. 61 200　　B. 61 152　　C. 61 000　　D. 61 160　　E. 61 048

5. 一种商品，按期望得到 50％的利润来定价，结果只销售掉 70％的商品. 为尽早销售掉剩下的商品，商店决定按定价打折出售. 这样获得的全部利润是原来所期望利润的 82％，则该商品打了（　　）折.

A. 8　　B. 7　　C. 6　　D. 5　　E. 6.5

6. 两艘游艇，静水中甲艇每小时行 3.3 km，乙艇每小时行 2.1 km. 现在两游艇于同一时刻相向出发，甲艇从下游上行，乙艇从相距 27 km 的上游下行，两艇于途中相遇后，又经过 4 h，甲艇到达乙艇的出发地. 水流速度是（　）km/h.

A. 0.1　　B. 0.2　　C. 0.3　　D. 0.4　　E. 0.5

7. 甲、乙两位长跑爱好者沿着社区花园环路慢跑，如两人同时、同向从同一点 A 出发，且甲跑 9 m 的时间，乙只能跑 7 m．则当甲恰好在 A 点第二次追及乙时，乙共沿花园环路跑了（　　）圈．

A．14　　B．15　　C．16　　D．17　　E．18

8．甲跑 11 m 所用的时间，乙只能跑 9 m，在 400 m 标准田径场上，两人同时出发从同一方向匀速跑离起点 A，当甲第三次追及乙时，乙距离起点还有（　　）m．

A．360　　B．240　　C．200　　D．180　　E．100

9．长途汽车从 A 站出发，匀速行驶 1 h 后突然发生故障，车速降低了 40%，到 B 站终点延误达 3 h．若汽车能多跑 50 km 后才发生故障，坚持行驶到 B 站能少延误 1 h 20 min，那么 A，B 两地相距（　　）km．

A．412.5　　B．125.5　　C．146.5　　D．152.5　　E．137.5

10．甲、乙合作完成一项工作，由于配合得好，甲的工作效率比单独做时提高$\frac{1}{10}$，乙的工作效率比单独做时提高$\frac{1}{5}$，甲、乙合作 6 h 完成了这项工作．如果甲单独做需要 11 h，那么乙单独做需要（　　）h．

A．15　　B．16　　C．17　　D．18　　E．20

11．甲、乙、丙共同编制一份标书，前三天三人一起完成工作的$\frac{1}{5}$；第四天丙没参加，甲、乙完成了全部工作的$\frac{1}{18}$；第五天乙没参加，甲、丙完成了全部工作量的$\frac{1}{90}$；第六天起三人一起工作直到结束．则这份标书的编制一共用了（　　）天．

A．13　　B．14　　C．15　　D．16　　E．20

12．游泳池有甲、乙、丙三个注水管．如果单开甲管需要 20 h 注满水池；甲、乙两管合开需要 8 h 注满水池；乙、丙两管合开需要 6 h 注满水池．那么，单开丙管需要（　　）h 注满水池．

A．$\frac{3}{40}$　　B．$\frac{120}{11}$　　C．11　　D．$\frac{11}{120}$　　E．13

13．某公司要往工地运送甲、乙两种建筑材料．甲种建筑材料每件重 700 kg，共有 120 件；乙种建筑材料每件重 900 kg，共有 80 件．已知一辆汽车每次最多能运载 4 t，那么 5 辆相同的汽车同时运送，至少要运（　　）次．

A．8　　B．7　　C．6　　D．5　　E．4

14．甲、乙两车运一堆货物．若甲单独运，则甲车运的次数比乙车少 5 次；如果两车合运，那么各运 6 次就能运完．甲车单独运完这堆货物需要（　　）次．

A．9　　B．10　　C．13　　D．15　　E．20

15．某班有学生 46 人，在调查他们家中是否有电子琴和小提琴时发现，有电子琴的有 22 人，两种琴都没有的有 14 人，只有小提琴与两种琴都有的人数比为 5∶3．则只有电子琴的有（　　）人．

A．12　　B．14　　C．16　　D．18　　E．20

16．对厦门大学计算机系 100 名学生进行调查，结果发现他们至少喜欢看篮球、足球和赛车一种．其中 58 人喜欢看篮球，38 人喜欢看赛车，52 人喜欢看足球，既喜欢看篮球又喜欢看赛车的有 18 人，既喜欢看足球又喜欢看赛车的有 16 人，三种都喜欢看的有 12 人．则只喜欢看足球的有（　）人．

A．22　　B．28　　C．30　　D．36　　E．46

17．取甲种硫酸 300 g 和乙种硫酸 250 g，再加水 200 g，可混合成浓度为 50％的硫酸；而取甲种硫酸 200 g 和乙种硫酸 150 g，再加上纯硫酸 200 g，可混合成浓度为 80％的硫酸．那么甲、乙两种硫酸的浓度各是（　）．

A．75％，60％　　B．68％，63％

C．71％，73％　　D．59％，65％

E．68％，65％

18．甲、乙两杯奶茶分别重 300 g 和 120 g，甲中含奶茶粉 120 g，乙中含奶茶粉 90 g．从两杯中应各取出（　）g 才能兑成浓度为 50％的奶茶 140 g．

A．90，50　　B．100，40　　C．110，30　　D．120，20　　E．120，30

19．有甲、乙两块含铜量不同的合金，甲块重 6 kg，乙块重 4 kg．现在从甲、乙两块合金上各切下质量相等的一部分，将甲块上切下的部分与乙块的剩余部分一起熔炼，再将乙块上切下的部分与甲块剩余部分一起熔炼，得到的两块新合金的含铜量相等．那么从甲块上切下部分的质量是（　）kg．

A．1.2　　B．1.6　　C．2.4　　D．3.6　　E．1.8

20．一满杯水溶有 10 g 糖，搅匀后喝去$\frac{2}{3}$；加入 6 g 糖，加满水搅匀，再喝去$\frac{2}{3}$；加入 6 g 糖，再加满水搅匀，又喝去$\frac{2}{3}$；再加入 6 g 糖，加满水搅匀，仍喝去$\frac{2}{3}$．此时杯中所剩的糖水中有（　）g 糖．

A．$\frac{82}{27}$　　B．$\frac{244}{81}$　　C．$\frac{37}{9}$　　D．5　　E．6

二、条件充分性判断

21．A 企业的职工人数今年比前年增加了 30％．

（1）A 企业的职工人数去年比前年减少了 20％．

（2）A 企业的职工人数今年比去年增加了 50％．

22．甲、乙两个相同的瓶子装满盐水溶液，若把两瓶盐水溶液混合，则混合液中盐和水的比例是 5∶19．

（1）甲瓶中盐和水的比例是 1∶3．

（2）乙瓶中盐和水的比例是 1∶5．

23．游船顺流而下每小时行 8 km，逆流而上每小时行 7 km，两游船同时从同地出发，甲船顺流而下，然后返回．乙船逆流而上，然后返回，经过 2 h 同时回到出发点．在这 2 h 中，有 k h 甲、乙两船的航行方向相同．

（1）$k=0.2$.

（2）$k=0.3$.

24. 游泳池有大、小两个进水管，大水管 30 h 可放满全池，小水管单独开放 120 h 可注满全池，要在 26 h 内注满全池.

（1）大管单独开放 10 h 后，两管齐开.

（2）两管齐开 18 h 后，又停电 2 h，再重新开两管水.

25. 小都和小慧合作写一篇文章，则能确定这篇文章的字数.

（1）小都单独写 3 h 写完，小慧每分钟写 60 个字.

（2）小都和小慧合作 1 h 写完.

26. 已知 3 种水果的平均价格为 10 元/kg，则每种水果的价格均不超过 18 元/kg.

（1）3 种水果中价格最低的为 6 元/kg.

（2）购买质量分别为 1 kg、1 kg 和 2 kg 的 3 种水果共用了 48 元.

27. A，B 两地相距 S km，甲、乙两人同时分别从 A，B 两地出发. 则甲每小时走的距离与乙每小时走的距离之比为 3∶1.

（1）甲、乙相向而行，两人在途中相遇时，甲距离中点的距离与乙走的距离相等.

（2）甲、乙同向而行，当甲追上乙时，甲走的距离为 $2S$.

28. 王先生将全部资产用来购买甲、乙两种股票，其中，甲股票股数为 x，乙股票股数为 y，则 $x:y=5:4$.

（1）全部资产等额分成两份，以甲 8 元/股，乙 10 元/股的价格一次性买进.

（2）当甲股票价格上涨 8%，乙股票价格下跌 10%时，资产总额不变.

29. 某班学生中，$\frac{3}{4}$的女生和$\frac{4}{5}$的男生是团员，则该班女生团员人数是男生团员人数的$\frac{3}{5}$.

（1）该班女生人数与男生人数之比为 5∶6.

（2）该班女生人数与男生人数之比为 16∶25.

—— 第八节 参考答案及解析 ——

一、问题求解

1. 答案：A

解析：按定价每件减价 30 元，出售 12 件，获利 12×（50−30）=240（元）.

所以按定价的 80%出售 10 件也可以获得 240 元的利润，那么每件获得的利润是 240÷10=24（元），价格降低 50−24=26（元）. 所以每件商品的定价是 26÷（1−80%）=130（元）.

2. **答案：** D

解析： 设甲商品和乙商品的成本分别为 x，y 元，则 $\begin{cases}1\,200-x=0.2x,\\1\,200-y=-0.2y,\end{cases}$ $\begin{cases}x=1\,000,\\y=1\,500,\end{cases}$ 所以此人在这次交易中的利润是 $1\,200-1\,000+1\,200-1\,500=-100$（元），即亏损 100 元.

3. **答案：** C

解析： 设该商品原来进价为每件 a 元，提价后的利润率为 $x\%$，则 $\begin{cases}m=a\cdot 20\%,\\m=(1+25\%)a\cdot x\%,\end{cases}$ 解得 $x=16$，即提价后的利润率为 16%.

4. **答案：** D

解析： 不交税时，该储户应得利息为 $60\,000\times 2\%=1\,200$（元），平均每月应得利息 $1\,200\div 12=100$（元），应交税的是 2 个月的利息，这 2 个月的利息为 $100\times 2=200$（元），需要交税 $200\times 20\%=40$（元），因此实际得 $60\,000+1\,200-40=61\,160$（元）.

5. **答案：** A

解析： 设打了 x 折，进价为 a，则预期售价为 $1.5a$，商品的前 70%按定价 $1.5a$ 销售，而后 30%以 x 折销售，总利润为原期望值的 82%，由题意得 $1.5a\times\left(70\%+\dfrac{30\%x}{10}\right)-a=a\times 50\%\times 82\%$，$x=8$.

6. **答案：** C

解析： 两游艇相向而行的时候，速度和等于它们在静水中的速度和，所以它们从出发到相遇的时间为 $\dfrac{27}{3.3+2.1}=5$（h）；

相遇后又经过 4 h 甲艇到达乙艇的出发地，说明甲艇逆水行驶 27 km 需要 $5+4=9$（h），那么甲艇逆水行驶的速度为 $\dfrac{27}{9}=3$（km/h）；故水流速度为 $3.3-3=0.3$（km/h）.

7. **答案：** A

解析： 甲、乙二人速度比为 9∶7，无论在 A 点第几次相遇，甲、乙二人均沿环路跑了若干整圈；又因为二人跑步的用时相同，所以二人所跑圈数之比就是二人速度之比.

第一次甲于 A 点追及乙时，甲跑了 9 圈，乙跑了 7 圈；第二次甲于 A 点追及乙时，甲跑了 18 圈，乙跑了 14 圈.

8. **答案：** C

解析： 二人同时出发，无论第几次追及，二人用时相同，距离之差为 400 m 的整数倍.

二人第一次追及，甲跑的距离∶乙跑的距离 $=2\,200:1\,800$，乙距离起点尚有 200 m. 故实际上二人偶数次追及于起点相遇，奇数次追及相遇位置在中点（即离 A 点 200 m 处）.

9. **答案：** E

解析： 设原来车速为 v（km/h），则 $\dfrac{50}{v\,(1-40\%)}-\dfrac{50}{v}=1+\dfrac{1}{3}$，$v=25$，再设原来需要 t h 到达，由已知 $25t=25+(t+3-1)\times 25\times(1-40\%)$，$t=5.5$，所以 $v\,t=25\times 5.5=137.5$（km）.

10. **答案：** D

解析：设总工作量为“1”，则甲单独做效率是$\frac{1}{11}$，合作时效率提高$\frac{1}{10}$，因此甲合作时的效率是$\left(1+\frac{1}{10}\right)\times\frac{1}{11}=\frac{1}{10}$．甲、乙合作的效率是$\frac{1}{6}$，那么乙合作时的效率就是$\frac{1}{6}-\frac{1}{10}=\frac{1}{15}$．乙单独做时是合作时的$\frac{5}{6}$，因此乙单独做效率是$\frac{5}{6}\times\frac{1}{15}=\frac{1}{18}$，所以乙单独做需要 18 h.

11．答案：D

解析：前五天一共完成了全部工作量的$\frac{1}{5}+\frac{1}{18}+\frac{1}{90}=\frac{4}{15}$，三人一起工作每天可完成全部工作的$\frac{1}{5}\div 3=\frac{1}{15}$，则还需$\left(1-\frac{4}{15}\right)\div\frac{1}{15}=11$（天），故一共需$5+11=16$（天）完成工作.

12．答案：B

解析：乙管每小时注满水池的$\frac{1}{8}-\frac{1}{20}=\frac{3}{40}$，丙管每小时注满水池的$\frac{1}{6}-\frac{3}{40}=\frac{11}{120}$．因此，单开丙管需要$1\div\frac{11}{120}=\frac{120}{11}$（h）.

13．答案：A

解析：甲材料是 700 kg，共 120 件，每次运 3 件，是 2 100 kg；乙材料是 900 kg，共 80 件，每次运 2 件，是 1 800 kg.

以上 2 种材料加在一起是 3 900 kg，一辆车能运 4 000 kg，只有这样运，一辆车才能最大限度地发挥作用．由$\frac{120}{3}=\frac{80}{2}=40$可知，一辆车单独运至少要运 40 次，那么 5 辆车至少要运 8 次.

14．答案：B

解析：设甲单独运需要x次，则乙单独运需要$(x+5)$次；甲的工作效率为$\frac{1}{x}$，乙的工作效率为$\frac{1}{x+5}$，依题意有$\frac{1}{x}+\frac{1}{x+5}=\frac{1}{6}$，解得$x=10$.

15．答案：C

解析：只有小提琴的人数为$46-14-22=10$，又知只有小提琴的人数与两种琴都有的人数之比为$5:3$，从而知两种琴都有的人数为 6，由此得只有电子琴的人数为$22-6=16$.

16．答案：A

解析：求只喜欢看足球的人数，要用总人数减去喜欢看篮球的和喜欢看赛车的人数，再加上既喜欢看篮球又喜欢看赛车的人数，即$100-58-38+18=22$.

17．答案：A

解析：设甲、乙两种硫酸浓度分别是x，y，则$\begin{cases}300x+250y=(300+250+200)\times 50\%,\\200x+150y+200=(200+150+200)\times 80\%,\end{cases}$解得$x=75\%$，$y=60\%$.

18．答案：B

解析：方法一：设取出甲x g、乙$(140-x)$ g，则$\left[x\cdot\frac{120}{300}+\frac{90}{120}\times(140-x)\right]\div 140=$

50%，解得 $x=100$，$140-x=40$．所以从甲、乙两杯中各取 100 g、40 g．

方法二：易知甲、乙两杯奶茶的浓度分别为 40%和 75%，由十字交叉法易知混合比例为 5∶2，故甲、乙各占 100 g 和 40 g．

19．**答案：**C

解析：方法一：假设甲块 6 kg 全部是铜，乙块不含铜，那么新合金每块的含铜量就是 $6\div(6+4)=60\%$，甲块切下部分就是乙块的 60%，所以切下部分是 $4\times60\%=2.4$（kg）．

方法二：设甲块切下的质量为 x（kg），则乙剩余的质量为 $4-x$（kg），延续方法一的假设，则由十字交叉法知混合比例为 3∶2，故 $\frac{x}{4-x}=\frac{3}{2}$，解得 $x=2.4$．

方法三：设甲块切下的质量为 x（kg）甲含铜百分比为 a，乙含铜百分比为 b，则有 $\frac{1}{4}[ax+b(4-x)]=\frac{1}{6}[a(6-x)+bx]$，则 $10(a-b)x=24(a-b)$，解得 $x=2.4$．

20．**答案：**B

解析：开始的 10 g 糖，每次喝去 $\frac{2}{3}$ 后剩余 $\frac{1}{3}$，故喝去 4 次后剩余 $\left[\left(\frac{1}{3}\right)^4\times10\right]$ g．同理，第一次加入 6 g 糖，喝了 3 次后剩余 $\left[\left(\frac{1}{3}\right)^3\times6\right]$ g；第二次加入 6 g 糖，喝了 2 次后剩余 $\left[\left(\frac{1}{3}\right)^2\times6\right]$ g；第三次加入 6 g 糖，喝了 1 次后剩余 $\left[\frac{1}{3}\times6\right]$ g．故共余 $\left(\frac{1}{3}\right)^4\times10+\left[\left(\frac{1}{3}\right)^3+\left(\frac{1}{3}\right)^2+\frac{1}{3}\right]\times6=\frac{244}{81}$（g）．

二、条件充分性判断

21．**答案：**E

解析：设 A 企业前年的职工人数为 x，显然两个条件单独都不充分．

由条件（1），去年的人数为 $x(1-20\%)=0.8x$；由条件（2），今年的人数为 $0.8x(1+50\%)=1.2x$，可知今年比前年增加了 $\frac{1.2x-x}{x}\times100\%=20\%$，则条件（1）与条件（2）联合也不充分．

22．**答案：**C

解析：显然两个条件单独都不充分．联合起来如下表所示：

类　别	甲　瓶	乙　瓶	混　合
水	18	20	38
盐	6	4	10
盐　水	24	24	48

联合充分．

23．**答案：**E

解析：两船 2 h 同时返回，故两船航程相等. 上行船速是 7 km/h，下行船速是 8 km/h，说明上行时间是下行时间的$\frac{8}{7}$，则下行时间是$2\times\frac{7}{15}=\frac{14}{15}$（h），上行时间是$\frac{16}{15}$h.

所以，甲、乙两船航行方向相同时间是$\frac{16}{15}-\frac{14}{15}=\frac{2}{15}$（h）.

24. **答案**：D

解析：由条件（1）可得，$\dfrac{1-\frac{10}{30}}{\frac{1}{30}+\frac{1}{120}}=\dfrac{\frac{2}{3}\times 120}{4+1}=16$，共需要 $10+16=26$（h），充分；

由条件（2）可得，$\dfrac{1}{\frac{1}{30}+\frac{1}{120}}=\dfrac{120}{4+1}=24$，总时间为 $24+2=26$（h），充分.

25. **答案**：C

解析：显然条件（1）和（2）单独都不充分，考虑联合. 设这篇文章的字数为 m，由题意得，$\frac{1}{3}m+60\times 60=m$，解得 $m=5\,400$，充分. 故答案选 C.

26. **答案**：D

解析：设 3 种水果的价格分别为 x 元/kg，y 元/kg，z 元/kg，则 $x+y+z=30$.

条件（1）：$\begin{cases}x\geqslant 6,\\ y\geqslant 6,\\ z=6\end{cases}\Rightarrow x+y=24\Rightarrow x=24-y\geqslant 6\Rightarrow y\leqslant 18$，同理，$x\leqslant 18$，条件（1）充分.

条件（2）：$\begin{cases}x+y+2z=48,\\ x+y+z=30\end{cases}\Rightarrow\begin{cases}z=18,\\ x+y=12\end{cases}\Rightarrow\begin{cases}x\leqslant 12,\\ y\leqslant 12,\\ z=18,\end{cases}$条件（2）充分. 故答案选 D.

27. **答案**：A

解析：条件（1）：所用时间相同，甲、乙所走的路程比为 3 ∶ 1，因而甲、乙的速度比为 $v_{甲}:v_{乙}=3:1$，充分. 条件（2）：时间仍然相同，但是甲走的距离是 $2S$，则乙走的距离是 S，所以甲、乙所走的路程比是 2 ∶ 1，因而速度比为 $v_{甲}:v_{乙}=2:1$，不充分. 故答案选 A.

28. **答案**：A

解析：条件（1）：等额买股票，则甲、乙股数之比就等于股价的反比，即 $x:y=5:4$，充分. 条件（2）：设甲股票为 a 元/股，乙股票为 b 元/股，则根据条件（2）得：$xa+yb=xa(1+8\%)+yb(1-10\%)$，由于不知道 a、b 的关系，所以无法推出 x、y 的比值，故不充分. 故答案选 A.

29. **答案**：B

解析：条件（1）：该班女生人数占总人数的$\frac{5}{11}$，男生人数占总人数的$\frac{6}{11}$，女生团员人数与男生团员人数之比就是$\dfrac{\dfrac{3}{4}\times\dfrac{5}{11}}{\dfrac{4}{5}\times\dfrac{6}{11}}=\dfrac{25}{32}$，不充分．条件（2）：该班女生团员人数与男生团员人数之比为$\dfrac{\dfrac{3}{4}}{\dfrac{4}{5}}\times\dfrac{16}{25}=\dfrac{3}{5}$，充分．故答案选 B.

第二部分　代数

第三章　整式与分式
第四章　函数、方程与不等式
第五章　数列

考点分析

本部分在考试中占 5～6 个题目，占 15～18 分. 其中，第三章占 1～2 个题目，主要考点为因式定理、余式定理、因式分解等知识点. 第四章占 2 个题目，主要考点为判别式、韦达定理、二次函数图像、不等式解集等知识点. 第五章约占 2 个题目，主要考点为数列的通项公式、求和公式、等差和等比数列的基本性质等知识点.

时间安排

本部分建议考生用四周时间学习，其中第三章用 6 天左右时间，第四章用 14 天左右时间，第五章用 8 天左右时间. 例题一定要仔细吃透，注意琢磨“解题信号”，它代表了题目中的“题眼”，提示考生从何处下手，看到它要联想到相关的知识点和方法. 本部分公式较多，不要死记硬背，考生一定要通过例题来理解性地记忆，达到灵活运用的目的.

第三章　整式与分式

第一节　整　　式

一、代数式、单项式及多项式

1. 代数式

用运算符号和括号把数或表示数的字母连接而成的式子称为代数式. 另外，单独的一个数或字母也是代数式.

2. 单项式

由数与字母的乘积所组成的代数式称为单项式，如 $3x^2$. 单独一个数或一个字母也是单项式.

单项式中的数字因数称为单项式的系数；所有字母的指数之和称为单项式的次数. 如对于单项式 $ax^n y^m z^p$，a 称为它的系数，$n+m+p$ 称为它的次数.

【注】　单项式只能含有乘法以及以数字为除数的除法运算，不能含有加减运算，更不能含有以字母为除数的除法运算.

3. 多项式

若干个单项式的和或差称为多项式.

多项式中可以含有加减运算，也可以含有乘方和乘除运算，但不能含有以字母为除数的除法运算.

多项式中的每个单项式称为多项式的项. 不含字母的项，称为常数项. 常数项在多项式中的次数最低.

在一个多项式中，变量次数最高项的次数称为多项式的次数. 例如，当 a，b，$c\neq 0$ 时，$ax^{m_1}y^{n_1}+bx^{m_2}y^{n_2}+cz^{n_3}$ 为 3 项式，若 $m_2+n_2>m_1+n_1>n_3$，则此多项式为 m_2+n_2 次式.

4. 多项式的排列

升幂排列：把一个多项式按某一个字母的指数从小到大的顺序排列起来，称为多项式按这个字母的升幂排列.

降幂排列：把一个多项式按某一个字母的指数从大到小的顺序排列起来，称为多项式按这个字母的降幂排列.

二、整式、整除及带余除法

1. 整式

单项式与多项式统称为整式.

【注】　整式中不能含有以字母为除数的除法运算.

2. 整除

设 $f(x)=a_nx^n+a_{n-1}x^{n-1}+\cdots+a_1x+a_0$，$g(x)=b_mx^m+b_{m-1}x^{m-1}+\cdots+b_1x+b_0$，其中 $f(x)$ 与 $g(x)$ 是任意两个多项式，若存在多项式 $h(x)=c_kx^k+c_{k-1}x^{k-1}+\cdots+c_1x+c_0$，使等式 $f(x)=h(x)g(x)$ 成立，则称 $g(x)$ 整除 $f(x)$，记为 $g(x)\mid f(x)$.

当 $g(x)\mid f(x)$ 时，$g(x)$ 就称为 $f(x)$ 的因式，$f(x)$ 称为 $g(x)$ 的倍式.

如果多项式 $f(x)$ 能够被非零多项式 $g(x)$ 整除，则可以找出一个多项式 $q(x)$，使得 $f(x)=q(x)g(x)$.

3. 带余除法

【定理】　对任意两个实系数多项式 $f(x)$，$g(x)$（其中 $g(x)$ 不是零多项式），一定存在多项式 $q(x)$，$r(x)$，使得 $f(x)=q(x)g(x)+r(x)$ 成立，这里 $r(x)$ 为零多项式或 $r(x)$ 的次数小于 $g(x)$ 的次数，且 $q(x)$ 和 $r(x)$ 都是唯一的. 则 $q(x)$ 称为 $g(x)$ 除 $f(x)$ 所得的商式，$r(x)$ 称为 $g(x)$ 除 $f(x)$ 所得的余式.

【注】　可对比整数的整除和带余除法来理解学习.

三、余式定理与因式定理

1. 余式定理

多项式 $f(x)$ 除以（$ax-b$）的余式为 $f\left(\dfrac{b}{a}\right)$；

尤其，多项式 $f(x)$ 除以（$x-a$）的余式为 $f(a)$.

2. 因式定理

多项式 $f(x)$ 含有（$ax-b$）因式 $\Leftrightarrow f(x)$ 能被（$ax-b$）整除 $\Leftrightarrow f\left(\dfrac{b}{a}\right)=0$；

尤其，$f(x)$ 含有（$x-a$）因式 $\Leftrightarrow f(x)$ 能被（$x-a$）整除 $\Leftrightarrow f(a)=0$.

四、因式分解

1. 因式分解的概念

把一个多项式化为若干个整式的积的形式，称为把这个多项式因式分解. 一个多项式中每一项都含有的因式称为这个多项式的公因式.

（1）因式分解的实质是一种恒等变形，是一种化和为积的变形.

（2）因式分解与整式乘法是互逆的.

（3）在因式分解的结果中，每个因式都必须是整式.

（4）因式分解要分解到不能再分解为止.

2. 因式分解常用的基本方法

（1）提取公因式法.

（2）十字相乘法：$x^2+(a+b)x+ab=(x+a)(x+b)$.

（3）运用公式法.

（4）分组分解法：① 分组后能提公因式；② 分组后能运用公式.

3. 常用公式

（1）平方差公式：$a^2-b^2=(a+b)(a-b)$.

（2）完全平方公式：$(a\pm b)^2=a^2\pm 2ab+b^2$.

（3）完全立方公式：$(a\pm b)^3=a^3\pm 3a^2b+3ab^2\pm b^3$.

（4）立方和公式：$a^3+b^3=(a+b)(a^2-ab+b^2)$.

（5）立方差公式：$a^3-b^3=(a-b)(a^2+ab+b^2)$.

例题 1 $f(x)=4x^3+5x^2-3x-8$ 除以 $g(x)=x^2+2x+1$ 的商式和余式分别为（　　）.

A. $4x-5$，$x+5$　　B. $4x-4$，$-x-5$　　C. $4x-5$，$-x-6$

D. $4x-3$，$-x-5$　　E. $4x+5$，$-x-5$

解析 用竖式做除法，类似于多位数除法.

$$\begin{array}{r} 4x-3 \\ x^2+2x+1\overline{)4x^3+5x^2-3x-8} \\ \underline{4x^3+8x^2+4x} \\ -3x^2-7x-8 \\ \underline{-3x^2-6x-3} \\ -x-5 \end{array}$$

得商式 $q(x)=4x-3$，余式 $r(x)=-x-5$. 因此，$4x^3+5x^2-3x-8=(4x-3)\cdot(x^2+2x+1)+(-x-5)$.

答案 D

例题 2 设 $4x+y+10z=169$，$3x+y+7z=126$，则 $x+y+z$ 的值为（　　）.

A. 50　　B. 40　　C. 30　　D. 20　　E. 60

解题信号 求解多项式的值，要利用已知条件来转化，考生要想到两个方程联立去掉一个未知数.

解析 $\begin{cases}4x+y+10z=169,\\3x+y+7z=126\end{cases}\Rightarrow\begin{cases}x=43-3z,\\y=2z-3,\end{cases}$ 则 $x+y+z=43-3z+2z-3+z=40$.

答案 B

例题 3 若 $x^2+xy+y=14$，$y^2+xy+x=28$，则 $x+y$ 的值为（　　）.

A. 6 或 -7　　B. -6 或 -7　　C. 6 或 7　　D. 7　　E. -6 或 7

解题信号 求解多项式的值，是利用已知条件来转化，考生要想到两个方程联立去掉一个未知数.

解析 由已知两式相加得 $(x+y)^2+(x+y)-42=0$，把 $(x+y)$ 看作整体，分解得到 $(x+y+7)(x+y-6)=0$，故 $x+y=6$ 或 $x+y=-7$.

答案 A

例题 4 若 $a^2+3a+1=0$，代数式 $a^4+3a^3-a^2-5a+\frac{1}{a}-2$ 的值为（ ）.

A. a　B. $3a$　C. 3　D. -3　E. $-a$

解题信号 遇到求解高次，考生要想到用已知条件进行降次.

解析 $a^4+3a^3-a^2-5a+\frac{1}{a}-2=a^2(a^2+3a+1)-2(a^2+3a+1)+a+\frac{1}{a}=a+\frac{1}{a}$，利用 $a^2+3a+1=0\Rightarrow a+3+\frac{1}{a}=0\Rightarrow a+\frac{1}{a}=-3$.

答案 D

例题 5 $f(x)=a(x-1)(x-2)+b(x-2)(x-3)+c(x-1)(x-3)$，且 $g(x)=x^2+3$，已知 $f(x)=g(x)$，则 a，b，c 的值为（ ）.

A. 6，2，-7　B. 2，6，-7　C. -7，6，2　D. 6，3，-7　E. 6，-7，3

解题信号 若两个关于 x 的多项式相等，则当 x 取任意值时，这两个多项式的值都相等.

解析 由于 $f(x)=g(x)$，所以对于所有的 x 均成立.

当 $x=1$ 时，$2b=4$，则 $b=2$；当 $x=2$ 时，$-c=7$，则 $c=-7$；当 $x=3$ 时，$2a=12$，则 $a=6$.

答案 A

例题 6 a，b，c 满足如下等式：$a=\frac{1}{20}x+20$，$b=\frac{1}{20}x+19$，$c=\frac{1}{20}x+21$. 那么代数式 $a^2+b^2+c^2-ab-bc-ac$ 的值等于（ ）.

A. 4　B. 3　C. 2　D. 1　E. 0

解题信号 很显然，直接代入求解非常麻烦，所以考虑公式法（把要求解的多项式转化成所学公式）或特殊值法.

解析 方法一（特殊值法）：令 $\frac{1}{20}x=-20$，则 $a=0$，$b=-1$，$c=1$，直接代入原式 $=3$.

方法二（公式法）：$a^2+b^2+c^2-ab-bc-ac=\frac{1}{2}[(a-b)^2+(b-c)^2+(c-a)^2]$，$a-b=1$，$b-c=-2$，$c-a=1$，直接代入，原式 $=3$.

答案 B

例题 7 $\left(\frac{1}{1+\sqrt{2}}+\frac{1}{\sqrt{2}+\sqrt{3}}+\cdots+\frac{1}{\sqrt{2\,018}+\sqrt{2\,019}}+\frac{1}{\sqrt{2\,019}+\sqrt{2\,020}}\right)\cdot(1+\sqrt{2\,020})=$（ ）.

A. 2 017　B. 2 018　C. 2 019　D. 2 020　E. 2 021

解题信号 观察分母，是有规律的，而且分母带有根号，考生要想到去根号.

解析 $\frac{1}{1+\sqrt{2}}=\frac{\sqrt{2}-1}{(1+\sqrt{2})(\sqrt{2}-1)}=\sqrt{2}-1$；后面的每个分式都可以化成这种形式，

则有

$$\left(\frac{1}{1+\sqrt{2}}+\frac{1}{\sqrt{2}+\sqrt{3}}+\cdots+\frac{1}{\sqrt{2\ 018}+\sqrt{2\ 019}}+\frac{1}{\sqrt{2\ 019}+\sqrt{2\ 020}}\right)\cdot(1+\sqrt{2\ 020})$$

$$=(\sqrt{2}-1+\sqrt{3}-\sqrt{2}+\cdots+\sqrt{2\ 020}-\sqrt{2\ 019})\cdot(1+\sqrt{2\ 020})$$

$$=(\sqrt{2\ 020}-1)\cdot(1+\sqrt{2\ 020})$$

$$=2\ 019.$$

答案 C

例题 8 $\frac{2\times3}{1\times4}+\frac{5\times6}{4\times7}+\frac{8\times9}{7\times10}+\frac{11\times12}{10\times13}+\frac{14\times15}{13\times16}=$（　　）.

A. $\frac{19}{4}$　　B. $\frac{35}{8}$　　C. 4　　D. $\frac{23}{4}$　　E. $\frac{45}{8}$

解题信号 每一项的分子、分母都有相同的特点：从分母左侧开始顺时针看，数字依次连续.

解析 每一项的形式为$\frac{(n+1)(n+2)}{n(n+3)}$，其中 $n=1, 4, 7, 10, 13$.

因为$\frac{(n+1)(n+2)}{n(n+3)}=\frac{n^2+3n+2}{n^2+3n}=1+\frac{2}{n(n+3)}=1+\frac{2}{3}\left(\frac{1}{n}-\frac{1}{n+3}\right)$，所以

$$原式=5+\frac{2}{3}\left(1-\frac{1}{4}+\frac{1}{4}-\frac{1}{7}+\cdots+\frac{1}{13}-\frac{1}{16}\right)=5+\frac{2}{3}\left(1-\frac{1}{16}\right)=\frac{45}{8}.$$

答案 E

例题 9 已知多项式 $f(x)=2x^4-3x^3-ax^2+7x+b$ 能被 x^2+x-2 整除，则$\frac{a}{b}$的值是（　　）.

A. 1　　B. -1　　C. 2　　D. -2　　E. 0

解题信号 看到“多项式能被×××整除”的字眼，考生要想到因式定理.

解析 令 $x^2+x-2=0$，得 $x=-2$ 或 $x=1$，故$\begin{cases}f(-2)=0,\\f(1)=0,\end{cases}\Rightarrow\begin{cases}a=12,\\b=6,\end{cases}$则$\frac{a}{b}=2$.

答案 C

例题 10 若 $f(x)=x^4-5x^3+6x+m$ 被 $x-1$ 除，余数为 3，则 m 的值是（　　）.

A. 1　　B. 2　　C. 3　　D. 4　　E. 5

解题信号 看到“多项式被×××除，余式是×××”，考生要想到余式定理.

解析 令 $x-1=0$，得 $x=1$，代入 $f(1)=3$，则 $m=1$.

答案 A

例题 11 设 $f(x)$为实系数多项式，被 $x-1$ 除，余数为 9；被 $x-2$ 除，余数为 16，则 $f(x)$除以 $(x-1)(x-2)$ 的余式为（　　）.

A. $7x+2$　　B. $7x+3$　　C. $7x+4$　　D. $7x+5$　　E. $2x+7$

解题信号 看到“多项式被×××除，余式是×××”，考生要想到余式定理.

解析　根据余式定理，有$\begin{cases}f(1)=9,\\f(2)=16,\end{cases}$把 $x=1$ 和 $x=2$ 代入选项中，也必须要满足以上两式．只有选项 A 满足．

答案　A

例题 12　设多项式 $f(x)$ 被 x^2-1 除后的余式为 $3x+4$，并且已知 $f(x)$ 有因式 x，若 $f(x)$ 被 $x(x^2-1)$ 除后的余式为 px^2+qx+r，则 $p^2-q^2+r^2=$（　　）．

A. 2　　B. 3　　C. 5　　D. 7　　E. 9

解题信号　看到“因式……余式……”，考生要想到将因式定理与余式定理相结合．

解析　$\begin{cases}f(1)=p+q+r=3\times1+4,\\f(-1)=p-q+r=3\times(-1)+4,\\f(0)=r=0,\end{cases}$得$\begin{cases}p=4,\\q=3,\\r=0,\end{cases}$所以 $p^2-q^2+r^2=7$．

答案　D

例题 13　多项式 $f(x)=x^2+x+n$ 能被 $x+5$ 整除，则此多项式也可以被（　　）整除．

A. $x-6$　　B. $x+6$　　C. $x-4$　　D. $x+4$　　E. $x+2$

解题信号　看到多项式整除，考生要想到因式定理．

解析　由因式定理，$f(-5)=0$，得 $n=-20$，故 $f(x)=x^2+x-20=(x-4)\cdot(x+5)$．

答案　C

例题 14　$5f(x)$ 除以 x^2-x-2 的余式为 $5x$．

（1）多项式 $f(x)$ 除以 $2(x+1)$ 的余式为 1．

（2）多项式 $f(x)$ 除以 $3(x-2)$ 的余式为 -2．

解题信号　看到“余式……”，考生要想到余式定理．

解析　显然，条件（1）和条件（2）单独都不充分．

联合条件（1）和条件（2），设 $f(x)=(x+1)(x-2)q(x)+ax+b$，显然 $ax+b$ 是 $f(x)$ 除以 x^2-x-2 的余式，由余式定理，得$\begin{cases}f(-1)=-a+b=1,\\f(2)=2a+b=-2,\end{cases}$得$\begin{cases}a=-1,\\b=0,\end{cases}$所以余式为 $-x$，那么 $5f(x)$ 除以 x^2-x-2 的余式为 $-5x$，联合也不充分．

答案　E

例题 15　$x^2-2xy+ky^2+3x-y+2$ 能分解成两个一次因式的乘积．

（1）$k=0$．

（2）$k=-3$．

解题信号　把条件（1）和条件（2）的 k 值代入多项式进行因式分解．

解析　条件（1）代入有 $x^2-2xy+3x-y+2=(x+1)(x+2)-y(2x+1)$，无法因式分解，不充分；条件（2）代入有 $x^2-2xy-3y^2+3x-y+2=(x-3y+2)(x+y+1)$，充分．

答案　B

—— 第二节 分 式 ——

一、分式

1. 定义

用 A，B 表示两个整式，$A\div B$ 就可以表示成$\dfrac{A}{B}$的形式，如果除式 B 中含有字母，则式子$\dfrac{A}{B}$就称为分式.

2. 性质

分式的分子与分母都乘（或除以）同一个不为零的整式，分式的值不变.

3. 表示

$\dfrac{A}{B}=\dfrac{AM}{BM}$，$\dfrac{A}{B}=\dfrac{A\div M}{B\div M}$（$M$ 为不等于零的整式）.

4. 应用

（1）符号法则

分子、分母与分式本身的符号，改变其中任何两个，分式的值不变，即

$$\frac{-a}{-b}=\frac{a}{b},\quad \frac{-a}{b}=\frac{a}{-b}=-\frac{a}{b}.$$

（2）约分

把一个分式的分子与分母的所有公因式约去称为约分.

（3）通分

把几个异分母的分式分别化成与原本的分式相等的同分母的分式称为通分.

二、运算

1. 加减法则

同分母：同分母的分式相加减，把分式的分子相加减，分母不变，即$\dfrac{a}{c}\pm\dfrac{b}{c}=\dfrac{a\pm b}{c}$.

【注】 异分母：异分母的分式相加减，先通分变为同分母的分式，然后再加减.

2. 乘法法则

分式乘分式，用分子的积作积的分子，分母的积作积的分母，即$\dfrac{a}{b}\cdot\dfrac{c}{d}=\dfrac{ac}{bd}$.

3. 除法法则

分式除以分式，把除式的分子、分母颠倒位置后，与被除式相乘，即$\dfrac{a}{b}\div\dfrac{c}{d}=\dfrac{a}{b}\cdot\dfrac{d}{c}=\dfrac{ad}{bc}$.

4. 乘方法则

分式的乘方，把分式的分子、分母各自乘方，即$\left(\frac{a}{b}\right)^n=\frac{a^n}{b^n}$.

三、最简分式

1. 定义

当分式的分子与分母没有公因式时，称为最简分式．一个分式的最后形式必须是最简分式．分式化为最简分式时通常采用约分的方法．

2. 分式计算原则

（1）低级（加减）运算先进行通分；

（2）高级运算不要遗忘提取公因式约分；

（3）分母为因式的积时要考虑拆开计算；

（4）涉及求未知数值，注意分母不能为0；

（5）变形技巧为乘“1”.

例题1 解分式方程$\frac{2x^2-2}{x-1}+\frac{6x-6}{x^2-1}=7$，解得$x=$（　　）.

A. 1　　B. $\frac{1}{2}$　　C. 1或$\frac{1}{2}$　　D. -1　　E. 0

解题信号 初看比较像一元二次分式方程，仔细观察后，分式是可以约分的.

解析 $\frac{2x^2-2}{x-1}+\frac{6x-6}{x^2-1}=\frac{(2x^2-2)(x+1)+6x-6}{x^2-1}=\frac{2(x+1)^2+6}{x+1}=7$，且$x^2-1\neq 0$，$x\neq\pm 1$，故$x=\frac{1}{2}$.

答案 B

例题2 已知$\frac{2x-3}{x^2-x}=\frac{A}{x-1}+\frac{B}{x}$，其中$A$，$B$为常数，那么$A+B$的值为（　　）.

A. -2　　B. 2　　C. -4　　D. 4　　E. 1

解题信号 分式相等的问题，先通分.

解析 $\frac{2x-3}{x^2-x}=\frac{A}{x-1}+\frac{B}{x}=\frac{(A+B)x-B}{x^2-x}$，$A+B=2$.

答案 B

例题3 已知关于x的方程$\frac{1}{x^2-x}+\frac{k-5}{x^2+x}=\frac{k-1}{x^2-1}$无解，那么$k=$（　　）.

A. 3或6　　B. 6或9　　C. 3或9　　D. 3，6或9　　E. 1或3

解题信号 先把分式通分．考生要想到方程无解意味着某一分式无意义，即分母的值是零.

解析 由$\frac{1}{x^2-x}+\frac{k-5}{x^2+x}=\frac{x+1+(k-5)(x-1)}{x(x^2-1)}=\frac{(k-1)x}{x(x^2-1)}$可知，$x+1+$

$(k-5)(x-1)=(k-1)x$，$k=6-3x$，$x(x^2-1)=0$，$x=0$ 或 $x=\pm1$，故 $k=3$，6 或 9.

答案 D

例题 4 已知 $x=2+\sqrt{3}$，$y=2-\sqrt{3}$，则 $\left(x+\frac{1}{y}\right)\left(y+\frac{1}{x}\right)$ 的值为（　　）.

A. 1　　B. 2　　C. 3　　D. 4　　E. 0

解题信号 求分式的值时，可以把 x，y 的值直接代入分式，也可以先把分式化简，再代入.

解析 方法一：$\left(x+\frac{1}{y}\right)\left(y+\frac{1}{x}\right)=\left(2+\sqrt{3}+\frac{1}{2-\sqrt{3}}\right)\left(2-\sqrt{3}+\frac{1}{2+\sqrt{3}}\right)=4$.

方法二：由于 $xy=(2+\sqrt{3})(2-\sqrt{3})=1$，故 $\left(x+\frac{1}{y}\right)\left(y+\frac{1}{x}\right)=2+xy+\frac{1}{xy}=4$.

答案 D

例题 5 $\frac{(2\times5+2)(4\times7+2)(6\times9+2)(8\times11+2)\cdots(2\,016\times2\,019+2)}{(1\times4+2)(3\times6+2)(5\times8+2)(7\times10+2)\cdots(2\,015\times2\,018+2)}$ 的值为（　　）.

A. 2 018　　B. 1 008　　C. 1 010　　D. 2 017　　E. 1 009

解题信号 分子与分母是有规律的，这类题一定会存在约分情况.

解析 观察每个括号里的数值，考虑一般性：$n(n+3)+2=n^2+3n+2=(n+1)(n+2)$.

故原式 $=\frac{(3\times4)(5\times6)(7\times8)(9\times10)\cdots(2\,017\times2\,018)}{(2\times3)(4\times5)(6\times7)(8\times9)\cdots(2\,016\times2\,017)}=1\,009$.

答案 E

例题 6 $\frac{2\,020^3-2\times2\,020^2-2\,018}{2\,020^3+2\,020^2-2\,021}$ 的值为（　　）.

A. $\frac{2\,018}{2\,020}$　　B. $\frac{2\,018}{2\,021}$　　C. $\frac{2\,017}{2\,020}$　　D. $\frac{2\,020}{2\,021}$　　E. $\frac{2\,016}{2\,021}$

解题信号 看到这类题，考生要想到是可以约分的. 由于 2 020 这个数没有普遍性，所以可以设它为字母来把分式化简.

解析 设 $a=2\,020$，则原式 $=\frac{a^3-2a^2-(a-2)}{a^3+a^2-(a+1)}=\frac{(a-2)(a^2-1)}{(a+1)(a^2-1)}=\frac{a-2}{a+1}=\frac{2\,018}{2\,021}$.

答案 B

第三节　练　习

一、问题求解

1. 如果 $a^2+b^2+2c^2+2ac-2bc=0$，则 $a+b$ 的值为（　　）.

A. 0　　B. 1　　C. -1　　D. -2　　E. 2

2. 若 $3(a^2+b^2+c^2)=(a+b+c)^2$，则 a，b，c 三者的关系为（　　）.

A. $a+b+c=0$　　B. $a+b+c=1$　　C. $a=b=c$

D. $ab+bc=ac$　　E. $abc=1$

3. 已知 $(2\,020-a)(2\,018-a)=2\,019$，那么 $(2\,020-a)^2+(2\,018-a)^2=$（　　）.

A. 4 002　　B. 4 012　　C. 4 042　　D. 4 020　　E. 4 000

4. 若 x，y，z 为实数，设 $A=x^2-2y+\frac{\pi}{2}$，$B=y^2-2z+\frac{\pi}{3}$，$C=z^2-2x+\frac{\pi}{6}$，则在 A，B，C 中（　　）.

A. 至少有一个大于零　　B. 至少有一个小于零　　C. 都大于零

D. 都小于零　　E. 至少有两个大于零

5. 已知 $x^2-x+a-3$ 是一个完全平方式，则 $a=$（　　）.

A. $\frac{9}{4}$　　B. $\frac{13}{4}$　　C. $\frac{5}{4}$　　D. $\frac{15}{4}$　　E. $\frac{11}{4}$

6. 对任意实数 x，等式 $ax-4x+5+b=0$ 恒成立，则 $(a+b)^{2\,020}$ 为（　　）.

A. 0　　B. -1　　C. 1　　D. $2^{2\,020}$　　E. 2

7. 当 a，b，c 为（　　）时，多项式 $f(x)=2x-7$ 与 $g(x)=a(x-1)^2-b(x+2)+c(x^2+x-2)$ 相等.

A. $a=-\frac{11}{9}$，$b=\frac{5}{3}$，$c=\frac{11}{9}$　　B. $a=-11$，$b=15$，$c=11$

C. $a=\frac{11}{9}$，$b=\frac{5}{3}$，$c=-\frac{11}{9}$　　D. $a=11$，$b=15$，$c=-11$

E. 以上答案均不正确

8. 若 mx^4+bx^3+1 能被 $(x-1)^2$ 整除，则 m，b 的值分别为（　　）.

A. $m=1$，$b=4$　　B. $m=3$，$b=-4$

C. $m=-3$，$b=4$　　D. $m=1$，$b=-3$

E. $m=1$，$b=3$

9. 已知 $(x^2+px+8)(x^2-3x+q)$ 的展开式中不含 x^2 和 x^3 项，则 p，q 的值为（　　）.

A. $\begin{cases}p=2,\\q=1\end{cases}$　　B. $\begin{cases}p=3,\\q=2\end{cases}$　　C. $\begin{cases}p=2,\\q=2\end{cases}$　　D. $\begin{cases}p=1,\\q=3\end{cases}$　　E. $\begin{cases}p=3,\\q=1\end{cases}$

10. 已知 $x^2-3x+1=0$，则 $\left|x-\frac{1}{x}\right|=$（　　）.

A. $\sqrt{2}$　　B. $\sqrt{3}$　　C. 1　　D. 2　　E. $\sqrt{5}$

11. 已知 x，y 满足 $x^2+y^2+\frac{5}{4}=2x+y$，则代数式 $\frac{xy}{x+y}=$（　　）.

A. $\frac{1}{3}$　　B. $\frac{1}{4}$　　C. $\frac{1}{5}$　　D. $\frac{2}{3}$　　E. $\frac{3}{4}$

12. 化简$\frac{1}{x^2+3x+2}+\frac{1}{x^2+5x+6}+\frac{1}{x^2+7x+12}+\cdots+\frac{1}{x^2+201x+10\,100}$为（　　）.

A. $\frac{100}{(x-1)(x-101)}$　　B. $\frac{100}{(x+1)(x-101)}$　　C. $\frac{100}{(x+1)(x+101)}$

D. $\frac{100}{(x-1)(x+101)}$　　E. $\frac{101}{(x-1)(x+101)}$

13. 已知$\frac{x}{a}+\frac{y}{b}+\frac{z}{c}=3$，$\frac{a}{x}+\frac{b}{y}+\frac{c}{z}=0$，那么$\frac{x^2}{a^2}+\frac{y^2}{b^2}+\frac{z^2}{c^2}=$（　　）.

A. 0　　B. 1　　C. 3　　D. 9　　E. 2

14. 若 x 和分式$\frac{3x+2}{x-1}$都是整数，那么 $x=$（　　）.

A. 2，6　　B. 0，2，6　　C. -4　　D. -4，0，2，6　E. 0，-4

15. 若 a，b，c 为互不相等的实数，且 $abc=1$，那么$\frac{a}{ab+a+1}+\frac{b}{bc+b+1}+\frac{c}{ca+c+1}=$（　　）.

A. -1　　B. 0　　C. 1　　D. 0 或 1　　E. ± 1

16. 若 $a+b+c=0$，且 a，b，c 不全为 0，则$\frac{1}{a^2+b^2-c^2}+\frac{1}{b^2+c^2-a^2}+\frac{1}{c^2+a^2-b^2}=$（　　）.

A. 0　　B. 1　　C. 2　　D. 3　　E. 4

17. 设多项式 $f(x)$除以 $x-1$ 和 x^2-2x+3 的余式分别为 2 和 $4x+6$，则 $f(x)$除以 $(x-1)(x^2-2x+3)$ 的余式为（　　）.

A. $4x^2+12x-6$　　B. $-4x^2+12x-6$

C. $-4x^2+12x+6$　　D. $-4x^2-12x-6$

E. $4x^2-12x-6$

18. 若三次多项式 $g(x)$满足 $g(-1)=g(0)=g(2)=0$，$g(1)=4$，多项式 $f(x)=x^4-x^2+1$，则 $3g(x)-4f(x)$被 $x-1$ 除的余数为（　　）.

A. 3　　B. 5　　C. 8　　D. 9　　E. 11

19. 设 $f(x)$是三次多项式，且 $f(2)=f(-1)=f(4)=3$，$f(1)=-9$，则 $f(0)=$（　　）.

A. -13　　B. -12　　C. -9　　D. 13　　E. 7

20. $f(x)$为二次多项式，且 $f(2\,016)=1$，$f(2\,017)=2$，$f(2\,018)=7$，则$f(2\,020)=$（　　）.

A. 23　　B. 25　　C. 28　　D. 29　　E. 21

21. 设多项式 $f(x)$除以 $(x-1)(x-2)(x-3)$ 的余式为 $2x^2+x-7$. 则以下说法中不正确的是（　　）.

A. $f(x)$除以 $x-1$ 的余数为-4

B. $f(x)$除以 $x-2$ 的余数为 3

C. $f(x)$除以 $x-3$ 的余数为 14

D. $f(x)$除以（$x-1$）（$x-2$）的余式为 $7x-11$

E. $f(x)$除以（$x-2$）（$x-3$）的余式为 $11x+19$

二、条件充分性判断

22. 已知 $x+y\neq 0$，则分式$\frac{2x}{x+y}$的值保持不变.

（1）y 和 x 都扩大为原来的 3 倍.

（2）y 和 x 都扩大为原来的 4 倍.

23. $\frac{1}{(x-1)x}+\frac{1}{x(x+1)}+\cdots+\frac{1}{(x+9)(x+10)}=\frac{11}{12}$.

（1）$x=2$.

（2）$x=-11$.

24. 多项式 $f(x)$除以 x^2+x+1 所得的余式为 $x+3$.

（1）多项式 $f(x)$除以 x^4+x^2+1 所得的余式为 x^3+2x^2+3x+4.

（2）多项式 $f(x)$除以 x^4+x^2+1 所得的余式为 x^3+x+2.

25. $f(x)$被（$x-1$）（$x-2$）除的余式为 $2x-1$.

（1）多项式 $f(x)$被 $x-1$ 除的余式为 5.

（2）多项式 $f(x)$被 $x-2$ 除的余式为 7.

26. 多项式 $x^2-4xy+ay^2+5x-10y+6$ 能分解成两个一次因式的积.

（1）$a=2$.

（2）$a=6$.

27. 已知 $a\in\mathbf{R}$，则 $3a^3+12a^2-6a-12=24$.

（1）$a=\sqrt{7}-1$.

（2）$a=\sqrt{7}+1$.

28. 若 m，n 是两个不相等的实数，则 $m^3-2mn+n^3=-2$.

（1）$m^2=n+2$.

（2）$n^2=m+2$.

29. 已知 x，y 为非零实数，则$\frac{2x-5xy+2y}{x+2xy+y}$有确定的值.

（1）$x+y=5$.

（2）$\frac{1}{x}+\frac{1}{y}=5$.

30. 设 a，b，c 为实数，则能确定 $|a|+|b|+|c|$ 的最小值.

（1）$a+b+c=2$.

（2）$abc=4$.

第四节　参考答案及解析

一、问题求解

1. 答案：A

解析：$a^2+b^2+2c^2+2ac-2bc=(a+c)^2+(b-c)^2=0$，根据非负性，所以 $a=-c$，$b=c$，从而 $a+b=0$. 答案选 A.

2. 答案：C

解析：$3(a^2+b^2+c^2)=(a+b+c)^2 \Leftrightarrow a^2+b^2+c^2-ab-ac-bc=\frac{1}{2}[(a-c)^2+(b-c)^2+(a-b)^2]=0$，所以得到 $a=b=c$. 答案选 C.

3. 答案：C

解析：$(2\,020-a)^2+(2\,018-a)^2=[(2\,020-a)-(2\,018-a)]^2+2(2\,020-a)\cdot(2\,018-a)=4+2\times 2\,019=4\,042$. 答案选 C.

4. 答案：A

解析：$A+B+C=(x-1)^2+(y-1)^2+(z-1)^2+(\pi-3)>0 \Rightarrow A$，$B$，$C$ 至少有一个大于 0.

5. 答案：B

解析：方法一：因为 $x^2-x+a-3$ 是一个完全平方式，所以 $x^2-x+a-3=\left(x-\frac{1}{2}\right)^2+\left(a-\frac{13}{4}\right)=\left(x-\frac{1}{2}\right)^2$，即 $a-\frac{13}{4}=0$，得到 $a=\frac{13}{4}$. 答案选 B.

方法二：因为 $x^2-x+a-3$ 是一个完全平方式，所以方程 $x^2-x+a-3=0$ 有两个相等实根，即 $\Delta=(-1)^2-4(a-3)=0$，所以 $1-4a+12=0$，解得 $a=\frac{13}{4}$. 答案选 B.

6. 答案：C

解析：方法一（基本解法）：$ax-4x+5+b=0 \Rightarrow (a-4)x+(5+b)=0$，又对任意实数 x，等式是恒成立的，故有 $a=4$，$b=-5$，有 $a+b=-1$，从而 $(a+b)^{2\,020}=1$. 答案选 C.

方法二（特值法）：由于对任意实数 x，等式 $ax-4x+5+b=0$ 恒成立，所以可以取 $x=1$，则原式转化为 $a-4+5+b=0 \Rightarrow a+b=-1$，所以 $(a+b)^{2\,020}=1$. 答案选 C.

7. 答案：A

解析：可以利用多项式相等的定义，即若两个多项式相等，必有对应项的系数相等，两个多项式的项数相等. 而由

$$g(x)=a(x-1)^2-b(x+2)+c(x^2+x-2)=(a+c)x^2+(c-2a-b)x+a-2b-2c,$$

有$\begin{cases}a+c=0,\\c-2a-b=2,\\a-2b-2c=-7,\end{cases}$　解得$\begin{cases}a=-\dfrac{11}{9},\\b=\dfrac{5}{3},\\c=\dfrac{11}{9}.\end{cases}$　答案选 A.

8. **答案**：B

解析：方法一（竖式除法）：

$$\begin{array}{r}mx^2+(b+2m)x+(2b+3m)\\ x^2-2x+1\,\big)\overline{mx^4+bx^3+0x^2+0x+1}\\ \underline{mx^4-2mx^3+mx^2}\\ (b+2m)x^3-mx^2+1\\ \underline{(b+2m)x^3-2(b+2m)x^2+(b+2m)x}\\ (2b+3m)x^2-(b+2m)x+1\\ \underline{(2b+3m)x^2-2(2b+3m)x+(2b+3m)}\\ (4m+3b)x+(1-2b-3m)\end{array}$$

即有$\begin{cases}4m+3b=0,\\1-2b-3m=0,\end{cases}$解得$\begin{cases}m=3,\\b=-4.\end{cases}$答案选 B.

方法二（待定系数法）：$mx^4+bx^3+1=(mx^2+ax+1)(x-1)^2$，即 $mx^4+bx^3+1=mx^4+(a-2m)x^3+(m+1-2a)x^2+(a-2)x+1$，有$\begin{cases}b=a-2m,\\m+1-2a=0,\\a-2=0,\end{cases}$解得$\begin{cases}a=2,\\b=-4,\\m=3.\end{cases}$答案选 B.

方法三：$f(x)=mx^4+bx^3+1$ 有因式 $(x-1)^2$，故 $f(1)=m+b+1=0$，$m+b=-1$，仅选项 B 符合．答案选 B.

9. **答案**：E

解析：x^2 项的系数为 $8-3p+q$；x^3 项的系数为 $-3+p$.

因为展开式中不含 x^2 和 x^3 项，所以$\begin{cases}8-3p+q=0,\\-3+p=0,\end{cases}$解得$\begin{cases}p=3,\\q=1.\end{cases}$答案选 E.

10. **答案**：E

解析：$x^2-3x+1=0\Leftrightarrow x+\dfrac{1}{x}=3$，$\left|x-\dfrac{1}{x}\right|=\sqrt{\left(x+\dfrac{1}{x}\right)^2-4}=\sqrt{5}$．答案选 E.

11. **答案**：A

解析：由已知得 $(x-1)^2+\left(y-\dfrac{1}{2}\right)^2=0$，得 $x=1$，$y=\dfrac{1}{2}$，$\dfrac{xy}{x+y}=\dfrac{1}{3}$．答案选 A.

12. 答案：C

解析：$\frac{1}{x^2+3x+2}+\frac{1}{x^2+5x+6}+\frac{1}{x^2+7x+12}+\cdots+\frac{1}{x^2+201x+10\,100}$

$=\frac{1}{(x+1)(x+2)}+\frac{1}{(x+2)(x+3)}+\cdots+\frac{1}{(x+100)(x+101)}$

$=\left(\frac{1}{x+1}-\frac{1}{x+2}\right)+\left(\frac{1}{x+2}-\frac{1}{x+3}\right)+\cdots+\left(\frac{1}{x+100}-\frac{1}{x+101}\right)$

$=\frac{1}{x+1}-\frac{1}{x+101}=\frac{100}{(x+101)(x+1)}$.

13. 答案：D

解析：对$\frac{x}{a}+\frac{y}{b}+\frac{z}{c}=3$两边平方得$\frac{x^2}{a^2}+\frac{y^2}{b^2}+\frac{z^2}{c^2}+2\left(\frac{xy}{ab}+\frac{xz}{ac}+\frac{yz}{bc}\right)=9$，又$\frac{a}{x}+\frac{b}{y}+\frac{c}{z}=0\Rightarrow\frac{ayz+bxz+cxy}{xyz}=0$，即$ayz+bxz+cxy=0$，故有$\frac{xy}{ab}+\frac{xz}{ac}+\frac{yz}{bc}=0$，从而$\frac{x^2}{a^2}+\frac{y^2}{b^2}+\frac{z^2}{c^2}=9$. 故答案选 D.

14. 答案：D

解析：令$t=\frac{3x+2}{x-1}=3+\frac{5}{x-1}$，$x$，$t$均是整数，所以$x-1$应是5的约数，又$5=1\times5=(-1)\times(-5)$，则$x-1=\begin{cases}1,\\5,\\-1,\\-5,\end{cases}$所以$x=\begin{cases}2,\\6,\\0,\\-4.\end{cases}$答案选 D.

15. 答案：C

解析：由$abc=1$知$a=\frac{1}{bc}$，所以

$$\frac{a}{ab+a+1}+\frac{b}{bc+b+1}+\frac{c}{ca+c+1}$$
$$=\frac{\frac{1}{bc}}{\frac{1}{bc}\cdot b+\frac{1}{bc}+1}+\frac{b}{bc+b+1}+\frac{c}{\frac{1}{bc}\cdot c+c+1}=1.$$

16. 答案：A

解析：若$a+b+c=0$，则将$c=-a-b$代入表达式即可，或者采用特殊值代入法. 选取最简单的特殊值$a=1$，$b=1$，$c=-2$，代入得$\frac{1}{a^2+b^2-c^2}+\frac{1}{b^2+c^2-a^2}+\frac{1}{c^2+a^2-b^2}=0$. 答案选 A.

17. 答案：B

解析：根据题意，设$f(x)=(x-1)(x^2-2x+3)q(x)+a(x^2-2x+3)+4x+6$，再由$f(1)=2a+10=2\Rightarrow a=-4$，所以余式为$-4x^2+12x-6$. 故答案选 B.

18. 答案：C

解析：令 $F(x)=3g(x)-4f(x)$，则所求的余式为 $F(1)=3g(1)-4f(1)=8$.

19. 答案：A

解析：根据 $f(2)=f(-1)=f(4)=3$，设 $f(x)=a(x-2)(x+1)(x-4)+3$，将 $x=1$ 代入，有 $f(1)=a\times(-1)\times2\times(-3)+3=-9\Rightarrow a=-2$，得 $f(x)=-2(x-2)(x+1)(x-4)+3$，故 $f(0)=-13$.

20. 答案：D

解析：根据题意，设 $f(x)=a(x-2\,016)(x-2\,017)+b(x-2\,016)+1$，$f(2\,017)=b+1=2\Rightarrow b=1$，$f(2\,018)=2a+2b+1=7\Rightarrow a=2$，故 $f(x)=2(x-2\,016)(x-2\,017)+(x-2\,016)+1$，所以 $f(2\,020)=29$. 答案选 D.

21. 答案：E

解析：设 $f(x)=(x-1)(x-2)(x-3)q(x)+2x^2+x-7$. A 选项 $f(x)$ 除以 $x-1$ 的余式是 $x-1$ 除 $2x^2+x-7$ 的余式，为 -4，正确. B 选项 $f(x)$ 除以 $x-2$ 的余式是 $x-2$ 除 $2x^2+x-7$ 的余式，为 3，正确. C 选项 $f(x)$ 除以 $x-3$ 的余式是 $x-3$ 除 $2x^2+x-7$ 的余式，为 14，正确. D 选项 $f(x)$ 除以 $(x-1)(x-2)$ 的余式是 $2x^2+x-7$ 除以 $(x-1)(x-2)$ 的余式，为 $7x-11$，正确. E 选项 $f(x)$ 除以 $(x-2)(x-3)$ 的余式是 $2x^2+x-7$ 除以 $(x-2)(x-3)$ 的余式，为 $11x-19$，错误. 答案选 E.

二、条件充分性判断

22. 答案：D

解析：条件（1），当 x 和 y 扩大为原来的 3 倍时，$x\to3x$，$y\to3y$，$\frac{2\times3x}{3x+3y}=2\times\frac{3x}{3(x+y)}=\frac{2x}{x+y}$. 充分.

条件（2），当 x 和 y 扩大为原来的 4 倍时，变为 $4x$ 和 $4y$；同理，分式数值不变. 充分. 故答案选 D.

23. 答案：D

解析：此题可利用公式 $\frac{1}{m(m+1)}=\frac{1}{m}-\frac{1}{m+1}$，化简后再进行求解.

原式 $=\left(\frac{1}{x-1}-\frac{1}{x}\right)+\left(\frac{1}{x}-\frac{1}{x+1}\right)+\cdots+\left(\frac{1}{x+9}-\frac{1}{x+10}\right)=\frac{11}{12}$，解得 $x_1=2$，$x_2=-11$.

24. 答案：D

解析：条件（1）：设 $f(x)=g(x)(x^4+x^2+1)+x^3+2x^2+3x+4$，而 $x^4+x^2+1=(x^2+x+1)(x^2-x+1)$，所以只要 $x^3+2x^2+3x+4-(x+3)$ 能被 x^2+x+1 整除即可，$x^3+2x^2+3x+4-(x+3)=(x^2+x+1)(x+1)$，条件（1）充分；同理，条件（2）也充分.

25. 答案：E

解析：显然条件（1）和（2）单独都不能使结论成立，则考虑它们联合. 由条件（1）

得多项式 $f(x)$ 被 $x-1$ 除的余数为 5，得到 $f(1)=5$；同理，由条件（2）得多项式 $f(x)$ 被 $x-2$ 除的余数为 7，得到 $f(2)=7$. 设 $f(x)$ 被 $(x-1)(x-2)$ 除的余式为 $ax+b$，即 $f(x)=(x-1)(x-2)\cdot g(x)+ax+b$，从而

$$\begin{cases}f(1)=(1-1)(1-2)\cdot g(1)+a\times 1+b=5,\\ f(2)=(2-1)(2-2)\cdot g(2)+a\times 2+b=7\end{cases}\Rightarrow\begin{cases}a+b=5,\\ 2a+b=7\end{cases}\Rightarrow\begin{cases}a=2,\\ b=3,\end{cases}$$

故余式为 $2x+3$. 联合也不充分.

26. 答案：E

解析：因为 $x^2+5x+6=(x+2)(x+3)$.

所以可设 $x^2-4xy+ay^2+5x-10y+6=(x+my+2)(x+ny+3)$.

即 $x^2-4xy+ay^2+5x-10y+6=x^2+(m+n)xy+mny^2+5x+(3m+2n)y+6$，

所以 $\begin{cases}m+n=-4 & (1)\\ mn=a & (2)\\ 3m+2n=-10 & (3)\end{cases}$. 由式（1）和式（3）可得 $\begin{cases}m=-2,\\ n=-2,\end{cases}$ 所以 $a=mn=4$. 故答案选 E.

27. 答案：A

解析：条件（1）$a=\sqrt{7}-1$

$a+1=\sqrt{7}\Rightarrow(a+1)^2=(\sqrt{7})^2$

$\Rightarrow a^2+2a-6=0$

$$\begin{array}{r} 3a+6\\ a^2+2a-6\overline{)\,3a^3+12a^2-6a-12}\\ \underline{3a^3+6a^2-18a\quad\quad}\\ 6a^2+12a-12\\ \underline{6a^2+12a-36}\\ 24\end{array}$$

充分；

条件（2）$a=\sqrt{7}+1$

$a-1=\sqrt{7}\Rightarrow(a-1)^2=(\sqrt{7})^2$

$\Rightarrow a^2-2a-6=0$

$$\begin{array}{r} 3a+18\\ a^2-2a-6\overline{)\,3a^3+12a^2-6a-12}\\ \underline{3a^3-6a^2-18a\quad\quad}\\ 18a^2+12a-12\\ \underline{18a^2-36a-108}\\ 48a+96\end{array}$$

不充分.

28. 答案：C

解析：联合条件（1）（2），两式相减有 $(m-n)(m+n+1)=0$，由于 m，n 不相等，故 $m+n=-1$.

两式相加有 $m^2+n^2=3$，则 $(m+n)^2=m^2+n^2+2mn=1$，可得 $mn=-1$.

$$\begin{aligned}m^3-2mn+n^3&=(m+n)(m^2-mn+n^2)-2mn\\&=(-1)\times[3-(-1)]-2\times(-1)\\&=-1\times4+2=-2.\end{aligned}$$

29. 答案：B

解析：条件（1），令 $y=5-x$，代入，不充分；条件（2），$\frac{1}{x}+\frac{1}{y}=5$ 可得 $x+y=5xy$，代入有 $\frac{2x-5xy+2y}{x+2xy+y}=\frac{5}{7}$，充分.

30. 答案：D

解析：由条件（1），$|a|+|b|+|c| \geqslant |a+b+c|=2$ 故 $|a|+|b|+|c|$ 的最小值为 2，因此条件（1）充分；条件（2），由 $|a|+|b|+|c| \geqslant 3\sqrt[3]{|abc|}=3\sqrt[3]{4}$，故 $|a|+|b|+|c|$ 的最小值为 $3\sqrt[3]{4}$，因此条件（2）也充分.

第四章　函数、方程与不等式

第一节　集　合

一、集合的概念

1. 集合

将能够确切指定的一些对象看成一个整体，这个整体就称为集合，简称集.

2. 元素

集合中的各个对象称为这个集合的元素.

二、常用数集

1. 非负整数集（自然数集）：全体非负整数的集合，记作 $\mathbf{N}$.
2. 正整数集：非负整数集排除 0 的集合，记作 $\mathbf{N}_+$.
3. 整数集：全体整数的集合，记作 $\mathbf{Z}$.
4. 有理数集：全体有理数的集合，记作 $\mathbf{Q}$.
5. 实数集：全体实数的集合，记作 $\mathbf{R}$.

【注】　自然数集与非负整数集是相同的，也就是说，自然数集包括 0.

三、元素与集合的关系

1. 属于：如果 a 是集合 A 的元素，就说 a 属于 A，记作 $a\in A$.
2. 不属于：如果 a 不是集合 A 的元素，就说 a 不属于 A，记作 $a\notin A$.

四、集合的基本运算

1. $A=B$（指集合 A 与集合 B 中的元素完全相同）.
2. $A\subsetneqq B$（集合 A 真包含于集合 B，即集合 A 包含于集合 B，并且 $A\neq B$），
   $A\subseteq B$（指集合 A 包含于集合 B，即集合 A 中的元素都是集合 B 的元素），
   $A\not\subseteq B$（指集合 A 不包含于集合 B，并且 $A\neq B$）.
3. $A\cup B$（指集合 A 与 B 的并集，是由属于集合 A 或属于集合 B 的全体元素组成的集合）.
4. $A\cap B$（指集合 A 与 B 的交集，是由既属于集合 A 又属于集合 B 的全体元素组成的集合）.
5. $\complement_U A$（指集合 A 的补集，是由属于全集但不属于集合 A 的元素组成的集合）.

五、补集的定义

一般地，设 U 是一个集合，A 是 U 的一个子集（即 $A\subseteq U$），由 U 中所有不属于 A 的元素组成的集合叫作 U 中子集 A 的补集（或余集），记作 $\complement_U A$，即 $\complement_U A=\{x \mid x\in U，且 x\notin A\}$.

【注】　$\complement_U(\complement_U A)=A$，$\complement_U U=\varnothing$，$\complement_U\varnothing=U$.

例题 1　设集合 $A=\left\{x \,\middle|\, -\frac{1}{2}<x\leqslant 2\right\}$，$B=\{x \mid x^2\leqslant 1\}$，则 $A\cup B=$（　　）.

A. $\{x \mid -1\leqslant x\leqslant 2\}$　　B. $\left\{x \,\middle|\, -\frac{1}{2}\leqslant x\leqslant 14\right\}$　　C. $\{x \mid x<2\}$

D. $\{x \mid 1\leqslant x\leqslant 2\}$　　E. $\{x \mid -2\leqslant x\leqslant 1\}$

解题信号　这两个集合显然在数轴上体现更容易理解.

解析　$B=\{x \mid x^2\leqslant 1\}=\{x \mid -1\leqslant x\leqslant 1\}$，$A\cup B=\{x \mid -1\leqslant x\leqslant 2\}$.

答案　A

例题 2　集合 $A=\{0,2,a\}$，$B=\{1,a^2\}$，若 $A\cup B=\{0,1,2,4,16\}$，则 a 的值为（　　）.

A. 2　　B. -4 或 4　　C. 16　　D. 4　　E. -2

解题信号　理解集合的并，注意并集元素的个数和对应元素.

解析　$A\cup B=\{0,1,2,4,16\}$，又因为 $A=\{0,2,a\}$，$B=\{1,a^2\}$，所以 $a=4$.

答案　D

例题 3　设集合 $U=\{1,2,3,4,5\}$，$A=\{1,2,3\}$，$B=\{2,3,4\}$，则 $\complement_U(A\cap B)=$（　　）.

A. $\{2,3\}$　　B. $\{1,4,5\}$　　C. $\{4,5\}$　　D. $\{1,5\}$　　E. $\{1,4\}$

解题信号　求补集，先要计算 $A\cap B$.

解析　$A=\{1,2,3\}$，$B=\{2,3,4\}$，$A\cap B=\{2,3\}$，则 $\complement_U(A\cap B)=\{1,4,5\}$.

答案　B

例题 4　已知全集 $U=\{1,2,3,4,5,6,7,8\}$，$M=\{1,3,5,7\}$，$N=\{5,6,7\}$，则 $\complement_U(M\cup N)=$（　　）.

A. $\{5,7\}$　　B. $\{2,4\}$　　C. $\{2,4,8\}$

D. $\{1,3,5,6,7\}$　　E. $\{2,5,7\}$

解题信号　理解集合的并、补.

解析　$M=\{1,3,5,7\}$，$N=\{5,6,7\}$，则 $M\cup N=\{1,3,5,6,7\}$，故 $\complement_U(M\cup N)=\{2,4,8\}$.

答案 C

例题 5 设集合 $P=\{1, 2, 3, 4\}$，$Q=\{x \mid |x|\leqslant 2, x\in\mathbf{R}\}$，则 $P\cap Q$ 等于（　　）.

A. $\{1, 2\}$　　B. $\{3, 4\}$　　C. $\{1\}$

D. $\{-2, -1, 0, 1, 2\}$　　E. $\{1, 4\}$

解题信号 理解集合的交.

解析 $Q=\{x \mid |x|\leqslant 2, x\in\mathbf{R}\}$，则 $Q=\{x \mid -2\leqslant x\leqslant 2, x\in\mathbf{R}\}$，故 $P\cap Q=\{1, 2\}$.

答案 A

例题 6 已知集合 $A=\{x \mid x^2+x-6=0\}$，$B=\{x \mid ax+1=0\}$，且 $B\subsetneqq A$，则 a 的值为（　　）.

A. 0　　B. $-\frac{1}{2}$　　C. $\frac{1}{3}$

D. 0 或 $-\frac{1}{2}$　　E. 0 或 $-\frac{1}{2}$ 或 $\frac{1}{3}$

解题信号 理解真包含于的概念.

解析 由已知条件可得 $A=\{-3, 2\}$，若 $B\subsetneqq A$，则 $B=\varnothing$ 或 $\{-3\}$ 或 $\{2\}$. 若 $B=\varnothing$，即方程 $ax+1=0$ 无解，得到 $a=0$. 若 $B=\{-3\}$，即方程 $ax+1=0$ 的解是 $x=-3$，得到 $a=\frac{1}{3}$. 若 $B=\{2\}$，即方程 $ax+1=0$ 的解是 $x=2$，得到 $a=-\frac{1}{2}$. 综上所述，可知 a 的值是 0 或 $-\frac{1}{2}$ 或 $\frac{1}{3}$.

答案 E

例题 7 已知 $A=\{x \mid x^2-ax+a^2-19=0\}$，$B=\{x \mid x^2-5x+6=0\}$，且 A，B 满足下列三个条件：(1) $A\neq B$，(2) $A\cup B=B$，(3) $\varnothing\subsetneqq(A\cap B)$. 则实数 a 的值为（　　）.

A. 1　　B. 2　　C. 3　　D. 不存在　　E. -1

解题信号 理解集合间的各种关系.

解析 由已知条件求得 $B=\{2, 3\}$，由 $A\cup B=B$，得到 $A\subseteq B$. 而由 $A\neq B$，得到 $A\subsetneqq B$. 又因为 $\varnothing\subsetneqq(A\cap B)$，故 $A\neq\varnothing$，从而得到 $A=\{2\}$ 或 $A=\{3\}$.

当 $A=\{2\}$ 时，将 $x=2$ 代入 $x^2-ax+a^2-19=0$，得到 $4-2a+a^2-19=0$，所以 $a=-3$ 或 5.

经检验，当 $a=-3$ 时，$A=\{2, -5\}$；当 $a=5$ 时，$A=\{2, 3\}$. 都与 $A=\{2\}$ 矛盾.

当 $A=\{3\}$ 时，将 $x=3$ 代入 $x^2-ax+a^2-19=0$，得到 $9-3a+a^2-19=0$，所以 $a=-2$ 或 5.

经检验，当 $a=-2$ 时，$A=\{3, -5\}$；当 $a=5$ 时，$A=\{2, 3\}$. 都与 $A=\{3\}$ 矛盾.

综上所述，不存在实数 a 使集合 A，B 满足已知条件.

答案 D

第二节　函　数

一、一元二次函数

1. 定义

一般地，把形如 $y=ax^2+bx+c$（其中 a，b，c 是常数，$a\neq0$）的函数称为二次函数，它的图像是抛物线.

2. 开口方向

（1）当 $a>0$ 时，抛物线开口向上；

（2）当 $a<0$ 时，抛物线开口向下.

3. 顶点坐标

无论开口如何，顶点都是 $\left(-\frac{b}{2a},\ \frac{4ac-b^2}{4a}\right)$.

（1）开口向上时，顶点是最低点，即当 $x=-\frac{b}{2a}$ 时，函数取最小值 $y_{\min}=\frac{4ac-b^2}{4a}$；

（2）开口向下时，顶点是最高点，即当 $x=-\frac{b}{2a}$ 时，函数取最大值 $y_{\max}=\frac{4ac-b^2}{4a}$.

4. 对称轴

对称轴是直线 $x=-\frac{b}{2a}$，对称轴与抛物线的唯一交点是抛物线的顶点.

特别地，当 $b=0$ 时，抛物线的对称轴是 y 轴，即对称轴是直线 $x=0$.

5. 单调性

（1）当 $a>0$ 开口向上时，在对称轴右侧单调递增，在对称轴左侧单调递减，越靠近对称轴，函数值越小；

（2）当 $a<0$ 开口向下时，在对称轴右侧单调递减，在对称轴左侧单调递增，越靠近对称轴，函数值越大.

6. 系数的作用

代数式	作　用	字母符号	图像的特征
a	① 决定开口的方向； ② 决定增减性	$a>0$	开口向上
		$a<0$	开口向下
c	决定抛物线与 y 轴交点的坐标 $(0,\ c)$	$c>0$	交点在 x 轴上方
		$c=0$	抛物线经过原点
		$c<0$	交点在 x 轴下方

续表

代数式	作　用	字母符号	图像的特征
$-\frac{b}{2a}$	决定对称轴的位置，对称轴是直线 $x=-\frac{b}{2a}$	$ab>0$	对称轴在 y 轴左侧
		$b=0$	对称轴为 y 轴
		$ab<0$	对称轴在 y 轴右侧
b^2-4ac	决定抛物线与 x 轴的交点个数	$b^2-4ac>0$	与 x 轴有两个交点
		$b^2-4ac=0$	与 x 轴有唯一交点
		$b^2-4ac<0$	与 x 轴没有交点

二、 指数函数

1. 定义

函数 $y=a^x$ 叫作指数函数，其中 a 是常数，满足 $a>0$ 且 $a\neq1$.

2. 定义域

指数函数的定义域为 **R**.

3. 性质

a 的范围	$0<a<1$	$a>1$
图像	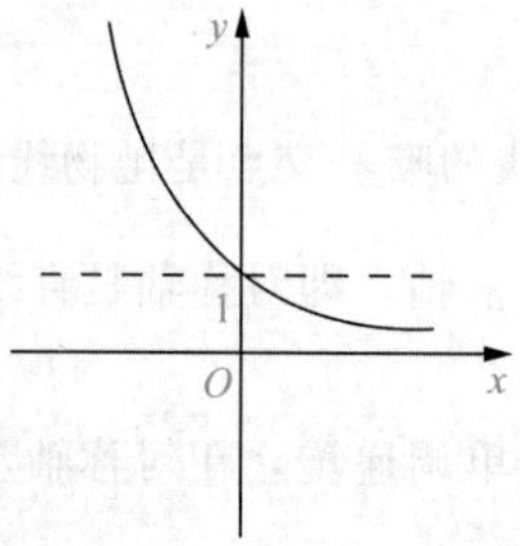	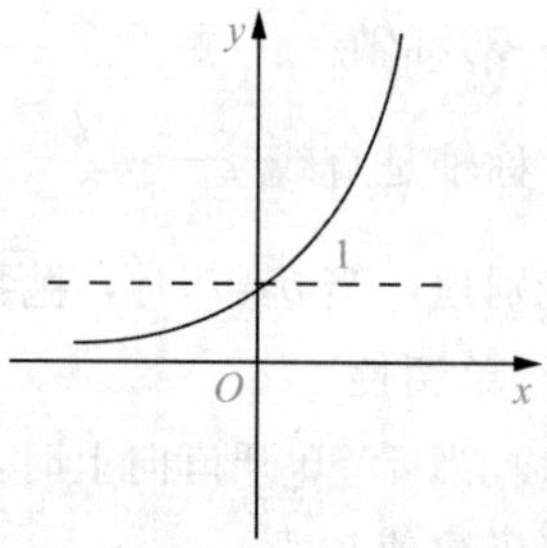
定义域	**R**	
值域	$(0, +\infty)$	
恒过定点	$(0, 1)$	
单调性	单调递减	单调递增
函数值的变化规律	当 $x<0$ 时，$y>1$	当 $x<0$ 时，$0<y<1$
	当 $x=0$ 时，$y=1$	
	当 $x>0$ 时，$0<y<1$	当 $x>0$ 时，$y>1$

4. 运算法则

(1) 零指数幂：$a^0=1$ $(a\neq0)$.

（2）负整数指数幂：$a^{-p}=\frac{1}{a^{p}}$（$a\neq 0$，$p\in \mathbf{N}_{+}$）.

（3）$a^{r}a^{s}=a^{r+s}$（$a>0$，r，$s\in \mathbf{R}$）.

（4）$(a^{r})^{s}=a^{rs}$（$a>0$，r，$s\in \mathbf{R}$）.

（5）$(ab)^{s}=a^{s}b^{s}$（$a>0$，$b>0$，$s\in \mathbf{R}$）.

三、对数函数

1. 定义

如果 $a^{b}=N$（$a>0$ 且 $a\neq 1$），那么数 b 称为以 a 为底 N 的对数，记作 $b=\log_{a}N$. 称形如 $y=\log_{a}x$ 的函数为对数函数，其中，$a>0$ 且 $a\neq 1$.

2. 定义域

由于 $x=a^{y}>0$，故定义域就是 $(0，+\infty)$.

3. 性质

a 的范围	$0<a<1$	$a>1$
图像	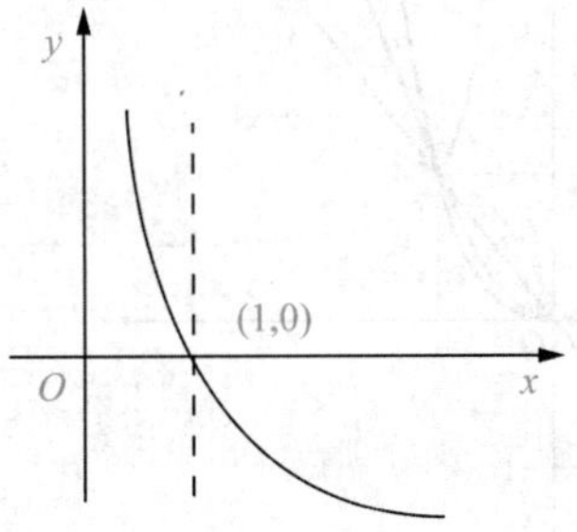	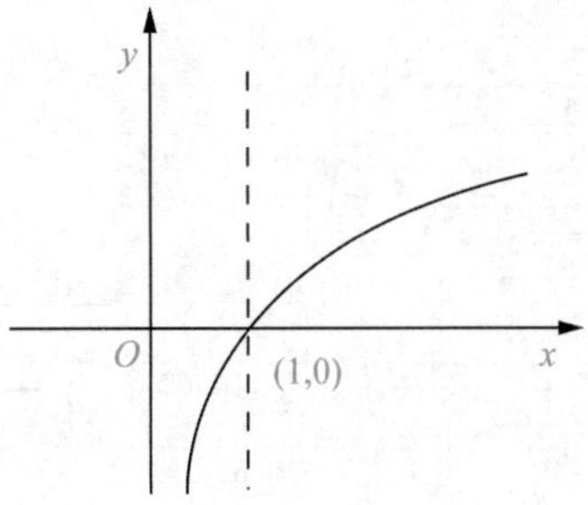
定义域	$(0，+\infty)$	
值域	$\mathbf{R}$	
恒过定点	$(1，0)$	
单调性	单调递减	单调递增
函数值的变化规律	当 $0<x<1$ 时，$y>0$	当 $0<x<1$ 时，$y<0$
	当 $x=1$ 时，$y=0$	
	当 $x>1$ 时，$y<0$	当 $x>1$ 时，$y>0$

4. 运算法则

（1）$\log_{a}(MN)=\log_{a}M+\log_{a}N$（$M$，$N>0$）.

（2）$\log_{a}\frac{M}{N}=\log_{a}M-\log_{a}N$（$M$，$N>0$）.

（3）$\log_{a}N^{n}=n\log_{a}N$（$N>0$）.

（4）$\log_{a}\sqrt[n]{N}=\frac{1}{n}\log_{a}N$（$N>0$）.

(5) $\log_b N=\dfrac{\log_a N}{\log_a b}$（换底公式）.

四、幂函数

1. 定义

一般地，函数 $y=x^a$ 叫作幂函数，其中 x 是自变量，a 是常数.

2. 幂函数的特征

(1) x^a 的系数是 1；(2) x^a 的底数 x 是自变量；(3) x^a 的指数 a 是常数. 只有满足这三个条件的函数，才是幂函数.

对于形如 $y=(2x)^a$，$y=2x^5$，$y=x^a+6$ 等函数都不是幂函数.

3. 幂函数的图像

同一坐标系中，幂函数 $y=x$，$y=x^2$，$y=x^3$，$y=x^{\frac{1}{2}}$，$y=x^{-1}$ 的图像（如下图）.

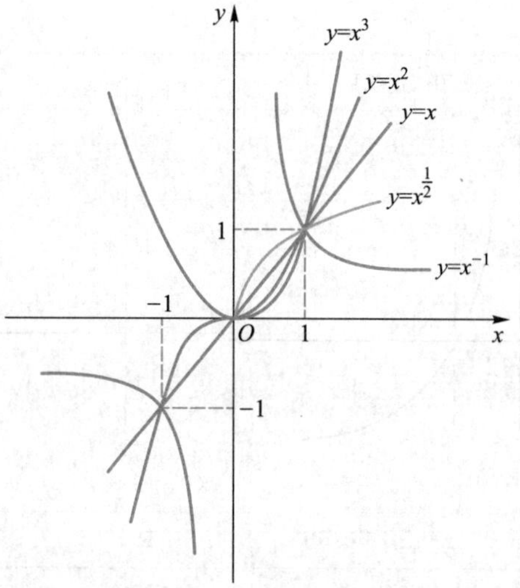

4. 五个幂函数的性质

	$y=x$	$y=x^2$	$y=x^3$	$y=x^{\frac{1}{2}}$	$y=x^{-1}$
定义域	**R**	**R**	**R**	$[0,+\infty)$	$\{x\mid x\neq 0\}$
值域	**R**	$[0,+\infty)$	**R**	$[0,+\infty)$	$\{y\mid y\neq 0\}$
奇偶性	奇函数	偶函数	奇函数	非奇非偶函数	奇函数
单调性	单调递增	在 $[0,+\infty)$ 上单调递增；在 $(-\infty,0]$ 上单调递减	单调递增	单调递增	在 $(0,+\infty)$ 上单调递减；在 $(-\infty,0)$ 上单调递减

5. 幂函数的图像特征

(1) 所有的幂函数在 $(0,+\infty)$ 上都有定义，并且图像都过点 $(1,1)$.

(2) 当 $a>0$ 时，幂函数的图像通过原点，并且在区间 $[0,+\infty)$ 上单调递增.

(3) 当 $a<0$ 时，幂函数在区间 $(0,+\infty)$ 上单调递减．在第一象限内，当 x 从右侧趋向于 0 时，图像在 y 轴右方无限接近 y 轴，当 x 趋向于 $+\infty$ 时，图像在 x 轴上方无限接近 x 轴．

(4) 在 $(1,+\infty)$ 上，随幂指数的逐渐增大，图像越来越靠近 y 轴．

(5) 幂指数互为倒数的幂函数在第一象限内的图像关于直线 $y=x$ 对称．

(6) 在第一象限，作直线 $x=c\ (c>1)$，直线同各幂函数图像相交，按交点从下到上的顺序，幂指数按从小到大的顺序排列．

例题 1 已知二次函数 $f(x)$ 满足 $f(1+x)=f(1-x)$，且 $f(0)=0$，$f(1)=1$，以及在区间 $[m,n]$ 上的值域是 $[m,n]$，则实数 $m+n$ 的值为（ ）．

A. 0 B. 1 C. 2 D. 3 E. 4

解题信号 若函数在某闭区间内连续且单调，则闭区间的两端点函数值即是区间上的最大值与最小值．

解析 因为二次函数 $f(x)$ 满足 $f(1+x)=f(1-x)$，所以函数的对称轴为 $x=1$．

又因为 $f(1)=1$，可设 $f(x)=a(x-1)^2+1$．把 $f(0)=0$ 代入，得到 $a=-1$，即 $f(x)=-(x-1)^2+1=-x^2+2x$．由题意知函数 $f(x)$ 的值域为 $(-\infty,1]$，则 $[m,n]\subseteq(-\infty,1]$，即 $n\leqslant 1$．因此，函数在区间 $[m,n]$ 上单调递增，所以

$$\begin{cases}f(m)=m,\\ f(n)=n\end{cases}\Rightarrow\begin{cases}-m^2+2m=m,\\ -n^2+2n=n\end{cases}\Rightarrow\begin{cases}m=0\text{ 或 }1,\\ n=0\text{ 或 }1.\end{cases}$$

综合题意可得 $m=0$，$n=1$，$m+n=1$．

答案 B

例题 2 一元二次函数 $y=x(1-x)$ 的最大值为（ ）．

A. 0.05 B. 0.10 C. 0.15 D. 0.20 E. 0.25

解题信号 看到二次函数求最值，考生要想到图像的顶点公式，或者利用配方法．

解析 $y=x(1-x)=x-x^2=-\left(x-\frac{1}{2}\right)^2+\frac{1}{4}\leqslant\frac{1}{4}$，当 $x=\frac{1}{2}$ 时，$y_{\max}=0.25$．

答案 E

例题 3 已知 $x\in[-3,2]$，则 $\frac{1}{4^x}-\frac{1}{2^x}+1$ 的最大值与最小值之差为（ ）．

A. $\frac{113}{2}$ B. $\frac{225}{4}$ C. $\frac{221}{4}$ D. $\frac{223}{4}$ E. $\frac{107}{2}$

解题信号 观察到 $\frac{1}{4}=\left(\frac{1}{2}\right)^2$，考生要想到所给函数可视为一个一元二次函数，可以利用它的单调性来判断最值问题．

解析 $f(x)=\frac{1}{4^x}-\frac{1}{2^x}+1=4^{-x}-2^{-x}+1=\left(2^{-x}-\frac{1}{2}\right)^2+\frac{3}{4}$．

因为 $x\in[-3,2]$，所以 $\frac{1}{4}\leqslant 2^{-x}\leqslant 8$．因此，当 $2^{-x}=\frac{1}{2}$，即 $x=1$ 时，$f(x)$ 有最小

值$\frac{3}{4}$；当$2^{-x}=8$，即$x=-3$时，$f(x)$有最大值57，故最大值与最小值之差为$\frac{225}{4}$.

答案 B

例题4 函数$f(x)=a^x$（$0<a<1$，$x\in[1,2]$）的最大值比最小值大$\frac{a}{2}$，则a的值为（ ）.

A. 1　　B. $\frac{1}{2}$　　C. 0　　D. 3　　E. 2

解题信号 看到函数的“最值”的字眼，考生要考虑函数的单调性.

解析 由已知条件，可知$f(x)$是单调递减函数，所以当$x=1$时取最大值a，当$x=2$时取最小值a^2，则$\frac{a}{2}=a-a^2$（$0<a<1$），解得$a=\frac{1}{2}$.

答案 B

例题5 已知$25^x=2\ 000$，$80^y=2\ 000$，则$\frac{1}{x}+\frac{1}{y}$等于（ ）.

A. 2　　B. 1　　C. $\frac{1}{2}$　　D. $\frac{3}{2}$　　E. 3

解题信号 看到未知数在指数的位置上，考生应该想到对数函数与指数函数的相互转化.

解析 方法一：因为$25^x=2\ 000$，$80^y=2\ 000$，所以，$x=\log_{25}2\ 000=\frac{\lg 2\ 000}{\lg 25}$；因为$y=\log_{80}2\ 000=\frac{\lg 2\ 000}{\lg 80}$，所以$\frac{1}{x}+\frac{1}{y}=\frac{\lg 25}{\lg 2\ 000}+\frac{\lg 80}{\lg 2\ 000}=\frac{\lg(25\times 80)}{\lg 2\ 000}=1$.

方法二：因为$(25^x)^y=25^{xy}=2\ 000^y$，$(80^y)^x=80^{xy}=2\ 000^x$，所以$(25^{xy})\cdot(80^{xy})=2\ 000^y\times 2\ 000^x=2\ 000^{x+y}$. 又$(25^{xy})(80^{xy})=(25\times 80)^{xy}=2\ 000^{xy}$，所以$x+y=xy$，等式两边同除$xy$得$\frac{1}{x}+\frac{1}{y}=1$.

答案 B

例题6 已知$\log_a\frac{1}{2}<1$，那么a的取值范围为（ ）.

A. $0<a<\frac{1}{2}$　　B. $a>1$　　C. $a>1$或$0<a<\frac{1}{2}$

D. $0<a<\frac{3}{2}$　　E. $\frac{1}{2}<a<1$

解题信号 看到对数函数与常数进行比较，要求底数或者自变量的范围，就应该想到利用对数函数图像的单调性.

解析 由$\log_a\frac{1}{2}<1=\log_a a$得，当$a>1$时，$a>\frac{1}{2}$，故$a>1$；当$0<a<1$时，$a<\frac{1}{2}$，故$0<a<\frac{1}{2}$.

因此，$a>1$ 或 $0<a<\frac{1}{2}$.

答案 C

例题 7 已知 $\lg(x+y)+\lg(2x+3y)-\lg 3=\lg 4+\lg x+\lg y$，则 $x:y$ 的值为（　　）.

A. 2 或 $\frac{1}{3}$　　B. $\frac{1}{2}$ 或 3　　C. $\frac{1}{2}$　　D. $\frac{3}{2}$　　E. 3

解题信号 等号左右两边分别都是同底数对数函数，考生要想到利用运算法则.

解析 原式化为 $\lg\frac{(x+y)(2x+3y)}{3}=\lg(4xy)\Rightarrow\frac{(x+y)(2x+3y)}{3}=4xy\Rightarrow$ $2x^2-7xy+3y^2=0\Rightarrow 2x=y$ 或 $x=3y$，得 $\frac{x}{y}=\frac{1}{2}$ 或 $\frac{x}{y}=3$.

答案 B

例题 8 已知 $x^{\frac{1}{2}}+x^{-\frac{1}{2}}=3$，则 $\frac{x^2+x^{-2}-2}{x^{\frac{3}{2}}+x^{-\frac{3}{2}}-3}$ 的值为（　　）.

A. 7　　B. 9　　C. 47　　D. 3　　E. 18

解题信号 看到这种未知数次数互为相反数的情形，考生要马上想到将已知代数式进行平方.

解析 由 $x^{\frac{1}{2}}+x^{-\frac{1}{2}}=3$，得 $\left(x^{\frac{1}{2}}+x^{-\frac{1}{2}}\right)^2=9$，因此 $x+2+x^{-1}=9$，$x+x^{-1}=7$，所以 $(x+x^{-1})^2=49$，$x^2+x^{-2}=47$. 又因为 $x^{\frac{3}{2}}+x^{-\frac{3}{2}}=\left(x^{\frac{1}{2}}+x^{-\frac{1}{2}}\right)(x-1+x^{-1})=18$，故 $\frac{x^2+x^{-2}-2}{x^{\frac{3}{2}}+x^{-\frac{3}{2}}-3}=\frac{47-2}{18-3}=3$.

答案 D

例题 9 函数 $f(x)=2^{|x|}-1$，使 $f(x)\leqslant 0$ 成立的 x 的值的集合是（　　）.

A. $\{x\mid x<0\}$　　B. $\{x\mid x<1\}$　　C. $\{x\mid x=0\}$

D. $\{x\mid x=1\}$　　E. $\{x\mid x>0\}$

解题信号 指数函数的单调性.

解析 $2^{|x|}\leqslant 1=2^0\Rightarrow|x|\leqslant 0$，即 $x=0$.

答案 C

例题 10 函数 $f(x)=2^x$，使 $f(x)>f(2x)$ 成立的 x 的值的集合是（　　）.

A. $(-\infty,+\infty)$　　B. $(-\infty,0)$　　C. $(0,+\infty)$

D. $(0,1)$　　E. $(1,+\infty)$

解题信号 指数函数的单调性.

解析 方法一：$f(x)>f(2x)\Rightarrow 2^x>2^{2x}\Rightarrow 1>2^x$（或 $x>2x$）$\Rightarrow x<0$.

方法二：因为指数函数 $f(x)$ 在定义域内为单调递增函数，所以若 $f(t_1)>f(t_2)$，则 $t_1>t_2$．根据题意 $f(x)>f(2x)$，存在 $x>2x$，解得 $x<0$．

答案 B

例题 11 函数 $f(x)=\begin{cases}2^{-x}, & x\geqslant 0,\\ x^{-2}, & x<0,\end{cases}$ 若 $f(x_0)<1$，则 x_0 的取值范围是（ ）．

A. $(-\infty, -2)\cup(0, +\infty)$　　B. $(-\infty, -2)$

C. $(-\infty, -1)\cup(0, +\infty)$　　D. $(-\infty, -1)$

E. $(0, +\infty)$

解题信号 指数函数和幂函数的单调性．

解析 当 $x_0\geqslant 0$ 时，由 $f(x_0)<1$，可得 $2^{-x_0}<1$，解得 $x_0>0$；当 $x_0<0$ 时，同理可得 $x_0^{-2}<1$，解得 $x_0<-1$．综上可得 x_0 的取值范围是 $(-\infty, -1)\cup(0, +\infty)$．

答案 C

例题 12 已知 $(a^2+2a+5)^{3x}>(a^2+2a+5)^{1-x}$，则 x 的取值范围是（ ）．

A. $\left[\frac{1}{4}, +\infty\right)$　B. $\left(\frac{1}{4}, +\infty\right)$　C. $\left[\frac{1}{4}, 1\right]$　D. $[1, +\infty)$　E. $(1, +\infty)$

解题信号 指数函数的单调性．

解析 因为 $a^2+2a+5=(a+1)^2+4\geqslant 4>1$，所以函数 $(a^2+2a+5)^x$ 在 $(-\infty, +\infty)$ 上是增函数，可得 $3x>1-x$，解得 $x>\frac{1}{4}$．因此 x 的取值范围是 $\left(\frac{1}{4}, +\infty\right)$．

答案 B

例题 13 函数 $y=a^{2x}+2a^x-1$（$a>0$ 且 $a\neq 1$）在区间 $[-1, 1]$ 上有最大值 14，则 a 的值是（ ）．

A. 3　B. $\frac{1}{3}$　C. 3 或 $\frac{1}{3}$　D. 2　E. $\frac{1}{5}$

解题信号 指数函数与二次函数相结合．

解析 令 $t=a^x$，则 $t>0$，函数 $y=a^{2x}+2a^x-1$ 可化为 $y=(t+1)^2-2$，其对称轴为 $t=-1$．

当 $a>1$ 时，因为 $x\in[-1, 1]$，所以 $\frac{1}{a}\leqslant a^x\leqslant a$，即 $\frac{1}{a}\leqslant t\leqslant a$．

当 $t=a$ 时，y 取到最大值，即 $(a+1)^2-2=14$，解得 $a=3$ 或 $a=-5$（舍去）；

当 $0<a<1$ 时，因为 $x\in[-1, 1]$，所以 $a\leqslant a^x\leqslant\frac{1}{a}$，即 $a\leqslant t\leqslant\frac{1}{a}$．

当 $t=\frac{1}{a}$ 时，y 取到最大值，即 $\left(\frac{1}{a}+1\right)^2-2=14$，解得 $a=\frac{1}{3}$ 或 $a=-\frac{1}{5}$（舍去）．

因此，a 的值是 3 或 $\frac{1}{3}$.

答案 C

例题 14 如果 $\log_a 5>\log_b 5>0$，那么 a 与 b 的关系是（　　）.

A. $0<a<b<1$　　B. $1<a<b$　　C. $0<b<a<1$

D. $1<b<a$　　E. $-1<b<a<1$

解题信号 对数函数的单调性.

解析 如果 $\log_a 5>\log_b 5>0$，那么应该满足 $1<a<b$.

答案 B

例题 15 已知 $\log_{\frac{1}{2}} m<\log_{\frac{1}{2}} n<0$，则（　　）.

A. $n<m<1$　　B. $m<n<1$　　C. $1<m<n$

D. $1<n<m$　　E. $m<1<n$

解题信号 对数函数的单调性.

解析 已知 $\log_{\frac{1}{2}} m<\log_{\frac{1}{2}} n<0$，则 $1<n<m$.

答案 D

例题 16 $\log_4 3$，$\log_3 4$，$\log_{\frac{4}{3}}\frac{3}{4}$的大小顺序为（　　）.

A. $\log_3 4<\log_4 3<\log_{\frac{4}{3}}\frac{3}{4}$　　B. $\log_{\frac{4}{3}}\frac{3}{4}<\log_4 3<\log_3 4$

C. $\log_4 3<\log_{\frac{4}{3}}\frac{3}{4}<\log_3 4$　　D. $\log_4 3<\log_3 4<\log_{\frac{4}{3}}\frac{3}{4}$

E. $\log_3 4<\log_{\frac{4}{3}}\frac{3}{4}<\log_4 3$

解题信号 对数函数的单调性.

解析 因为 $\log_3 4>1=\log_3 3$，$0<\log_4 3<1=\log_4 4$，$\log_{\frac{4}{3}}\frac{3}{4}=\log_{\frac{4}{3}}\left(\frac{4}{3}\right)^{-1}=-1\times\left[\log_{\frac{4}{3}}\left(\frac{4}{3}\right)\right]=-1$，所以 $\log_3 4>\log_4 3>\log_{\frac{4}{3}}\frac{3}{4}$.

答案 B

例题 17 若不等式 $2^x-\log_a x<0$，当 $x\in\left(0,\ \frac{1}{2}\right)$时恒成立，则实数 a 的取值范围为（　　）.

A. $\left(\frac{1}{2}\right)^{\frac{\sqrt{2}}{2}}<a<2$　　B. $0<a<2$　　C. $\frac{1}{2}<a<1$

D. $\left(\frac{1}{2}\right)^{\frac{\sqrt{2}}{2}}\leqslant a<1$　　E. $0<a<1$

解题信号 对数函数的单调性.

解析 要使不等式 $2^x<\log_a x$ 在 $x\in\left(0,\ \frac{1}{2}\right)$ 时恒成立，即函数 $y=\log_a x$ 的函数值在 $\left(0,\ \frac{1}{2}\right)$ 内恒大于函数 $y=2^x$ 的函数值，而 $y=2^x$ 图像过点 $\left(\frac{1}{2},\ \sqrt{2}\right)$. 由题可知 $\log_a\ \frac{1}{2}\geqslant\sqrt{2}>1$，显然这里 $0<a<1$，所以函数 $y=\log_a x$ 单调递减. 又 $\log_a\ \frac{1}{2}\geqslant\sqrt{2}=\log_a a^{\sqrt{2}}$，可得 $a^{\sqrt{2}}\geqslant\frac{1}{2}$，即 $a\geqslant\left(\frac{1}{2}\right)^{\frac{\sqrt{2}}{2}}$，故所求 a 的取值范围为 $\left(\frac{1}{2}\right)^{\frac{\sqrt{2}}{2}}\leqslant a<1$.

答案 D

—— 第三节 代数方程 ——

一、 一元一次方程

1. 定义

只含有一个未知数，且未知数的最高次数是 1 的整式方程称为一元一次方程.

2. 形式

一般形式为 $ax+b=0$，其中 $a\neq 0$，a，b 为常数.

3. 方程的解

由于 $a\neq 0$，所以一元一次方程 $ax+b=0$ 的唯一解是 $x=-\frac{b}{a}$.

二、 一元二次方程

1. 定义

只含有一个未知数，且未知数的最高次数是 2 的整式方程称为一元二次方程.

2. 形式

一般形式为 $ax^2+bx+c=0$，其中 $a\neq 0$，a，b，c 分别称为二次项系数、一次项系数和常数项.

3. 判别式及方程的解

$\Delta=b^2-4ac$，一元二次方程的解将依 Δ 值的不同分为如下三种情况：

(1) 当 $\Delta>0$ 时，方程有两个不相等的实数根，$x_1,\ x_2=\frac{-b\pm\sqrt{\Delta}}{2a}$；

(2) 当 $\Delta=0$ 时，方程有两个相等的实数根，$x_1=x_2=-\frac{b}{2a}$；

(3) 当 $\Delta<0$ 时，方程无实数根.

4. 韦达定理

设一元二次方程 $ax^2+bx+c=0$（$a\neq0$）的两个根是 x_1，x_2，则 $\begin{cases}x_1+x_2=-\dfrac{b}{a},\\x_1x_2=\dfrac{c}{a},\end{cases}$

故 $|x_1-x_2|=\sqrt{(x_1-x_2)^2}=\sqrt{(x_1+x_2)^2-4x_1x_2}=\sqrt{\left(-\dfrac{b}{a}\right)^2-\dfrac{4c}{a}}=\dfrac{\sqrt{\Delta}}{|a|}$，$\dfrac{1}{x_1}+\dfrac{1}{x_2}=\dfrac{x_1+x_2}{x_1x_2}=-\dfrac{b}{c}$.

三、其他类型方程

1. 绝对值方程

常规解法是分段讨论，但分段讨论有时运算量会较大，可以通过画图像根据交点情况来得出方程的解.

2. 分式方程

解分式方程的过程通常将分式方程等号两边同乘以最简公分母，将分式方程转化为整式方程，然后求解整式方程的过程. 解分式方程一定要注意增根的产生. 因为分式方程题目的隐含条件即为分母不等于零，若所求得的解使分母为零，则此根为增根，不满足题意.

3. 无理方程

解无理方程通常将无理方程等号两边同时乘方，转化为有理方程，进而求得解的过程. 解无理方程时同样需要注意增根的出现.

例题 1　已知关于 x 的方程 $\dfrac{x}{3}+a=\dfrac{x}{2}-\dfrac{1}{6}(x-6)$ 无解，则 a 的值是（　　）.

A. 1　　B. -1　　C. ±1　　D. 不等于 1 的数　　E. 0

解题信号　对于一元一次方程，通过合并同类项把它化为一般形式观察.

解析　去分母，得到 $2x+6a=3x-x+6$，即 $0\cdot x=6-6a$. 因为原方程无解，所以有 $6-6a\neq0$，即 $a\neq1$.

答案　D

例题 2　关于 x 的方程 $3x-8=a(x-1)$ 的解是负数，则 a 的取值范围为（　　）.

A. $3<a<8$　　B. $3<a<9$　　C. $2<a<8$

D. $-3<a<8$　　E. $-3<a<9$

解题信号　对于含参数的一元一次方程，先把 x 用参数表示，再考虑它是负数.

解析　整理原方程，得 $(3-a)x=8-a$，$x=\dfrac{8-a}{3-a}$. 因为 x 为负数，所以 $\begin{cases}8-a>0,\\3-a<0\end{cases}$ 或 $\begin{cases}8-a<0,\\3-a>0,\end{cases}$ 即 $(8-a)(3-a)<0$，解得 $3<a<8$.

答案　A

例题 3 关于 x 的方程 $(m-1)x^{|m|}+2=0$ 是一元一次方程，则 m 的值为（　　）.

A. -1　　B. 1　　C. ±1　　D. 1 或 -1　　E. 0

解题信号 考查一元一次方程的定义.

解析 因为 $(m-1)x^{|m|}+2=0$ 是一元一次方程，根据一元一次方程的定义可知 $|m|=1$，得 $m=\pm1$，又因为 $m-1\neq0$，所以 $m\neq1$，m 的值为 -1.

答案 A

例题 4 方程 $|5x+6|=6x-5$ 的解是（　　）.

A. 11　　B. $-\dfrac{1}{11}$　　C. 11 或 $-\dfrac{1}{11}$　　D. 12　　E. 10

解题信号 绝对值方程，去绝对值符号.

解析 $|5x+6|=6x-5$，则去掉绝对值符号可得 $\begin{cases}5x+6=6x-5, & 5x+6\geqslant0,\\ -5x-6=6x-5, & 5x+6\leqslant0,\end{cases}$ 则 $x_1=11$，$x_2=-\dfrac{1}{11}$（舍去）.

答案 A

例题 5 方程 $\dfrac{|2x-1|}{2}-3=0$ 的解为（　　）.

A. $\dfrac{7}{2}$　　B. $-\dfrac{5}{2}$　　C. $\dfrac{3}{2}$ 或 $-\dfrac{5}{2}$　　D. $\dfrac{7}{2}$ 或 $-\dfrac{5}{2}$　　E. $\dfrac{3}{2}$

解题信号 绝对值方程，考生要考虑去掉绝对值后的符号.

解析 $|ax+b|=c\ (a\neq0)$ 型的绝对值方程，当 $c>0$ 时，原方程变为 $ax+b=c$ 或 $ax+b=-c$，解得 $x=\dfrac{c-b}{a}$ 或 $x=\dfrac{-c-b}{a}$. 本题中，$\dfrac{|2x-1|}{2}-3=0$，$\dfrac{|2x-1|}{2}=3$，$|2x-1|=6$，$2x-1=\pm6$，得到 $x_1=\dfrac{7}{2}$，$x_2=-\dfrac{5}{2}$.

答案 D

例题 6 若关于 x 的方程 $|x|=2x+1$ 的解为负数，则 x 的值为（　　）.

A. $-\dfrac{1}{3}$　　B. $-\dfrac{1}{4}$　　C. $\dfrac{1}{2}$ 或 $-\dfrac{1}{3}$　　D. -1　　E. $-\dfrac{1}{4}$ 或 $-\dfrac{1}{3}$

解题信号 绝对值方程，解是负数，考生要考虑去掉绝对值后的负号.

解析 由于关于 x 的方程 $|x|=2x+1$ 的解为负数，去绝对值得 $-x=2x+1$，得 $x=-\dfrac{1}{3}$.

答案 A

例题 7 已知 $|x-1|+|x-5|=4$，则 x 的取值范围是（　　）.

A. $x\leqslant1$　　B. $1\leqslant x\leqslant5$　　C. $x\geqslant5$　　D. $1<x<5$　　E. $-1<x<5$

解题信号 考查绝对值定义，及形式为 $|x-a|+|x-b|$ 的表达式的最小值

是 $|a-b|$.

解析　方法一：针对如何去绝对值符号，从以下三种情况考虑：第一种：当 $x \geqslant 5$ 时，原方程可化简为 $x-1+x-5=4$，解得 $x=5$；第二种：当 $1<x<5$ 时，原方程可化简为 $x-1+5-x=4$，恒成立；第三种：当 $x \leqslant 1$ 时，原方程可化简为 $1-x+5-x=4$，解得 $x=1$. 所以 x 的取值范围是 $1 \leqslant x \leqslant 5$.

方法二：采用数轴的形式.

$|x-1|$ 和 $|x-5|$ 在数轴上的表述如下图所示，而 x 的位置可以有三种情况：在 1 的左边、5 的右边和 1 与 5 之间的位置. 由图中可以看出，当 x 位于 1 与 5 之间时，不论 x 取何值，两个绝对值的和恒为 4.

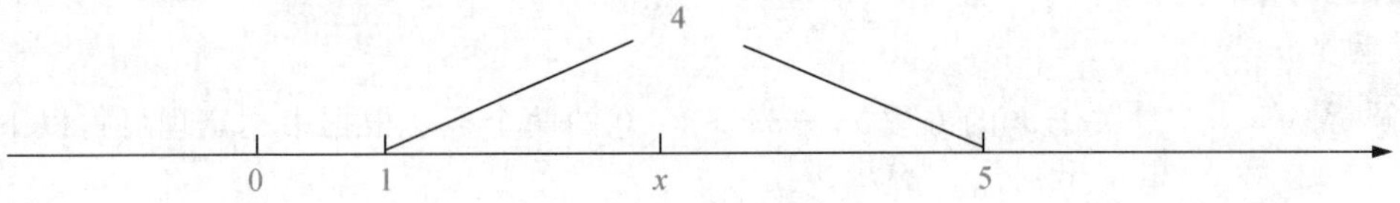

答案　B

例题 8　方程 $|x-1|+|x|=2$ 无解.

(1) $x \in (0, 1)$.

(2) $x \in (1, +\infty)$.

解题信号　考查绝对值的定义，以及形式为 $|x-a|+|x-b|$ 的表达式的最小值是 $|a-b|$.

解析　根据绝对值的定义可知形式为 $|x-1|+|x|$ 的表达式的最小值为 1，此时 $x \in [0, 1]$，若要求方程 $|x-1|+|x|=2$，那么可求得 $x_1=-\frac{1}{2}$，$x_2=\frac{3}{2}$. 可知条件 (1) 充分，条件 (2) 不充分.

答案　A

例题 9　关于 x 的一元二次方程 $(a-1)x^2+x+a^2-1=0$ 的一个根是 0，则 a 的值为（　　）.

A. 1　　B. -1　　C. 1 或 -1　　D. $\frac{1}{2}$　　E. $-\frac{1}{2}$

解题信号　已知方程的根，要想到把根直接代入方程.

解析　将 $x=0$ 代入方程后得到 $a^2-1=0$，$a=\pm 1$. 当 $a=1$ 时，$a-1=0$，方程不为一元二次方程，故 $a=-1$.

答案　B

例题 10　若方程 $3x^2-8x+a=0$ 的两个实数根为 x_1，x_2，若 $\frac{1}{x_1}$，$\frac{1}{x_2}$ 的算术平均值为 2，则 a 的值为（　　）.

A. -2　　B. -1　　C. 1　　D. $\frac{1}{2}$　　E. 2

解题信号 考生看到一元二次方程的两个根，要想到韦达定理和判别式.

解析 由题知$\frac{\frac{1}{x_1}+\frac{1}{x_2}}{2}=\frac{x_1+x_2}{2x_1x_2}=\frac{\frac{8}{3}}{2\cdot\frac{a}{3}}=\frac{4}{a}=2$，得 $a=2$.

答案 E

例题 11 设 $a^2+1=3a$，$b^2+1=3b$，且 $a\neq b$，则代数式$\frac{1}{a^2}+\frac{1}{b^2}$值为（　　）.

A. 5　　B. 7　　C. 9　　D. 11　　E. 12

解题信号 观察 a 与 b 所满足的等式形式一致，考生要想到 a 与 b 是同一个一元二次方程的两个根.

解析 a，b 是关于 x 的方程 $x^2-3x+1=0$ 的两个根，根据韦达定理可得以下等式：$a+b=3$，$ab=1$. $\frac{1}{a^2}+\frac{1}{b^2}=\frac{(a+b)^2-2ab}{(ab)^2}=7$.

答案 B

例题 12 x_1，x_2 是方程 $x^2-(k-2)x+(k^2+3k+5)=0$ 的两个实数根，则 $x_1^2+x_2^2$ 的最大值是（　　）.

A. 16　　B. 19　　C. $\frac{14}{3}$　　D. 18　　E. 2

解题信号 看到一元二次方程的两个根，要联想到韦达定理和判别式.

解析 $x_1^2+x_2^2=(x_1+x_2)^2-2x_1x_2=(k-2)^2-2(k^2+3k+5)=-k^2-10k-6=-(k+5)^2+19$，根据 $\Delta\geqslant0$，求出 $(k-2)^2-4(k^2+3k+5)\geqslant0$，$-4\leqslant k\leqslant-\frac{4}{3}$，当 $k=-4$ 时，$(x_1^2+x_2^2)_{\max}=18$.

答案 D

例题 13 已知方程 $x^2+5x+k=0$ 的两个实数根之差为 3，则实数 k 的值为（　　）.

A. 4　　B. 5　　C. 6　　D. 7　　E. 8

解题信号 看到一元二次方程的两个根，要联想到韦达定理和判别式.

解析 由 $\Delta=5^2-4k\geqslant0$，得 $k\leqslant\frac{25}{4}$.

设两个实数根为 a，b，不妨令 $a>b$，则 $a-b=3$，于是 $(a-b)^2=(a+b)^2-4ab=9$，依韦达定理有 $a+b=-5$，$ab=k$，得 $(-5)^2-4k=9$，解得 $k=4$，且 k 满足 $\Delta>0$.

答案 A

例题 14 已知三个关于 x 的一元二次方程 $ax^2+bx+c=0$，$bx^2+cx+a=0$，$cx^2+ax+b=0$ 恰有一个公共实数根，则$\frac{a^2}{bc}+\frac{b^2}{ca}+\frac{c^2}{ab}$的值为（　　）.

A. 0　　B. 1　　C. 2　　D. 3　　E. 4

解题信号　看到"有公共实数根"的方程，就把方程联立，消去 x 或者求出 x.

解析　设 x_0 是这三个方程的公共实数根，则 $ax_0^2+bx_0+c=0$，$bx_0^2+cx_0+a=0$，$cx_0^2+ax_0+b=0$. 把上面三个式子相加，并整理得 $(a+b+c)(x_0^2+x_0+1)=0$. 因为 $x_0^2+x_0+1=\left(x_0+\frac{1}{2}\right)^2+\frac{3}{4}>0$，所以 $a+b+c=0$. 于是 $\frac{a^2}{bc}+\frac{b^2}{ca}+\frac{c^2}{ab}=\frac{a^3+b^3+c^3}{abc}=\frac{a^3+b^3-(a+b)^3}{abc}=\frac{-3ab(a+b)}{abc}=3$.

答案　D

例题 15　已知方程 $x^2+Ax+B=0$ 的两个实数根之比为 3∶4，判别式 $\Delta=2$，则两根之差的绝对值为（　　）.

A. $\sqrt{2}$　　B. $3\sqrt{2}$　　C. $5\sqrt{2}$　　D. $2\sqrt{2}$　　E. $6\sqrt{2}$

解题信号　看到一元二次方程的两个根，要联想到韦达定理和判别式. 此题让求两根之差，也可以直接利用公式.

解析　方法一：设两个实数根为 $x_1=3k$ 和 $x_2=4k$，根据韦达定理，有 $3k+4k=-A$，$3k\cdot 4k=B$，即 $7k=-A$，$A=-7k$，$B=12k^2$. 由 $\Delta=A^2-4B=2$，得 $(-7k)^2-4\cdot 12k^2=2$，解得 $k=\pm\sqrt{2}$. 故两个实数根为 $3\sqrt{2}$ 和 $4\sqrt{2}$ 或 $-3\sqrt{2}$ 和 $-4\sqrt{2}$，$|x_1-x_2|=\sqrt{2}$.

方法二：$|x_1-x_2|=\frac{\sqrt{\Delta}}{|a|}=\sqrt{2}$.

答案　A

例题 16　关于方程 $|3x^2-6x|=3$ 的根，说法正确的是（　　）.

A. 正实数根只有一个

B. 负实数根只有两个

C. 共有 4 个不相等的实数根

D. 只有一个正根和一个负根

E. 负实数根只有一个

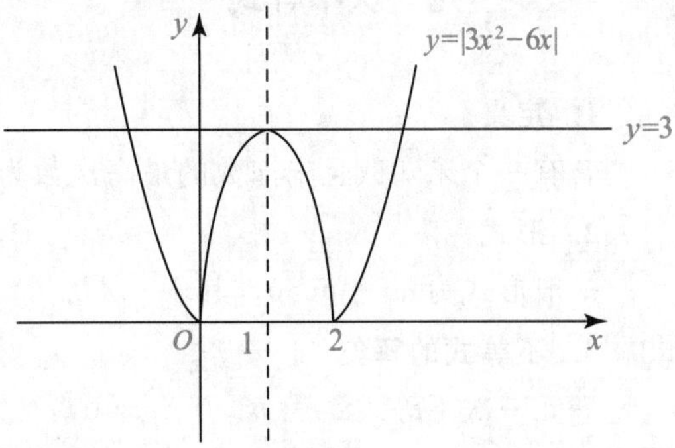

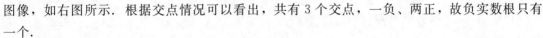

解题信号　绝对值方程，此题直接去绝对值符号比较麻烦，所以采用画图法.

解析　画出 $y=|3x^2-6x|$ 和 $y=3$ 的图像，如右图所示. 根据交点情况可以看出，共有 3 个交点，一负、两正，故负实数根只有一个.

答案　E

例题 17　分式方程 $\frac{2x^2-2}{x-1}+\frac{6x-6}{x^2-1}=7$ 的实数根个数是（　　）.

A. 0　　B. 1　　C. 2　　D. 3　　E. 4

解题信号　分式方程，仔细观察分子、分母，可以约分，要注意分母取值不能是零.

解析 设 $y=\frac{x^2-1}{x-1}$，则原方程化为 $2y+\frac{6}{y}=7$，去分母，得到 $2y^2-7y+6=0$，解得 $y_1=\frac{3}{2}$，$y_2=2$. 当 $y=\frac{3}{2}$时，$\frac{x^2-1}{x-1}=\frac{3}{2}$，即 $2x^2-3x+1=0$，有 $x_1=\frac{1}{2}$，$x_2=1$. 当 $y=2$ 时，$\frac{x^2-1}{x-1}=2$，即 $x^2-2x+1=0$，有 $x_3=x_4=1$. 显然 $x=1$ 是增根，应舍去，故 $x=\frac{1}{2}$.

答案 B

例题 18 无理方程$\sqrt{2x+1}-\sqrt{x-3}=2$ 的所有实数根之积为（ ）.

A. 12 B. 14 C. 48 D. 36 E. 24

解题信号 无理方程，如果等号一边有两个根式，采用直接平方会更麻烦，所以需要先移项，保证等号的每一边只有一个根式.

解析 将题目方程移项，得$\sqrt{2x+1}=\sqrt{x-3}+2$，等式两边平方，得 $2x+1=4+x-3+4\sqrt{x-3}$，化简得 $x=4\sqrt{x-3}$，等式两边平方，得 $x^2=16(x-3)$，解方程，得 $x_1=12, x_2=4$. 经验证，$x_1=12$ 和 $x_2=4$ 都是原方程的解，则 $x_1x_2=48$.

答案 C

—— 第四节 不 等 式 ——

一、一元一次不等式

1. 定义

含有一个未知数且未知数的最高次数为 1 的不等式称为一元一次不等式.

2. 形式

一般形式为 $ax+b>0$，其中 $a\neq 0$.

3. 不等式的解集

一元一次不等式 $ax+b>0$ $(a\neq 0)$：

(1) 当 $a>0$ 时，解集为$\left\{x\,\middle|\,x>-\frac{b}{a}\right\}$；

(2) 当 $a<0$ 时，解集为$\left\{x\,\middle|\,x<-\frac{b}{a}\right\}$.

一元一次不等式 $ax+b<0$ $(a\neq 0)$：

(1) 当 $a>0$ 时，解集为$\left\{x\,\middle|\,x<-\frac{b}{a}\right\}$；

(2) 当$a<0$ 时，解集为$\left\{x\,\middle|\,x>-\frac{b}{a}\right\}$.

【注】　实际在解一元一次不等式时，不用套用以上解法，只需记住：当一次项系数为正数时，不等式两边同时除以一次项系数，不等号方向不变；反之，当一次项系数为负数时，不等式两边同时除以一次项系数，不等号方向改变.

二、一元二次不等式

1. 定义

含有一个未知数且未知数的最高次数为 2 的不等式称为一元二次不等式.

2. 形式

一般形式为 $ax^2+bx+c>0$，其中 $a\neq 0$.

3. 不等式的解集

方程 $ax^2+bx+c=0$，其中 $a>0$.

(1) 若方程有两个不等的实数根 x_1 和 x_2 且 $x_1<x_2$，则

① $ax^2+bx+c>0$ 的解集为 $\{x\mid x<x_1$ 或 $x>x_2\}$；

② $ax^2+bx+c<0$ 的解集为 $\{x\mid x_1<x<x_2\}$.

(2) 若方程有两个相等的实数根，即 $x_1=x_2$，则

① $ax^2+bx+c>0$ 的解集为 $\{x\mid x\neq x_1\}$；

② $ax^2+bx+c<0$ 的解集为$\varnothing$.

(3) 若方程无实数根，即 $ax^2+bx+c=0$ 的解集为$\varnothing$，则

① $ax^2+bx+c>0$ 的解集为 $\mathbf{R}$；

② $ax^2+bx+c<0$ 的解集仍为$\varnothing$.

【注 1】　若不等式二次项系数 $a<0$，则可在不等式两边同时乘以 -1，把二次项系数化为正值再依上述方法求解集.

【注 2】　若不等式带等号（即$\leqslant$或$\geqslant$），则只需在解集中增加两个根即可.

4. 解一元二次不等式的步骤

(1) 把二次项的系数变为正的（如果是负，那么在不等式两边都乘以 -1，把系数变为正）.

(2) 解对应的一元二次方程（先看能否在有理数范围内因式分解，若不能，再计算 Δ，然后求根）.

(3) 求解一元二次不等式（根据一元二次方程的根及不等式的方向）.

【注】　对于一元二次不等式，也可根据二次函数 $y=ax^2+bx+c$ 的图像求解.

三、其他类型不等式

1. 绝对值不等式

(1) $|x|<a\Leftrightarrow x^2<a^2\Leftrightarrow -a<x<a$；

(2) $|x|>a \Leftrightarrow x^2>a^2 \Leftrightarrow x<-a$ 或 $x>a$.

2. 指数函数与对数函数不等式

(1) 当 $a>1$ 时，

指数函数 $a^{f(x)}>a^{g(x)} \Leftrightarrow f(x)>g(x)$；

对数函数 $\log_a f(x)>\log_a g(x) \Leftrightarrow \begin{cases} f(x)>0, \\ g(x)>0, \\ f(x)>g(x). \end{cases}$

(2) 当 $0<a<1$ 时，

指数函数 $a^{f(x)}>a^{g(x)} \Leftrightarrow f(x)<g(x)$；

对数函数 $\log_a f(x)>\log_a g(x) \Leftrightarrow \begin{cases} f(x)>0, \\ g(x)>0, \\ f(x)<g(x). \end{cases}$

3. 分式不等式

解分式不等式的基本思路是将其转化为整式不等式（组）：

(1) $\dfrac{f(x)}{g(x)}\geqslant 0 \Leftrightarrow f(x)\cdot g(x)\geqslant 0$ 且 $g(x)\neq 0$；

(2) $\dfrac{f(x)}{g(x)}\leqslant 0 \Leftrightarrow f(x)\cdot g(x)\leqslant 0$ 且 $g(x)\neq 0$.

例题 1 若 $|2x-3|>2x-3$，那么这个不等式的解集为（　　）.

A. $\left\{x \middle| x>\dfrac{3}{2}\right\}$　　B. $\left\{x \middle| x=\dfrac{3}{2}\right\}$　　C. $\left\{x \middle| x<\dfrac{3}{2}\right\}$

D. $\varnothing$　　E. $\{x \mid x>1\}$

解题信号 看到绝对值符号，考生要想到去绝对值.

解析 当 $2x-3\geqslant 0$，即 $x\geqslant\dfrac{3}{2}$时，有 $2x-3>2x-3$，即 $0>0$，矛盾，故此时不等式无解.

当 $2x-3<0$，即 $x<\dfrac{3}{2}$时，有 $-(2x-3)>2x-3$，解得$\left\{x \middle| x<\dfrac{3}{2}\right\}$.

答案 C

例题 2 已知不等式 $(a+b)x+(2a-3b)<0$ 的解集为 $x\in\left(-\infty, -\dfrac{1}{3}\right)$，利用上述不等式求关于 x 的不等式 $(a-3b)x+(b-2a)>0$ 的解集为（　　）.

A. $x\in(-6, -3)$　　B. $x\in(-\infty, -2)$　　C. $x\in(-\infty, -5)$

D. $x\in(-\infty, -3)$　　E. $x\in(-3, +\infty)$

解题信号 看到一元一次不等式，考生要想到求解时不等号方向与一次项系数的正负有关.

解析 原不等式即 $(a+b)x<3b-2a$，由已知 $x<-\dfrac{1}{3}$，则必然 $a+b>0$，从而 $x<\dfrac{3b-2a}{a+b}$，故$\dfrac{3b-2a}{a+b}=-\dfrac{1}{3}$，得 $a=2b$. 因为 $a+b>0$，所以 $3b>0$ 即 $b>0$. 将 $a=2b$ 代入所求解的不等式中，得 $-bx-3b>0$，即 $bx<-3b$. 由 $b>0$，得 $x<-3$，所求的解集为

$x\in(-\infty,-3)$.

答案 D

例题 3 不等式$\frac{9x-5}{x^2-5x+6}\geqslant-2$的解集为（　　）.

A. $\{x\mid x<2\text{ 或 }x>5\}$　　B. $\{x\mid -2<x<3\}$　　C. $\{x\mid x<-2\text{ 或 }x>3\}$

D. $\{x\mid x<2\text{ 或 }x>3\}$　　E. $\{x\mid 3<x<5\}$

解题信号 看到分母是一元二次的分式不等式，考生要想到把不等号一边变为零，然后转化成整式不等式.

解析 原不等式$\Leftrightarrow\frac{9x-5}{x^2-5x+6}+2\geqslant0\Leftrightarrow\frac{2x^2-x+7}{x^2-5x+6}\geqslant0$，对于$2x^2-x+7$，其判别式$\Delta<0$，故恒有$2x^2-x+7>0$，则$x^2-5x+6>0$，得$x<2$或$x>3$，解集为$\{x\mid x<2\text{ 或 }x>3\}$.

答案 D

例题 4 分式不等式$\frac{2x^2+x+14}{x^2+6x+8}\leqslant1$的解集为（　　）.

A. $\{x\mid -14<x<-2\text{ 或 }2\leqslant x\leqslant3\}$　　B. $\{x\mid -4<x<-2\text{ 或 }2\leqslant x\leqslant3\}$

C. $\{x\mid -4<x<-2\}$　　D. $\{x\mid 2\leqslant x\leqslant3\}$

E. $\{x\mid -4\leqslant x\leqslant-2\text{ 或 }2<x<3\}$

解题信号 看到分母是一元二次的分式不等式，考生要想到把不等号一边变成零，然后将分式不等式转化成整式不等式.

解析 原不等式$\Leftrightarrow\frac{2x^2+x+14}{x^2+6x+8}-1\leqslant0\Leftrightarrow\frac{x^2-5x+6}{x^2+6x+8}\leqslant0$

$$\Leftrightarrow\frac{(x-2)(x-3)}{(x+2)(x+4)}\leqslant0\Leftrightarrow\begin{cases}(x+4)(x+2)(x-2)(x-3)\leqslant0,\\(x+2)(x+4)\neq0,\end{cases}$$

得$\{x\mid -4<x<-2\text{ 或 }2\leqslant x\leqslant3\}$.

答案 B

例题 5 不等式$2x^2+(2a-b)x+b\geqslant0$的解集为$\{x\mid x\leqslant1\text{ 或 }x\geqslant2\}$，则$a+b=$（　　）.

A. 1　　B. 3　　C. 5

D. 7　　E. 9

解题信号 看到求一元二次不等式的解集，考生要想到与对应的一元二次方程的根有关.

解析 方法一：与解集$\{x\mid x\leqslant1\text{ 或 }x\geqslant2\}$对应的不等式是$(x-1)(x-2)\geqslant0$，即$x^2-3x+2\geqslant0$，亦即$2x^2-6x+4\geqslant0$. 对比系数得$\begin{cases}2a-b=-6,\\b=4,\end{cases}$则$\begin{cases}a=-1,\\b=4,\end{cases}$故$a+b=-1+4=3$.

方法二：由$2x^2+(2a-b)x+b=0$，$x_1=1$，$x_2=2$，$\begin{cases}1+2=-\frac{2a-b}{2},\\1\times2=\frac{b}{2},\end{cases}$解

得$\begin{cases}a=-1,\\b=4.\end{cases}$

故 $a+b=-1+4=3$.

答案 B

例题 6 若不等式 $ax^2+bx+c<0$ 的解集为 $\{x \mid -2<x<3\}$，则不等式 $cx^2+bx+a<0$ 的解集为（　　）.

A. $\left\{x \middle| x<-1 \text{ 或 } x>\frac{1}{3}\right\}$　　B. $\left\{x \middle| x<-\frac{1}{2} \text{ 或 } x>1\right\}$　　C. $\{x \mid x<-1 \text{ 或 } x>1\}$

D. $\left\{x \middle| x<-\frac{1}{2} \text{ 或 } x>\frac{1}{3}\right\}$　　E. $\left\{x \middle| -\frac{1}{2}<x<1\right\}$

解题信号 看到求一元二次不等式的解集，考生要想到与不等式对应的一元二次方程的根有关.

解析 $ax^2+bx+c<0$ 的解集为 $-2<x<3$，有 $a>0$. 由于 $ax^2+bx+c=0$ 的两个根为 -2 和 3，则 $-2+3=-\frac{b}{a}$，$-2\times3=\frac{c}{a}$，得 $b=-a<0$，$c=-6a<0$. 由 $cx^2+bx+a<0$，得 $x^2+\frac{b}{c}x+\frac{a}{c}>0$，即 $x^2+\frac{-a}{-6a}x+\frac{a}{-6a}>0$，故 $6x^2+x-1>0$，即 $\left\{x \middle| x<-\frac{1}{2} \text{ 或 } x>\frac{1}{3}\right\}$.

答案 D

例题 7 已知 $-2x^2+5x+c\geqslant0$ 的解集为 $\left\{x \middle| -\frac{1}{2}\leqslant x\leqslant3\right\}$，则 $c=$（　　）.

A. $\frac{1}{3}$　　B. 3　　C. $-\frac{1}{3}$　　D. -3　　E. $\frac{1}{2}$

解题信号 看到求一元二次不等式的解集，考生要想到与对应的一元二次方程的根有关.

解析 由已知，$x=-\frac{1}{2}$ 与 $x=3$ 是方程 $-2x^2+5x+c=0$ 的两个根，将 $x=3$ 代入方程，有 $-2\times3^2+5\times3+c=0$，得 $c=3$.

答案 B

例题 8 不等式 $|x+1|+|x-2|\leqslant5$ 的解集为（　　）.

A. $\{x \mid 2\leqslant x\leqslant3\}$　　B. $\{x \mid -2\leqslant x\leqslant13\}$　　C. $\{x \mid 1\leqslant x\leqslant7\}$

D. $\{x \mid -2\leqslant x\leqslant3\}$　　E. $\{x \mid 1\leqslant x\leqslant13\}$

解题信号 看到绝对值不等式，考生要想到去绝对值.

解析 $x=-1$ 和 $x=2$ 将数轴分为三个区间段，分区间段去绝对值：

(1) 当 $x<-1$ 时，得 $x\geqslant-2$，解集为 $\{x \mid -2\leqslant x<-1\}$；

(2) 当 $-1\leqslant x\leqslant2$ 时，得 $3\leqslant5$，解集为 $\{x \mid -1\leqslant x\leqslant2\}$；

(3) 当 $x>2$ 时，得 $x\leqslant 3$，解集为 $\{x \mid 2<x\leqslant 3\}$.

综上可得原不等式的解集为 $\{x \mid -2\leqslant x\leqslant 3\}$.

答案 D

例题 9 指数不等式 $0.2^{x^2-3x-2}>0.04$ 的解集为（　　）.

A. $\{x \mid 6<x<18\}$　　B. $\{x \mid -11<x<4\}$　　C. $\{x \mid 1<x<4\}$

D. $\{x \mid -1<x<4\}$　　E. $\{x \mid 4<x<18\}$

解题信号 看到指数不等式，考生要通过转化为底数相同的指数，再利用指数函数的单调性求解.

解析 已知不等式 $0.2^{x^2-3x-2}>0.2^2$，由 $y=0.2^x$ 单调递减，得 $x^2-3x-2<2$，故 $(x-4)(x+1)<0$，解得 $\{x \mid -1<x<4\}$.

答案 D

例题 10 $3-2x^2>x$ 成立.

(1) $\{x \mid -2<x<0\}$.

(2) $\{x \mid 1<x<2\}$.

解题信号 对于不等式问题的解集，若条件里的集合包含于题目所给的集合，那么条件就是充分的.

解析 原不等式为 $2x^2+x-3<0$，方程 $2x^2+x-3=0$ 的两个根为 $x_1=-\dfrac{3}{2}$和 $x_2=1$，所以不等式的解集是$\left\{x \,\middle|\, -\dfrac{3}{2}<x<1\right\}$. 条件（1）和条件（2）都不包含于该解集，所以都不充分；联合起来是空集，不充分.

答案 E

—— 第五节　练　　习 ——

一、问题求解

1. 设二次函数 $f(x)=ax^2+bx+c$ 的图像的对称轴为 $x=2$，其图像过点（4，0），则 $\dfrac{f(-2)}{f(2)}=$（　　）.

A. 3　　B. 2　　C. -3　　D. -2　　E. 1

2. 若 $\log_a \dfrac{2}{3}<1$，则 a 的取值范围是（　　）.

A. $\left(0, \dfrac{2}{3}\right)$　　B. $\left(\dfrac{2}{3}, +\infty\right)$　　C. $\left(\dfrac{2}{3}, 1\right)$

D. $\left(0,\ \frac{2}{3}\right)\cup(1,\ +\infty)$　　E. $(1,\ +\infty)$

3. 已知 $3^x+3^{-x}=4$，则 27^x+27^{-x} 的值是（　　）.

A. 64　　B. 60　　C. 52　　D. 48　　E. 36

4. 关于 x 的一元二次方程 $x^2-mx+2m-1=0$ 的两个实数根分别是 x_1，x_2，且 $x_1^2+x_2^2=7$，则 $(x_1-x_2)^2$ 的值是（　　）.

A. 11　　B. 15　　C. 13　　D. 17　　E. 19

5. 解某个一元二次方程，甲看错了常数项，解得两个根分别为 8 和 2，乙看错了一次项，解得两个根分别为 −9 和 −1，则正确解为（　　）.

A. −8 和 −2　　B. 1 和 9　　C. −1 和 9　　D. 3 和 −3　　E. −1 和 −9

6. 若方程 $x^2+px+37=0$ 恰好有两个正整数解 x_1 和 x_2，则 $\frac{(x_1+1)(x_2+1)}{p}$ 的值为（　　）.

A. -2　　B. -1　　C. $-\frac{1}{2}$　　D. 1　　E. 2

7. 设关于 x 的方程 $ax^2+(a+2)x+9a=0$ 有两个不等的实数根 x_1 和 x_2，且 $x_1<1<x_2$，那么 a 的取值范围是（　　）.

A. $-\frac{2}{7}<a<\frac{2}{5}$　　B. $a>\frac{2}{5}$　　C. $a<-\frac{2}{7}$

D. $-\frac{2}{11}<a<0$　　E. $a<\frac{2}{5}$

8. 若关于 x 的方程 $x^2+(a-1)x+1=0$ 有两个相异的实数根，且两个根均在区间 $[0,\ 2]$ 上，则实数 a 的取值范围为（　　）.

A. $-1\leqslant a\leqslant 1$　　B. $-\frac{3}{2}\leqslant a<-1$　　C. $-\frac{3}{2}\leqslant a\leqslant 1$

D. $-\frac{3}{2}\leqslant a\leqslant 0$　　E. $-\frac{3}{2}<a\leqslant 1$

9. 已知方程 $x^2-4x+a=0$ 有两个实数根，其中一个根小于 3，另一个根大于 3，则 a 的取值范围为（　　）.

A. $a\leqslant 3$　　B. $a>3$　　C. $a<3$

D. $0<a<3$　　E. $a\geqslant 3$

10. 若关于 x 的方程 $(m-2)x^2-(3m+6)x+6m=0$ 有两个负实数根，则 m 的取值范围为（　　）.

A. $-\frac{2}{5}\leqslant m<0$　　B. $-\frac{2}{5}\leqslant m<1$　　C. $-\frac{2}{5}\leqslant m<10$

D. $\frac{2}{5}\leqslant m<10$　　E. $-\frac{2}{5}<m\leqslant 1$

11. 设 a，b 是关于 x 的方程 $x^2-2kx+k+6=0$ 的两个实根，则 $(a-1)^2+(b-1)^2$ 的最小值为（　　）.

A. $-\frac{49}{4}$　　B. 18　　C. 8　　D. 9　　E. -10

12. 若 $A\left(-\frac{25}{4}, y_1\right)$，$B\left(-\frac{5}{4}, y_2\right)$，$C\left(\frac{1}{4}, y_3\right)$为抛物线 $y=x^2+4x-5$ 上的三个点，则 y_1，y_2，y_3 的大小关系是（　　）.

A. $y_1<y_2<y_3$　　B. $y_2<y_3<y_1$　　C. $y_3<y_1<y_2$

D. $y_1<y_3<y_2$　　E. $y_1=y_2=y_3$

13. 设$-1\leqslant x\leqslant 1$，函数 $f(x)=x^2+ax+3$，当 $0<a<2$ 时，则（　　）.

A. $f(x)$的最大值是 $4+a$，最小值是 $3-\frac{a^2}{4}$

B. $f(x)$的最大值是 $4-a$，最小值是 $3-\frac{a^2}{4}$

C. $f(x)$的最大值是 $4-a$，最小值是 $4+a$

D. $f(x)$的最大值是 $4+a$，最小值是$\frac{5}{4}a^2+3$

E. $f(x)$的最大值是$\frac{5}{4}a^2+3$，最小值是 $4+a$

14. 一元二次不等式$-3x^2+4ax-a^2>0$（其中 $a<0$）的解集是（　　）.

A. $\left\{x \middle| a<x<\frac{a}{3}\right\}$　　B. $\left\{x \middle| a<x<-\frac{a}{3}\right\}$　　C. $\left\{x \middle| a<x<\frac{1}{3}\right\}$

D. $\left\{x \middle| a<x<\frac{2a}{3}\right\}$　　E. $\left\{x \middle| a\leqslant x\leqslant\frac{a}{3}\right\}$

15. 关于 x 的二次不等式 $ax^2+(a-1)x+a-1<0$ 的解集为 $\mathbf{R}$，则 a 的取值范围为（　　）.

A. $\left(-\infty, -\frac{1}{3}\right)$　　B. $\left(-\frac{1}{3}, \frac{1}{3}\right)$　　C. $\left(-\infty, \frac{1}{3}\right)$

D. $\left(-\frac{1}{3}, +\infty\right)$　　E. $\left(\frac{1}{3}, +\infty\right)$

16. 如果 x 满足$\frac{x-1}{3x-2}<0$，那么化简$\sqrt{4-12x+9x^2}-\sqrt{x^2-2x+1}$的结果是（　　）.

A. $2x-1$　　B. $1-2x$　　C. $3x-4$　　D. $4x-3$　　E. $2x+1$

17. $x\in\mathbf{R}$，不等式$\frac{3x^2+2x+2}{x^2+x+1}>k$ 恒成立，则 k 的取值范围为（　　）.

A. $k<2$　　B. $k>2$　　C. $1<k<2$

D. $k<1$ 或 $k>1$　　E. $0<k<2$

18. 不等式 $(1+x)(1-|x|)>0$ 的解集为（　　）.

A. $\{x \mid x<1$ 且 $x\neq-1\}$　　B. $\{x \mid x<1$ 且 $x\neq-2\}$　　C. $\{x \mid x<1$ 且 $x\neq-3\}$

D. $\{x \mid x<1\}$　　E. $\{x \mid x\neq-1\}$

19. 不等式 $|\sqrt{x-2}-3|<1$ 的解集为（　　）.

A. $\{x \mid 6<x<18\}$　　B. $\{x \mid -18<x<-6\}$　　C. $\{x \mid 1\leqslant x\leqslant 7\}$

D. $\{x \mid -2\leqslant x\leqslant 3\}$　　E. $\{x \mid -10<x<-6\}$

二、条件充分性判断

20. 一元二次方程 $x^2+bx+c=0$ 的两个根为一正一负.
(1) $c<0$.
(2) $b^2-4c>0$.
21. $x^2-3x-18>0$.
(1) $|2x-3|=|x+3|+|x-6|$.
(2) $x^2-3x-28>0$.
22. 不等式 $(a+1)^2>(b+1)^2$ 成立.
(1) $a<b$.
(2) $a<-1$ 且 $b<-1$.
23. $|\log_a x|>1$.
(1) $x\in[2,4]$，$\frac{1}{2}<a<1$.
(2) $x\in[4,6]$，$1<a<2$.
24. 已知函数 $f(x)=\ln x+x^2+a-2$，则函数在区间 $(1,e^2)$ 内只有一个零点.
(1) $a\in(1,e^4)$.
(2) $a\in(-e^4,1)$.
25. 设 x，y 是实数，则 $xy>500$.
(1) $x^2+y^2\leqslant 2\ 500$.
(2) $x+y=60$.
26. 一元二次方程 $ax^2+bx+c=0$ 无实根.
(1) a，b，c 成等差数列.
(2) a，b，c 成等比数列.
27. $0\leqslant x\leqslant 3$.
(1) $|x-1|+|x-3|=2$.
(2) $\left||x-2|-x\right|=2$.
28. 一元二次方程 $ax^2+bx+c=0$ 的两个根同号.
(1) $a+b+c=0$.
(2) $a<b<c$.

—— 第六节 参考答案及解析 ——

一、问题求解

1. 答案：C

解析：由题意，对称轴是 $x=-\dfrac{b}{2a}=2$，得 $b=-4a$，$y=f(x)$ 的图像过点（4，0），所以也过它关于对称轴的对称点，即（0，0），则 $c=0$，所以 $f(x)=ax^2-4ax$，则 $\dfrac{f(-2)}{f(2)}=-3$.

2. 答案：D

解析：当 $a>1$ 时，$\log_a \dfrac{2}{3}<1\Rightarrow\log_a \dfrac{2}{3}<\log_a a\Rightarrow a>\dfrac{2}{3}\Rightarrow a>1$；

当 $0<a<1$ 时，$\log_a \dfrac{2}{3}<1\Rightarrow\log_a \dfrac{2}{3}<\log_a a\Rightarrow a<\dfrac{2}{3}\Rightarrow 0<a<\dfrac{2}{3}$. 答案选 D.

3. 答案：C

解析：因为 $3^x+3^{-x}=4$，所以

$27^x+27^{-x}=(3^x+3^{-x})[(3^x)^2-3^x\cdot 3^{-x}+(3^{-x})^2]=(3^x+3^{-x})[(3^x+3^{-x})^2-3]=52$.

4. 答案：C

解析：$x_1+x_2=m$，$x_1x_2=2m-1$，故 $x_1^2+x_2^2=(x_1+x_2)^2-2x_1x_2=m^2-2(2m-1)=7\Rightarrow m^2-4m-5=(m-5)(m+1)=0$，解得 $m_1=5$，$m_2=-1$，又因为 $\Delta=m^2-4(2m-1)\geqslant 0$，故 $m=-1$，所以 $(x_1-x_2)^2=(x_1+x_2)^2-4x_1x_2=1+12=13$. 答案选 C.

5. 答案：B

解析：由于甲把常数项看错了，不影响两个根之和：$x_1+x_2=8+2=10$. 由于乙把一次项系数看错了，不影响两个根之积：$x_1x_2=(-9)\times(-1)=9$. 所以得到正确方程为 $x^2-10x+9=0$. 答案选 B.

6. 答案：A

解析：由题得 $\begin{cases}x_1+x_2=-p,\\ x_1\cdot x_2=37,\end{cases}$ x_1，$x_2\in\mathbf{N}_+$，因为 37 是质数，所以 $x_1=1$，$x_2=37$ 或 $x_1=37$，$x_2=1$. 所以 $\begin{cases}x_1+x_2=38=-p,\\ x_1\cdot x_2=37,\end{cases}$ 得 $p=-38$，$\dfrac{(x_1+1)(x_2+1)}{p}=\dfrac{x_1\cdot x_2+x_1+x_2+1}{p}=\dfrac{37+38+1}{-38}=-2$. 答案选 A.

7. 答案：D

解析：易知 $a\neq 0$，原方程可变形为 $x^2+\left(1+\dfrac{2}{a}\right)x+9=0$，记 $y=x^2+\left(1+\dfrac{2}{a}\right)x+9$，则这个抛物线开口向上，因 $x_1<1<x_2$，故当 $x=1$ 时，$y<0$，即 $1+\left(1+\dfrac{2}{a}\right)+9<0$，解得 $-\dfrac{2}{11}<a<0$. 答案选 D.

8. 答案：B

解析：令 $f(x)=x^2+(a-1)x+1$，则满足题意当且仅当 $\begin{cases}(a-1)^2-4>0,\\ 0<-\dfrac{a-1}{2}<2,\\ f(0)\geqslant 0,\\ f(2)\geqslant 0,\end{cases}$

解得$-\frac{3}{2}\leqslant a<-1$. 答案选 B.

9. **答案**：C

解析：方法一：依题意$\Delta=(-4)^2-4a>0$，得$a<4$. 不妨设$x_1<3$，$x_2>3$，则$x_1-3<0$，$x_2-3>0$. 从而$(x_1-3)(x_2-3)<0$，即$x_1x_2-3(x_1+x_2)+9<0$. 根据韦达定理，得$a-3\times4+9<0$，$a<3$. 答案选 C.

方法二：设$f(x)=x^2-4x+a$，依题意必有$f(3)<0$，即$3^2-4\times3+a<0$，解得$a<3$.

10. **答案**：A

解析：

$$\begin{cases}m-2\neq0,\\ \Delta\geqslant0,\\ x_1+x_2<0,\\ x_1x_2>0\end{cases}\Leftrightarrow\begin{cases}m-2\neq0,\\ [-(3m+6)]^2-4(m-2)\cdot6m\geqslant0,\\ \frac{3m+6}{m-2}<0,\\ \frac{6m}{m-2}>0\end{cases}\Leftrightarrow\begin{cases}m-2\neq0,\\ -\frac{2}{5}\leqslant m\leqslant6,\\ -2<m<2,\\ m<0\text{ 或 }m>2\end{cases}\Leftrightarrow-\frac{2}{5}\leqslant m<0.$$

11. **答案**：C

解析：a，b是关于x的方程$x^2-2kx+k+6=0$的两个根，所以利用韦达定理可知：$a+b=2k$，$ab=k+6$. 首先利用$\Delta=4k^2-4(k+6)\geqslant0$，$k^2-k-6\geqslant0$，得$k\geqslant3$或$k\leqslant-2$，接着利用$(a-1)^2+(b-1)^2=a^2+b^2-2(a+b)+2=(a+b)^2-2(a+b)-2ab+2=4k^2-4k-2(k+6)+2=4k^2-6k-10$，可知当$k=3$时，取最小值，最小值为 8. 答案选 C.

12. **答案**：B

解析：由已知$a=1>0$，因此抛物线开口向上，因为对称轴为$x=-2$，所以当$x>-2$时，y随x的增大而增大，由$x_2=-\frac{5}{4}>-2$，$x_3=\frac{1}{4}>-2$，且$x_2<x_3$，所以$y_2<y_3$.

又因为$\left|\left(-\frac{25}{4}\right)-(-2)\right|>\left|\frac{1}{4}-(-2)\right|$，所以点$A\left(-\frac{25}{4},\ y_1\right)$到对称轴$x=-2$的距离大于点$C\left(\frac{1}{4},\ y_3\right)$到对称轴$x=-2$的距离，所以$y_3<y_1$，即$y_2<y_3<y_1$. 答案选 B.

13. **答案**：A

解析：由$f(x)=x^2+ax+3=\left(x+\frac{a}{2}\right)^2+3-\frac{a^2}{4}$，$0<a<2$，$-1<-\frac{a}{2}<0$，可知$f(x)$的最大值是$f(1)=4+a$，最小值是$f\left(-\frac{a}{2}\right)=3-\frac{a^2}{4}$. 答案选 A.

14. **答案**：A

解析：$3x^2-4ax+a^2<0\Rightarrow(3x-a)(x-a)<0$，因为$a<0$，所以$\frac{a}{3}>a$，则原不等式的解集为$\left\{x\,\middle|\,a<x<\frac{a}{3}\right\}$.

15. **答案**：A

解析：由题意可知，要使不等式的解集为 **R**，必须$\begin{cases}a<0,\\ \Delta<0,\end{cases}$即$\begin{cases}a<0,\\ (a-1)^2-4a(a-1)<0\end{cases}\Leftrightarrow$ $\begin{cases}a<0,\\ 3a^2-2a-1>0\end{cases}\Leftrightarrow\begin{cases}a<0,\\ a>1\text{ 或 }a<-\dfrac{1}{3}\end{cases}\Leftrightarrow a<-\dfrac{1}{3}$，因此 a 的取值范围是 $a\in\left(-\infty,-\dfrac{1}{3}\right)$.

16. 答案：D

解析：因为$\dfrac{x-1}{3x-2}<0$，得 $(x-1)(3x-2)<0$，所以$\dfrac{2}{3}<x<1$. 故$\sqrt{4-12x+9x^2}-\sqrt{x^2-2x+1}=\sqrt{(3x-2)^2}-\sqrt{(x-1)^2}=3x-2-(1-x)=4x-3$. 答案选 D.

17. 答案：A

解析：$\dfrac{3x^2+2x+2}{x^2+x+1}>k$，$\dfrac{3x^2+2x+2}{x^2+x+1}-k=\dfrac{(3-k)x^2+(2-k)x+(2-k)}{x^2+x+1}>0$ 恒成立，因此 $(3-k)x^2+(2-k)x+(2-k)>0$ 恒成立，需要满足 $3-k>0$，$\Delta=(2-k)^2-4(3-k)(2-k)<0$，解得 $k<2$.

18. 答案：A

解析：原不等式$\Leftrightarrow\begin{cases}1+x>0,\\ 1-|x|>0\end{cases}$或$\begin{cases}1+x<0,\\ 1-|x|<0\end{cases}\Leftrightarrow\begin{cases}x>-1,\\ |x|<1\end{cases}$或$\begin{cases}x<-1,\\ |x|>1\end{cases}\Leftrightarrow\begin{cases}x>-1,\\ -1<x<1\end{cases}$或$\begin{cases}x<-1,\\ x<-1\text{ 或 }x>1\end{cases}\Leftrightarrow -1<x<1$ 或 $x<-1\Leftrightarrow x<1$ 且 $x\neq-1$. 故解集为 $\{x\mid x<1$ 且 $x\neq-1\}$，答案选 A.

19. 答案：A

解析：原不等式$\Leftrightarrow -1<\sqrt{x-2}-3<1\Leftrightarrow 2<\sqrt{x-2}<4\Leftrightarrow 4<x-2<16\Leftrightarrow 6<x<18$，故解集为 $\{x\mid 6<x<18\}$. 答案选 A.

二、条件充分性判断

20. 答案：A

解析：由条件（1）$c<0$，设关于 x 的二次函数 $f(x)=x^2+bx+c$，则二次函数开口向上，$f(0)<0$ 即方程的两个根必然是一正一负. 条件（2）只能判断有两个实根，无法判断根的分布. 故条件（1）可以推出，条件（2）不可推出.

21. 答案：B

解析：结论成立的等价条件是 $x>6$ 或 $x<-3$. 条件（1）：有 $|x+3|+|x-6|\geqslant|2x-3|$，当 $(x+3)(x-6)\geqslant0$ 取等号，即当 $x\geqslant6$ 或 $x\leqslant-3$ 时，有 $|2x-3|=|x+3|+|x-6|$，不充分. 条件（2）：有 $x>7$ 或 $x<-4$，充分.

22. 答案：C

解析：$(a+1)^2>(b+1)^2\Leftrightarrow(a+1)^2-(b+1)^2>0\Leftrightarrow(a-b)(a+b+2)>0$. 条件（1）：$a<b\Leftrightarrow a-b<0$，因此无法获知 $a+b+2<0$，故不充分. 条件(2)：$a<-1$ 且 $b<$

$-1\Leftrightarrow a+b+2<0$，因此无法获知 $a-b<0$，故不充分. 联合条件（1）和条件（2）有 $\begin{cases}a-b<0,\\ a+b+2<0\end{cases}\Rightarrow (a-b)(a+b+2)>0\Leftrightarrow (a+1)^2>(b+1)^2$，联合充分.

23. **答案**：D

解析：$|\log_a x|>1$ 等价于 $\log_a x>1$ 或 $\log_a x<-1$. 条件（1）：$\frac{1}{2}<a<1$，因此 $\log_a x$ 单调递减. $\frac{1}{2}<a<1$，$x>\frac{1}{a}$，有 $\log_a x<\log_a \frac{1}{a}$，即 $\log_a x<-1$，充分. 条件（2）：$1<a<2$，因此 $\log_a x$ 单调递增. $1<a<2$，$a<x$，有 $\log_a x>\log_a a$，即 $\log_a x>1$，充分.

24. **答案**：B

解析：$f(x)=\ln x+x^2+a-2$ 为单调递增函数，若函数在区间 $(1, e^2)$ 内只有一个零点，则 $f(1)=a-1<0$，$f(e^2)=e^4+a>0$，解得 $-e^4<a<1$，故条件（1）不充分，条件（2）充分.

25. **答案**：C

解析：条件（1）：设 $x=1$，$y=1$，$xy=1<500$，条件(1)不充分. 条件（2）：设 $x=1$，$y=59$，$xy=59<500$，条件（2）不充分. 联合可得，$(x+y)^2=x^2+2xy+y^2=3\ 600\Rightarrow 2xy=3\ 600-(x^2+y^2)\geqslant 3\ 600-2\ 500\Rightarrow xy\geqslant 550\Rightarrow xy>500$，条件(1)和(2)联合起来充分. 故答案选 C.

26. **答案**：B

解析：条件（1）：令 $a=2$，$b=1$，$c=0$，$\Delta=1^2-4\times 0\times 2=1$，方程有实根，条件(1)不充分. 条件（2）：$\begin{cases}a\neq 0,\\ b\neq 0,\\ c\neq 0,\\ b^2=ac\end{cases}\Rightarrow \Delta=b^2-4ac=b^2-4b^2=-3b^2<0$，方程无实根. 条件(2)充分. 故答案选 B.

27. **答案**：A

解析：条件（1）：$|x-1|+|x-3|=2\Rightarrow 1\leqslant x\leqslant 3$，充分. 条件（2）：$||x-2|-x|=2\Rightarrow |x-2|=x\pm 2$，$|x-2|=x+2$，$x=0$，$|x-2|=x-2\Rightarrow x\geqslant 2$，不充分. 故答案选 A.

28. **答案**：E

解析：两个条件单独不充分，联合后 $a<0$，$c>0$，那么 $x_1x_2=\frac{c}{a}<0$，也不充分. 故答案选 E.

第五章　数　　列

第一节　一般数列

一、定义

1. 按一定次序排列的一列数称为数列.

2. 数列中的每个数都称为这个数列的项，第 n 个数称为第 n 项，通常记作 a_n. 那么数列就可以用 $\{a_n\}$ 来表示.

【注】　数列的第一项也称为首项.

二、通项公式

如果数列 $\{a_n\}$ 的第 n 项与 n 之间的关系可以用一个公式表示，那么这个公式就称为这个数列的通项公式.

【注】　知道了一个数列的通项公式，就可以求出这个数列中的任意一项.

例如，若通项公式为 $a_n=2^n$，则数列 $\{a_n\}$ 是 2，4，8，16，….

三、前 n 项和

数列 $\{a_n\}$ 的前 n 项和记作 S_n，则 $S_n=a_1+a_2+\cdots+a_n=\sum\limits_{i=1}^{n}a_i$.

【注】　知道了一个数列的前 n 项和公式 S_n，就可以求出这个数列的 a_n，即

$$a_n=\begin{cases}S_1, & n=1,\\ S_n-S_{n-1}, & n\geqslant 2.\end{cases}$$

例题 1　设 $a_n=\dfrac{1}{n+1}+\dfrac{1}{n+2}+\cdots+\dfrac{1}{2n+1}$ $(n\in\mathbf{N}_+)$，则 a_{n+1} 与 a_n 的大小关系是（　　）.

A. $a_{n+1}>a_n$　　B. $a_{n+1}=a_n$　　C. $a_{n+1}<a_n$

D. $a_{n+1}\leqslant a_n$　　E. $a_{n+1}\geqslant a_n$

解题信号　当判断两个数的大小时，作差即可.

解析　$a_{n+1}-a_n=\dfrac{1}{2n+2}+\dfrac{1}{2n+3}-\dfrac{1}{n+1}=\dfrac{1}{2n+3}-\dfrac{1}{2n+2}<0$，所以 $a_{n+1}<a_n$.

答案　C

例题 2 如果数列 $\{a_n\}$ 的前 n 项和 $S_n=\frac{3}{2}a_n-3$，那么这个数列的通项公式是（　　）.

A. $a_n=3\times 2^n$　　B. $a_n=3n+1$　　C. $a_n=2(n^2+n+1)$

D. $a_n=2\times 3^n$　　E. $a_n=3\times 3^n$

解题信号 当已知 S_n 时，考生要想到 $a_n=\begin{cases}S_1, & n=1,\\ S_n-S_{n-1}, & n\geqslant 2,\end{cases}$ 特别要注意验证 a_1 与 a_n（$n\geqslant 2$）的表达式是否一致.

解析 当 $n=1$ 时，$a_1=S_1=\frac{3}{2}a_1-3$，得 $a_1=6$.

当 $n\geqslant 2$ 时，$a_n=S_n-S_{n-1}=\left(\frac{3}{2}a_n-3\right)-\left(\frac{3}{2}a_{n-1}-3\right)=\frac{3}{2}a_n-\frac{3}{2}a_{n-1}$，所以 $a_n=3a_{n-1}=3\times 3a_{n-2}=\cdots=3^{n-1}a_1=3^{n-1}\times 6=2\times 3^n$，把 $n=1$ 代入，同样成立，所以 $a_n=2\times 3^n$.

答案 D

例题 3 已知数列 $\{a_n\}$ 的前 n 项和 S_n 满足关系式 $\lg(S_n-1)=n$（$n\in\mathbf{N}_+$），则数列 $\{a_n\}$ 的通项公式为（　　）.

A. $a_n=9\times 10^{n-1}$　　B. $a_n=10^{n-1}$　　C. $a_n=\begin{cases}11, & n=1,\\ 9\cdot 10^{n-1}, & n\geqslant 2\end{cases}$

D. $a_n=\begin{cases}12, & n=1,\\ 10^{n-1}, & n\geqslant 2\end{cases}$　　E. $a_n=9^{n-1}$

解题信号 先解出 S_n，进而计算 $a_n=\begin{cases}S_1, & n=1,\\ S_n-S_{n-1}, & n\geqslant 2,\end{cases}$ 特别要注意验证 a_1 与 a_n（$n\geqslant 2$）的表达式是否一致.

解析 $\lg(S_n-1)=n\Rightarrow S_n-1=10^n\Rightarrow S_n=10^n+1$. 当 $n=1$ 时，$a_1=S_1=11$；当 $n\geqslant 2$ 时，$a_n=S_n-S_{n-1}=10^n-10^{n-1}=9\cdot 10^{n-1}$，故 $a_n=\begin{cases}11, & n=1,\\ 9\cdot 10^{n-1}, & n\geqslant 2.\end{cases}$

答案 C

第二节 等差数列

一、定义

1. 一般地，如果一个数列从第二项起，每一项与它的前一项的差等于同一个常数，那么这个数列就称为等差数列.

2. 这个常数称为等差数列的公差，通常用字母 d 表示. 则

$$a_n-a_{n-1}=d \quad (n\geqslant 2).$$

二、通项公式

1. 等差数列的通项公式为 $a_n=a_1+(n-1)d$.

2. 等差中项：如果 a，A，b 成等差数列，那么 A 称为 a 与 b 的等差中项，则 $A=\frac{a+b}{2}$.

三、前 n 项和公式

$$S_n=\frac{n(a_1+a_n)}{2}=na_1+\frac{n(n-1)}{2}d.$$

四、性质

1. 在等差数列 $\{a_n\}$ 中，对任意 m，$n\in\mathbf{N}_+$，$a_n=a_m+(n-m)d$，$d=\frac{a_n-a_m}{n-m}$ $(m\neq n)$.

2. 角标和相等时的性质：在等差数列 $\{a_n\}$ 中，若 m，n，p，$q\in\mathbf{N}_+$ 且 $m+n=p+q$，则 $a_m+a_n=a_p+a_q$.

3. S_n 为等差数列前 n 项和，则 S_n，$S_{2n}-S_n$，$S_{3n}-S_{2n}$，…仍为等差数列.

4. S_n 最值：在等差数列中，若 a_1 和 d 的正负号相反，则 S_n 有最值：

(1) 当 $a_1>0$，$d<0$ 时，S_n 有最大值；

(2) 当 $a_1<0$，$d>0$ 时，S_n 有最小值.

5. S_n 最值的求法：

(1) 若已知 d，则可用二次函数最值的求法 $(n\in\mathbf{N}_+)$；

(2) 若已知 a_n，则当求 S_n 最值时，n 的值 $(n\in\mathbf{N}_+)$ 可按如下确定：

$$\begin{cases}a_n\geqslant 0,\\ a_{n+1}\leqslant 0\end{cases} \text{或} \begin{cases}a_n\leqslant 0,\\ a_{n+1}\geqslant 0.\end{cases}$$

例题 1 已知等差数列 $\{a_n\}$ 中，$a_7+a_9=16$，$a_4=1$，则 a_{12} 等于（　　）.

A. 15　　B. 30　　C. 31　　D. 64　　E. 96

解题信号 观察角标，利用角标和相等时的性质.

解析 由 $a_7+a_9=a_4+a_{12}$，得 $a_{12}=15$.

答案 A

例题 2 已知等差数列 $\{a_n\}$ 的前 10 项和为 100，前 100 项和为 10，则前 110 项和为（　　）.

A. 90　B. -90　C. 110　D. -110　E. 100

解题信号 题干已知前10项和，前100项和，所求的是前110项和，所以肯定要用到性质“S_n，$S_{2n}-S_n$，$S_{3n}-S_{2n}$，…仍为等差数列”.

解析 因为S_{10}，$S_{20}-S_{10}$，$S_{30}-S_{20}$，…，$S_{110}-S_{100}$，…成等差数列，记此数列公差为d，首项为$S_{10}=100$，前10项的和为$S_{100}=10$，则$100\times10+\frac{10\times9}{2}d=10$，解得$d=-22$. 又$S_{110}-S_{100}=S_{10}+10d$，故$S_{110}=100+10+10\times(-22)=-110$.

答案 D

例题3 设S_n是等差数列$\{a_n\}$的前n项和，已知$a_2=3$，$a_6=11$，则S_7等于（　　）.

A. 13　B. 35　C. 49　D. 63　E. 88

解题信号 看到a_n与S_n，考生要想到等差数列通项公式及前n项和公式.

解析 方法一：$S_7=\frac{7(a_1+a_7)}{2}=\frac{7(a_2+a_6)}{2}=\frac{7\times(3+11)}{2}=49$.

方法二：由$\begin{cases}a_2=a_1+d=3,\\a_6=a_1+5d=11\end{cases}\Rightarrow\begin{cases}a_1=1,\\d=2,\end{cases}$ $a_7=1+6\times2=13$，所以$S_7=\frac{7(a_1+a_7)}{2}=\frac{7\times(1+13)}{2}=49$.

答案 C

例题4 （2024年真题）已知等差数列$\{a_n\}$满足$a_2a_3=a_1a_4+50$，且$a_2+a_3<a_1+a_5$，则公差为（　　）.

A. 2　B. -2　C. 5　D. -5　E. 10

解题信号 本题考查等差数列，考生需要根据已知条件计算出公差d.

解析 $a_2+a_3<a_1+a_5\Rightarrow2a_1+3d<2a_1+4d$，则$d>0$；$(a_1+d)(a_1+2d)=a_1(a_1+3d)+50$，则有$d^2=25$，$d=5$.

答案 C

例题5 两个等差数列$\{a_n\}$，$\{b_n\}$的前n项和之比$\frac{A_n}{B_n}=\frac{5n+3}{2n+7}$，则$\frac{a_5}{b_5}$的值是（　　）.

A. $\frac{28}{17}$　B. $\frac{48}{25}$　C. $\frac{53}{27}$　D. $\frac{23}{15}$　E. $\frac{28}{15}$

解题信号 已知S_n的比，要求a_n的比，考生要想到利用等差中项.

解析 $\frac{a_5}{b_5}=\frac{2a_5}{2b_5}=\frac{(a_1+a_9)\cdot\frac{9}{2}}{(b_1+b_9)\cdot\frac{9}{2}}=\frac{A_9}{B_9}=\frac{48}{25}$.

答案 B

例题6 等差数列$\{a_n\}$中，$a_4+a_6+a_8+a_{10}+a_{12}=120$，则$a_9-\frac{1}{3}a_{11}$的值为（　　）.

A. 14　　B. 15　　C. 16　　D. 17　　E. 18

解题信号 看到题干和所求只有 a_n，要想到通项公式.

解析 $a_9-\frac{1}{3}a_{11}=a_9-\frac{1}{3}(a_9+2d)=\frac{2}{3}(a_9-d)=\frac{2}{3}a_8=\frac{2}{3}\times\frac{120}{5}=16.$

答案 C

例题 7 等差数列 $\{a_n\}$ 中，$a_1>0$，$S_9=S_{12}$，则前（　）项的和最大.

A. 9　　B. 10　　C. 11　　D. 10或11　　E. 12

解题信号 求 S_n 的最值问题，先找出令 $a_n=0$ 的 n.

解析 由 $S_9=S_{12}$，$S_{12}-S_9=0$，得 $a_{10}+a_{11}+a_{12}=0$，故 $3a_{11}=0$，$a_{11}=0$. 又 $a_1>0$，因此 $\{a_n\}$ 为首项为正且递减的等差数列，所以 $S_{10}=S_{11}$ 为最大.

答案 D

例题 8 已知 $a>0$，$b>0$，a，b 的等差中项是 $\frac{1}{2}$，且 $x=a+\frac{1}{a}$，$y=b+\frac{1}{b}$，则 $x+y$ 的最小值是（　）.

A. 6　　B. 5　　C. 4　　D. 3　　E. 2

解题信号 求最值，一般要用到平均值定理或二次函数.

解析 a，b 的等差中项是 $\frac{1}{2}$，所以 $\frac{a+b}{2}=\frac{1}{2}$，即 $a+b=1$（$a>0$，$b>0$），故 $x+y=a+\frac{1}{a}+b+\frac{1}{b}$. 又 $a+b=1\geqslant 2\sqrt{ab}$，得 $ab\leqslant\frac{1}{4}$（当且仅当 $a=b=\frac{1}{2}$ 时，取等号），所以 $x+y\geqslant 1+4=5$（当且仅当 $a=b=\frac{1}{2}$ 时，取等号）.

答案 B

例题 9 已知数列 $\{a_n\}$ 中，$a_1=1$，$a_{n+1}=\frac{2a_n}{a_n+2}$（$n\in\mathbf{N}_+$），则该数列的通项公式为（　）.

A. $a_n=\frac{2}{n+1}$　　B. $a_n=\frac{1}{n+1}$　　C. $a_n=\frac{2}{n+2}$

D. $a_n=\frac{3}{n+1}$　　E. $a_n=\frac{4}{n+1}$

解题信号 已知条件是 a_{n+1} 与 a_n 的递推关系，要设法（本题用倒数法）转化成特殊形式，如等差、等比或交错等数列形式.

解析 方法一：由 $a_{n+1}=\frac{2a_n}{a_n+2}$，得 $\frac{1}{a_{n+1}}-\frac{1}{a_n}=\frac{1}{2}$，故 $\left\{\frac{1}{a_n}\right\}$ 是以 $\frac{1}{a_1}=1$ 为首项、$\frac{1}{2}$ 为公差的等差数列. 由 $\frac{1}{a_n}=1+(n-1)\cdot\frac{1}{2}$，得 $a_n=\frac{2}{n+1}$.

方法二：（特殊值法）当 $n=1$ 时，$a_1=1$，$a_2=\frac{2a_1}{a_1+2}=\frac{2}{3}$，代入选项发现仅有 A 选项满足.

答案 A

例题 10 等差数列 $\{a_n\}$ 的前 n 项和为 S_n，且 $S_2=10$，$S_4=36$，则 $\{a_n\}$ 的公差是（　　）.

A. 2　　B. -2　　C. 4　　D. -4　　E. 3

解题信号 公差实质上是图像上两点连成直线的斜率，可借助直线两点式求解.

解析 此类问题常规做法为列出一个关于首项 a_1 和公差 d 的二元一次方程组，消去首项 a_1，解出公差 d 即可.

实际上，数列的项数是正整数，若以每项的项数作为横坐标，该项的值作为纵坐标在坐标系中描点，则等差数列的图像是在一条直线上的一系列孤立的点. 等比数列的图像是在一条指数型函数图像上的一系列孤立的点. 因而也可以把这两种数列的图像拓展为连续曲线，利用曲线上的点来确定一次函数或指数型函数中的参数. 因此，用函数的观点处理数列问题，有时处理起问题来会显得更方便.

对于等差数列而言，公差就是直线的斜率. 可以利用直线上两个点 $P_1(x_1, y_1)$，$P_2(x_2, y_2)$ 的纵坐标之差除以对应的横坐标之差，即 $k=\dfrac{y_2-y_1}{x_2-x_1}$ $(x_2\neq x_1)$ 或 $k=\dfrac{y_1-y_2}{x_1-x_2}$ $(x_1\neq x_2)$. 在数列中，利用两个点 $M(m, a_m)$，$N(n, a_n)$，可得 $d=\dfrac{a_n-a_m}{n-m}$ $(m\neq n)$. 故有 $S_2=10\Rightarrow a_1+a_2=10$，$S_4=36\Rightarrow a_1+a_4=18$. 于是 $d=\dfrac{a_4-a_2}{4-2}=\dfrac{18-10}{2}=4$.

答案 C

例题 11 已知 $\{a_n\}$ 是等差数列，$a_1+a_2=4$，$a_7+a_8=28$，则该数列前 10 项和 S_{10} 等于（　　）.

A. 64　　B. 100　　C. 110　　D. 130　　E. 120

解题信号 当计算 $\{S_n\}$ 时，一则考虑等差中项，二则考虑首项和公差. 当计算 a_1 和 d 时，将 $a_1+a_2=4$，$a_7+a_8=28$ 转化为含有 a_1 和 d 的式子即可.

解析 设公差为 d，则由已知得 $\begin{cases}2a_1+d=4,\\2a_1+13d=28\end{cases}\Rightarrow\begin{cases}a_1=1,\\d=2\end{cases}\Rightarrow S_{10}=10\times1+\dfrac{10\times9}{2}\times2=100.$

答案 B

例题 12 已知数列 $\{a_n\}$，则数列 $\{|a_n|\}$ 的前 n 项和 $S=\begin{cases}-2n^2+23n, & n\leqslant6,\\2n^2-23n+132, & n\geqslant7.\end{cases}$

（1）数列 $\{a_n\}$ 的通项公式是 $a_n=4n-25$.

（2）数列 $\{a_n\}$ 为常数项数列.

解题信号 出现数列 $\{|a_n|\}$，很可能要分类讨论.

解析 条件（1），由 $a_n=4n-25<0$ 且 $a_{n+1}=4(n+1)-25\geqslant0$ 得 $n=6$. 由此可知，数列 $\{a_n\}$ 的前 6 项为负值，从第 7 项起为正值.

当 $n\leqslant6$ 时，数列 $\{a_n\}$ 是以 -21 为首项、以 4 为公差的等差数列，所以

$$|a_1|+|a_2|+\cdots+|a_n|$$

$$=-(a_1+a_2+\cdots+a_n)$$

$$=-\left[n(-21)+\frac{n(n-1)}{2}\times 4\right]=-2n^2+23n.$$

对于任意自然数 n $(n\geqslant 7)$，数列 $\{a_n\}$ 是以 -21 为首项、以 4 为公差的等差数列. 因此，$n\geqslant 7$，有

$$\begin{aligned}|a_1|+|a_2|+\cdots+|a_n|&=-(a_1+a_2+\cdots+a_6)+a_7+a_8+\cdots+a_n\\&=(a_1+a_2+\cdots+a_n)-2(a_1+a_2+\cdots+a_6)\\&=2n^2-23n-2\times(2\times 6^2-23\times 6)\\&=2n^2-23n+132.\end{aligned}$$

所以 $S=|a_1|+|a_2|+\cdots+|a_n|=\begin{cases}-2n^2+23n, & n\leqslant 6,\\ 2n^2-23n+132, & n\geqslant 7.\end{cases}$

所以条件（1）充分. 条件（2）显然不充分. 选 A.

答案 A

【注】 此题有两个容易出错的地方，其中一个是误认为数列 $\{|a_n|\}$ 是以 21 为首项、以 -4 为公差的等差数列，事实上，对于任意的正整数 n，数列 $\{|a_n|\}$ 不构成等差数列，只能分段考虑后才可构成等差数列.

另一个是在进行 $n\geqslant 7$ 的求和时，误认为数列 $\{|a_n|\}$ 是以 3 为首项、以 4 为公差的等差数列. 事实上，在数列 $\{|a_n|\}$ 中，3 是它的第 7 项，而不是第 1 项.

第三节 等比数列

一、定义

1. 一般地，如果一个数列从第二项起，每一项与它的前一项的比等于同一个不为零的常数，那么这个数列就称为等比数列.

2. 这个常数称为等比数列的公比，用字母 q 表示 $(q\neq 0)$，则

$$\frac{a_{n+1}}{a_n}=q \quad (q\neq 0).$$

【注】 常数 q 和等比数列的项都不能为零.

二、通项公式

1. 等比数列的通项公式为 $a_n=a_1\cdot q^{n-1}$ $(a_1 q\neq 0)$.

【注】 当公比 $q=1$ 时，该数列既是等比数列，也是等差数列.

由等比数列的通项公式知：若 $\{a_n\}$ 为等比数列，则 $\dfrac{a_m}{a_n}=q^{m-n}$.

2. 等比中项.

如果 a，G，b 成等比数列，那么 G 叫作 a 与 b 的等比中项，则 $G^2=ab$.

三、前 n 项和公式

$$S_n=\begin{cases}\dfrac{a_1(1-q^n)}{1-q}, & q\neq 1,\\ na_1, & q=1.\end{cases}$$

【注】 当应用求和公式时，$q\neq 1$，必要时应讨论 $q=1$ 的情况.

四、性质

1. 在等比数列 $\{a_n\}$ 中，对任意 m，$n\in\mathbf{N}_+$，$a_n=a_mq^{n-m}$.

2. 角标和相等时的性质：在等比数列 $\{a_n\}$ 中，若 m，n，p，$q\in\mathbf{N}_+$ 且 $m+n=p+q$，则 $a_ma_n=a_pa_q$.

3. S_n 为等比数列前 n 项和，则 S_n，$S_{2n}-S_n$，$S_{3n}-S_{2n}$，…仍为等比数列.

例题 1 已知数列 $\{a_n\}$ 是等比数列，且 $S_m=10$，$S_{2m}=30$，则 $S_{3m}=$（　　）.

A. 40　　B. 50　　C. 60　　D. 70　　E. 80

解题信号 看到只有 S_n，要考虑用等比数列前 n 项和的性质.

解析 $S_m=10$，$S_{2m}=30$，则 $S_{2m}-S_m=20$，$S_{3m}-S_{2m}=40$，故 $S_{3m}=70$.

答案 D

例题 2 设 S_n 为等比数列 $\{a_n\}$ 的前 n 项和，已知 $3S_3=a_4-2$，$3S_2=a_3-2$，则公比 $q=$（　　）.

A. 3　　B. 4　　C. 5　　D. 6　　E. 7

解题信号 观察两个等式左边分别出现 S_3 与 S_2，相减就是 a_3.

解析 两式相减得 $3a_3=a_4-a_3$，$a_4=4a_3$，故 $q=\dfrac{a_4}{a_3}=4$.

答案 B

例题 3 已知 $\{a_n\}$ 为等比数列，且 $a_2a_5a_8=27$，则 $a_1a_2\cdots a_9=$（　　）.

A. 9　　B. 27　　C. 81　　D. 27^2　　E. 27^3

解题信号 看到题目中三项相乘情况，考生要想到等比中项性质.

解析 根据等比中项的性质（或利用角标和相等时的性质），a_5 是 a_2，a_8 的等比中项，则 $(a_5)^2=a_2a_8$. 所以 $(a_5)^3=27$，$a_1a_2\cdots a_9=(a_5)^9=27^3$.

答案 E

例题 4 已知 $\{a_n\}$ 是首项为 1 的等比数列，S_n 是 $\{a_n\}$ 的前 n 项和，且 $9S_3=S_6$，则数

列$\left\{\frac{1}{a_n}\right\}$的前5项和为（ ）.

A. $\frac{15}{8}$或5　　B. $\frac{31}{16}$或5　　C. $\frac{31}{16}$　　D. $\frac{15}{8}$　　E. 5

解题信号 $\{a_n\}$是等比数列，$\left\{\frac{1}{a_n}\right\}$也是等比数列.

解析 显然$q\neq1$，所以$\frac{9a_1(1-q^3)}{1-q}=\frac{a_1(1-q^6)}{1-q}$，$1+q^3=9$，$q=2$，则$\left\{\frac{1}{a_n}\right\}$是首项为1、公比为$\frac{1}{2}$的等比数列，前5项和$S_5=\frac{1-\left(\frac{1}{2}\right)^5}{1-\frac{1}{2}}=\frac{31}{16}$.

答案 C

例题5 已知$\{a_n\}$为等比数列，S_n是它的前n项和．若$a_2a_3=2a_1$，且a_4与$2a_7$的等差中项为$\frac{5}{4}$，则$S_5=$（ ）.

A. 35　　B. 33　　C. 31　　D. 29　　E. 30

解题信号 求等比数列前n项和，需要先计算首项和公比.

解析 设$\{a_n\}$的公比为q，则由等比数列角标和相等时的性质知$a_2a_3=a_1a_4=2a_1$，即$a_4=2$．由a_4与$2a_7$的等差中项为$\frac{5}{4}$知，$a_4+2a_7=2\times\frac{5}{4}$，即$a_7=\frac{1}{2}\left(2\times\frac{5}{4}-a_4\right)=\frac{1}{2}\left(2\times\frac{5}{4}-2\right)=\frac{1}{4}$，所以$q^3=\frac{a_7}{a_4}=\frac{1}{8}$，解得$q=\frac{1}{2}$，$a_4=a_1q^3=a_1\times\frac{1}{8}=2$，即$a_1=16$，故$S_5=31$.

答案 C

例题6 设等比数列$\{a_n\}$的公比与前n项和分别为q和S_n，且$q\neq1$，$S_{10}=8$，则$\frac{S_{20}}{1+q^{10}}=$（ ）.

A. 4　　B. 5　　C. 6　　D. 7　　E. 8

解题信号 看到S_n，考生要想到前n项和公式及性质.

解析 方法一：由$S_{10}=\frac{a_1(1-q^{10})}{1-q}=8$，得$\frac{S_{20}}{1+q^{10}}=\frac{a_1(1-q^{20})}{(1+q^{10})(1-q)}=8$.

方法二：$S_{20}=S_{10}+a_{11}+a_{12}+\cdots+a_{20}=S_{10}(1+q^{10})$，得$\frac{S_{20}}{1+q^{10}}=S_{10}=8$.

答案 E

例题7 设$\{a_n\}$是由正数组成的等比数列，S_n为其前n项和．已知$a_2a_4=1$，$S_3=7$，则$S_5=$（ ）.

A. $\frac{15}{2}$　　B. $\frac{31}{4}$　　C. $\frac{33}{4}$　　D. $\frac{17}{2}$　　E. $\frac{19}{2}$

解题信号 题干有 a_n 和 S_n，考生要想到通项公式及前 n 项和公式.

解析 由 $a_2a_4=1$ 可得 $a_1^2q^4=1$，因此 $a_1=\frac{1}{q^2}$. 又因为 $S_3=a_1(1+q+q^2)=7$，联立两式有 $\left(\frac{1}{q}+3\right)\left(\frac{1}{q}-2\right)=0$，所以 $q_1=\frac{1}{2}$，$q_2=-\frac{1}{3}$（舍去），$S_5=\frac{4\times\left(1-\frac{1}{2^5}\right)}{1-\frac{1}{2}}=\frac{31}{4}$.

答案 B

例题 8 能确定 $\frac{a+b}{a^2+b^2}=1$.

（1）a^2，1，b^2 成等比数列.

（2）$\frac{1}{a}$，1，$\frac{1}{b}$ 成等差数列.

解题信号 看到三项成等差数列或等比数列，考生要想到等差中项或等比中项性质.

解析 由条件（1），取 $a=1$，$b=-1$，则 a^2，1，b^2 成等比数列，但 $\frac{a+b}{a^2+b^2}=0\neq1$，不充分.

由条件（2），取 $a=-1$，$b=\frac{1}{3}$，则 -1，1，3 成等差数列，但 $\frac{a+b}{a^2+b^2}<0\neq1$，不充分.

联合（1）和（2），由（1）$a^2\cdot b^2=1\Rightarrow ab=\pm1$，由（2）$\frac{1}{a}+\frac{1}{b}=2\Rightarrow\frac{a+b}{ab}=2\Rightarrow a+b=2ab$，则 $\frac{a+b}{a^2+b^2}=\frac{2ab}{(a+b)^2-2ab}=\frac{2ab}{4a^2b^2-2ab}=\frac{1}{2ab-1}=\begin{cases}1, & ab=1,\\ -\frac{1}{3}, & ab=-1.\end{cases}$

答案 E

例题 9 等比数列 $\{a_n\}$ 的前 n 项和等于 2，紧接其后的 $2n$ 项和等于 12，再紧接其后的 $3n$ 项和为 S，则 S 等于（　　）.

A. 112　　B. 112 或 -378　　C. -112 或 378　　D. -378　　E. -112

解题信号 给了若干项数列的和与项数，考虑利用求和公式.

解析 $\begin{cases}S_n=2,\\ S_{3n}-S_n=12,\\ S_{6n}-S_{3n}=S,\end{cases}$ $\frac{S_{3n}}{S_n}=\frac{1-q^{3n}}{1-q^n}=q^{2n}+q^n+1=7\Rightarrow q^n=-3$ 或 2，$\frac{S_{6n}}{S_{3n}}=\frac{1-q^{6n}}{1-q^{3n}}=1+q^{3n}=-26$ 或 9，即 $S_{6n}=-364$ 或 126，又 $S_{6n}=S+14\Rightarrow S=S_{6n}-14\Rightarrow S=-378$ 或 112.

答案 B

第四节　练　习

一、问题求解

1. 已知数列 $\{a_n\}$ 的前 n 项和 $S_n=\dfrac{n+1}{n+2}$ $(n\in \mathbf{N}_+)$，则 a_4 等于（　　）.

A. $\dfrac{1}{30}$　　B. $\dfrac{1}{34}$　　C. $\dfrac{1}{20}$

D. $\dfrac{1}{32}$　　E. $\dfrac{1}{36}$

2. 已知数列 $\{a_n\}$ 的前 n 项和 $S_n=3+2^n$，则这个数列是（　　）.

A. 等差数列　　B. 等比数列

C. 既是等差数列又是等比数列　D. 既不是等差数列也不是等比数列

E. 以上答案均不正确

3. 在已知数列 $\{a_n\}$ 中，$a_1=1$，$a_2=3$，$a_n=a_{n-1}+\dfrac{1}{a_{n-2}}$ $(n\geqslant 3)$，则 $a_5=$（　　）.

A. $\dfrac{55}{12}$　　B. $\dfrac{13}{3}$　　C. 4　　D. 5　　E. $\dfrac{3}{4}$

4. 已知数列 $\{a_n\}$ 的前 n 项和 $S_n=p^n$ $(p\in \mathbf{R},\ n\in \mathbf{N}_+)$，那么数列 $\{a_n\}$（　　）.

A. 是等比数列

B. 当 $p\neq 0$ 时是等比数列

C. 当 $p\neq 0$ 且 $p\neq 1$ 时是等比数列

D. 不是等比数列

E. 是等差数列

5. 数列 $\{a_n\}$ 的首项为 3，$\{b_n\}$ 为等差数列且 $b_n=a_{n+1}-a_n$ $(n\in \mathbf{N}_+)$. 若 $b_3=-2$，$b_{10}=12$，则 $a_8=$（　　）.

A. 0　　B. 3　　C. 8　　D. 11　　E. 15

6. 如果在等差数列 $\{a_n\}$ 中，$a_3+a_4+a_5=12$，那么 $a_1+a_2+\cdots+a_7=$（　　）.

A. 14　　B. 21　　C. 28　　D. 35　　E. 45

7. 设等差数列 $\{a_n\}$ 的前 n 项和为 S_n，若 $a_1=-11$，$a_4+a_6=-6$，则当 S_n 取最小值时，$n=$（　　）.

A. 6　　B. 7　　C. 8　　D. 9　　E. 11

8. 等差数列 $\{a_n\}$ 的前 n 项和为 S_n，已知 $a_{m-1}+a_{m+1}-a_m^2=0$，$S_{2m-1}=38$，则 $m=$（　　）.

A. 38　　B. 20　　C. 10　　D. 9　　E. 8

9. 已知两个等差数列 $\{a_n\}$ 和 $\{b_n\}$ 的前 n 项和分别为 A_n 和 B_n，且 $\frac{A_n}{B_n}=\frac{7n+45}{n+3}$，则使得 $\frac{a_n}{b_n}$ 为整数的正整数 n 的个数是（　　）.

A. 2　　B. 3　　C. 4　　D. 5　　E. 6

10. 公差不为零的等差数列 $\{a_n\}$ 的前 n 项和为 S_n. 若 a_4 是 a_3 与 a_7 的等比中项，$S_8=32$，则 $S_{10}=$（　　）.

A. 18　　B. 24　　C. 60　　D. 90　　E. 100

11. 已知等比数列 $\{a_n\}$ 中的各项都是正数，且 a_1，$\frac{1}{2}a_3$，$2a_2$ 成等差数列，则 $\frac{a_9+a_{10}}{a_7+a_8}=$（　　）.

A. $1+\sqrt{2}$　　B. $1-\sqrt{2}$　　C. $3+2\sqrt{2}$

D. $30-2\sqrt{2}$　　E. $3-2\sqrt{2}$

12. 已知等差数列 $a_3=2$，$a_{11}=6$；等比数列 $b_2=a_3$，$b_3=\frac{1}{a_2}$，则满足 $b_n>\frac{1}{a_{26}}$ 的最大 n 值为（　　）.

A. 2　　B. 3　　C. 4　　D. 5　　E. 6

13. 若数列 $\{a_n\}$ 是等比数列，则下列命题正确的个数为（　　）.

① $\{a_n^3\}$，$\{a_{3n}\}$ 是等比数列；

② 若 $a_n>0$，则 $\{\ln a_n\}$ 成等差数列；

③ $\{a_{n+1}\cdot a_n\}$，$\left\{\frac{a_{n+1}}{a_n}\right\}$ 成等比数列；

④ $\{ca_n\}$，$\{a_n\pm k\}$（$c\neq 0$，$k\neq 0$）成等比数列.

A. 4　　B. 3　　C. 2　　D. 1　　E. 0

14. 在公差不为零的等差数列 $\{a_n\}$ 中，a_2，a_3，a_6 成等比数列，则公比 $q=$（　　）.

A. 1　　B. 2　　C. 3　　D. 4　　E. -3

15. 三个负数 a，b，c 成等差数列，又 a，d，c 成等比数列，且 $a\neq c$，则 b 与 d 的大小关系为（　　）.

A. $b>d$　　B. $b=d$　　C. $b<d$　　D. 不能确定　　E. $b\geqslant d$

16. 若正项等比数列 $\{a_n\}$ 的公比 $q\neq 1$，且 a_3，a_5，a_6 成等差数列，则 $\frac{a_3+a_5}{a_4+a_6}=$（　　）.

A. $\frac{1+\sqrt{5}}{2}$　　B. $\frac{\sqrt{5}-1}{2}$　　C. $\frac{1}{2}$　　D. 不能确定　　E. $\frac{1-\sqrt{5}}{2}$

17. 设 A，G 分别是正数 a，b 的等差中项和等比中项，则有（　　）.

A. $ab\geqslant AG$　　B. $ab<AG$　　C. $ab\leqslant AG$

D. AG 与 ab 的大小无法确定　　E. $ab=AG$

18. 若 a，b，c 成等比数列，a，x，b 和 b，y，c 都成等差数列，且 $xy\neq 0$，则 $\frac{a}{x}+$

$\frac{c}{y}$的值为（　　）.

A. 1　　B. 2　　C. 3　　D. 4　　E. 5

19. 若互不相等的实数 a，b，c 成等差数列，c，a，b 成等比数列，且 $a+3b+c=10$，则 $a=$（　　）.

A. 4　　B. 2　　C. -2　　D. -4　　E. 0

20. 在数列 $\{a_n\}$ 中，$a_1=1$，对于所有的 $n\geqslant 2$（$n\in \mathbf{N}_+$）都有 $a_1a_2a_3\cdots a_n=n^2$，则有 $a_3+a_5=$（　　）.

A. $\frac{61}{16}$　　B. $\frac{25}{9}$　　C. $\frac{25}{16}$　　D. $\frac{31}{16}$　　E. $\frac{3}{2}$

21. 已知各项均为正数的等比数列 $\{a_n\}$，$a_1a_2a_3=5$，$a_7a_8a_9=10$，则 $a_4a_5a_6=$（　　）.

A. $5\sqrt{2}$　　B. 7　　C. 6　　D. $4\sqrt{2}$　　E. 2

22. 已知等比数列 $\{a_n\}$ 的公比为正数，且 $a_3a_9=2a_5^2$，$a_2=1$，则 $a_1=$（　　）.

A. $\frac{1}{2}$　　B. $\frac{\sqrt{2}}{2}$　　C. $\sqrt{2}$　　D. $-\frac{\sqrt{2}}{2}$　　E. $\pm\frac{\sqrt{2}}{2}$

二、条件充分性判断

23. 在等差数列中，$a_7+a_8+a_9+a_{10}+a_{11}=15$.

（1）a_9 是方程 $3x^2-8x-3=0$ 中较大的根.

（2）a_3，a_{15} 是方程 $x^2-6x-1=0$ 的两个根.

24. 当一个等差数列 $\{a_n\}$ 的前 n 项和 S_n 取得最大值时，n 的值是 21.

（1）$a_1>0$，$5a_4=3a_9$.

（2）$a_1>0$，$3a_4=5a_{11}$.

25. 数列 $\{a_n\}$ 是等比数列.

（1）数列 $\{a_n\}$ 的前 n 项和 S_n 满足关系式 $\lg(S_n+1)=n$.

（2）数列 $\{a_n\}$ 的前 n 项和 S_n 满足关系式 $S_n=3^n+1$.

26. 数列 6，x，y，16 的前三项成等差数列，后三项成等比数列.

（1）$4x+y=0$.

（2）x，y 是 $x^2+3x-4=0$ 的两个解.

27. 方程 $(a^2+c^2)x^2-2c(a+b)x+b^2+c^2=0$ 有实数根.

（1）a，b，c 成等差数列.

（2）a，c，b 成等比数列.

28. $ab=-15$.

（1）-9，a，-1 成等差数列.

（2）-9，m，b，n，-1 成等比数列.

29. 设 $a>0$，$b>0$，则能确定$\frac{1}{a}+\frac{2}{b}$的最小值.

(1) $\lg\sqrt{2}$是 $\lg 4^a$ 与 $\lg 2^b$ 的等差中项.

(2) $\sqrt{3}$是 3^{2a} 与 3^b 的等比中项.

30. 已知 $\{a_n\}$ 是等差数列，$a_1<0$，$S_{2\,017}=S_{2\,020}$，则数列前 n 项和最小.

(1) $n=2\,018$.

(2) $n=2\,019$.

31. $-3\leqslant b\leqslant 1$.

(1) 实数 a，b，c 为等比数列.

(2) $a+b+c=3$.

32. 实数 a，b，c 成等比数列.

(1) $b^2=ac$.

(2) $\ln a$，$\ln b$，$\ln c$ 成等差数列.

33. $a_1+a_2+\cdots+a_7=28$.

(1) $a_3+a_4+a_5=12$.

(2) $a_{n+1}-a_n$ 为常数.

—— 第五节　参考答案及解析 ——

一、问题求解

1. **答案：** A

解析： 由已知可得 $a_4=S_4-S_3=\frac{5}{6}-\frac{4}{5}=\frac{1}{30}$. 答案选 A.

2. **答案：** D

解析： 由已知条件可知：$a_1=S_1=3+2^1=5$；当满足 $n\geqslant 2$ 时，$a_n=S_n-S_{n-1}=(3+2^n)-(3+2^{n-1})=2^{n-1}$，把 $n=1$ 代入 $a_n=2^{n-1}$ 得 $a_1=1$，与 $a_1=S_1=3+2^1=5$ 不相符，则 $a_n=\begin{cases}5, & n=1,\\ 2^{n-1}, & n\geqslant 2,\end{cases}$ 这个数列既不是等差数列，也不是等比数列. 答案选 D.

3. **答案：** A

解析： 根据 $a_1=1$，$a_2=3$，$a_n=a_{n-1}+\frac{1}{a_{n-2}}$ $(n\geqslant 3)$，有 $a_3=3+\frac{1}{1}=4$，$a_4=4+\frac{1}{3}=\frac{13}{3}$，$a_5=\frac{13}{3}+\frac{1}{4}=\frac{55}{12}$. 答案选 A.

4. **答案：** D

解析： 显然当 $p=0$ 时，$S_n=0\Rightarrow a_n=0$，这明显不是等比数列；同理，当 $p=\pm 1$ 时，$\{a_n\}$ 也不是等比数列. 所以 $\{a_n\}$ 不是等比数列. 答案选 D.

5. **答案：** B

解析：由 $b_n=2n-8$，$a_{n+1}-a_n=2n-8$，运用叠加法得 $(a_2-a_1)+(a_3-a_2)+\cdots+(a_8-a_7)=(-6)+(-4)+(-2)+0+2+4+6=0$，$a_8=a_1=3$. 答案选 B.

6. 答案：C

解析：$a_3+a_4+a_5=3a_4=12$，$a_4=4$，$a_1+a_2+\cdots+a_7=\frac{7(a_1+a_7)}{2}=7a_4=28$. 答案选 C.

7. 答案：A

解析：设该数列的公差为 d，则 $a_4+a_6=2a_1+8d=2\times(-11)+8d=-6$，解得 $d=2$，所以 $S_n=-11n+\frac{n(n-1)}{2}\times 2=n^2-12n=(n-6)^2-36$，故当 $n=6$ 时，S_n 取最小值. 答案选 A.

8. 答案：C

解析：因为 $\{a_n\}$ 是等差数列，所以 $a_{m-1}+a_{m+1}=2a_m$，由 $a_{m-1}+a_{m+1}-a_m^2=0$，得 $2a_m-a_m^2=0$，所以 $a_m=2$ 或 $a_m=0$，又 $S_{2m-1}=38$，得 $\frac{(2m-1)(a_1+a_{2m-1})}{2}=38$，排除 $a_m=0$，即 $(2m-1)\times 2=38$，解得 $m=10$. 答案选 C.

9. 答案：D

解析：$\frac{A_{2n-1}}{B_{2n-1}}=\frac{\frac{(2n-1)\cdot(a_1+a_{2n-1})}{2}}{\frac{(2n-1)\cdot(b_1+b_{2n-1})}{2}}=\frac{2a_n}{2b_n}=\frac{a_n}{b_n}\Rightarrow\frac{a_n}{b_n}=\frac{A_{2n-1}}{B_{2n-1}}=\frac{7(2n-1)+45}{2n-1+3}=\frac{7n+19}{n+1}=7+\frac{12}{n+1}$. 当 $n=1$，2，3，5，11 时，$\frac{a_n}{b_n}$是正整数. 答案选 D.

10. 答案：C

解析：由 $a_4^2=a_3a_7$ 得 $(a_1+3d)^2=(a_1+2d)(a_1+6d)$，$2a_1+3d=0$，再由 $S_8=8a_1+\frac{56}{2}d=32$ 得 $2a_1+7d=8$，则 $d=2$，$a_1=-3$，所以 $S_{10}=10a_1+\frac{90}{2}d=60$. 答案选 C.

11. 答案：C

解析：依题意可得 $2\times\left(\frac{1}{2}a_3\right)=a_1+2a_2$，即 $a_3=a_1+2a_2$，则有 $a_1q^2=a_1+2a_1q$，可得 $q^2=1+2q$，解得 $q=1+\sqrt{2}$ 或 $q=1-\sqrt{2}$（舍去）.

所以$\frac{a_9+a_{10}}{a_7+a_8}=\frac{a_1q^8+a_1q^9}{a_1q^6+a_1q^7}=\frac{q^2+q^3}{1+q}=q^2=3+2\sqrt{2}$. 答案选 C.

12. 答案：C

解析：等差数列的公差 $d=\frac{a_{11}-a_3}{11-3}=\frac{1}{2}\Rightarrow a_{26}=\frac{27}{2}\Rightarrow\frac{1}{a_{26}}=\frac{2}{27}$. 又由题设可知 $b_2=a_3=2$，$b_3=\frac{1}{a_2}=\frac{2}{3}\Rightarrow q=\frac{1}{3}$，$b_1=6$，$b_n=b_1q^{n-1}=6\left(\frac{1}{3}\right)^{n-1}>\frac{2}{27}\Rightarrow n<5$，所以 n 的最大值为 4. 答案选 C.

13. 答案：B

解析：若 $\{a_n\}$ 是等比数列，那么显然有 $\{a_{3n}\}$，$\{a_n^3\}$，$\{a_{n+1}\cdot a_n\}$，$\left\{\frac{a_{n+1}}{a_n}\right\}$，$\{ca_n\}$ $(c\neq0)$ 仍然是等比数列，而 $\{a_n\pm k\}$ $(k\neq0)$ 不是等比数列；但 $\ln a_n=\ln(a_1q^{n-1})=(n-1)\ln q+\ln a_1$，故 $\{\ln a_n\}$ 一定是等差数列，从而①，②，③正确．答案选 B.

14. 答案：C

解析：根据题意，有 $a_3=a_2+d$，$a_6=a_2+4d$，其中 $d\neq0$，则有 $a_3^2=a_2\cdot a_6$，即 $a_2^2+2a_2d+d^2=a_2(a_2+4d)$，解得 $d=2a_2$，$q=\frac{a_3}{a_2}=\frac{a_2+d}{a_2}=\frac{a_2+2a_2}{a_2}=3$．答案选 C.

15. 答案：C

解析：显然 $d=\pm\sqrt{ac}$．当 $d=\sqrt{ac}$ 时，显然有 $b<d$；当 $d=-\sqrt{ac}$ 时，考虑 $-d>0$ 及 $-b>0$，$b=\frac{a+c}{2}$，则 $-b=\frac{-a+(-c)}{2}\geqslant\sqrt{(-a)(-c)}=-d$，即 $b\leqslant d$；又 $a\neq c$，所以 $b<d$.

故 $b<d$．答案选 C.

16. 答案：B

解析：根据题意，有 $2a_3q^2=a_3+a_3q^3$，$q=\frac{1+\sqrt{5}}{2}$ 或 $q=\frac{1-\sqrt{5}}{2}$（舍去）或 $q=1$（舍去），故 $\frac{a_3+a_5}{a_4+a_6}=\frac{1+q^2}{q+q^3}=\frac{1}{q}=\frac{2}{1+\sqrt{5}}=\frac{\sqrt{5}-1}{2}$．答案选 B.

17. 答案：D

解析：根据题意，$A=\frac{a+b}{2}$，$G=\pm\sqrt{ab}$，若取 $G=\sqrt{ab}$，则 $AG=\frac{a+b}{2}\sqrt{ab}\geqslant\sqrt{ab}\cdot\sqrt{ab}=ab$；若取 $G=-\sqrt{ab}$，则 $ab>0>AG$．答案选 D.

18. 答案：B

解析：显然有 $b^2=ac$，$a+b=2x$，$b+c=2y$，则有

$$\frac{a}{x}+\frac{c}{y}=\frac{ay+cx}{xy}=\frac{\frac{1}{2}a(b+c)+\frac{1}{2}c(a+b)}{\frac{1}{4}(a+b)(b+c)}=2\times\frac{ab+2ac+bc}{ab+2ac+bc}=2.$$

19. 答案：D

解析：根据题意，有 $\begin{cases}2b=a+c,\\a^2=bc,\\a+3b+c=10,\end{cases}$ 解得 $\begin{cases}a=-4,\\b=2,\\c=8.\end{cases}$ 答案选 D.

20. 答案：A

解析：根据 $a_1a_2a_3\cdots a_n=n^2$ 及 $a_1=1$，可以得到 $a_2=4$，$a_3=\frac{9}{4}$，$a_4=\frac{16}{9}$，$a_5=\frac{25}{16}$，那么有 $a_3+a_5=\frac{9}{4}+\frac{25}{16}=\frac{61}{16}$．答案选 A.

21. 答案：A

解析：由等比数列的性质知 $a_1a_2a_3=(a_1a_3)\cdot a_2=a_2^3=5$，$a_7a_8a_9=(a_7a_9)\cdot a_8=a_8^3=10$，所以 $a_2a_8=50^{\frac{1}{3}}$，因此有 $a_4a_5a_6=(a_4a_6)\cdot a_5=a_5^3=(50^{\frac{1}{6}})^3=5\sqrt{2}$. 答案选 A.

22. **答案**：B

解析：设公比为 q，由已知得 $a_1q^2\cdot a_1q^8=2(a_1q^4)^2$，即 $q^2=2$；又因为等比数列 $\{a_n\}$ 的公比为正数，所以 $q=\sqrt{2}$，故 $a_1=\dfrac{a_2}{q}=\dfrac{1}{\sqrt{2}}=\dfrac{\sqrt{2}}{2}$. 答案选 B.

二、条件充分性判断

23. **答案**：D

解析：条件（1）：$3x^2-8x-3=0\Rightarrow(3x+1)(x-3)=0$，解得 $x=-\dfrac{1}{3}$或 $x=3$. 则 $a_9=3$，$a_7+a_8+a_9+a_{10}+a_{11}=5a_9=15$，充分.

条件（2）：$a_3+a_{15}=2a_9$，故 $a_9=3$，$a_7+a_8+a_9+a_{10}+a_{11}=5a_9=15$，充分.

24. **答案**：B

解析：$S_n=\dfrac{d}{2}n^2+\left(a_1-\dfrac{d}{2}\right)n$，当 n 的取值取离对称轴 $n=\dfrac{a_1-\dfrac{d}{2}}{-2\left(\dfrac{d}{2}\right)}=\dfrac{1}{2}-\dfrac{a_1}{d}$最近的正整数时，$S_n$ 取最值.

条件（1）：$5a_4=3a_9\Leftrightarrow 5a_1+15d=3a_1+24d\Leftrightarrow\dfrac{a_1}{d}=\dfrac{9}{2}\Rightarrow n=\dfrac{1}{2}-\dfrac{a_1}{d}=\dfrac{1}{2}-\dfrac{9}{2}=-4$，故不存在最值.

条件（2）：$3a_4=5a_{11}\Rightarrow 3a_1+9d=5a_1+50d\Rightarrow\dfrac{a_1}{d}=-\dfrac{41}{2}\Rightarrow n=\dfrac{1}{2}-\dfrac{a_1}{d}=\dfrac{1}{2}-\left(-\dfrac{41}{2}\right)=21$，且 $a_1>0$，$d<0$，则 $S_n=\dfrac{d}{2}n^2+\left(a_1-\dfrac{d}{2}\right)n$ 有最大值，即当 n 取 21 时，S_n 有最大值.

25. **答案**：A

解析：条件（1）：$\lg(S_n+1)=n$，得 $S_n=10^n-1$，$a_n=9\cdot 10^{n-1}$，$\{a_n\}$ 是等比数列.

条件（2）：$S_n=3^n+1$，$a_n=\begin{cases}4, & n=1,\\ 2\cdot 3^{n-1}, & n\geqslant 2,\end{cases}$ $\{a_n\}$ 不是等比数列.

26. **答案**：C

解析：由条件（1）显然不能确定题设一定成立.

条件（2）$\Rightarrow x$，y 的两组解 $x=1$，$y=-4$ 或 $x=-4$，$y=1$，同样无法保证题设.

但通过两个联立可得 $x=1$，$y=-4$，可以使题设成立.

27. **答案**：B

解析：方法一：方程有实数根的条件是判别式 $\Delta\geqslant 0$，又可求 $\Delta=4c^2(a+b)^2-$

$4(a^2+c^2)\cdot(b^2+c^2)=-4(ab-c^2)^2\Rightarrow\Delta\leqslant 0$，若题目成立，则必有 $\Delta=0\Rightarrow c^2=ab$，所以 a，c，b 成等比数列.

方法二：原式展开 $a^2x^2-2acx+c^2+c^2x^2-2bcx+b^2=0$，$(ax-c)^2+(cx-b)^2=0$，所以 $x=\frac{c}{a}=\frac{b}{c}\Rightarrow c^2=ab$.

28. 答案：E

解析：联立条件（1）和（2）可知，$2a=(-9)+(-1)$，可得 $a=-5$，$b\times b=(-9)\times(-1)$，因为数列 -9，m，b，n，-1 是等比数列，故 $b<0$，可得 $b=-3$，因此 $ab=15$，不充分.

29. 答案：D

解析：条件（1）：因为 $\lg\sqrt{2}$ 是 $\lg 4^a$ 与 $\lg 2^b$ 的等差中项，

所以 $\lg 4^a+\lg 2^b=2\lg\sqrt{2}$，$2a+b=1$.

则 $\frac{1}{a}+\frac{2}{b}=\left(\frac{1}{a}+\frac{2}{b}\right)(2a+b)=4+\frac{4a}{b}+\frac{b}{a}\geqslant 4+2\sqrt{\frac{4a}{b}\cdot\frac{b}{a}}=8$，充分.

条件（2）：因为 $\sqrt{3}$ 是 3^{2a} 与 3^b 的等比中项，所以 $3^{2a}\times 3^b=(\sqrt{3})^2$，$2a+b=1$，

则 $\frac{1}{a}+\frac{2}{b}=\left(\frac{1}{a}+\frac{2}{b}\right)(2a+b)=4+\frac{4a}{b}+\frac{b}{a}\geqslant 4+2\sqrt{\frac{4a}{b}\cdot\frac{b}{a}}=8$，充分.

30. 答案：D

解析：设等差数列 $\{a_n\}$ 的公差为 d，因为 $a_1<0$，$S_{2\,017}=S_{2\,020}$，

所以 $2\,017a_1+\frac{2\,017\times 2\,016}{2}d=2\,020a_1+\frac{2\,020\times 2\,019}{2}d$，解得 $a_1=-2\,018d<0$，所以 $d>0$. 令 $a_n=a_1+(n-1)d=(n-2\,019)d\geqslant 0$，解得 $n\geqslant 2\,019$.

因为 $a_{2\,019}=0$，所以当 $n=2\,018$ 或 $2\,019$ 时，这个数列前 n 项和最小. 故答案选 D.

31. 答案：C

解析：条件（1）：设 $a=b=c=10$，明显 $-3\leqslant b\leqslant 1$ 不成立，不充分. 条件（2）：设 $a=3$，$b=100$，$c=-100$，明显 $-3\leqslant b\leqslant 1$ 不成立. 联合可得，

$$\begin{cases}a\neq 0,\ b\neq 0,\ c\neq 0,\\ b^2=ac,\\ a+b+c=3\end{cases}\Rightarrow\begin{cases}c=3-a-b,\\ b^2=a(3-a-b)\end{cases}\Rightarrow b^2=3a-a^2-ab\Rightarrow a^2+(b-3)a+b^2=0.$$

将上式视为关于 a 的方程，则 $\Delta=(b-3)^2-4\cdot 1\cdot b^2\geqslant 0\Rightarrow b^2+2b-3\leqslant 0\Rightarrow(b+3)(b-1)\leqslant 0\Rightarrow -3\leqslant b\leqslant 1$.

条件（1）和（2）联合起来充分，故答案选 C.

32. 答案：B

解析：条件（1）：设 $b=0$，$a=1$，$c=0$，明显 a，b，c 不成等比数列，条件（1）不充分. 条件（2）：$\begin{cases}a>0\\ b>0\\ c>0\end{cases}$，$\ln b+\ln b=\ln a+\ln c\Rightarrow\ln b^2=\ln ac\Rightarrow b^2=ac$，条件（2）充分.

33. 答案：C

解析：条件（1）：由于不知道 $\{a_n\}$ 是什么数列，故无法推出结论，不充分. 条件（2）：只能知道 $\{a_n\}$ 是等差数列，没有递推关系式，也不充分. 联合后，由条件（2）可知 $\{a_n\}$ 是等差数列，所以 $a_3+a_4+a_5=3a_4=12\Rightarrow a_4=4$，$a_1+a_2+\cdots+a_7=7a_4=28$，充分.

第三部分　几何

第六章　平面几何
第七章　立体几何
第八章　解析几何

考点分析

本部分在考试中占 5～6 个题目，约 15 分. 其中，第六章占 2 个题目，主要考点为三角形形状判定，以及图形的长度、面积、相似等知识点. 第七章约占 1 个题目，主要考点为立体图形的表面积和体积，通常以综合题目的形式出现. 第八章占 2 个题目，主要考点为点、直线、圆的综合题目，它属于考试的核心，既是重点又是难点.

时间安排

本部分建议考生用四周时间学习，其中第六章用 11 天左右时间，第七章用 4 天左右时间，第八章用 13 天左右时间. 例题一定要仔细吃透，注意琢磨“解题信号”，它代表了看到题目中的“题眼”，要联想到哪些知识点和方法，提示考生们从何处下手. 本部分题目不难，可以说是很容易拿到高分，关键在于每一章内容要进行系统地复习，因为考试题目往往是综合性的.

第六章　平面几何

第一节　三　角　形

一、平行线的性质

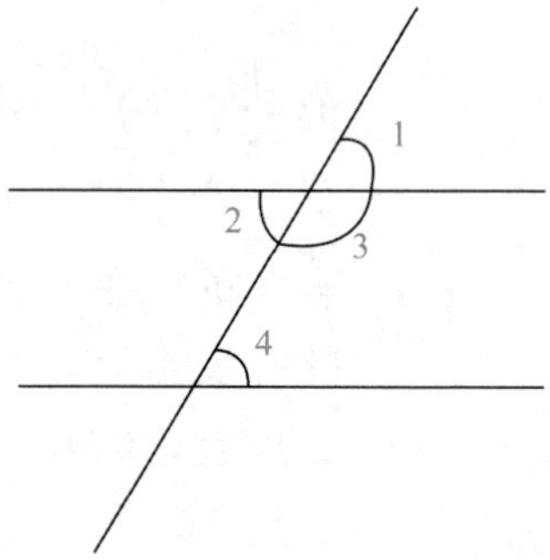

(1) 两直线平行，同位角相等.（$\angle 1=\angle 4$）

(2) 两直线平行，内错角相等.（$\angle 2=\angle 4$）

(3) 两直线平行，同旁内角互补.（$\angle 3+\angle 4=180^\circ$）

二、三角形的性质

(1) 内角和定理：三角形三个内角的和等于 180°.

(2) 外角等于不相邻两个内角的和.

(3) 任意两边之和大于第三边，任意两边之差小于第三边.

(4) 在同一个三角形中：等角对等边；等边对等角；大角对大边；大边对大角.

(5) 三角形的面积 $S=\dfrac{\text{底}\times\text{高}}{2}$.

三、特殊三角形的性质

1. 直角三角形

(1) 勾股定理：两条直角边的平方和等于斜边的平方.

(2) 直角三角形斜边上的中线等于斜边的一半.

(3) 有一个角是 30° 的直角三角形中，30° 角所对的直角边等于斜边的一半.

(4) 直角三角形面积 $S=\dfrac{\text{两条直角边的乘积}}{2}=\dfrac{\text{斜边}\times\text{斜边上的高}}{2}$.

(5) 射影定理：在直角三角形中，斜边上的高线是两条直角边在斜边上的射影的比例中项，每条直角边是它们在斜边上的射影和斜边的比例中项.

$$\begin{cases}\angle ACB=90^\circ,\\ CD\text{ 为 }AB\text{ 上的高}\end{cases}\Rightarrow\begin{cases}CD^2=AD\cdot BD,\\ AC^2=AD\cdot AB,\\ BC^2=BD\cdot AB.\end{cases}$$

2. 等腰三角形

(1) 两个底角相等，两条腰上的中线相等，两个底角的角平分线相等.

（2）顶角的平分线与底边的中线、高重合.

【注】　特别地，等腰直角三角形的直角边与斜边之比是$\frac{1}{\sqrt{2}}$.

3. 等边三角形

（1）高与边的比是$\frac{\sqrt{3}}{2}$.

（2）等边三角形的面积$S=\frac{\sqrt{3}}{4}\times$边长^2.

四、三角形的全等

1. 满足以下条件之一的两个三角形全等

（1）两条边及其夹角对应相等；

（2）两个角及其夹边对应相等；

（3）三条边对应相等.

2. 全等三角形的性质

（1）对应边相等；

（2）对应角相等；

（3）面积相等；

（4）对应的角平分线、中线、高相等.

五、三角形的相似

1. 满足以下条件之一的两个三角形相似

（1）有两个角对应相等；

（2）三条边对应成比例；

（3）有一角相等，且夹这等角的两条边对应成比例.

2. 相似三角形的性质

（1）对应角相等，对应边成比例；

（2）对应高的比、对应中线的比与对应角平分线的比都等于相似比；

（3）周长的比等于相似比；

（4）面积的比等于相似比的平方.

六、三角形的“四心”

（1）内心：内切圆圆心，三条角平分线的交点.

【应用】　内心到三条边距离相等.

（2）外心：外接圆圆心，三条边的垂直平分线（中垂线）的交点.

【应用】 外心到三个顶点距离相等.

(3) 重心：三条中线的交点.

【应用】 重心将中线分为 2∶1 两段.

(4) 垂心：三条高线的交点.

【注】 等边三角形的“四心”合一.

例题 1 如图所示，Rt△ACB 中，$\angle ACB=90°$，DE 过点 C，且 $DE/\!/AB$，若 $\angle ACD=50°$，则 $\angle B$ 的度数是（　　）.

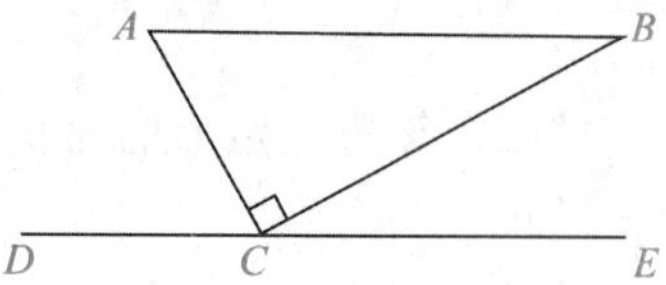

A. 50°　　B. 40°　　C. 25°

D. 30°　　E. 45°

解题信号 题目中出现平行线，一定有内错角相等.

解析 因为 $DE/\!/AB$，所以 $\angle A=\angle ACD=50°$，$\angle B=90°-50°=40°$.

答案 B

例题 2 已知 p，q 均为质数，且满足 $5p^2+3q=59$，则以 $p+3$，$1-p+q$，$2p+q-4$ 为边长的三角形是（　　）.

A. 锐角三角形　　B. 直角三角形　　C. 钝角三角形

D. 等腰三角形　　E. 等边三角形

解题信号 判定三角形的形状需要确定三边的值，那么先要求出 p，q.

解析 由题可知，$p=2$，$q=13$，所以三角形的三条边为 5，12，13. 由勾股定理可知，该三角形为直角三角形.

答案 B

例题 3 已知△ABC 的三边长为互不相等的正整数 a，b，c，且满足 $a^2+b^2-4a-6b+13=0$，则 c 边的长是（　　）.

A. 2　　B. 3　　C. 4　　D. 5　　E. 6

解题信号 看到 a，b 的二次等式，考生要想到把它完全平方，试试看能否求出 a，b 的值. 再由三角形两边与第三边的大小关系来判断 c 的值.

解析 由 $a^2+b^2-4a-6b+13=a^2-4a+4+b^2-6b+9=(a-2)^2+(b-3)^2=0$，得 $a-2=0$，$b-3=0$，解得 $a=2$，$b=3$，又 $3-2=1$，$3+2=5$，故 $1<c<5$，又△ABC 的三边长为互不相等的正整数 a，b，c，因此 $c=4$.

答案 C

例题 4 如图所示，在等边△ABC 中，D 为 BC 边上一点，E 为 AC 边上一点，且 $\angle ADE=60°$，$BD=3$，$CE=2$，则△ABC 的边长为（　　）.

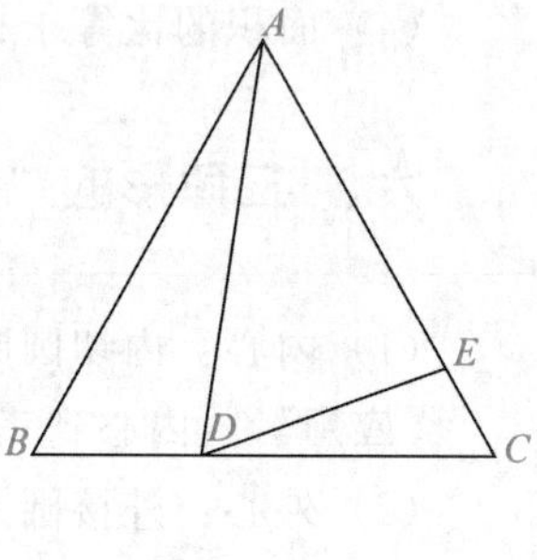

A. 6　　B. $6\sqrt{3}$　　C. 8

D. 9　　E. 10

解题信号 看到等边三角形，以及 60°角，考生要想到三角形相似.

解析　因为$\triangle ABC$是等边三角形，$\angle B=60°$，所以$\angle BAD+\angle ADB=120°$. 因为$\angle ADE=60°$，所以$\angle ADB+\angle EDC=120°$，所以$\angle DAB=\angle EDC$.

又因为$\angle B=\angle C=60°$，所以$\triangle ABD\backsim\triangle DCE$，所以$\dfrac{AB}{DC}=\dfrac{BD}{CE}$.

又因为$AB=BC$，$CD=BC-BD=AB-3$，代入即$\dfrac{AB}{AB-3}=\dfrac{3}{2}$，解得$AB=9$.

答案　D

例题 5　正方形$ABCD$边长为1，延长AB到E，延长BC到F，使得$BE=CF=1$，DE分别和BC，AF交于H，G. 如图所示，则四边形$ABHG$的面积为（　　）.

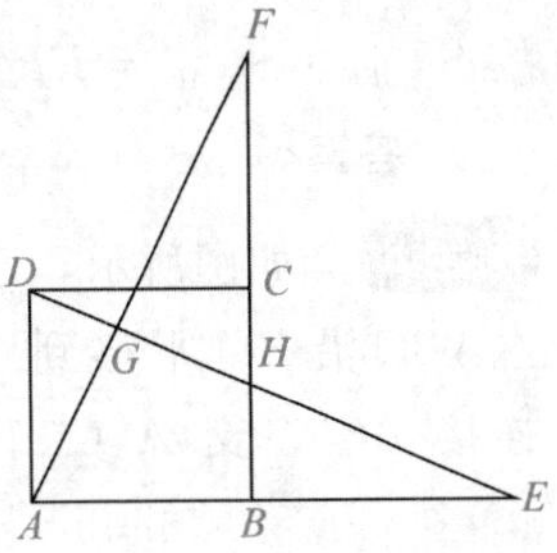

A. $\dfrac{1}{2}$　　B. $\dfrac{11}{20}$　　C. $\dfrac{9}{20}$

D. $\dfrac{10}{21}$　　E. $\dfrac{11}{21}$

解题信号　有多个直角三角形，应考虑三角形的相似.

解析　由$AE=AB+BE=BC+CF=BF$，$AB=BC$，$\angle ABF=\angle DAE$，可得$\triangle ABF\cong\triangle DAE$，可得$\angle E=\angle F$，又$\angle FHG=\angle EHB$，则$\angle FGH=\angle HBE=90°$. $\text{Rt}\triangle FHG\backsim\text{Rt}\triangle FAB$，$FH=1.5$，$FA=\sqrt{1^2+2^2}=\sqrt{5}$，相似比$\dfrac{FH}{FA}=\dfrac{1.5}{\sqrt{5}}=\dfrac{3}{2\sqrt{5}}$，$\dfrac{S_{\triangle FGH}}{S_{\triangle FBA}}=\dfrac{9}{20}$. 则$S_{ABHG}=S_{\triangle FBA}-S_{\triangle FGH}=\dfrac{1}{2}\times1\times2-\dfrac{9}{20}\times\dfrac{1}{2}\times1\times2=\dfrac{11}{20}$.

答案　B

例题 6　设$\triangle ABC$和$\triangle A'B'C'$相似，且$\dfrac{AB}{A'B'}=\dfrac{2}{3}$，若$\triangle ABC$的面积是$a-1$，则$\triangle A'B'C'$的面积是$a+1$，那么$a$的值为（　　）.

A. 2.6　　B. 3　　C. 3.6　　D. 4　　E. 6

解题信号　已知相似比，就能确定其面积比.

解析　由题意，$\dfrac{S_{\triangle ABC}}{S_{\triangle A'B'C'}}=\dfrac{a-1}{a+1}=\dfrac{4}{9}\Rightarrow a=2.6$.

答案　A

例题 7　如图所示，在正三角形ABC中，D，E，F分别是BC，AC，AB上的点，$DE\perp AC$，$EF\perp AB$，$FD\perp BC$，则$\triangle DEF$的面积与$\triangle ABC$的面积之比等于（　　）.

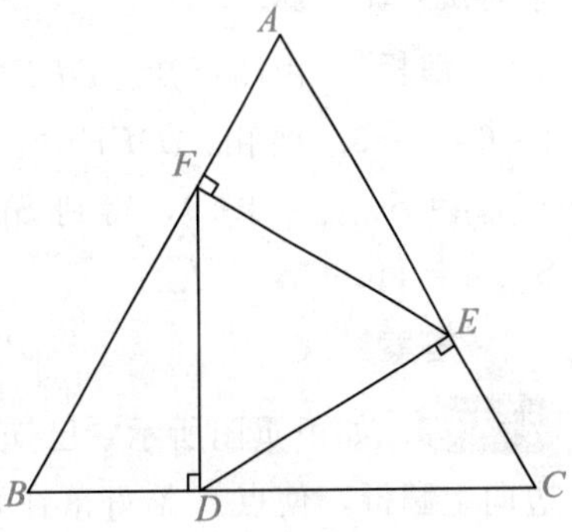

A. 1∶3　　B. 2∶3　　C. 3∶2

D. 1∶1　　E. 3∶4

解题信号　显然，$\triangle DEF$与$\triangle ABC$是相似三角形，求面积之比，把边长之比确定即可.

解析 因为△ABC是正三角形，所以$\angle A=\angle B=\angle C=60°$.

又因为$EF\perp AB$，所以$\angle AEF=30°$，$AF=\frac{1}{2}AE$，又$DE\perp AC$，则$\angle FED=60°$.

同理，$\angle EFD=\angle FDE=60°$，所以△$DEF$为正三角形．因此，

$$\text{Rt}\triangle AFE\cong \text{Rt}\triangle BDF\cong \text{Rt}\triangle CED,\ AF=CE,\ AE=BF.$$

又因为$AF+BF=AB$，所以$AF+AE=AB$，$AE=\frac{2}{3}AB$，那么

$$EF^2=AE^2-AF^2=(AE+AF)(AE-AF)=AB\times\frac{1}{2}AE=\frac{1}{3}AB^2,$$

故$S_{\triangle DEF}:S_{\triangle ABC}=EF^2:AB^2=1:3$.

答案 A

例题 8 如图所示，已知△ABC的面积为36，将△ABC沿BC平移到△$A'B'C'$，使B'和C重合，连接AC'，交$A'C$于D，则△$C'DC$的面积为(　　).

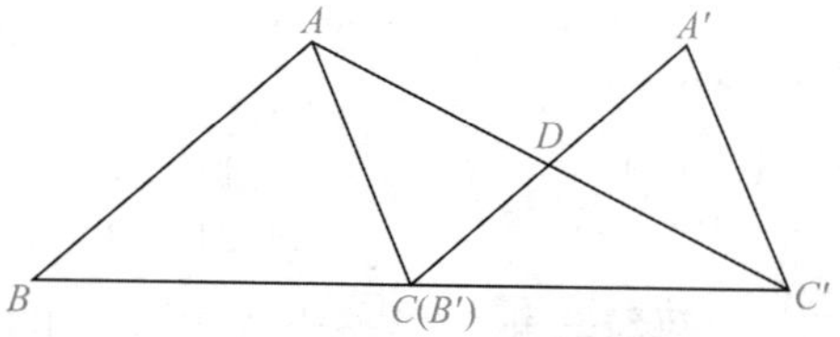

A. 6　　B. 9　　C. 12
D. 18　　E. 24

解题信号 求三角形面积，通常是利用相似或者等底、等高的方法.

解析 因为△$A'B'C'$是△ABC沿BC平移得到的，所以△$A'B'C'$的面积等于△ABC的面积，且$AC/\!/A'C'$，$AC=A'C'$．所以△$ACD\cong$△$C'A'D$，得$CD=A'D$，则

$$S_{\triangle C'DC}=S_{\triangle A'DC'}=\frac{1}{2}S_{\triangle ABC}=18.$$

答案 D

例题 9 如图所示，BD，CF将长方形$ABCD$分成四部分，△DEF的面积是4，△CED的面积是6，则四边形$ABEF$的面积是(　　).

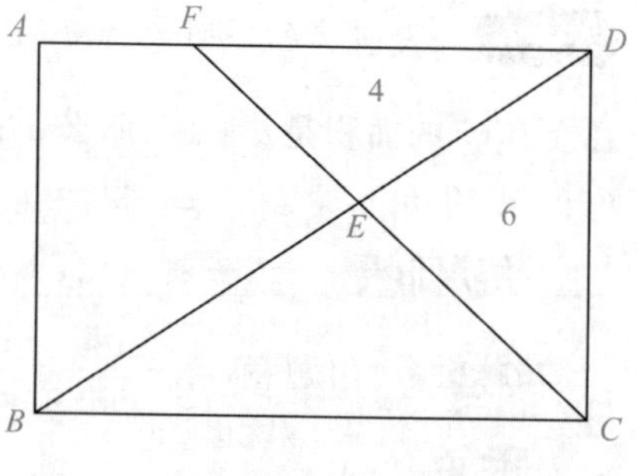

A. 9　　B. 10　　C. 11
D. 12　　E. 14

解题信号 矩形内部的三角形之间可考虑同底或等高法计算面积.

解析 由图可知△DEF与△DEC等高，则其面积的比等于底边的比，得$EF:EC=4:6=2:3$．再由△$DEF\backsim$△BEC，根据相似三角形面积的比等于相似比的平方得到$S_{\triangle DEF}:S_{\triangle BEC}=4:9$，得到$S_{\triangle BEC}=9$，即$S_{\triangle ABD}=S_{\triangle BCD}=6+9=15$，从而$S_{ABEF}=15-S_{\triangle DEF}=11$.

答案 C

例题 10 如下页图所示，已知正方形纸片$ABCD$，M，N分别是AD，BC的中点，把BC边向上翻折，使点C恰好落在MN上的点P处，BQ为折痕，则$\angle PBQ$等于(　　).

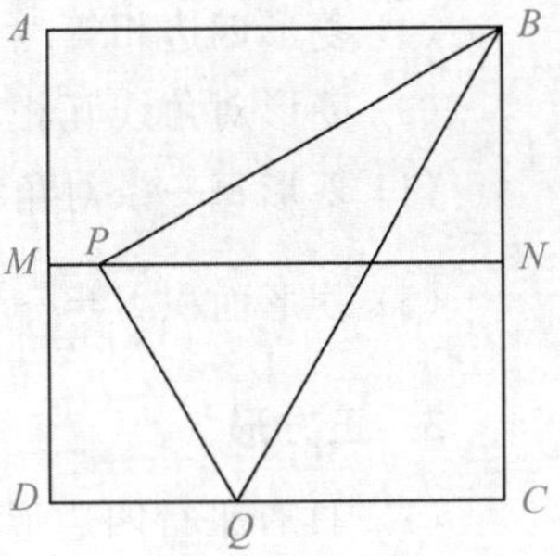

A. 15°　　B. 30°　　C. 45°

D. 60°　　E. 75°

解题信号　有折叠可考虑三角形的全等.

解析　根据题意，可知$\triangle BCQ\cong\triangle BPQ$，有$BC=BP$，$\angle CBQ=\angle PBQ$. 在$\mathrm{Rt}\triangle BNP$中，$BN=\frac{1}{2}BC=\frac{1}{2}BP$，从而$\angle BPN=30°$，则$\angle PBN=60°$. 又$\angle CBQ=\angle PBQ$，则$\angle PBQ=30°$.

答案　B

第二节　四　边　形

一、平行四边形

1. 平行四边形的性质

(1) 平行四边形的对边平行且相等.

(2) 平行四边形的对角线互相平分.

(3) 平行四边形的对角相等，邻角互补.

(4) 平行四边形面积$S=$底边长$\times$高.

(5) 平行四边形周长$C=2\times$相邻两边之和.

2. 平行四边形的判定

满足以下条件之一的四边形是平行四边形：

(1) 一组对边平行且相等；

(2) 两组对边分别相等；

(3) 两条对角线互相平分；

(4) 两组对角分别相等.

二、特殊的平行四边形

1. 矩形

(1) 一个角是直角的平行四边形称为矩形.

(2) 矩形的四个角都是直角.

(3) 矩形对角线相等.

(4) 矩形面积$S=$相邻两边长度之积.

2. 菱形

(1) 一组邻边相等的平行四边形称为菱形.

（2）菱形四边相等.

（3）菱形对角线互相垂直平分.

（4）菱形每一条对角线平分一组对角.

（5）菱形面积 $S=\frac{1}{2}\times$两条对角线长度之积.

3. 正方形

（1）具有平行四边形、矩形、菱形的一切性质.

（2）正方形面积 $S=$边长^2.

（3）正方形周长 $C=4\times$边长.

三、 梯形

1. 定义

一组对边平行而另一组对边不平行的四边形叫作梯形.

一般地，梯形的分类：梯形$\begin{cases}\text{一般梯形}\\ \text{特殊梯形}\begin{cases}\text{直角梯形}\\ \text{等腰梯形}\end{cases}\end{cases}$

2. 等腰梯形的性质

（1）等腰梯形的两腰相等，两底平行.

（2）等腰梯形的对角线相等.

（3）等腰梯形是轴对称图形，它只有一条对称轴，即两底的垂直平分线.

3. 梯形的面积

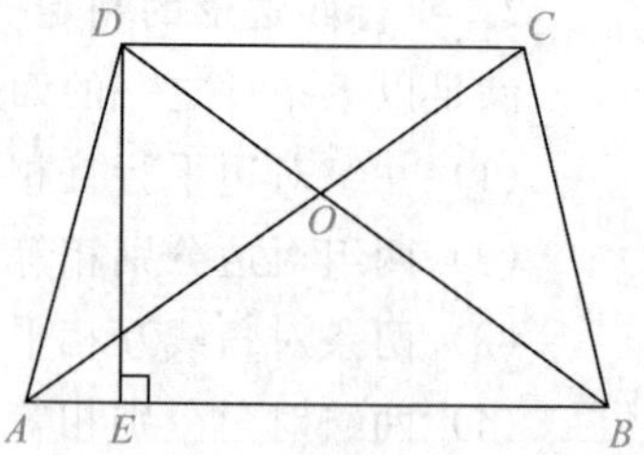

（1）如图所示，$S_{\text{梯形}ABCD}=\frac{1}{2}(CD+AB)\times DE$.

（2）梯形中有关图形的面积：

$S_{\triangle ABD}=S_{\triangle BAC}$；$S_{\triangle AOD}=S_{\triangle BOC}$；$S_{\triangle ADC}=S_{\triangle BCD}$.

4. 梯形中位线定理

梯形中位线平行于两底，并且等于两底和的一半.

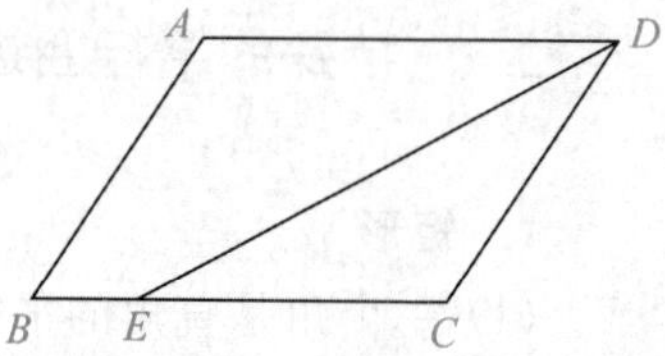

例题 1　如图所示，在▱$ABCD$ 中，已知 $AD=8$，$AB=6$，DE 平分$\angle ADC$，交 BC 边于点 E，则 $BE=$（　　）.

A. 1　　B. 2　　C. 3

D. 4　　E. 6

解题信号　两条直线平行，内错角相等，结合角平分线，可得到等腰三角形.

解析　因为 $AD\parallel BC$，所以$\angle ADE=\angle DEC$. 又因为 DE 平分$\angle ADC$，所以$\angle ADE=\angle CDE=\angle DEC$，所以 $CE=CD=6$，故 $BE=BC-EC=8-6=2$.

答案　B

例题 2　如图所示，正方形 $ABCD$ 内一点 E，如果 $\triangle ABE$ 为等边三角形，那么 $\angle DCE$ 为（　　）.

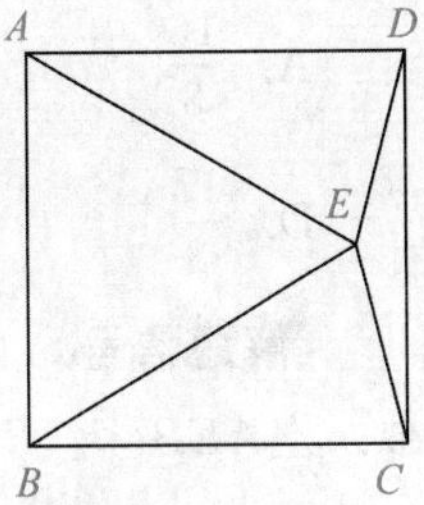

A. 10°　　B. 15°　　C. 20°

D. 25°　　E. 30°

解题信号　正方形和等边三角形边长相等，可得到等腰三角形.

解析　因为 $AB=BC=CD=AD$，$AB=BE=AE$，所以 $BE=BC$，又因为 $\angle ABE=60°$，所以 $\angle EBC=30°$，$\angle BEC=\angle BCE=75°$，所以 $\angle DCE=90°-75°=15°$.

答案　B

例题 3　如图所示，在梯形 $ABCD$ 中，$AD /\!/ BC$，$AB\perp AC$，$\angle B=45°$，$AD=2$，$BC=8$，则 CD 长度为（　　）.

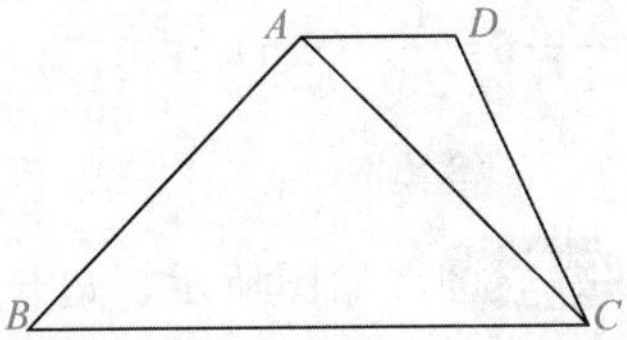

A. 6　　B. $2\sqrt{5}$　　C. 8

D. 9　　E. 10

解题信号　过 A 作 $AE\perp BC$ 于 E，过 D 作 $DF\perp BC$ 于 F，得到矩形 $AEFD$，可知 $AE=DF$，$AD=EF$，求出 AE，EC 的长，求出 CF 长，即可求出答案.

解析　过 A 作 $AE\perp BC$ 于 E，过 D 作 $DF\perp BC$ 于 F，如右图所示，则 $\angle AEF=\angle DFE=90°$，四边形 $AEFD$ 是矩形，所以 $AE=DF$，$AD=EF=2$，因为 $AB=AC$，$AE\perp BC$，所以 $BE=CE=4$，又因为 $\angle B=45°$，则 $AE=BE=DF=4$.

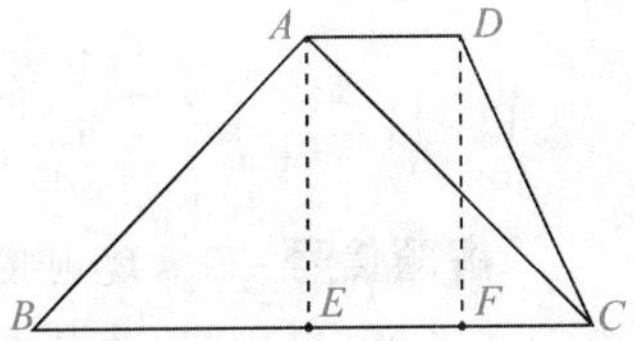

在 Rt$\triangle DFC$ 中，$DF=4$，$CF=2$，由勾股定理得：$CD^2=CF^2+DF^2\Rightarrow CD=2\sqrt{5}$.

答案　B

例题 4　如图所示，在梯形 $ABCD$ 中，$AB /\!/ CD$，中位线 EF 与对角线 AC，BD 交于 M，N 两点，若 $EF=18$，$MN=8$，则 AB 的长等于（　　）.

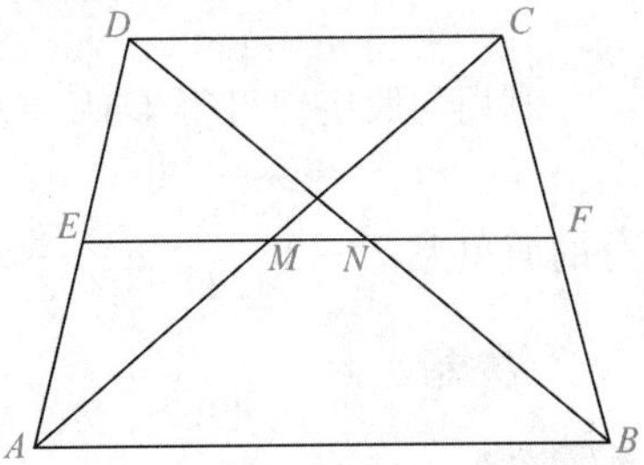

A. 10　　B. 13　　C. 20

D. 26　　E. 28

解题信号　利用中位线的定义和定理.

解析　因为 EF 是梯形的中位线，所以 $EF /\!/ CD /\!/ AB$，$AM=CM$，$BN=DN$，$EM=\dfrac{1}{2}CD$，$NF=\dfrac{1}{2}CD$. 因为 $EM=NF=\dfrac{1}{2}(EF-MN)=\dfrac{1}{2}(18-8)=5$，即 $CD=10$. 又因为 EF 是梯形 $ABCD$ 的中位线，$DC+AB=2EF$，即 $10+AB=2\times 18=36$. 所以 $AB=26$.

答案　D

例题 5　如下页图所示，$ABCD$ 为正方形，A，E，F，G 在同一条直线上，并且 $|AE|=5\text{cm}$，$|EF|=3\text{cm}$，那么 $|FG|=$（　　）cm.

A. $\frac{16}{3}$　　B. 4　　C. $\frac{17}{5}$

D. $\frac{17}{3}$　　E. $\frac{16}{5}$

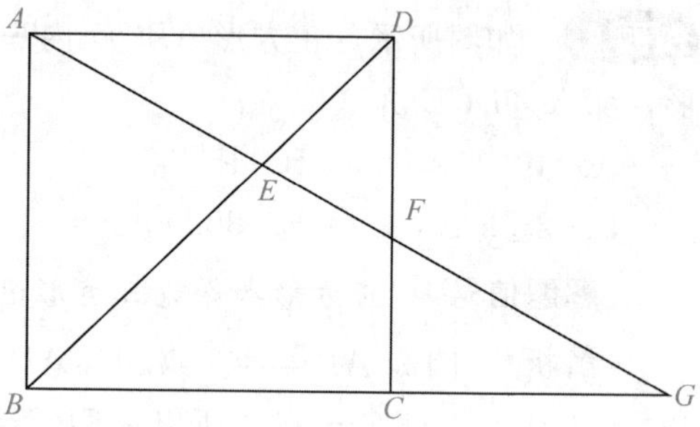

解题信号 看到正方形，考生要想到相似. $\triangle AEB \backsim \triangle FED$，$\triangle AED \backsim \triangle GEB$.

解析 由题图，$\frac{|AE|}{|EF|}=\frac{|BE|}{|ED|}=\frac{|EG|}{|AE|}=\frac{|EF|+|FG|}{|AE|}$，故$\frac{|AE|}{|EF|}=\frac{|EF|+|FG|}{|AE|}$交互相乘后化简可得$|FG|=\frac{|AE|^2}{|EF|}-|EF|=\frac{5^2}{3}-3=\frac{16}{3}$（cm）.

答案 A

例题 6 如图所示，边长为 a 的正方形 $ABCD$ 绕点 A 逆时针方向旋转 30°得到正方形 $AB'C'D'$，则图中阴影部分的面积为（　　）.

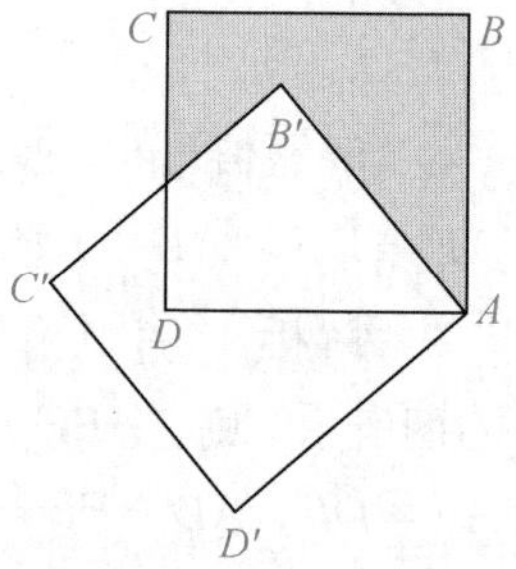

A. $\frac{1}{2}a^2$　　B. $\frac{\sqrt{3}}{3}a^2$　　C. $\left(1-\frac{\sqrt{3}}{3}\right)a^2$

D. $\left(1-\frac{\sqrt{3}}{4}\right)a^2$　　E. $\frac{\sqrt{3}}{4}a^2$

解题信号 不规则图形的面积问题，一定是利用规则图形的面积来求解. 同时，旋转意味着有全等图形的情况存在.

解析 如图所示，设 CD 与 $B'C'$交点为 M，在 $\mathrm{Rt}\triangle DAM$ 中，$\angle DAM=30°$，则 $AM=2DM$.

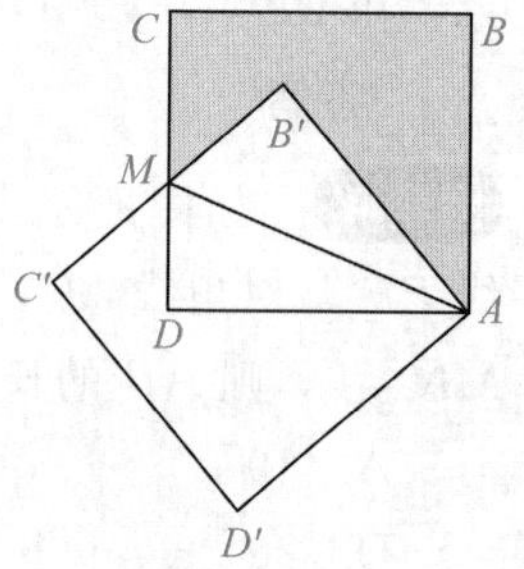

利用勾股定理可得 $DM^2=AM^2-AD^2 \Rightarrow DM=\frac{\sqrt{3}}{3}a$，所以阴影部分的面积为 $a^2-2\times\frac{1}{2}\times a\times\frac{\sqrt{3}}{3}a=\left(1-\frac{\sqrt{3}}{3}\right)a^2$.

答案 C

例题 7 如图所示，长方形 $ABCD$ 中，E 是 AB 的中点、F 是 BC 上的点，且 $|CF|=\frac{1}{3}|BC|$，那么阴影部分的面积 S_{AEFC} 是 $S_{\triangle ABC}$ 的（　　）.

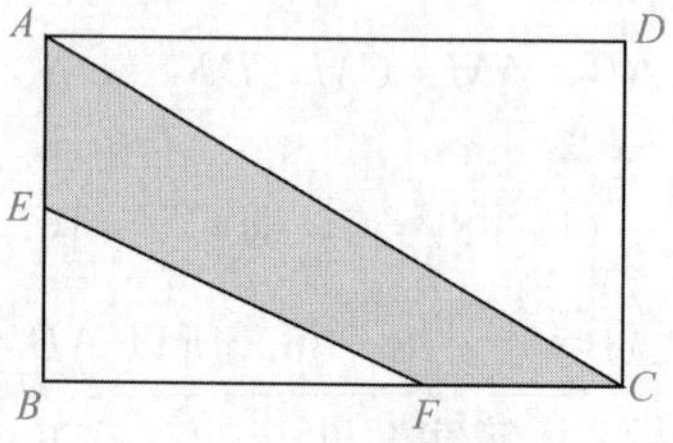

A. $\frac{1}{6}$　　B. $\frac{1}{4}$　　C. $\frac{2}{3}$

D. $\frac{1}{2}$　　E. $\frac{5}{6}$

解题信号 不规则图形的面积，一定是利用规则图形的面积来求解.

解析　如图所示，设 $AE=x$，$FC=t$，则

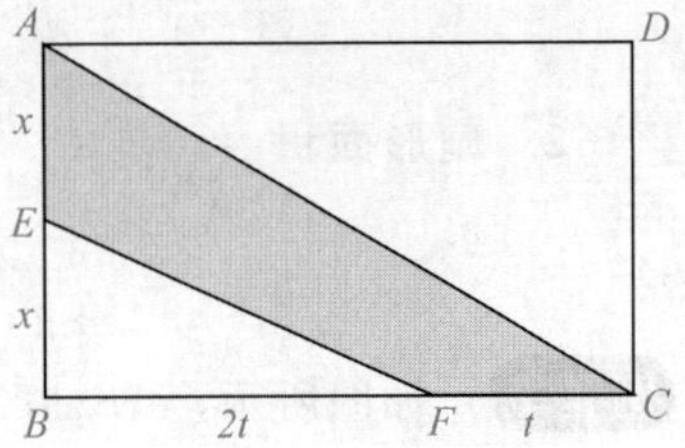

$S_{\triangle ABC}=2x\cdot 3t\cdot\frac{1}{2}=3xt$，

$S_{\triangle BEF}=x\cdot 2t\cdot\frac{1}{2}=xt$，

$S_{AEFC}=S_{\triangle ABC}-S_{\triangle BEF}=2xt$，

$\frac{S_{AEFC}}{S_{\triangle ABC}}=\frac{2xt}{3xt}=\frac{2}{3}$.

答案　C

—— 第三节　圆与扇形 ——

一、圆

1. 周长与面积

圆的圆心为 O，半径为 r，直径为 d，则

(1) 周长为 $C=2\pi r$.

(2) 面积是 $S=\pi r^2$.

2. 圆周角与圆心角

(1) 圆周角：顶点在圆上、两边与圆相交的角.

(2) 圆心角：顶点在圆心的角.

(3) 一条弧所对的圆周角等于它所对的圆心角的一半.

(4) 直径所对的圆周角是直角.

3. 圆的垂径定理

(1) 垂径定理：垂直于弦的直径平分这条弦，并且平分弦所对的弧.

(2) 垂径定理及其推论可概括为

$$\text{垂径}\begin{cases}\text{垂直于弦}\\\text{平分弦}\\\text{平分弦所对的优弧}\\\text{平分弦所对的劣弧}\end{cases}$$

4. 切线的判定和性质

(1) 切线的判定定理：经过半径的外端点并且垂直于这条半径的直线是圆的切线.

(2) 切线的性质定理：圆的切线垂直于经过切点的半径.

二、扇形

设圆的半径是 r，扇形所对应圆心角的角度为 α，则

1. 扇形弧长

$$l=\frac{\alpha}{360^\circ}\times 2\pi r.$$

2. 扇形面积

$$S=\frac{\alpha}{360^\circ}\times \pi r^2.$$

例题 1 如图所示，AB 是⊙O 的直径，$AB\perp CD$ 于 E，$AB=10$，$CD=8$，则 BE 为（　　）.

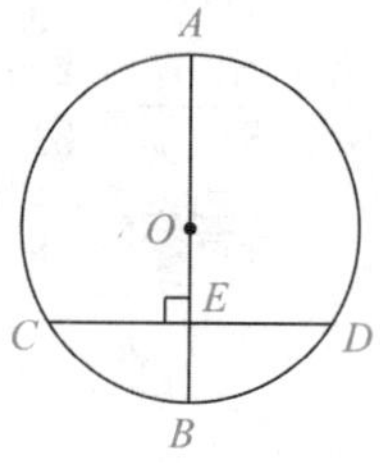

A. 2　　B. 3　　C. 3.5

D. 4　　E. 5

解题信号 看到垂直，考生应想到垂径定理；连接 OC，结合勾股定理，求出 OE，即可得到 BE.

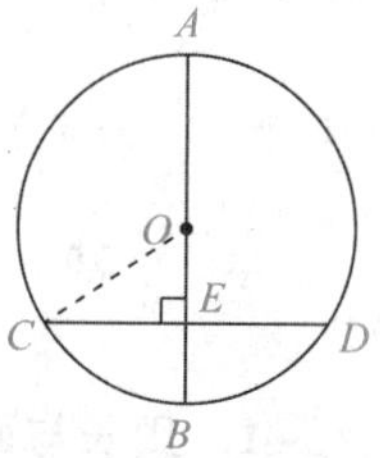

解析 连接 OC，如右图所示，$AB=10$，$OB=5$. 又因为 $AB\perp CD$ 于 E，$CD=8$，所以 $CE=4$. 在 Rt△CEO 中，$OE=3$，所以 $BE=OB-OE=5-3=2$.

答案 A

例题 2 如图所示，正方形的边长为 2，分别以两个对角顶点为圆心、以 2 为半径作弧，则图中阴影部分的面积为（　　）.

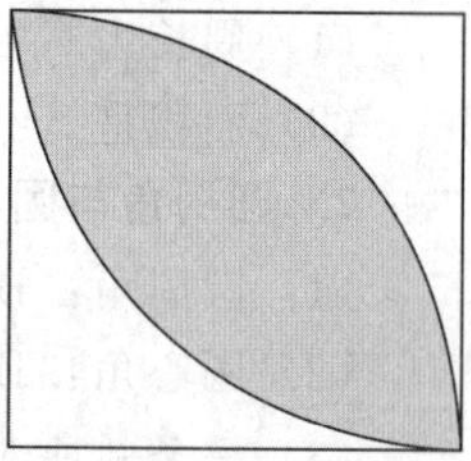

A. $2\pi-4$　　B. $\pi-2$　　C. $2\pi+2$

D. $2\pi-2$　　E. $4-\pi$

解题信号 图中阴影和空白面积均可分割为面积相等的几块，可考虑将图形按形状、大小分类，并设其面积为未知数，建立方程解出未知数，从而求解.

解析 设阴影部分的面积为 x，剩下的两块形状、大小相同的部分每块面积为 y，则图中正方形的面积是 $x+2y$，而 $x+y$ 是以半径为 2 的圆面积的 $\frac{1}{4}$，故有 $x+2y=2^2$，$x+y=\frac{\pi}{4}\times 2^2$. 解得 $x=\left(\frac{\pi}{2}-1\right)\times 2^2=2\pi-4$.

答案 A

【注】 本题虽然可以用转化为规则图形的面积和差的方法计算阴影部分面积，但在作图中比较麻烦. 故可根据图形中隐含的数量关系来构造方程来求解.

例题 3 如图所示，正方形的边长为 a，以各边为直径在正方形内画半圆，则所围成的图形（阴影部分）的面积为（　　）.

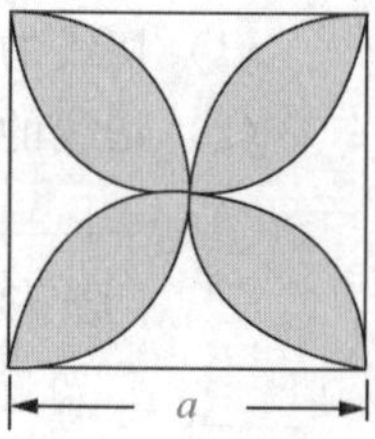

A. $\frac{\pi a^2-2a^2}{2}$　　B. $\frac{\pi a^2-3a^2}{2}$　　C. $\frac{\pi a^2-a^2}{2}$

D. $\frac{\pi a^2-4a^2}{2}$　　E. $\frac{\pi a^2-5a^2}{2}$

解题信号　不规则图形的面积，一定是由规则图形的面积来求解.

解析　本题图中阴影部分面积可以看作四个半圆的面积之和与正方形面积之差（重叠部分）．所以

$$S_{阴影}=4\times\frac{\pi}{2}\times\left(\frac{a}{2}\right)^2-a^2=\frac{\pi a^2-2a^2}{2}.$$

答案　A

例题 4　如图所示，已知正方形 $ABFG$ 的边长为 10 cm，正方形 $BCDE$ 的面积为 36 cm^2．以 E 为圆心，ED 为半径在正方形 $BCDE$ 内画弧并连接 AD，则阴影部分的面积为（　　）（$\pi\approx3.14$）.

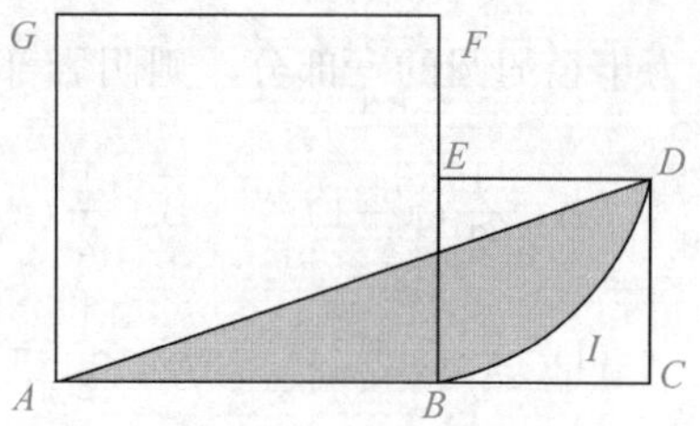

A. 39.26 cm^2　　B. 38.26 cm^2　　C. 47.26 cm^2

D. 40.26 cm^2　　E. 41.26 cm^2

解题信号　不规则图形的面积，一定是由规则图形的面积来求解.

解析　本题图中阴影部分的面积等于底边为 16 cm，高为 6 cm 的直角三角形的面积减去 I 的面积．I 的面积等于正方形 $BCDE$ 的面积减去扇形 BED 的面积.

$$S_{阴影}=S_{\triangle ACD}-(S_{正方形BCDE}-S_{扇形BED})=\frac{1}{2}(10+6)\times6-\left(6\times6-\frac{1}{4}\times\pi\times6^2\right)$$

$$\approx48-7.74=40.26\ (cm^2).$$

答案　D

例题 5　如图所示，$Rt\triangle ABC$ 中，$AC=8$，$BC=6$，$\angle ACB=90°$，分别以 AB，BC，AC 为直径作三个半圆，那么阴影部分的面积为（　　）.

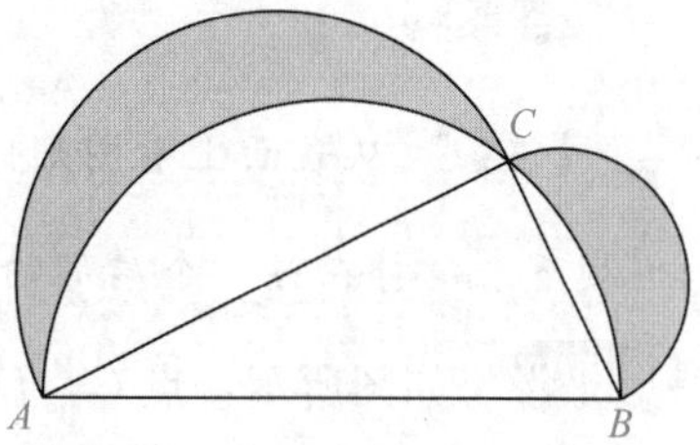

A. 6　　B. 24　　C. 18

D. 20　　E. 12

解题信号　不规则图形的面积，一定是由规则图形的面积来求解.

解析　利用半圆 AC 与半圆 BC 和 $Rt\triangle ABC$ 之和减去半圆 AB 即可，所以

$$S_{阴影}=\frac{1}{2}\pi\left(\frac{8}{2}\right)^2+\frac{1}{2}\pi\left(\frac{6}{2}\right)^2+6\times8\times\frac{1}{2}-\frac{1}{2}\pi\left(\frac{10}{2}\right)^2=24.$$

答案　B

例题 6　如图所示，菱形 $ABCD$ 中，对角线 AC，BD 交于 O 点，分别以 A，C 为圆心，AO，CO 为半径画圆弧，交菱形各边于点 E，F，G，H，若 $AC=2\sqrt{3}$，$BD=2$，则图中阴影部分面积是（　　）.

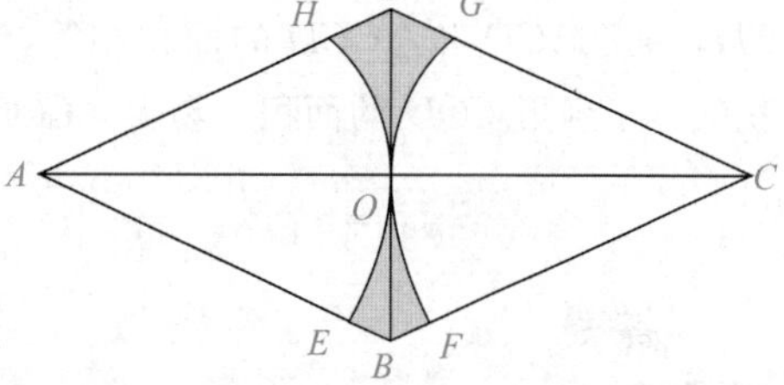

A. $\sqrt{3}+\pi$　　B. $2\sqrt{3}+\pi$　　C. $2\sqrt{3}-\pi$

D. $\sqrt{3}-\pi$　　E. $\sqrt{3}+2\pi$

解题信号　不规则图形的面积，一定是由规则图形的面积来求解.

解析 $S_{阴影}=S_{菱形ABCD}-2S_{扇形EAH}=\frac{1}{2}\times 2\sqrt{3}\times 2-2\times\frac{1}{6}\pi\times(\sqrt{3})^2=2\sqrt{3}-\pi.$

答案 C

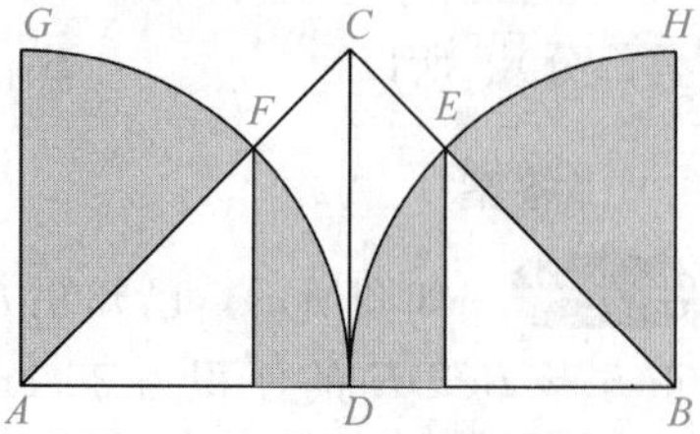

例题 7 如图所示，$\triangle ABC$ 是等腰直角三角形，D 为 AB 的中点，$AB=2$，扇形 DAG 和 DBH 分别是以 AD，BD 为半径的圆的$\frac{1}{4}$部分，则阴影部分的面积为（　　）.

A. $\frac{1}{2}(\pi+1)$　　B. $\frac{1}{2}(\pi-2)$　　C. $\frac{1}{3}(\pi-1)$

D. $\frac{1}{2}(\pi+2)$　　E. $\frac{1}{2}(\pi-1)$

解题信号 求规则图形中的非规则图形面积，若其中存在折叠关系，可考虑用割补法求解. “割”，就是把不规则图形分成几个规则或容易求解的图形，然后再将所求结果根据割的情况进行组合；“补”，就是把不规则图形补成一个规则或者易求解的图形，再减去补的那一小块面积即可.

解析 将扇形 DBH 绕点 D 按顺时针方向旋转 180°后，再将整个图形逆时针方向旋转 90°，如图所示.

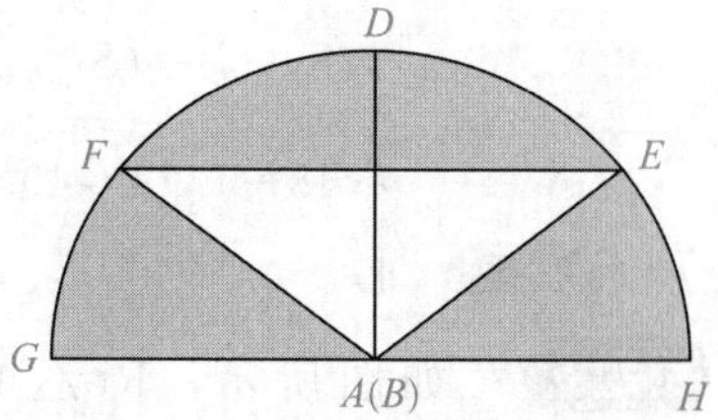

$$S_{阴影}=S_{半圆GH}-S_{\triangle AEF}=\frac{1}{2}\pi\times 1^2-\frac{1}{2}\times 1^2=\frac{1}{2}(\pi-1).$$

答案 E

【注】 从表面上看图形比较复杂，但是由于两扇形均是同一圆的$\frac{1}{4}$，若将其中一个扇形割下来，补在另一个扇形的旁边，构成一个半圆，见上图，则阴影面积便可求得.

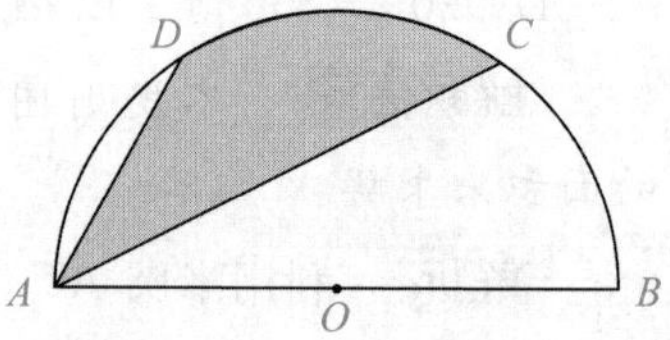

例题 8 如图所示，点 C，D 是以 AB 为直径的半圆 O 上的三等分点，$AB=12$，则图中由弦 AC，AD 和弧 CD 围成的阴影部分图形的面积为（　　）.

A. 6π　　B. 7π　　C. 8π

D. 9π　　E. 10π

解题信号 圆弧上有三等分点考生应马上想到 60°角，考虑加辅助线构造等边三角形.

解析 如图所示，连接 CD，OC，OD，可以看出 $AB\parallel CD$，则$\triangle ACD$ 和$\triangle OCD$ 的面积相等，所以图中阴影部分的面积就等于扇形 COD 的面积. 易得$\angle COD=60°$，故

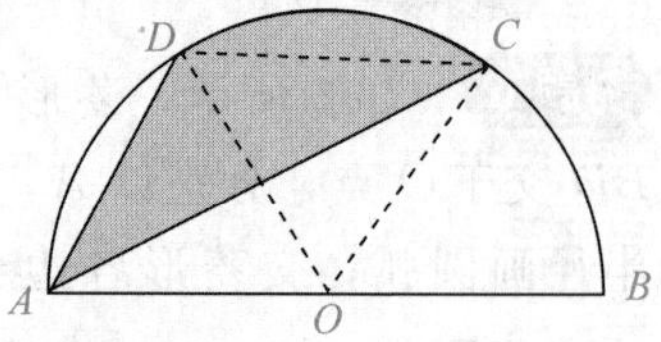

$$S_{阴影}=S_{扇形COD}=\frac{60°}{360°}\pi\cdot 6^2=6\pi.$$

答案 A

例题 9 如下页图所示，三个圆的半径是 5 cm，这三个圆两两相交于圆心. 则三个阴影部分的面积之和为（　　）.

A. $\frac{25\pi}{2}\ cm^2$　　B. $\frac{23\pi}{2}\ cm^2$　　C. $12\pi\ cm^2$

D. $13\pi\ cm^2$　　E. $11\pi\ cm^2$

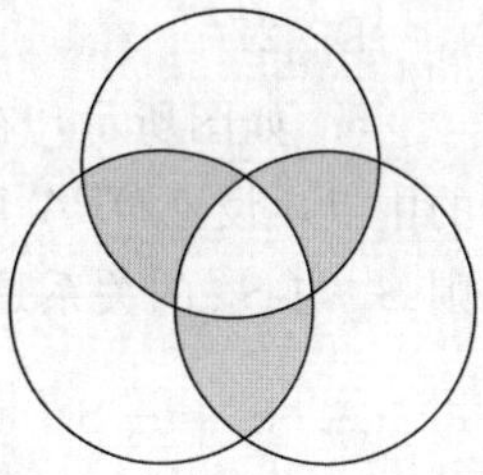

解题信号　加辅助线，通过规则图形的代数运算得到不规则图形的面积.

解析　如图所示，连接其中一个阴影部分的三点构成一个等边三角形，从图中会发现：

每一块阴影部分面积＝正三角形面积＋两个弓形面积－一个弓形面积＝扇形面积.

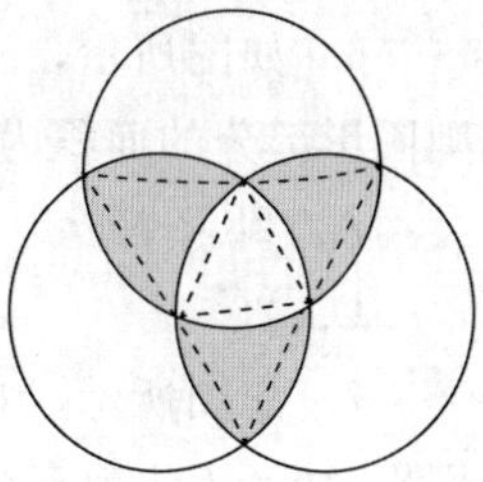

所以可求出以这个小阴影部分的不规则图形面积，再乘 3，就是阴影的总面积. 故 $S_{阴影}=3\times\frac{60^\circ}{360^\circ}\pi\times5^2=\frac{25}{2}\pi\ (cm^2)$.

答案　A

第四节　练　　习

一、问题求解

1. 如图所示，在 Rt△ACB 中，∠ACB 为直角，点 E 和 D，F 分别在直角边 AC 和斜边 AB 上，且 $AF=FE=ED=DC=CB$，则∠A 为（　　）.

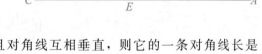

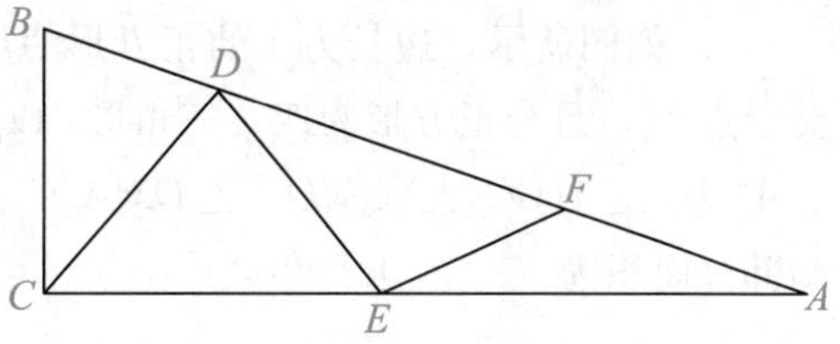

A. $\frac{\pi}{8}$　　B. $\frac{\pi}{9}$　　C. $\frac{\pi}{10}$

D. $\frac{\pi}{11}$　　E. $\frac{\pi}{12}$

2. 已知等腰梯形的两底长分别为 a，b，且对角线互相垂直，则它的一条对角线长是（　　）.

A. $\frac{\sqrt{2}}{2}(a+b)$　　B. $\sqrt{2}(a+b)$　　C. $\frac{1}{2}(a+b)$　　D. $a+b$　　E. $\frac{\sqrt{3}}{3}(a+b)$

3. 已知等腰直角三角形 BAC 中 BC 为斜边，周长为 $2\sqrt{2}+4$，△BCD 为等边三角形，则△BCD 的面积为（　　）.

A. $2\sqrt{2}$　　B. $4\sqrt{3}$　　C. 6　　D. $2\sqrt{3}$　　E. $5\sqrt{3}$

4. 如图所示，在梯形 $ABCD$ 中，$AD\parallel BC$，$S_{\triangle AOD}=8$，梯形的上底长是下底长的 $\frac{2}{3}$，则阴影部分的面积是（　　）.

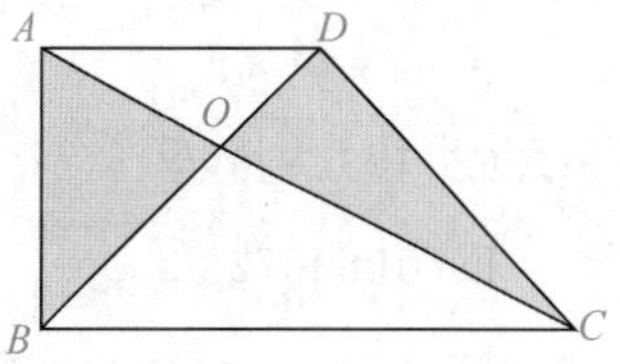

A. 24　　B. 25　　C. 26

D. 27　　　E. 28

5. 如图所示，在梯形 $ABCD$ 中，$AB /\!/ CD$，点 E 为 BC 的中点，设 $\triangle DEA$ 的面积为 S_1，梯形 $ABCD$ 的面积为 S_2，则 S_1 与 S_2 的关系是（　　）.

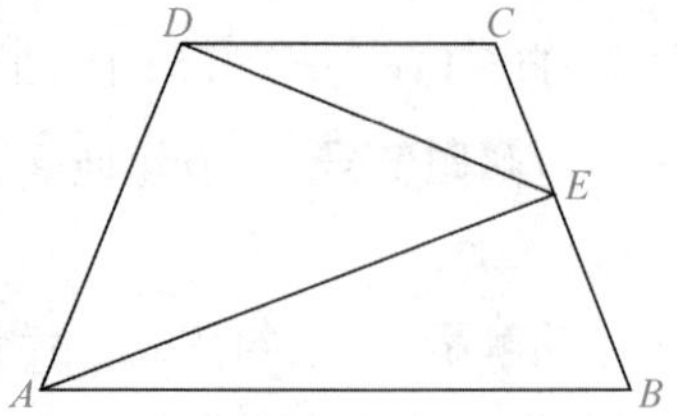

A. $S_1=\frac{1}{3}S_2$　　B. $S_1=\frac{2}{3}S_2$　　C. $S_1=\frac{2}{5}S_2$

D. $S_1=\frac{1}{2}S_2$　　E. $S_1=\frac{3}{5}S_2$

6. 如图所示，正方形 $ABCD$ 中，$BE=2EC$，$\triangle AOB$ 的面积是 9，则阴影部分的面积为（　　）.

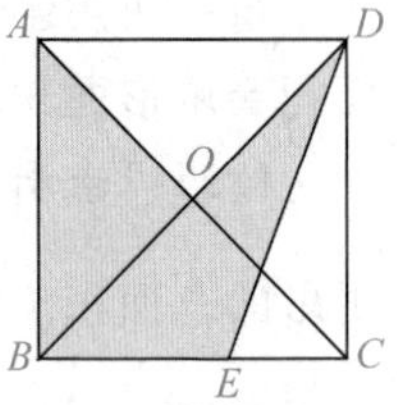

A. 28　　B. 26　　C. 21

D. 20　　E. 18

7. 如图所示，在 Rt$\triangle ABC$ 中，$\angle ACB=90°$，$AC=4$，$BC=2$，分别以 AC，BC 为直径画半圆，则图中阴影部分的面积为（　　）.

A. $2\pi-1$　　B. $3\pi-2$　　C. $3\pi-4$

D. $\frac{5}{2}\pi-3$　　E. $\frac{5}{2}\pi-4$

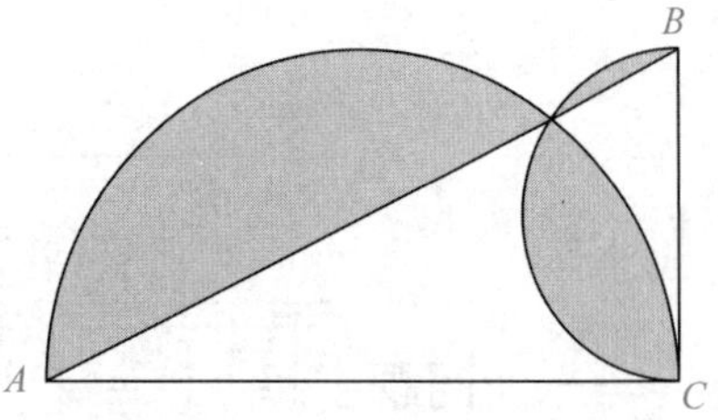

8. 一条由西向东流的河宽 50 m，A，B 两地分别位于河的南、北侧，B 在 A 的东 400 m，北 350 m. 要在 A 与 B 之间筑一条小路，过河处架设和河垂直的浮桥，则此路的最短距离（包括桥长）为（　　）.

A. 550 m　　B. 750 m　　C. 500 m　　D. 600 m　　E. 650 m

9. 如图所示，边长为 1 的正方形 $ABCD$ 的对角线 AC，BD 交于点 M，且分正方形为四个三角形，O_1，O_2，O_3，O_4 分别为 $\triangle AMB$，$\triangle BMC$，$\triangle CMD$，$\triangle DMA$ 的内切圆圆心，则图中阴影部分面积为（　　）.

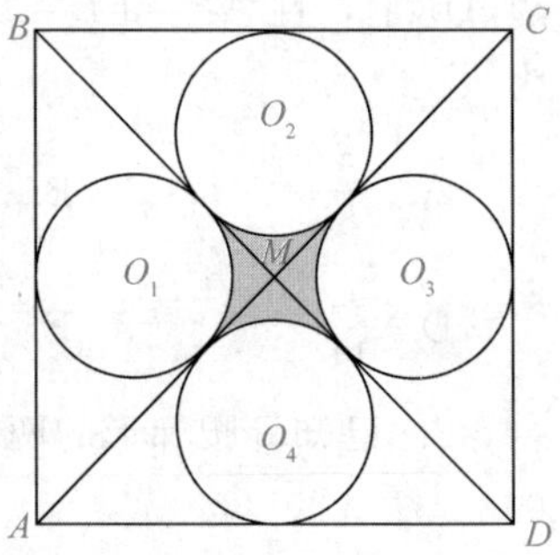

A. $\frac{(4-\pi)(3-2\sqrt{2})}{16}$　　B. $\frac{(3-2\sqrt{2})\pi}{16}$

C. $\frac{4+\pi}{16}$　　D. $\frac{(4-\pi)(3-2\sqrt{2})}{8}$

E. $\frac{(4-\pi)(3-2\sqrt{2})}{4}$

10. 如图所示，周长为 24 的矩形 $ABCD$，将 $\triangle ABC$ 沿对角线 AC 折叠，得到 $\triangle AB'C$（点 B 变到点 B'），AB' 交 CD 于点 P. 则 $\triangle ADP$ 面积的最大值为（　　）.

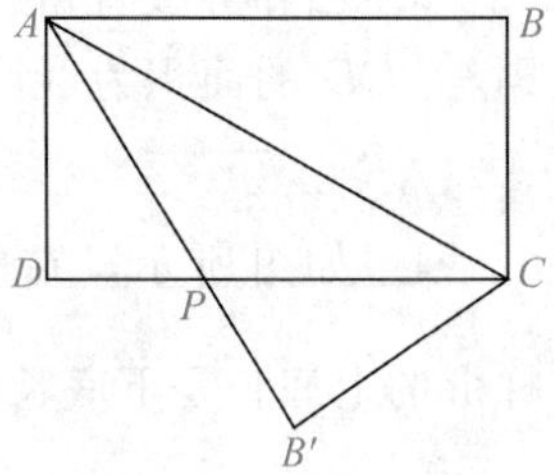

A. 18　　B. $18-2\sqrt{2}$

C. $108-36\sqrt{2}$　　D. $100-72\sqrt{2}$

E. $108-72\sqrt{2}$

11. 如图所示，半圆 COD 和半圆 EOF 均与 y 轴相切于点 O，其直径 CD，EF 均与 x 轴垂直，以 O 为顶点的两条抛物线分别经过 C，E 和 D，F，则图中阴影部分的面积是（　　）.

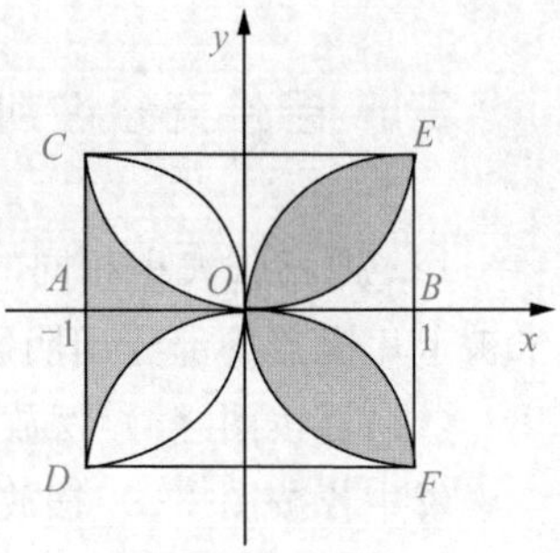

A. π　　B. $\frac{1}{2}$

C. $\frac{1}{2}\pi$　　D. $\frac{1}{2}\pi-2$

E. $\pi-2$

12. 如图所示，AB 是⊙O 直径，OD 垂直弦 BC 于点 F，且交⊙O 于点 E，$\angle AEC=\angle ODB$. 若 $AB=10$，$BC=8$，则 BD 的长为（　　）.

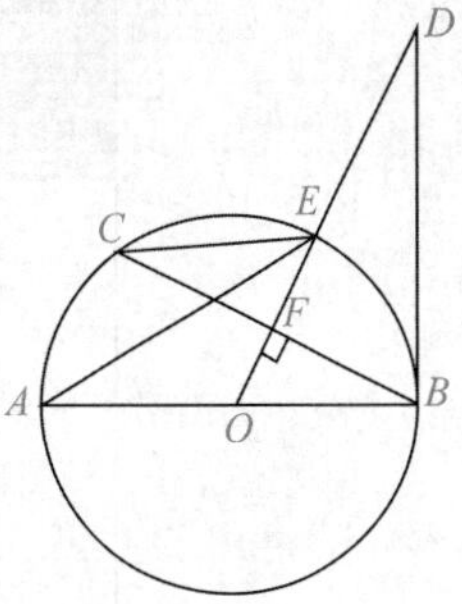

A. 6.5　　B. 6

C. 7　　D. $\frac{20}{3}$

E. $\frac{19}{3}$

13. 如图所示，以 BC 为直径，在半径为 2，圆心角为 $90°$ 的扇形内作半圆，交弦 AB 于点 D，连接 CD，则阴影部分的面积是（　　）.

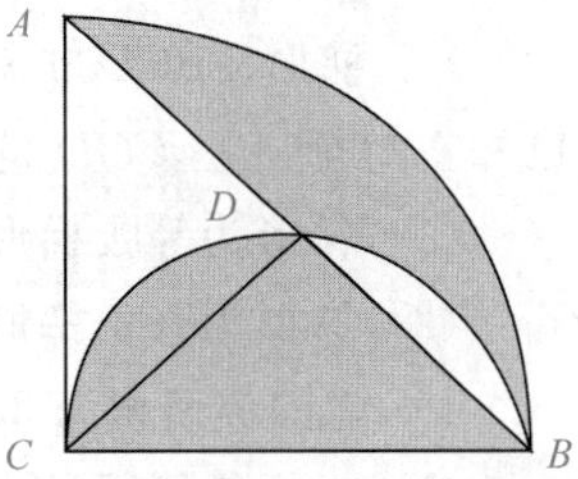

A. $\pi-1$　　B. $\pi-2$

C. $\frac{1}{2}\pi-1$　　D. $\frac{1}{2}\pi-2$

E. $\pi+1$

14. 如图所示，A 是半径为 1 的⊙O 外的一点，$OA=2$，AB 是⊙O 的切线，B 是切点，弦 $BC/\!/OA$，连接 AC，则阴影部分的面积等于（　　）.

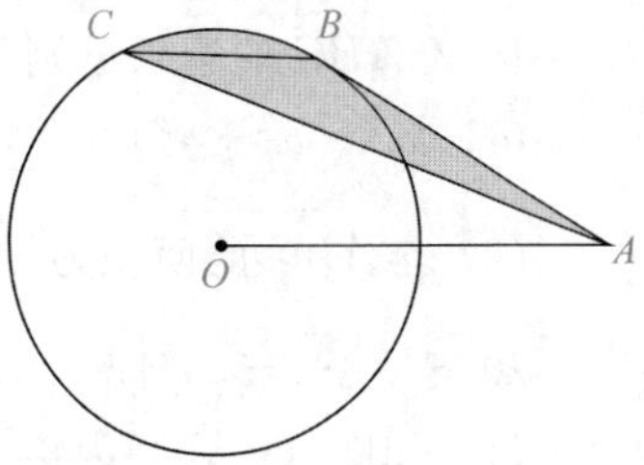

A. $\frac{5}{12}\pi$　　B. $\frac{\pi}{3}$

C. $\frac{\pi}{4}$　　D. $\frac{\pi}{6}$

E. $\frac{\pi}{12}$

15. 如图所示，已知两个半圆，AB 是小半圆的切线，又是大半圆的弦，$AB=24$，且 $AB/\!/CD$，则图中阴影部分的面积为（　　）.

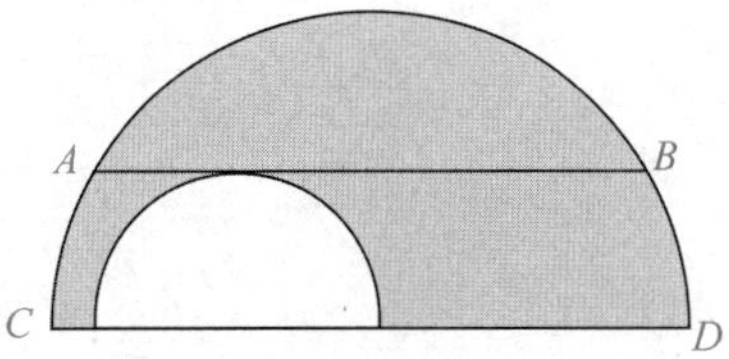

A. 72π　　B. 144π

C. 72　　D. 144

E. 124

二、条件充分性判断

16. 把三张大小相同的正方形卡片 A，B，C 叠放在一个底面为正方形的盒底上，底面未被卡片覆盖的部分用阴影表示．则 $S_1=S_2$.

(1) 若按图 (a) 摆放时，阴影部分的面积为 S_1.

(2) 若按图 (b) 摆放时，阴影部分的面积为 S_2.

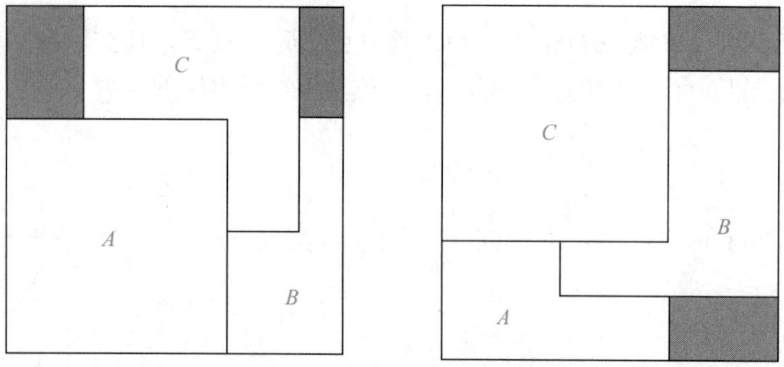

(a) (b)

17. 梯形 $ABCD$ 被对角线分为 4 个三角形，O 为对角线 AC，BD 的交点，且 $AD/\!/BC$，已知$\triangle AOD$ 和$\triangle COD$ 的面积分别为 25 和 35，那么梯形的面积是 144.

(1) 梯形为等腰梯形.

(2) 梯形为直角梯形.

18. 能围成面积为 200 cm^2 的矩形.

(1) 一个矩形周长为 56 cm.

(2) 一个矩形的外接圆面积为 125π cm^2.

19. $\triangle ABC$ 的边长分别为 a，b，c，则$\triangle ABC$ 为直角三角形.

(1) $(c^2-a^2-b^2)(a^2-b^2-c^2)=0$.

(2) $\triangle ABC$ 的面积为$\dfrac{ab}{2}$.

20. $S_1:S_2=1:4$.

(1) 如图 (a)，圆内接$\triangle A'B'C'$和该圆的外切$\triangle ABC$ 均为等边三角形，且面积分别为 S_1 和 S_2.

(2) 如图 (b)，$\triangle ABC$ 为等边三角形，内切圆和外接圆的面积分别为 S_1 和 S_2.

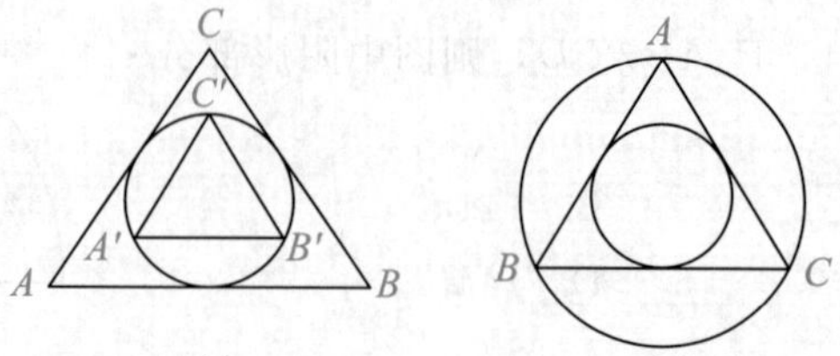

(a) (b)

21. 如下页图所示，O 为圆心，则圆的面积与长方形的面积相等.

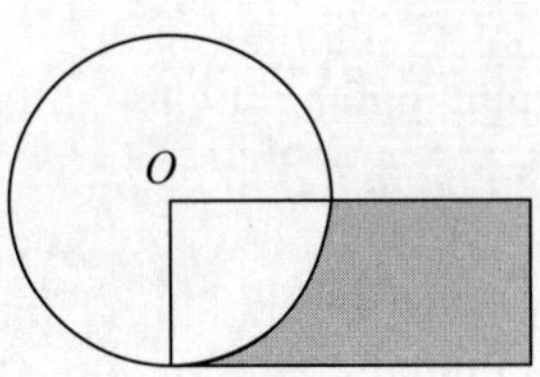

（1）圆的周长是 16.4 cm.

（2）图中阴影部分的周长是 20.5 cm.

22. 设 a，b，c 为三角形的三条边，能确定三角形为直角三角形.

（1）a，b，c 满足 $a^4+b^4+c^4+2a^2b^2-2a^2c^2-2b^2c^2=0$.

（2）$a=9$，$b=12$，$c=15$.

第五节　参考答案及解析

一、问题求解

1. 答案：C

解析：根据 $AF=FE=ED=DC=CB$ 知，$\triangle BCD$，$\triangle CDE$，$\triangle DEF$ 及 $\triangle EFA$ 均是等腰三角形，则 $\angle A=\angle FEA$，$\angle EFD=\angle EDF$，$\angle EFD=2\angle A$，$\angle B=\angle CDB$，$\angle DCE=\angle CED=\angle A+\angle EDF=3\angle A$. 同理，$\angle B=\angle CDB=\angle DCE+\angle A=4\angle A$，有 $\angle B+\angle A=5\angle A=\frac{\pi}{2}$，故 $\angle A=\frac{\pi}{10}$. 答案选 C.

2. 答案：A

解析：由于是等腰梯形，且两对角线互相垂直，则根据对角线的交点将对角线分为两部分，上半部分等于 $\frac{\sqrt{2}}{2}a$，下半部分等于 $\frac{\sqrt{2}}{2}b$，故总长为 $\frac{\sqrt{2}}{2}(a+b)$. 答案选 A.

3. 答案：D

解析：因为等腰直角三角形 ABC 中 BC 为斜边，周长为 $2\sqrt{2}+4$，所以 $BC=2\sqrt{2}$，$AB=AC=2$；又因为 $\triangle BCD$ 为等边三角形，所以 $S_{\triangle BCD}=\frac{\sqrt{3}}{4}BC^2=2\sqrt{3}$. 答案选 D.

4. 答案：A

解析：因为 $S_{\triangle AOD}=8$，已知梯形的上底长是下底长的 $\frac{2}{3}$，根据 $\triangle AOD$ 与 $\triangle COD$ 等高和 $\triangle AOD\backsim\triangle COB$，$\frac{S_{\triangle AOD}}{S_{\triangle COD}}=\frac{AO}{OC}=\frac{AD}{BC}=\frac{2}{3}$，所以 $S_{\triangle COD}=12$. 同理可得 $S_{\triangle AOB}=12$，所以 $S_{阴影}=24$. 答案选 A.

5. 答案：D

解析：如图所示（见下页），延长 DE 交 AB 延长线于 G，可得 $\triangle DCE\cong\triangle GBE$，故 $S_{\triangle AEG}=S_2-S_1=\frac{AB+BG}{2}\times高=\frac{AB+CD}{2}\times高=\frac{1}{2}S_2\Rightarrow S_1=\frac{1}{2}S_2$.

6. 答案：C

解析：因为 $\triangle AOB$ 的面积是 9，所以 $\triangle AOD$ 的面积也是 9 且 $BC=6$，又因为 $BE=$

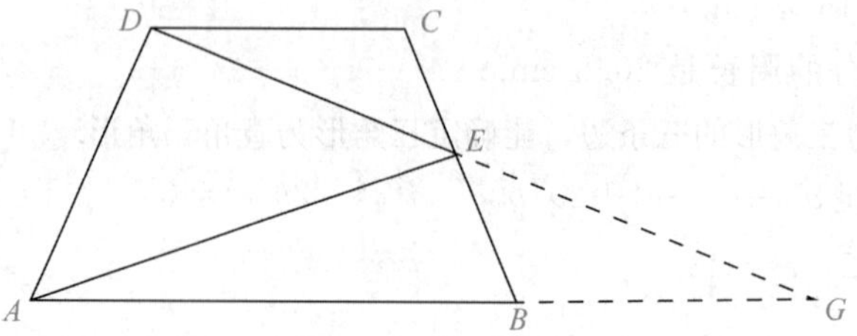

$2EC$，所以 $BE=4$，$CE=2$，所以 $S_{阴影}=36-S_{空}=36-9-\frac{1}{2}\times 2\times 6=21$. 答案选 C.

7. 答案：E

解析：由题图可知，

阴影部分的面积＝半圆 AC 的面积＋半圆 BC 的面积－Rt$\triangle ACB$ 的面积，

所以 $S_{阴影}=\frac{1}{2}\pi\cdot 2^2+\frac{1}{2}\pi\cdot 1^2-\frac{1}{2}\times 2\times 4=\frac{5}{2}\pi-4$.

8. 答案：A

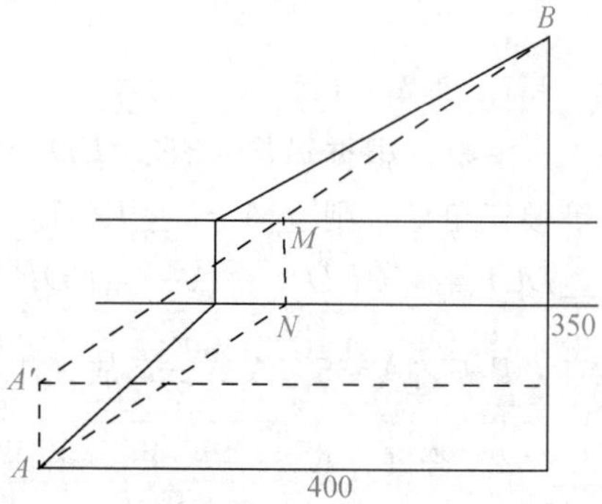

解析：如图所示，将 A 点向北侧平移 50 m（河宽），到点 A'，连接 BA' 交河的北岸于点 M，MN 垂直于河岸，交河的南岸于点 N. 则此路的最短路径为 $BMNA$，最短距离（包括桥长）为

$$|BA'|+|AA'|=\sqrt{400^2+300^2}+50$$
$$=500+50=550\ (\text{m}).$$

9. 答案：E

解析：如图所示，设圆 O_1 半径为 r，连接 MO_3 与正方形 $O_1O_2O_3O_4$ 各边，设 N 为 MC 与圆 O_3 的交点，则$\triangle MNO_3$ 是等腰直角三角形，

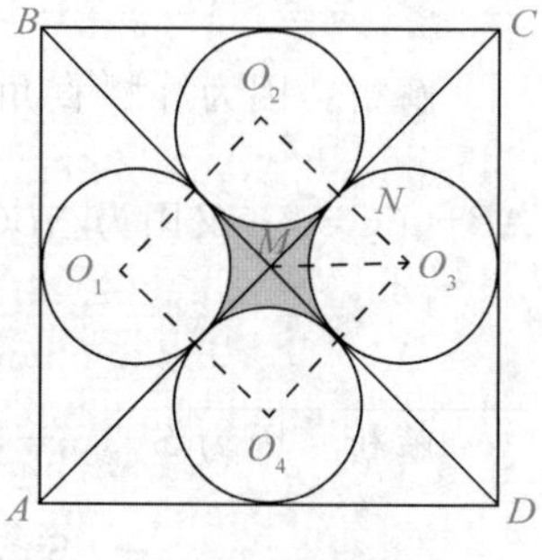

$$\frac{1}{2}-r=\sqrt{2}r,\ r=\frac{\sqrt{2}-1}{2},\ O_1O_2=\sqrt{2}-1.$$

$$S_{阴影}=S_{正方形O_1O_2O_3O_4}-S_{圆O_1}=(\sqrt{2}-1)^2-\pi\left(\frac{\sqrt{2}-1}{2}\right)^2$$
$$=\left(1-\frac{\pi}{4}\right)(\sqrt{2}-1)^2=\frac{(4-\pi)(3-2\sqrt{2})}{4}.$$

10. 答案：E

解析：设 $AB=x$，$DP=a$，则 $AD=12-x$，$\angle ACD=\angle BAC=\angle B'AC$，$AP=PC=x-a$，在$\triangle ADP$ 中，$(x-a)^2=(12-x)^2+a^2$，$-2ax=144-24x$，$a=12-\frac{72}{x}$，

$$S_{\triangle ADP}=\frac{1}{2}AD\times DP=\frac{1}{2}(12-x)\left(12-\frac{72}{x}\right)=-6\left(x+\frac{72}{x}-18\right),$$

由 $x>0$，$\frac{72}{x}>0$ 可知，$S_{\triangle ADP}\leqslant -6\left(2\sqrt{x\times\frac{72}{x}}-18\right)=108-72\sqrt{2}$.

当 $x=\frac{72}{x}$，即 $x=6\sqrt{2}$ 时，$S_{\triangle ADP}$ 有最大值，为 $108-72\sqrt{2}$. 答案选 E.

11. 答案：C

解析：由题意知，题图中两半圆和两抛物线组成的图形关于 y 轴对称，故 y 轴左侧阴影部分面积等于半圆 EOF 的空白面积，所求阴影部分面积为半圆 EOF 的面积，即 $S_{阴}=\frac{1}{2}\pi\cdot 1^2=\frac{1}{2}\pi$. 答案选 C.

12. 答案：D

解析：因为 $\angle AEC=\angle ODB$，$\angle AEC=\angle ABC$（圆周角相等），所以 $\angle ABC=\angle ODB$. 因为 $OD\perp BC$，所以 $\angle DBC+\angle ODB=90^\circ$，$\angle DBC+\angle ABC=90^\circ$，即 $\angle DBO=90^\circ$，所以直线 BD 与 $\odot O$ 相切. 连接 AC. 因为 AB 是直径，所以 $\angle ACB=90^\circ$. 在 $\text{Rt}\triangle ABC$ 中，$AB=10$，$BC=8$，所以 $AC=\sqrt{AB^2-BC^2}=6$. 因为直径 $AB=10$，所以 $OB=5$. 由 BD 与 $\odot O$ 相切，得 $\triangle ABC\backsim\triangle ODB$，所以 $\frac{AC}{OB}=\frac{BC}{BD}$，即 $\frac{6}{5}=\frac{8}{BD}$，解得 $BD=\frac{20}{3}$. 答案选 D.

13. 答案：A

解析：由题图可知，$S_{阴影}=S_{扇形ACB}-S_{\triangle ADC}=S_{扇形ACB}-\frac{1}{2}S_{\triangle ABC}=\frac{1}{4}\pi\times 2^2-\frac{1}{2}\times\frac{1}{2}\times 2\times 2=\pi-1$.

14. 答案：D

解析：连接 OB，OC. 因为 $BC/\!/OA$，所以 $S_{\triangle ABC}=S_{\triangle OBC}$，故 $S_{阴影}=S_{扇形BOC}$. 因为 AB 是 $\odot O$ 的切线，所以 $\angle ABO=90^\circ$，因为 $OB=1$，$OA=2$，所以 $\angle OBC=\angle BOA=60^\circ$，则 $\triangle BOC$ 为等边三角形，所以 $\angle BOC=60^\circ$，可知扇形 BOC 是圆的 $\frac{1}{6}$，所以 $S_{阴影}=S_{扇形BOC}=\frac{1}{6}\pi r^2=\frac{\pi}{6}$.

15. 答案：A

解析：设大半圆、小半圆的半径分别为 R，r，将小半圆平移使其圆心与大半圆圆心 O 重合，如图所示，$R^2-r^2=12^2$. 图中阴影部分面积就是大半圆与小半圆所夹部分面积. 故

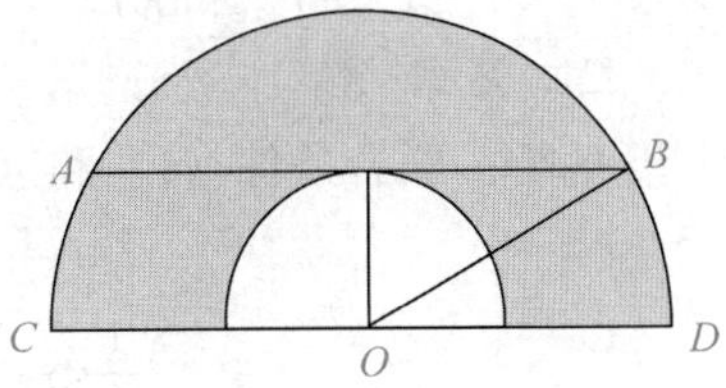

$$S_{阴影}=S_{大半圆}-S_{小半圆}=\frac{\pi}{2}R^2-\frac{\pi}{2}r^2=\frac{\pi}{2}(R^2-r^2)=\frac{\pi}{2}\times 144=72\pi.$$

【注】　在大半圆中，任意移动小半圆的位置，阴影部分面积都保持不变，所以可将小半圆移动至两个半圆同圆心位置.

二、条件充分性判断

16. 答案：C

解析：显然，条件（1）和条件（2）应联合考虑，设底面的正方形的边长为 a，正方形卡片 A，B，C 的边长为 b，由条件（1），得 $S_1=(a-b)(a-b)=(a-b)^2$；由条件（2），

得 $S_2=(a-b)(a-b)=(a-b)^2$，故 $S_1=S_2$. 联合充分.

17. 答案：D

解析：根据题目以及梯形的特性可得，$S_{\triangle AOB}=35$，而$\triangle AOD$与$\triangle COD$同高，所以其底的比为 5∶7，即 $OA:OC=5:7$. 又$\triangle AOB$与$\triangle BOC$同高，故其面积比等于底之比，即 5∶7. 因为$\triangle AOB$的面积为 35，所以$\triangle BOC$的面积为 49. 所以梯形的面积为 $25+35+35+49=144$. 故条件（1）和条件（2）都充分.

18. 答案：B

解析：设矩形的一边长为 x，另一边长为 y.

条件（1）：$x(28-x)=200\Rightarrow x^2-28x+200=0$. $\Delta=28^2-4\times200=-16<0$，方程无解，不充分.

条件（2）：$x^2+y^2=(2r)^2$，而 $\pi r^2=125\pi\Rightarrow r^2=125$，那么，$x^2+y^2=500$，当 $x=10$，$y=20$ 时，能围成面积为 200cm^2 的矩形，充分.

19. 答案：D

解析：条件（1）：$a^2+b^2=c^2$ 或 $a^2=b^2+c^2$，条件（1）充分.

条件（2）：$S=\frac{1}{2}ah=\frac{1}{2}ab\Rightarrow h=b$，从而 a 与 b 垂直，条件（2）充分. 故答案选 D.

20. 答案：D

解析：条件（1）：设圆的半径为 r，$\triangle A'B'C'$的边长为 a'，$\triangle ABC$ 的边长为 a，则 $\frac{\sqrt{3}}{2}a'\times\frac{2}{3}=r$，$\frac{\sqrt{3}}{2}a\times\frac{1}{3}=r$，所以$\frac{a'}{a}=\frac{1}{2}$，$S_1:S_2=1:4$，充分. 条件（2）：设小圆的半径为 r，大圆的半径为 R，$\triangle ABC$ 的边长为 a，则$\frac{\sqrt{3}}{2}a\times\frac{1}{3}=r$，$\frac{\sqrt{3}}{2}a\times\frac{2}{3}=R$，$\frac{r}{R}=\frac{1}{2}$. 所以 $S_1:S_2=1:4$，也充分.

21. 答案：C

解析：联合条件（1）和（2），设圆的半径为 r，长方形的长为 L，列出方程得

$$\begin{cases}2\pi r=16.4,\\ \frac{1}{2}\pi r+r+L+L-r=20.5\end{cases}\Rightarrow L=8.2\ (\text{cm}).$$

那么圆的面积为 $S=\pi r^2=8.2r$，长方形的面积为 $S=Lr=8.2r$，充分. 故答案选 C.

22. 答案：D

解析：由条件（1），$a^4+b^4+c^4+2a^2b^2-2a^2c^2-2b^2c^2=(a^2+b^2-c^2)^2=0$，所以有 $a^2+b^2=c^2$，即此三角形为直角三角形，条件（1）充分.

由条件（2），$a^2+b^2=9^2+12^2=225$，$c^2=15^2=225$，所以 $a^2+b^2=c^2$，条件（2）也充分.

第七章 立体几何

第一节 长方体

一、长方体

设长方体中共顶点的三条棱长分别是 a，b，c 则

(1) 表面积：$S=2(ab+bc+ca)$.

(2) 体积：$V=abc$.

(3) 体对角线：$d=\sqrt{a^2+b^2+c^2}$.

(4) 所有棱长和：$l=4(a+b+c)$.

二、正方体

正方体是特殊的长方体，此时 $a=b=c$，那么

(1) 表面积：$S=6a^2$.

(2) 体积：$V=a^3$.

(3) 体对角线：$d=\sqrt{3}a$.

(4) 所有棱长和：$l=12a$.

例题 1 一个长方体的体对角线长为 $\sqrt{14}$ cm，表面积为 22 cm^2，则这个长方体所有的棱长之和为（ ）cm.

A. 22　　B. 24　　C. 26　　D. 28　　E. 30

解题信号 面积、体积、棱长、对角线之间的关系.

解析 由已知得

$$\sqrt{a^2+b^2+c^2}=\sqrt{14}\ (\mathrm{cm}),\ 2(ab+bc+ca)=22\ (\mathrm{cm}^2),$$

从而

$$(a+b+c)^2=a^2+b^2+c^2+2ab+2ac+2bc=14+22=36\ (\mathrm{cm}^2),$$

所以 $a+b+c=6$，而长方体总共有 12 条棱，故总棱长为 $4\times6=24$ (cm).

答案 B

例题 2 长方体中，与一个顶点相邻的三个面的面积分别为 2，6，9，则长方体的体积为（ ）.

A. 7　　B. 8　　C. $3\sqrt{6}$　　D. $6\sqrt{3}$　　E. 9

解题信号 体积的公式，应该与题干给出的三个面的面积有关.

解析 设长方体的棱长为 a，b，c. 已知，$ab=2$，$bc=6$，$ac=9$，则

$$V=abc=\sqrt{ab\cdot bc\cdot ac}=\sqrt{2\times6\times9}=6\sqrt{3}.$$

答案 D

例题 3 一个长方体的表面积为 22 cm^2，所有棱的总长为 24 cm，则体对角线长为（　　）.

A. $\sqrt{11}$ cm　　B. $\sqrt{12}$ cm　　C. $\sqrt{13}$ cm　　D. $\sqrt{14}$ cm　　E. $\sqrt{15}$ cm

解题信号 面积、体积、棱长、体对角线之间的关系.

解析 设长方体的三条棱长分别为 a cm、b cm、c cm，体对角线为 l cm. 利用公式

$$(a+b+c)^2=l^2+S,\ a+b+c=\frac{24}{4}=6\ (\text{cm}),$$

则 $6^2=l^2+22$，$l=\sqrt{14}$.

答案 D

例题 4 用一根铁丝刚好焊成一个棱长 8 cm 的正方体框架，如果用这根铁丝焊成一个长 10 cm、宽 7 cm 的长方体框架，它的高应该是（　　）cm.

A. 7　　B. 9　　C. 13　　D. 5　　E. 8

解题信号 铁丝长度是不变的，意味着正方体与长方体的所有棱长之和相等.

解析 正方体的总棱长为 $12\times8=96$ (cm)，设长方体的高为 x cm，则

$$10\times4+7\times4+4x=96\Rightarrow x=7.$$

答案 A

例题 5 长方体所有的棱长之和为 28.

(1) 长方体的体对角线长为 $2\sqrt{6}$.

(2) 长方体的表面积为 25.

解题信号 面积、体积、棱长、对角线之间的关系.

解析 设长方体棱长为 a，b，c，两条件单独都不充分，联合条件 (1) 与条件 (2) 得

$$\begin{cases}a^2+b^2+c^2=24,\\2(ab+bc+ac)=25\end{cases}$$
$$\Rightarrow(a+b+c)^2=a^2+b^2+c^2+2(ab+ac+bc)=49$$
$$\Rightarrow a+b+c=7,$$

则棱长之和为 $4(a+b+c)=28$，充分.

答案 C

例题 6 （2022 年真题）如右图所示，在棱长为 2 的正方体中，A、B 是顶点，C、D 是所在棱的中点，则四边形 $ABCD$ 的面积为（　　）.

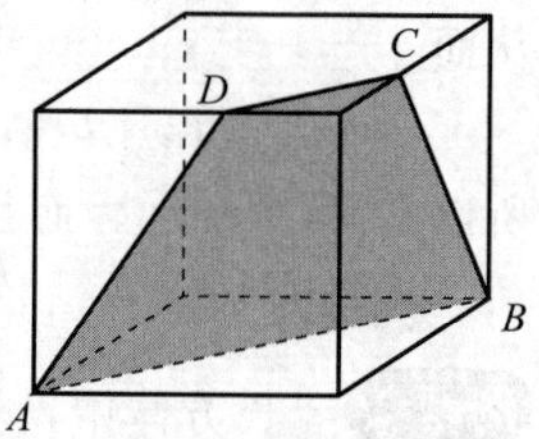

A. $\frac{9}{2}$　　B. $\frac{7}{2}$　　C. $\frac{2\sqrt{3}}{2}$　　D. $2\sqrt{5}$　　E. $3\sqrt{2}$

解题信号 在正方体内可利用勾股定理求对角线长.

解析 由图可知，四边形 $ABCD$ 为等腰梯形，上底 $CD=\sqrt{2}$，下底 $AB=2\sqrt{2}$，腰 $AD=$

$\sqrt{5}$，则等腰梯形 $ABCD$ 的高 $h=\sqrt{(\sqrt{5})^2-\left(\frac{2\sqrt{2}-\sqrt{2}}{2}\right)^2}=\frac{3}{\sqrt{2}}$，故面积为$\frac{3}{\sqrt{2}}(2\sqrt{2}+\sqrt{2})\times\frac{1}{2}=\frac{9}{2}$.

答案 A

例题 7 如图所示，正方体 $ABCD-A'B'C'D'$ 的棱长为 2，E，F 分别是棱 AD 和 $C'D'$ 的中点，位于点 E 处的一只小虫要在这个正方体的表面上爬到 F 处，它爬行的最短距离为（　　）.

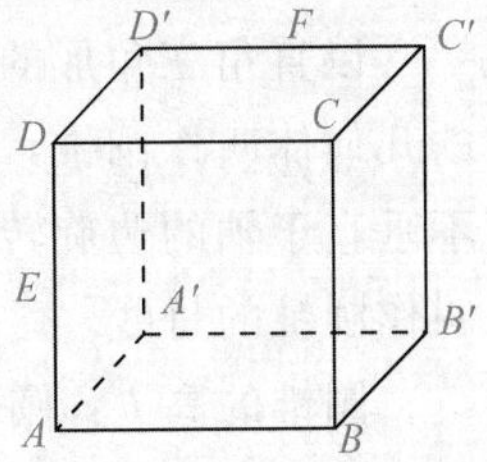

A. $\frac{5}{2}$　　B. 4　　C. $2\sqrt{2}$

D. $1+\sqrt{5}$　　E. $\sqrt{10}$

解题信号 求空间几何体上两点的表面距离要将其展开.

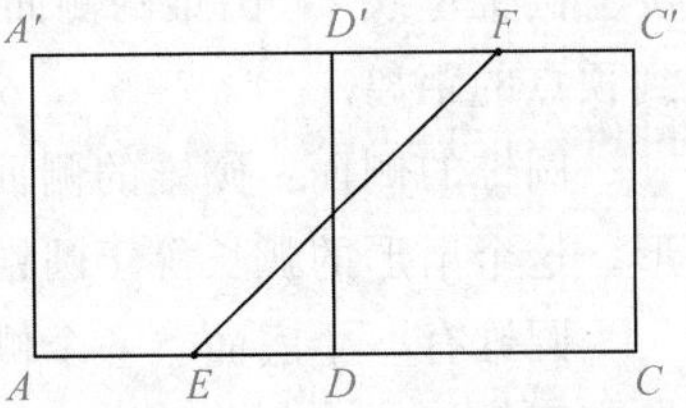

解析 如图所示，将四边形 $A'ADD'$ 和四边形 $DD'C'C$ 展开到同一个平面上，则最短距离为

$$EF=\sqrt{2^2+2^2}=2\sqrt{2}.$$

答案 C

第二节　圆柱体、球体

一、圆柱体

设圆柱体的高为 h，底面半径为 r，则

(1) 侧面积：$S_{侧}=2\pi rh$.

【注】 其侧面展开图为一个长为 $2\pi r$，宽为 h 的长方形.

(2) 表面积：$S=S_{侧}+2S_{底}=2\pi rh+2\pi r^2$.

(3) 体积：$V=\pi r^2h$.

二、球体

设球半径为 r，则

(1) 表面积：$S=4\pi r^2$.

(2) 体积：$V=\frac{4}{3}\pi r^3$.

【注】 用一个平面去截一个球，截面是圆面；
球心和截面圆心的连线垂直于截面；
球心到截面的距离为 d，球的半径为 R，截面圆的半径为 r，则

$$R^2=r^2+d^2.$$

三、锥体

(1) 圆锥

以直角三角形的一条直角边所在直线为旋转轴，其余两边旋转 360°而成的曲面所围成的几何体叫作圆锥，旋转轴叫作圆锥的轴．垂直于轴的边旋转而成的曲面叫作圆锥的底面．不垂直于轴的边旋转而成的曲面叫作圆锥的侧面．无论旋转到什么位置，不垂直于轴的边都叫作圆锥的母线．

圆锥的高 h：圆锥的顶点到圆锥的底面圆心之间的距离叫作圆锥的高．

圆锥母线 l：圆锥的侧面展开形成的扇形的半径为母线，其长度为底面圆周上任意一点到顶点的距离．

圆锥的侧面：圆锥的侧面未展开时是一个曲面，将圆锥的侧面沿母线展开，是一个扇形，这个扇形的弧长等于圆锥底面的周长，而扇形的半径等于圆锥的母线的长．

圆锥有一个底面、一个侧面、一个顶点、一条高、无数条母线，且底面为一圆形，侧面展开图是扇形．

高：$h=\sqrt{l^2-r^2}$（l：母线长，r：底面半径）；

表面积：$S=\pi rl+\pi r^2$；

体积：$V=\frac{1}{3}\pi r^2 h$；

侧面积 $S_{侧}=\frac{1}{2}lr$．

(2) 棱锥

棱锥是多面体中重要的一种，它有两个本质特征：

① 有一个面是多边形；

② 其余各面是有一个公共顶点的三角形．

二者缺一不可．

棱锥的底面：棱锥中的多边形叫作棱锥的底面．

棱锥的侧面：棱锥中除底面以外的各个面都叫作棱锥的侧面．

棱锥的侧棱：相邻侧面的公共边叫作棱锥的侧棱．

棱锥的顶点：棱锥中各个侧面的公共顶点叫作棱锥的顶点．

棱锥的高：棱锥的顶点到底面的距离叫作棱锥的高．

棱锥的对角面：棱锥中过不相邻的两条侧棱的截面叫作棱锥的对角面，三棱锥没有对角面．

体积 $V=\frac{1}{3}Sh$（S：底面面积，h：棱锥的高）．

例题 1 一个圆柱体的主视图是一个正方形，这个圆柱体的表面积与侧面积的比是（　　）．

A. 3∶2　　B. 2∶3　　C. 4∶9

D. 9∶4　　E. 1∶3

解题信号　圆柱体的主视图是一个正方形，意味着把圆柱体纵向平均一分为二所看到的截面．截面是正方形，所以圆柱体的高与底面直径相等．

解析　设圆柱体的底面半径为 r，高为 h，根据题意可知 $h=2r$，圆柱体的表面积为 $S=2\pi rh+2\pi r^2=6\pi r^2$．圆柱体的侧面积为 $S_{侧}=2\pi rh=4\pi r^2$．

故二者之比为 3∶2．

答案　A

例题 2　如图所示，圆柱形水管内积水的水面宽度 $CD=8$ cm，F 为弧 CD 的中点，圆柱形水管的半径为 5 cm，则此时水深 GF 的深度为（　　）cm．

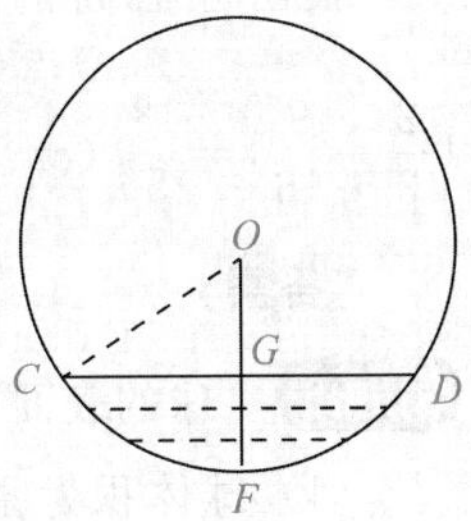

A．2　　B．3　　C．4
D．3.5　　E．1

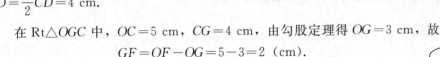

解题信号　考生要想到用垂径定理判定△OGC 是直角三角形．

解析　连接 OC，由 F 为弧 CD 的中点，得 $OF\perp CD$，且 $CG=GD=\frac{1}{2}CD=4$ cm．

在 Rt△OGC 中，$OC=5$ cm，$CG=4$ cm，由勾股定理得 $OG=3$ cm，故

$$GF=OF-OG=5-3=2\ (\text{cm}).$$

答案　A

例题 3　如图所示，有一个圆柱形仓库，它的高为 10 m，底面半径为 4 m，在圆柱形仓库下底面的 A 处有一只蚂蚁，它想吃相对侧中点 B 处的食物，蚂蚁爬行的速度是 50 cm/min，那么蚂蚁吃到食物最少需要（　　）min．（π 取 3）

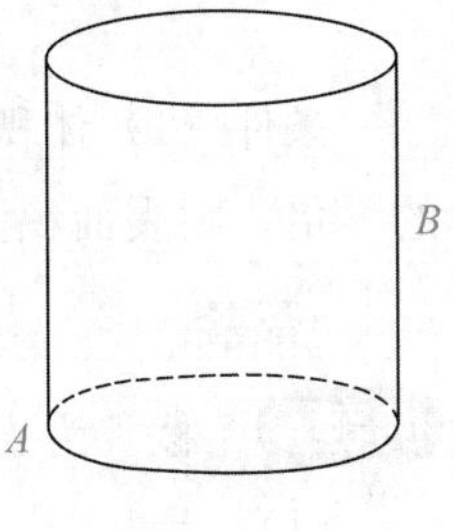

A．23　　B．32　　C．24　　D．25　　E．26

解题信号　最少时间，意味着路程最短，也就是蚂蚁要沿着侧面斜向上爬行，这段路程的长度需要想到把圆柱体侧面展开来求．如图所示．

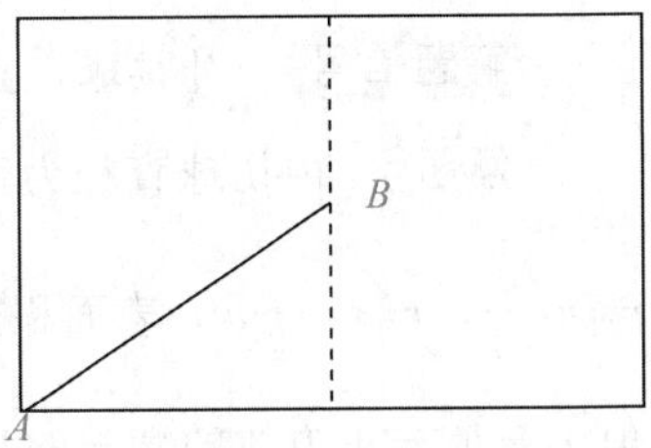

解析　首先展开圆柱体的半个侧面，即是矩形．此时 AB 所在的三角形的直角边分别是 5 m，12 m．根据勾股定理求得 $AB=13$ m$=1\,300$ cm，故蚂蚁吃到食物最少需要的时间是

$$1\,300\div 50=26\ (\text{min}).$$

答案　E

例题 4　有两个半径分别为 6 cm，8 cm，高相等的圆柱形容器甲和乙，甲容器装满水，然后从甲容器全部倒入乙容器中，则此时乙容器中水深比容器高的 $\frac{2}{3}$ 少 1 cm．

（1）容器高为 10 cm．

（2）容器高为 12 cm.

解题信号 把水倒入容器乙中，体积是不变的，仍然等于容器甲的体积.

解析 高相等的圆柱体，底面积之比等于体积之比；同样，体积相等的圆柱体，底面积之比就是高之比的倒数. 半径为 6 cm 的圆柱体的底面积是 36π，半径为 8 cm 的圆柱体的底面积是 64π，它们的比为 $9:16$. 则甲容器中的水全部倒入乙容器中只能占乙容器的 $\frac{9}{16}$，而乙容器高的 $\frac{9}{16}$ 比 $\frac{2}{3}$ 少 1 cm. 设容器高为 h，则有 $\frac{2}{3}h-\frac{9}{16}h=1$，即 $h=1\div\left(\frac{2}{3}-\frac{9}{16}\right)=\frac{48}{5}$（cm）. 所以该容器高 $\frac{48}{5}$ cm.

答案 E

例题 5 球的表面积为原来的 $3\sqrt[3]{3}$ 倍.

（1）球体积为原来的 9 倍.

（2）球半径为原来的 3 倍.

解题信号 球表面积和体积公式与半径的关系.

解析 设球半径为 r，则表面积 $S=4\pi r^2$，体积 $V=\frac{4}{3}\pi r^3=\frac{S}{6}\sqrt{\frac{S}{\pi}}=\frac{S^{\frac{3}{2}}}{6\sqrt{\pi}}$.

条件（1）体积为原来的 9 倍，则表面积为原来的 $3\sqrt[3]{3}$ 倍，充分；条件（2）半径为原来的 3 倍，则表面积为原来的 9 倍，不充分.

答案 A

例题 6 棱长为 a 的正方体的外接球与内切球的表面积之比为 $3:1$.

（1）$a=10$.

（2）$a=20$.

解题信号 外接球，直径等于正方体的体对角线长；内切球，直径等于正方体的棱长.

解析 内切球直径为正方体边长 a，外接球直径为正方体的体对角线长. $\sqrt{3}a$，可知 $r_{内}=\frac{a}{2}$，$r_{外}=\frac{\sqrt{3}}{2}a$，表面积之比等于半径的平方之比，即 $\left(\frac{\sqrt{3}}{2}a\right)^2:\left(\frac{a}{2}\right)^2=3:1$，故此比值为定值与正方体的棱长的具体值没有关系.

答案 D

例题 7 若球的半径为 R，则这个球的内接正方体表面积是 72.

（1）$R=3$.

（2）$R=\sqrt{3}$.

解题信号 球的直径等于内接正方体的体对角线.

解析 正方体的棱长为 $\frac{2}{\sqrt{3}}R$，表面积为 $6\left(\frac{2}{\sqrt{3}}R\right)^2=8R^2=72\Rightarrow R=3$，故条件（1）

充分.

答案　A

例题 8　一个圆柱形容器的轴截面尺寸如图所示，将一个实心铁球放入该容器中，球的直径等于圆柱的高，现将容器注满水，然后取出该球（假设原水量不受损失），则容器中水面的高度为（　　）.

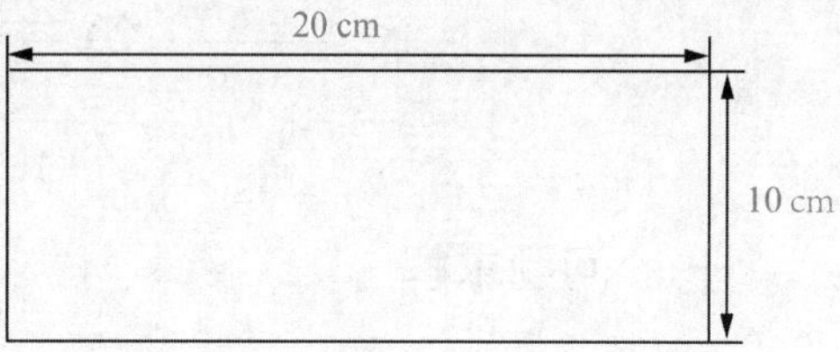

A. $5\frac{1}{3}$ cm　　B. $6\frac{1}{3}$ cm　　C. $7\frac{1}{3}$ cm　　D. $8\frac{1}{3}$ cm　　E. 8 cm

解题信号　要想到容器的体积等于水的体积加上球的体积.

解析　由题意及图信息可知球的体积为 $V_1=\frac{4}{3}\pi\times5^3=\frac{500}{3}\pi$ (cm³). 圆柱的体积为 $V_2=\pi\times10^2\times10=1\,000\pi$ (cm³). 所以容器中水的体积为 $1\,000\pi-\frac{500}{3}\pi=\frac{2\,500}{3}\pi$ (cm³).

球取出后，设容器中水面的高度为 h，则 $10^2\pi h=\frac{2\,500}{3}\pi$，解得 $h=\frac{25}{3}=8\frac{1}{3}$ (cm).

答案　D

例题 9　如图所示，地上有一圆柱，在圆柱下底面的点 A 处有一只蚂蚁，它想沿圆柱表面爬行，吃到上底面上与点 A 相对的点 B 处的食物（本题 π 的近似值取 3）.

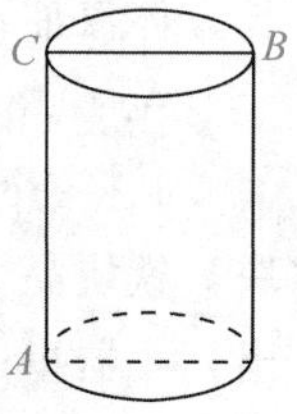

(1) 当圆柱的高 $h=12$、底面半径 $r=3$ 时，蚂蚁沿侧面爬行时的最短路程是（　　）.

A. 12　　B. 13　　C. 14　　D. 15　　E. 16

(2) 当圆柱的高 $h=3$、底面半径 $r=3$ 时，蚂蚁沿侧面爬行也可沿 AC 爬行到上底面，再从 C 爬到 B 时的最短路程是（　　）.

A. $2\sqrt{14}$　　B. 8　　C. 9　　D. $3\sqrt{10}$　　E. $3\sqrt{7}$

解题信号　求空间几何体的面距离要将其展开.

解析　(1) 当蚂蚁沿侧面爬行时，将其展开，连接 AB，路程最短，如图所示.

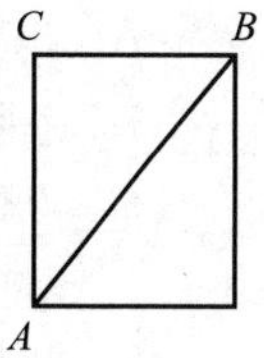

$AB=\sqrt{AC^2+CB^2}$，已知 π 取 3，所以 $AC=12$，$CB=3\pi\approx9$，所以 $AB=15$.

(2) 当蚂蚁沿侧面爬行同 (1) 的方法：因为 $AC=3$，$CB=3\pi\approx9$，所以 $AB=\sqrt{90}=3\sqrt{10}$. 当蚂蚁沿 AC 到上底面，再沿直径 CB 爬行，有 $AC+CB=3+6=9$. 因为 $\sqrt{90}>9$，所以最短路径是经 AC 到上底面，再沿直径 CB 爬行的总路程为 9.

答案　(1) D　(2) C

—— 第三节 练 习 ——

一、 问题求解

1. 一个体积为 160 cm^3 的长方体相邻的三个面展开如图所示，其中两个侧面的面积分别为 20 cm^2 和 32 cm^2. 则这个长方体底面的面积（即图中阴影部分的面积）为（　　）cm^2.

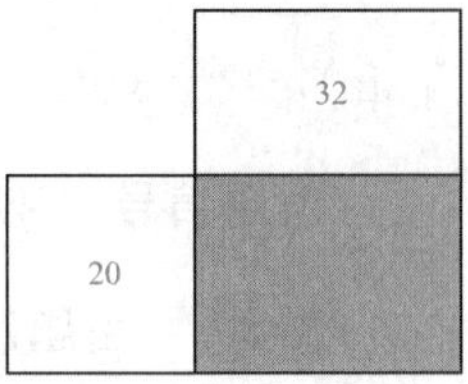

A. 40　　B. 45　　C. 50
D. 55　　E. 60

2. 一个长方体，长和宽之比是 2∶1，宽和高之比是 3∶2，若长方体的全部棱长之和是 220，则长方体的体积是（　　）.

A. 2 880　　B. 7 200　　C. 4 600　　D. 4 500　　E. 3 600

3. 一个长方体油桶装满汽油，现将桶里的汽油倒入一个正方体容器内正好倒满，已知长方体汽油桶高为 1，底面长为 0.8，宽为 0.64，则正方体容器的棱长为（　　）.

A. 0.8　　B. 0.85　　C. 0.9　　D. 0.95　　E. 0.6

4. 一个长方体容器的底面是一个边长为 60 cm 的正方形，容器里直立着一个长方体铁块，铁块高 1 m、底面为边长 15 cm 的正方形，这时容器里的水深为 0.5 m. 如果把铁块取出，容器里的水深是（　　）cm.

A. 44.875　　B. 46.875　　C. 48.875　　D. 49.875　　E. 50.875

5. 将表面积分别为 54，96，150 的三个铁质正方体熔成一个正方体（不计损耗），则这个大正方体的体积为（　　）.

A. 176　　B. 186　　C. 196　　D. 206　　E. 216

6. 一个正方体增高 3 后，就得到一个底面不变的长方体，它的表面积比原来的正方体的表面积增加 96，则原来正方体的表面积为（　　）.

A. 368　　B. 372　　C. 382　　D. 384　　E. 386

7. 一张长 12、宽 8 的矩形铁皮卷成一个圆柱体，其高是 12，则这个圆柱体的体积是（　　）.

A. $\frac{288}{\pi}$　　B. $\frac{192}{\pi}$　　C. $\frac{288}{\pi}$或$\frac{192}{\pi}$　　D. $\frac{96}{\pi}$　　E. 288π

8. 圆柱的高增加到原来的 3 倍，底面直径增加到原来的 4 倍，则圆柱的侧面积增加到原来的（　　）.

A. 6 倍　　B. 9 倍　　C. 12 倍　　D. 18 倍　　E. 24 倍

9. 一个圆柱形的玻璃杯中盛有水，水面高 2.5 cm，玻璃杯内侧的底面积是 72 cm^2，在这个杯中放进棱长 6 cm 的正方体铁块后，水面没有淹没铁块，这时水面高（　　）cm.

A. 1　　B. 2　　C. 3　　D. 4　　E. 5

10. 球内有一个内接正方体，若正方体棱长为 $2\sqrt{3}$，则球的表面积为（　　）.

A. 4π　　B. 32π　　C. 36π　　D. 48π　　E. 60π

11. 一个圆柱体容器中，放有一个长方体铁块．现在打开一个水龙头往容器中注水，3 min时，水恰好没过长方体的顶面，又过了 18 min，水灌满容器．已知容器的高度是 50 cm，长方体的高度是 20 cm，那么长方体底面积：容器底面面积等于（　　）．

A. 1∶3　　B. 2∶3　　C. 1∶4　　D. 3∶4　　E. 2∶5

12. 长方体容器内装满水，现有大、中、小三个铁球，第一次把小球沉入水中，第二次把小球取出，把中球沉入水中，第三次把中球取出，把小球和大球一起沉入水中．已知每次从容器中溢出的水量情况是：第二次是第一次的 3 倍，第三次是第一次的 2.5 倍．则大球的体积是小球的（　　）倍．

A. 3.5　　B. 4　　C. 4.5　　D. 5　　E. 5.5

13. 两个球体容器，若将大球中的$\frac{2}{5}$溶液倒入小球中，正巧可装满小球，那么大球与小球的半径之比等于（　　）．

A. 5∶3　　B. 8∶3　　C. $\sqrt[3]{5}:\sqrt[3]{2}$　　D. $\sqrt[3]{20}:\sqrt[3]{5}$　　E. 5∶2

14. 把一个大金属球表面涂漆，需油漆 2.4 kg，若把这个金属球熔化，制成 64 个半径相等的小金属球（设损耗为零），将这些小金属球表面涂漆，需要油漆（　　）kg.

A. 7.2　　B. 9.6　　C. 12　　D. 14.4　　E. 16.8

15. 棱长为 a 的正方体内切球、外接球、外接半球的半径分别为（　　）．

A. $\frac{a}{2}$，$\frac{\sqrt{2}}{2}a$，$\frac{\sqrt{3}}{2}a$　　B. $\sqrt{2}a$，$\sqrt{3}a$，$\sqrt{6}a$　　C. a，$\frac{\sqrt{3}}{2}a$，$\frac{\sqrt{6}}{2}a$

D. $\frac{a}{2}$，$\frac{\sqrt{2}}{2}a$，$\frac{\sqrt{6}}{2}a$　　E. $\frac{a}{2}$，$\frac{\sqrt{3}}{2}a$，$\frac{\sqrt{6}}{2}a$

二、条件充分性判断

16. 体育馆有一个长方体形状的游泳池，长 50 m，宽 30 m，深 3 m，现要在游泳池的各个面上抹上一层水泥，则 22 t 水泥保证够用（设损耗为零）．

（1）用 11 kg/m^2 的水泥．

（2）用 10 kg/m^2 的水泥．

17. 高为 2 的圆柱，则底的半径为$\frac{\sqrt{3}}{\pi}$．

（1）圆柱侧面展开图中母线与对角线夹角是 60°．

（2）圆柱侧面展开图中母线与对角线夹角是 45°．

18. 把长、宽、高分别为 5，4，3 的两个相同长方体粘合成一个大长方体，则大长方体的表面积为 164．

（1）将两个最大的面黏合在一起．

（2）将两个最小的面黏合在一起．

19. 体积 $V=18\pi$．

（1）长方体的三个相邻面的面积分别为 2，3，6，这个长方体的顶点都在同一个球面上，则这个球的体积为 V.

（2）半球内有一内接正方体，正方体的一个面在半球的底面圆内，正方体的边长为$\sqrt{6}$，半球的体积为 V.

20. 圆柱体的高为 10，过底面圆心垂直切割，把圆柱体分成相等的两半，则表面积增加了 80.

（1）圆柱体的体积为 160π.

（2）圆柱体的体积为 40π.

21. 如右图所示，一个铁球沉入水池中，已知某人已经测量出铁球露出水面的高度，则能确定铁球的体积.

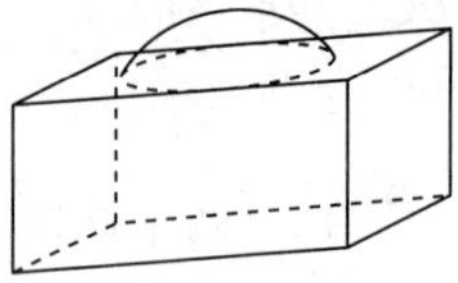

（1）已知水的深度.

（2）已知铁球与水面交线的周长.

22. 一长方体的长、宽、高分别为 a，b，c. 它的表面积是 32cm^2，则这个长方体棱长之和为 32cm.

（1）长方体的对角线长为 8cm.

（2）长方体的体积为 8cm^3，且满足 $b^2=ac$.

23. 若球的半径为 R，则这个球的内接正方体的表面积为 72.

（1）$R=2$.

（2）$R=\sqrt{3}$.

24. 球的表面积与圆柱的侧面积之差为 30π.

（1）半径为 4 的球中有一个内接圆柱.

（2）圆柱的侧面积达到最大.

25. 把一个正方体和一个等底面积的长方体拼成一个新的长方体，原正方体的表面积为 75.

（1）拼成的长方体的表面积比原来的长方体的表面积增加了 50.

（2）拼成的长方体的表面积比原来的长方体的表面积增加了 25.

第四节　参考答案及解析

一、问题求解

1. 答案：A

解析：在长方体的六个面中，有三组对面分别全等，题设中所给出的三个面恰好是这三组面的代表. 现要求出底面（阴影长方形）的面积. 由长方体的概念可知，底面的面积是长方体的长和宽的乘积，两个侧面的面积是长和高的乘积与宽和高的乘积. 设长方体的长、宽、高分别为 a，b，h（单位：cm）. 则由题意，$ah=32$，$bh=20$，$abh=160$. 那么 $160=$

$abh=20a$，$160=abh=32b$，所以 $a=8$，$b=5$，故所求底面面积为 $ab=8\times5=40$（cm^2）.

2. 答案：D

解析：由题意知，长：宽：高 $=6:3:2$，设长、宽、高分别为 $6a$，$3a$，$2a$，则 $4(6a+3a+2a)=220\Rightarrow a=5$，故长、宽、高分别为 30，15，10，体积为 4 500.

3. 答案：A

解析：由题意可知长方体油桶的体积与正方体油桶的体积相等，设正方体容器的棱长为 x，则 $0.64\times0.8\times1=x^3$，得 $x=0.8$.

4. 答案：B

解析：这里铁块高度是一个干扰条件，真正在水中的铁块部分高度与此时水面高度相同. 首先计算使水面升高的铁块的体积是 $15\times15\times(0.5\times100)=11\ 250$（$cm^3$），这时可计算铁块使水面升高了 $11\ 250\div(60\times60)=3.125$（cm），则取出铁块后水的高度为 $50-3.125=46.875$（cm）.

5. 答案：E

解析：因为正方体的每一个面的表面积相等，所以三个正方体的每一个面的表面积分别是 9，16，25. 故三个正方体的棱长分别是 3，4，5. 则大正方体的体积只需将三个正方体的体积相加即可，从而体积为 $27+64+125=216$.

6. 答案：D

解析：原正方体的高增加，则它的面积扩大，而扩大的这部分面积只有 4 个侧面的面积，上下底面积并没有变化. 设正方体棱长为 x，则 $96=4\times3x=12x$，得 $x=8$，得到原正方体的表面积为 $6\times8^2=384$.

7. 答案：B

解析：当沿长度为 8 的边卷起，则圆柱的高为 12，此时有 $2\pi r=8\Rightarrow r=\frac{4}{\pi}\Rightarrow V=\pi r^2\cdot h=\frac{192}{\pi}$.

8. 答案：C

解析：设圆柱的底面半径为 r，母线长（高）为 h，侧面积为 S，改变后的底面半径为 r'，母线长（高）为 h'，侧面积为 S'，则根据题意可知，

$$S=2\pi rh，S'=2\pi r'h'=2\pi\times4r\times3h=2\pi rh\times12.$$

9. 答案：E

解析：设放进铁块后水面高 h cm. $h=\frac{72\times2.5}{72-6\times6}=5$.

10. 答案：C

解析：设球半径为 r. 则 $2r=\sqrt{3}\times2\sqrt{3}\Rightarrow r=3$，则球的表面积为 $S_{球}=4\pi r^2=36\pi$.

11. 答案：D

解析：设长方体的底面积为 S_1，圆柱体的底面积为 S_2. 每分钟注入容器内的水的体积为 V. 那么，根据“打开一个水龙头往容器中注水，3 min 时，水恰好没过长方体的顶面”和“长方体的高度是 20 cm”这两个条件，可得到方程式：$20S_1+3V=20S_2$；再根据“又

过了 18 min，水灌满容器”和“容器的高度是 50 cm，长方体的高度是 20 cm”这两个条件，又可得到方程式：$18\times V=(50-20)\times S_2$（化简为 $3V=5S_2$，代入第一个方程中，得到 $20S_1+5S_2=20S_2$，即 $20S_1=15S_2$），则可解得，长方体和圆柱容器的底面积之比为$\frac{S_1}{S_2}=\frac{3}{4}$.

12. 答案：E

解析：假设小球的体积是 1，则第一次溢出的水的体积也是 1，根据第二次溢出的水是第一次的 3 倍，可知第二次溢出的水是 3，因为取出了小球，则中球的体积为 4. 根据第三次溢出的水是第一次的 2.5 倍，可知第三次溢出的水为 2.5，因为取出了中球，则大球的体积为 $2.5+4-1=5.5$. 因此大球的体积是小球的 5.5 倍.

13. 答案：C

解析：$\frac{V_{大}}{V_{小}}=\frac{\frac{4}{3}\pi R^3}{\frac{4}{3}\pi r^3}=\left(\frac{R}{r}\right)^3=\frac{5}{2}\Rightarrow\frac{R}{r}=\frac{\sqrt[3]{5}}{\sqrt[3]{2}}$.

14. 答案：B

解析：由题意可得，大球的体积是一个小球的 64 倍，所以大球的半径是小球半径的 4 倍，从而大球的表面积是一个小球的 16 倍，那么 64 个小球的表面积之和就是大球表面积的 4 倍，因此用油漆的量为大球的 4 倍，得到用油漆 9.6 kg.

15. 答案：E

解析：如图（a）所示，正方体内切球半径为 $r=\frac{a}{2}$；如图（b）所示，正方体对角线 $L=2r$，又 $L=\sqrt{3}a$，因此，$r=\frac{\sqrt{3}}{2}a$；如图（c）所示，正方体外接半球的球半径为

$$R=\sqrt{a^2+r^2}=\sqrt{a^2+\left(\frac{\sqrt{2}}{2}a\right)^2}=\frac{\sqrt{6}}{2}a.$$

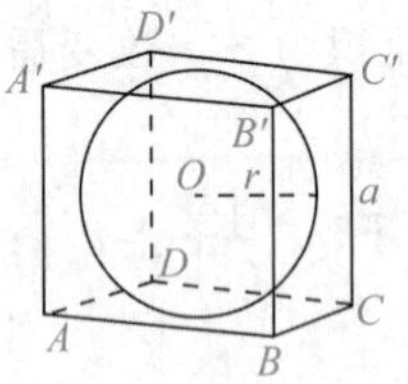

(a)

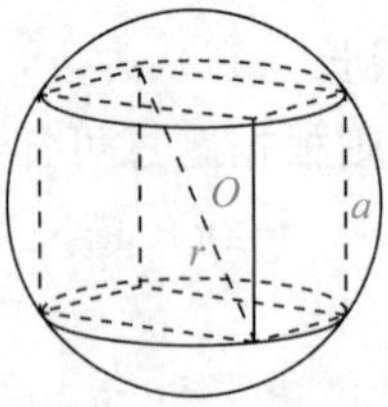

(b)

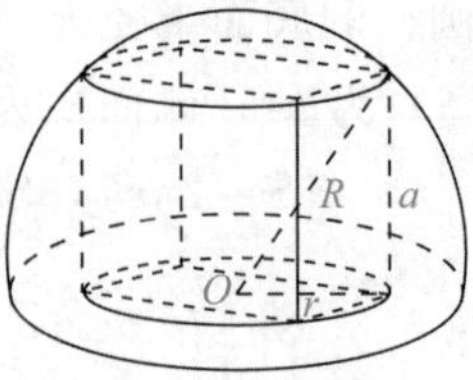

(c)

二、 条件充分性判断

16. 答案：D

解析：先求这个长方体游泳池的表面积. 要计算前、后、左、右、下这 5 个面的面积之和. 再根据每平方米用水泥的千克数，算出这个游泳池共用水泥量.

游泳池的表面积为

$$50\times30+50\times3\times2+30\times3\times2=1\ 500+300+180=1\ 980\ (\mathrm{m}^2).$$

由条件（1）得 $11\times1\ 980=21\ 780\ (\mathrm{kg})=21.78\ (\mathrm{t})$，所以 22 t 水泥够用．同理条件（2）也充分．故答案选 D.

17．答案：A

解析：圆柱体展开图为长方形，边长分别为圆柱体高 $h=2$ 和底面周长 $2\pi r=2\sqrt{3}$，根据直角三角形三条边的长度之比为 $1:\sqrt{3}:2$，则展开图母线与对角线夹角为 60°．故答案选 A.

18．答案：B

解析：采用总面积减去黏合面的面积来计算．总面积为

$$S=(5\times4+4\times3+5\times3)\times2=94.$$

若以最大的面黏合在一起，则 5，4 分别为黏合面的长与宽，此时

$$S=94\times2-(5\times4)\times2=148;$$

若以最小的面黏合在一起，则 4，3 分别为黏合面的长与宽，此时

$$S=94\times2-(4\times3)\times2=164.$$

故答案选 B.

19．答案：B

解析：本题考查立体几何体中的体积问题．条件（1）中，长方体的顶点都在同一个球面上，所以可知长方体的体对角线是 $\sqrt{1+4+9}=\sqrt{14}$，即球体的直径，所以球体的体积为 $\frac{7\sqrt{14}}{3}\pi$，不充分；条件（2）中，根据正方体的边长为 $\sqrt{6}$，可知球体的半径为 3，所以半球体的体积为 18π，充分.

20．答案：B

解析："把圆柱体分成相等的两半，则表面积增加了 80"，即增加了两个剖面的面积，则一个剖面的面积为 40，即底面圆的直径为 4，半径为 2，则圆柱体的体积为 40π.

21．答案：D

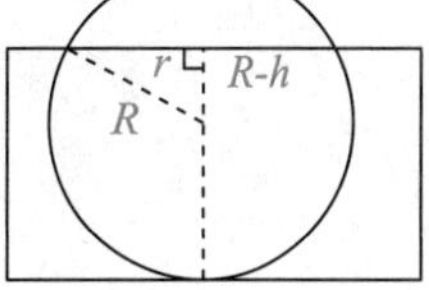

解析：条件（1），显然可以充分，由于露出水面的高度和水的深度之和正好就是球的直径，那么也就能求出铁球的体积.

条件（2），画出截面图（见右图所示），得 $(R-h)^2+r^2=R^2$，得 $R=\frac{h^2+r^2}{2h}$，显然也充分．故答案选 D.

22．答案：B

解析：$2ab+2bc+2ca=32$，求 $4(a+b+c)=32$，即 $a+b+c=8$.

条件（1）：长方体的对角线长为 8cm，有 $\sqrt{a^2+b^2+c^2}=8$，即 $a^2+b^2+c^2=64$，此时 $(a+b+c)^2=a^2+b^2+c^2+2ab+2bc+2ca=96$，不充分；

条件（2）：长方体的体积为 $8\mathrm{cm}^3$，且满足 $b^2=ac$；

即 $abc=8$，$b^2=ac$，可得 $b=2$，$2ab+2bc+2ca=32$ 可转化为 $4a+4c+8=32$，有 $a+$

$c=6$，而 $ac=4$，故 $a^2+c^2=28$，进而 $a^2+b^2+c^2=32$. 可得 $(a+b+c)^2=a^2+b^2+c^2+2ab+2bc+2ca=64$，充分.

23. 答案：E

解析：设该球内接正方体边长为 a，则 $a^2+a^2+a^2=(2R)^2$ 故 $a=\sqrt{\dfrac{4R^2}{3}}$.

由条件（1）得 $a=\sqrt{\dfrac{16}{3}}$，正方体表面积为 $6a^2=32$，条件（1）不充分；

条件（2）的正方体比条件（1）更小，也不充分.

24. 答案：E

解析：条件（1）（2）单独均不充分，必须联合考虑.

设圆柱底面半径为 r，高为 h，则 $r^2+\left(\dfrac{h}{2}\right)^2=4^2$，$h=2\sqrt{16-r^2}$；

则圆柱体侧面积为 $2\pi rh=4\pi r\sqrt{16-r^2}=4\pi\sqrt{r^2(16-r^2)}$；

根据均值不等式公式可得 $\sqrt{r^2(16-r^2)}\leqslant\dfrac{r^2+16-r^2}{2}=8$.

因此当圆柱体侧面积的最大值为 32π.

球的表面积为 64π，球的表面积与圆柱的侧面积之差为 32π，因此条件（1）（2）联合不充分.

25. 答案：A

解析：讨论条件（1）：设正方体的边长为 a，由已知可得 $4a^2=50$，$6a^2=75$.

因此条件（1）充分，条件（2）不充分.

第八章　解析几何

第一节　平面直角坐标系

一、两点间的距离公式

在平面直角坐标系中，点 $A(x_1, y_1)$ 和点 $B(x_2, y_2)$ 之间的距离为 $d=\sqrt{(x_2-x_1)^2+(y_2-y_1)^2}$.

二、中点坐标公式

在平面直角坐标系中，点 $A(x_1, y_1)$ 和点 $B(x_2, y_2)$ 两点的中点坐标为 $\left(\frac{x_1+x_2}{2}, \frac{y_1+y_2}{2}\right)$.

三、过两点的直线斜率公式

设直线 l 上有两个点 $A(x_1, y_1)$ 和 $B(x_2, y_2)$，则直线 l 的斜率为 $k=\frac{y_2-y_1}{x_2-x_1}$，$x_1\neq x_2$.

例题 1　已知三个点 $A(x, 5)$，$B(-2, y)$，$C(1, 1)$，若点 C 是线段 AB 的中点，则(　　).

A. $x=4$，$y=-3$　　B. $x=0$，$y=3$　　C. $x=0$，$y=-3$

D. $x=-4$，$y=-3$　　E. $x=3$，$y=-4$

解题信号　看到中点，考生要想到中点坐标公式.

解析　点 C 是 AB 的中点，根据中点坐标公式，有 $\begin{cases}1=\frac{1}{2}(x-2),\\1=\frac{1}{2}(5+y)\end{cases}\Rightarrow\begin{cases}x=4,\\y=-3.\end{cases}$

答案　A

例题 2　正三角形 ABC 的两个顶点 $A(2, 0)$，$B(5, 3\sqrt{3})$，则另一个顶点的坐标是(　　).

A. $(8, 0)$　　B. $(-8, 0)$　　C. $(1, -3\sqrt{3})$

D. $(8, 0)$ 或 $(-1, 3\sqrt{3})$　　E. $(6, 0)$ 或 $(-1, 3\sqrt{3})$

解题信号　正三角形，考生要想到三条边距离相等，利用两点间距离公式求各边边长.

解析 设点 C 坐标为 (x, y)，则 $\sqrt{(x-2)^2+y^2}=\sqrt{(x-5)^2+(y-3\sqrt{3})^2}=\sqrt{(5-2)^2+(3\sqrt{3})^2}$，得 $\begin{cases}x=8,\\y=0\end{cases}$ 或 $\begin{cases}x=-1,\\y=3\sqrt{3}.\end{cases}$

答案 D

例题 3 若三个点 $A(1, a)$，$B(5, 7)$，$C(11, 13)$ 无法构成三角形，则 $a=$（　　）.

A. 3　　B. -3　　C. -2　　D. 1　　E. 2

解题信号 若题目中出现三个点无法构成三角形，考生要想到这三个点一定共线.

解析 三个点 $A(1, a)$，$B(5, 7)$，$C(11, 13)$ 无法构成三角形，说明三个点共线，即任意两个点构成的直线斜率相等，从而 $k_{AB}=\frac{7-a}{5-1}=k_{BC}=\frac{13-7}{11-5}\Rightarrow a=3$.

答案 A

例题 4 平面直角坐标系中，$\triangle ABC$ 为等腰直角三角形.

(1) $\triangle ABC$ 的三个顶点的坐标分别为 $A(-1, -1)$，$B(2, -1)$，$C(2, 2)$.

(2) $\triangle ABC$ 的三个顶点的坐标分别为 $A(-1, -2)$，$B(2, -1)$，$C(-2, 1)$.

解题信号 利用两点之间的距离公式计算边长.

解析 条件 (1)，$AB=3$，$AC=3\sqrt{2}$，$BC=3$，充分.

条件 (2)，$AB=\sqrt{10}$，$AC=\sqrt{10}$，$BC=2\sqrt{5}$，充分.

答案 D

—— 第二节　直线的方程 ——

一、直线的倾斜角和斜率

1. 倾斜角

直线与 x 轴正方向所成的夹角称为倾斜角，记为 α，其中要求 $\alpha\in[0, \pi)$.

2. 斜率

倾斜角的正切值为斜率，记为 $k=\tan\alpha$，$\alpha\neq\frac{\pi}{2}$.

3. 两点斜率公式

设直线 l 上有两个点 $P_1(x_1, y_1)$，$P_2(x_2, y_2)$，则直线 l 的斜率为 $k=\frac{y_2-y_1}{x_2-x_1}$ $(x_1\neq x_2)$.

二、直线方程的五种表示形式

1. 点斜式

过点 $P(x_0, y_0)$，斜率为 k 的直线方程为 $y-y_0=k(x-x_0)$.

2. 斜截式

斜率为 k，在 y 轴上的截距为 b 的直线方程为 $y=kx+b$.

3. 两点式

过两个点 $P_1(x_1, y_1)$，$P_2(x_2, y_2)$ 的直线方程为 $\dfrac{y-y_1}{y_2-y_1}=\dfrac{x-x_1}{x_2-x_1}$ $(y_1\neq y_2, x_1\neq x_2)$.

4. 截距式

在 x 轴上的截距为 a，在 y 轴上的截距为 b 的直线方程为 $\dfrac{x}{a}+\dfrac{y}{b}=1$.

5. 一般式

$Ax+By+C=0$，A，B 不同时为零. 若 $B\neq 0$，则有斜率 $k=-\dfrac{A}{B}$.

【注 1】　以上表示形式要求分母均不能是零.

【注 2】　在 x 轴上的截距为 a，表示直线过点 $(a, 0)$；在 y 轴上的截距为 b，表示直线过点 $(0, b)$.

【注 3】　一般式中，若 $B\neq 0$，则直线斜率 $k=-\dfrac{A}{B}$；特殊地，当 $A=0$ 时，直线斜率是 0，是一条平行于 x 轴的直线；当 $B=0$ 时，直线斜率不存在，直线是一条垂直于 x 轴的直线.

三、直线的相关结论

1. 点到直线的距离

点 $A(x_0, y_0)$ 到直线 $Ax+By+C=0$ 的距离为 $d=\dfrac{|Ax_0+By_0+C|}{\sqrt{A^2+B^2}}$.

2. 两条直线的位置关系

位置关系	斜截式 $l_1: y=k_1x+b_1$ $l_2: y=k_2x+b_2$	一般式 $l_1: A_1x+B_1y+C_1=0$ $l_2: A_2x+B_2y+C_2=0$
平行 $l_1 /\!/ l_2$	$k_1=k_2$，$b_1\neq b_2$	$\dfrac{A_1}{A_2}=\dfrac{B_1}{B_2}\neq\dfrac{C_1}{C_2}$
相交	$k_1\neq k_2$	$\dfrac{A_1}{A_2}\neq\dfrac{B_1}{B_2}$
垂直 $l_1\perp l_2$ （相交的特殊情况）	$k_1k_2=-1$	$\dfrac{A_1}{B_1}\cdot\dfrac{A_2}{B_2}=-1\Leftrightarrow A_1A_2+B_1B_2=0$

【注】 两条直线交点的求解方法：若直线 l_1：$A_1x+B_1y+C_1=0$，l_2：$A_2x+B_2y+C_2=0$ 相交，则它们的交点坐标为方程组 $\begin{cases}A_1x+B_1y+C_1=0,\\A_2x+B_2y+C_2=0\end{cases}$ 的唯一实数解.

3. 两条平行直线的距离

直线 $Ax+By+C_1=0$ 与直线 $Ax+By+C_2=0$ 的距离 $d=\dfrac{|C_1-C_2|}{\sqrt{A^2+B^2}}$.

4. 两条相交直线的夹角

直线 l_1：$y=k_1x+b_1$ 与 l_2：$y=k_2x+b_2$ 相交且不垂直时，直线 l_1 与 l_2 的夹角 α 的计算公式

$$\tan\alpha=\left|\frac{k_1-k_2}{1+k_1k_2}\right|.$$

四、对称关系

1. 点关于点对称

(1) 点 $P(a, b)$ 关于原点的对称点坐标是 $(-a, -b)$；

(2) 点 $P(a, b)$ 关于某一点 $M(x_0, y_0)$ 的对称点，利用中点坐标公式求得为 $(2x_0-a, 2y_0-b)$.

2. 点关于直线对称

(1) 点 $P(a, b)$ 关于 x 轴，y 轴，直线 $x=y$，$x=-y$ 的对称点坐标可利用图像求得，分别为 $(a, -b)$，$(-a, b)$，(b, a)，$(-b, -a)$.

(2) 求点 $P(a, b)$ 关于某直线 l：$Ax+By+C=0$ 的对称点 P' 的坐标有三种方法.

方法一：由 $PP'\perp l$ 知，$k_{PP'}=\dfrac{B}{A}\Rightarrow$ 直线 PP' 的方程为 $y-b=\dfrac{B}{A}(x-a)$，由

$$\begin{cases}Ax+By+C=0,\\y-b=\dfrac{B}{A}(x-a),\end{cases}$$

可求得直线 PP' 与 l 的交点坐标，再由中点坐标公式求得对称点 P' 的坐标.

方法二：设对称点 $P'(x_0, y_0)$，由中点坐标公式求得中点坐标为 $\left(\dfrac{a+x_0}{2}, \dfrac{b+y_0}{2}\right)$，把中点坐标代入直线 l 方程中，得

$$A\cdot\frac{a+x_0}{2}+B\cdot\frac{b+y_0}{2}+C=0, \quad ①$$

再由

$$k_{PP'}=\frac{y_0-b}{x_0-a}=\frac{B}{A}, \quad ②$$

联立①，②式可得到点 P' 的坐标.

方法三：设对称点为 $P'(x_1, y_1)$，由点到直线的距离公式有

$$\frac{|Aa+Bb+C|}{\sqrt{A^2+B^2}}=\frac{|Ax_1+By_1+C|}{\sqrt{A^2+B^2}},\qquad ③$$

再由 $k_{PP'}=\frac{B}{A}$ 得

$$\frac{b-y_1}{a-x_1}=\frac{B}{A},\qquad ④$$

由③，④式可得到点 P' 的坐标.

例题 1 已知定点 $A(2,\ -3)$，$B(-3,\ -2)$，直线 l 过点 $P(1,\ 1)$，且与线段 AB 相交，则直线 l 的斜率的取值范围是（　　）.

A. $k\geqslant\frac{3}{4}$ 或 $k\leqslant-4$　　B. $-4\leqslant k\leqslant\frac{3}{4}$　　C. $\frac{3}{4}\leqslant k\leqslant 4$

D. $-\frac{3}{4}\leqslant k\leqslant 4$　　E. $k\geqslant 4$ 或 $k\leqslant-\frac{3}{4}$

解题信号 遇到相交问题，考生要分析两条直线的斜率.

解析 如图所示，$k_{PA}=\frac{-3-1}{2-1}=-4$，$k_{PB}=\frac{-2-1}{-3-1}=\frac{3}{4}$. 从 k_{PA} 到 k_{PB} 斜率的取值范围必须以斜率不存在（直线 $x=1$）为界限分开考虑. 斜率为负值时，从 PA 开始直线倾斜角越来越小，$k\leqslant-4$. 斜率为正值时，从 PB 开始直线倾斜角越来越大，斜率也越来越大，$k\geqslant\frac{3}{4}$.

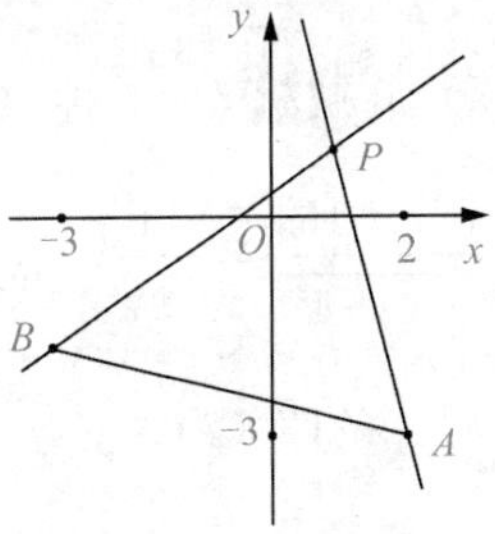

综上，直线 l 的斜率的取值范围是 $k\geqslant\frac{3}{4}$ 或 $k\leqslant-4$.

答案 A

例题 2 到直线 $2x+y+1=0$ 的距离为 $\frac{1}{\sqrt{5}}$ 的点的集合是（　　）.

A. 直线 $2x+y-2=0$
B. 直线 $2x+y=0$
C. 直线 $2x+y=0$ 或直线 $2x+y-2=0$
D. 直线 $2x+y=0$ 或直线 $2x+y+2=0$
E. 直线 $2x+y-1=0$ 或直线 $2x+y-2=0$

解题信号 到已知直线距离是定长，一定是两条与它本身平行的直线.

解析 方法一：设点 $(x,\ y)$ 为满足条件的点，则有 $\frac{|2x+y+1|}{\sqrt{2^2+1}}=\frac{1}{\sqrt{5}}$，得

$$2x+y=0 \text{ 或 } 2x+y+2=0.$$

方法二：考虑到满足条件的点的集合必为平行于 $2x+y+1=0$ 的直线，设所求直线为

$$2x+y+C=0,$$

利用平行线间的距离公式，有 $\frac{|1-C|}{\sqrt{2^2+1}}=\frac{1}{\sqrt{5}}$，得到 $C=2$ 或 $C=0$，则直线方程为

$$2x+y=0 \text{ 或 } 2x+y+2=0.$$

答案 D

例题 3 已知点 $A(1,-2)$，$B(m,-2)$，且线段 AB 的垂直平分线的方程是 $x-2=0$，则实数 m 的值是（　　）.

A. -2　　B. -7　　C. 3　　D. 1　　E. -3

解题信号 看到垂直平分线，考生要想到垂直的斜率和中点公式.

解析 由已知可知线段 AB 的中点 $\left(\frac{1+m}{2},-2\right)$ 在直线 $x-2=0$ 上，代入方程解得 $m=3$.

答案 C

例题 4 点 $A(3,4)$，$B(2,-1)$ 到直线 $y=kx$ 的距离之比为 $1:2$.

（1）$k=\frac{9}{4}$.　　（2）$k=\frac{7}{8}$.

解题信号 考查点到直线的距离公式.

解析 条件（1），$y=\frac{9}{4}x$，即 $9x-4y=0$. 点 A 到已知直线的距离为 $d_A=\frac{|27-16|}{\sqrt{9^2+4^2}}=\frac{11}{\sqrt{97}}$，点 B 到已知直线的距离为 $d_B=\frac{|18+4|}{\sqrt{9^2+4^2}}=\frac{22}{\sqrt{97}}=2d_A$，条件（1）充分.

条件（2），$y=\frac{7}{8}x$，即 $7x-8y=0$. 点 A 到已知直线的距离为 $d_A=\frac{|21-32|}{\sqrt{7^2+8^2}}=\frac{11}{\sqrt{113}}$，点 B 到已知直线的距离为 $d_B=\frac{|14+8|}{\sqrt{7^2+8^2}}=\frac{22}{\sqrt{113}}=2d_A$，条件（2）充分.

答案 D

例题 5 直线 l：$ax+by+c=0$ 必不通过第三象限.

（1）$ac\leqslant 0$，$bc<0$.

（2）$ab>0$，$c<0$.

解题信号 直线经过哪个象限关键看其斜率和截距.

解析 条件（1），由 $bc<0$ 知 $b\neq 0$，有 $y=-\frac{a}{b}x-\frac{c}{b}$，$-\frac{a}{b}\leqslant 0$，$-\frac{c}{b}>0$，当 $a\neq 0$ 时，直线不经过第三象限；当 $a=0$ 时，直线过第一、第二象限，不过第三象限，充分.

条件（2），同理，$-\frac{a}{b}<0$，$c<0$，而 $-\frac{c}{b}$ 不确定，不充分.

答案 A

例题 6 直线 l：$2x-y-4=0$ 绕与 x 轴交点逆时针旋转 $45°$，所得直线方程为（　　）.

A. $2x+y-4=0$　　B. $3x-y+6=0$　　C. $3x+y-6=0$

D. $3x+y+4=0$　　E. $3x-y+4=0$

解题信号 直线旋转通常考查两条直线夹角公式.

解析　由 $2x-y-4=0$ 可知，直线与 x 轴的交点是 $(2,0)$，设直线 l 与所求直线 l' 的斜率分别为 k，k'，则 $\tan 45°=\left|\dfrac{k'-k}{1+kk'}\right|=1\Rightarrow k'=-3$ 或 $\dfrac{1}{3}$（因逆时针旋转，故舍），所以直线 l' 为 $y=-3(x-2)$，即 $3x+y-6=0$.

答案　C

例题 7　无论 k 取何值，直线 $(2k-1)x-(k-2)y-(k+4)=0$ 恒过的一个定点是（　　）.

A. $(0,0)$　　B. $(2,3)$　　C. $(3,2)$　　D. $(-2,3)$　　E. $(-1,3)$

解题信号　无论 k 取何值，提示关于 k 的方程恒成立.

解析　方法一：直线方程 $(2k-1)x-(k-2)y-(k+4)=0$ 变形为 $(2x-y-1)k-(x-2y+4)=0$，由直线过定点，与 k 无关知，$2x-y-1=0$，$x-2y+4=0$，解得 $x=2$，$y=3$.

方法二：由题意，无论 k 取何值，不妨取 $k=\dfrac{1}{2}$，得直线 $y=3$；取 $k=2$，得直线 $x=2$. 直线 $x=2$ 与 $y=3$ 的交点为 $(2,3)$.

答案　B

例题 8　点 $(-3,-1)$ 关于直线 $3x+4y-12=0$ 的对称点是（　　）.

A. $(2,8)$　　B. $(1,3)$　　C. $(4,6)$　　D. $(3,7)$　　E. $(7,3)$

解题信号　点关于直线的对称点，意味着这两点连成的直线与已知直线垂直，且这两点的中点在已知直线上.

解析　设对称点为 (x_0,y_0)，则 $\begin{cases}\dfrac{y_0+1}{x_0+3}=\dfrac{4}{3},\\ 3\cdot\dfrac{x_0-3}{2}+4\cdot\dfrac{y_0-1}{2}-12=0\end{cases}\Rightarrow\begin{cases}x_0=3,\\ y_0=7.\end{cases}$

答案　D

例题 9　已知点 $P(3,2)$ 与点 $Q(1,4)$ 关于直线 l 对称，则直线 l 的方程为（　　）.

A. $x-y+1=0$　　B. $x-y-1=0$　　C. $x+y+1=0$

D. $x+y-1=0$　　E. $x+y-z=0$

解题信号　两点关于某直线对称，意味着这两点连成的直线与该直线垂直，且这两点的中点在该直线上.

解析　$k_{PQ}=\dfrac{4-2}{1-3}=-1$，$PQ$ 的中点为 $\left(\dfrac{3+1}{2},\dfrac{2+4}{2}\right)$，即 $(2,3)$，故直线 l 的斜率为 $k_1=1$，则直线 l 的方程为 $y-3=x-2$，即 $x-y+1=0$.

答案　A

例题 10　$ab=-3$.

(1) 直线 $ax+by=2$ 与直线 $3x+y=1$ 垂直.

(2) 无论 m 为任意实数，直线 $(m-1)x+(m-2)y+5-2m=0$ 恒过定点 (a,b).

解题信号 看到“垂直”，考生要想到斜率；看到“恒过定点”，考生要想到把定点坐标代入直线方程，得出的等式与 m 无关.

解析 条件（1），直线 $ax+by=2$ 与直线 $3x+y=1$ 垂直，则 $3a+b=0$，解得 $b=-3a$，推不出 $ab=-3$，不充分.

条件（2），整理得 $m(x+y-2)=x+2y-5$，对于无论 m 为任意实数，直线恒过定点 (a, b)，则必有 $\begin{cases}x+y-2=0,\\x+2y-5=0,\end{cases}$ 解得 $\begin{cases}x=-1,\\y=3,\end{cases}$ 即恒过定点 $(-1, 3)$，则 $\begin{cases}a=-1,\\b=3\end{cases}\Rightarrow ab=-3$，充分.

答案 B

例题 11 若直线 l_1：$y=k(x-4)$ 与直线 l_2 关于点 $(2, 1)$ 对称，则直线 l_2 恒过定点（　　）.

A. $(2, 1)$　　B. $(0, 2)$　　C. $(-2, 4)$

D. $(4, -2)$　　E. $(2, 0)$

解题信号 直线 l_2 恒过的定点必与直线 l_1 恒过的定点关于点 $(2, 1)$ 对称.

解析 直线 l_1 恒过定点 $(4, 0)$，点 $(4, 0)$ 关于点 $(2, 1)$ 对称的点为 $(0, 2)$，知 l_2 恒过定点 $(0, 2)$.

答案 B

例题 12 光线经过点 $P(2, 3)$ 照射在 $x+y+1=0$ 上，反射后经过点 $Q(3, -2)$，则反射光线所在的直线方程为（　　）.

A. $7x+5y+1=0$　　B. $x+7y-17=0$　　C. $x-7y+17=0$

D. $x-7y-17=0$　　E. $7x-5y+1=0$

解题信号 光线反射意味着找对称点.

解析 根据光的反射原理（对称原理）及反射光与入射光的特性，先找点 P 关于直线 $x+y+1=0$ 的对称点 $P'(-4, -3)$，那么 $P'Q$ 所在的直线方程就是反射光线所在的直线方程.

$$\frac{x+4}{3+4}=\frac{y+3}{-2+3}，即 x-7y-17=0.$$

答案 D

例题 13 有一条光线从点 $A(-2, 4)$ 射到直线 $2x-y-7=0$ 后再反射到点 $B(5, 8)$，则这条光线从点 A 到点 B 所传播的距离为（　　）.

A. $4\sqrt{5}$　　B. $3\sqrt{5}$　　C. $6\sqrt{5}$　　D. $5\sqrt{5}$　　E. $5\sqrt{3}$

解题信号 光线反射意味着找对称点.

解析 先找点 A 关于直线 $2x-y-7=0$ 的对称点 $A'(10, -2)$，根据对称原理，光线所传播的距离就是线段 $A'B$ 的长度，即 $|A'B|=\sqrt{(10-5)^2+(-2-8)^2}=5\sqrt{5}$.

答案 D

第三节 圆的方程

一、圆的方程表示形式

1. 标准形式

$(x-x_0)^2+(y-y_0)^2=r^2$. 圆心为(x_0, y_0)，半径为r.

2. 一般形式

$x^2+y^2+Dx+Ey+F=0$ $(D^2+E^2-4F>0)$. 圆心为$\left(-\frac{D}{2}, -\frac{E}{2}\right)$，半径为$\frac{\sqrt{D^2+E^2-4F}}{2}$.

【注】 利用配方法把一般形式化成标准形式，即可得到上述圆心坐标和半径.

二、点与圆的位置关系

点$P(a, b)$，圆O：$(x-x_0)^2+(y-y_0)^2=r^2$. 点与圆有以下三种位置关系.

点与圆的位置关系	图 形	成立条件（几何表示）	成立条件（代数式表示）
点在圆内	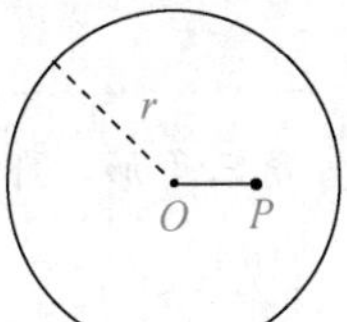	$\lvert OP \rvert<r$	$\sqrt{(a-x_0)^2+(b-y_0)^2}<r$
点在圆上	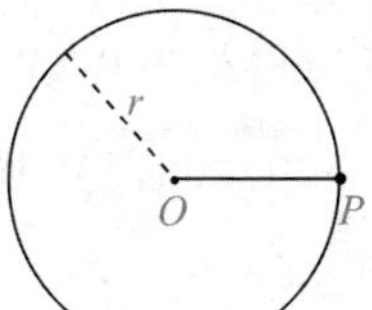	$\lvert OP \rvert=r$	$\sqrt{(a-x_0)^2+(b-y_0)^2}=r$
点在圆外	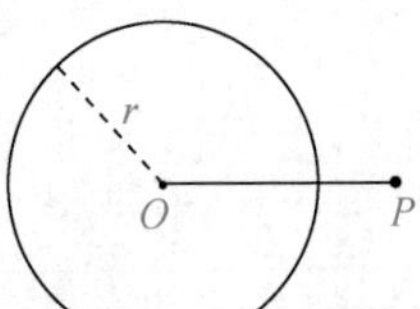	$\lvert OP \rvert>r$	$\sqrt{(a-x_0)^2+(b-y_0)^2}>r$

三、直线与圆的位置关系

设直线 l：$y=kx+b$，圆 O：$(x-x_0)^2+(y-y_0)^2=r^2$，d 为圆心 (x_0, y_0) 到直线 l 的距离，直线与圆有以下三种位置关系.

直线与圆的位置关系	图　形	成立条件（几何表示）	成立条件（代数式表示）
相离	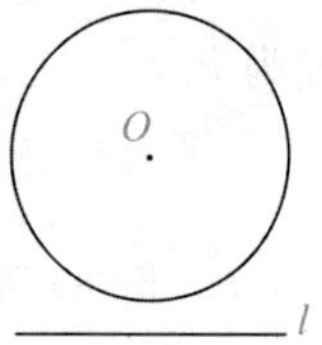	$d>r$	方程组 $\begin{cases}y=kx+b,\\(x-x_0)^2+(y-y_0)^2=r^2\end{cases}$ 无实数根，即 $\Delta<0$
相切	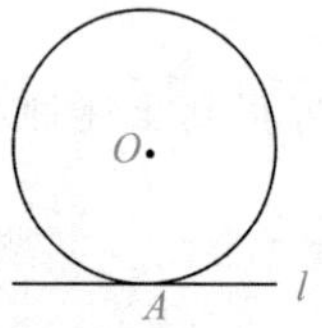	$d=r$	方程组 $\begin{cases}y=kx+b,\\(x-x_0)^2+(y-y_0)^2=r^2\end{cases}$ 有两个相等的实数根，即 $\Delta=0$
相交	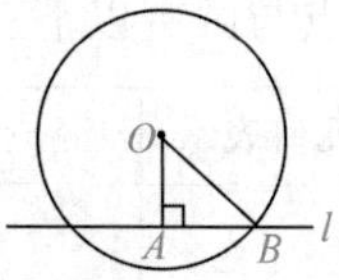	$d<r$	方程组 $\begin{cases}y=kx+b,\\(x-x_0)^2+(y-y_0)^2=r^2\end{cases}$ 有两个不等的实数根，即 $\Delta>0$

【注】　在求弦长的问题中，常常用到一个重要的直角三角形，即 Rt$\triangle OAB$ 来做计算.

四、两个圆的位置关系

圆 O_1：$(x-x_1)^2+(y-y_1)^2=r_1^2$；圆 O_2：$(x-x_2)^2+(y-y_2)^2=r_2^2$（不妨设 $r_1>r_2$）；d 为两个圆的圆心距，即 $d=\sqrt{(x_1-x_2)^2+(y_1-y_2)^2}$. 两个圆有以下五种位置关系.

两个圆的位置关系	图　形	成立条件（几何表示）	公切线
外离	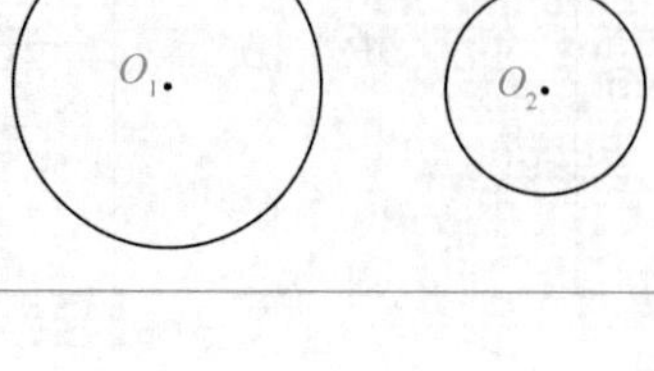	$d>r_1+r_2$	4 条

续表

两个圆的位置关系	图　形	成立条件（几何表示）	公切线
外切	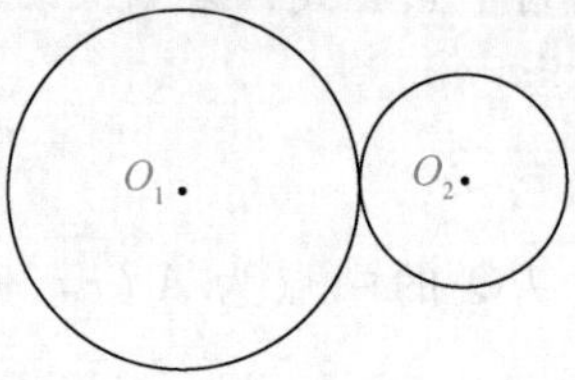	$d=r_1+r_2$	3 条
相交	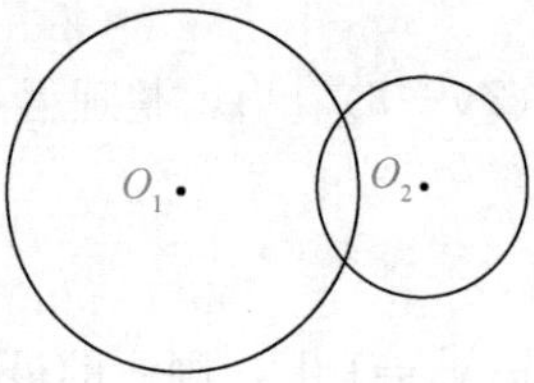	$r_1-r_2<d<r_1+r_2$	2 条
内切	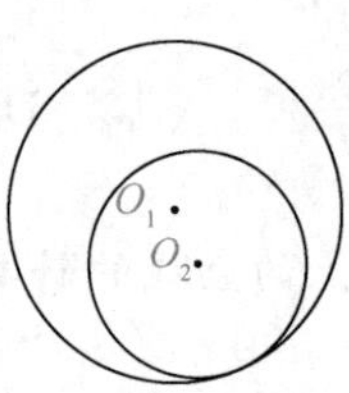	$d=r_1-r_2$	1 条
内含	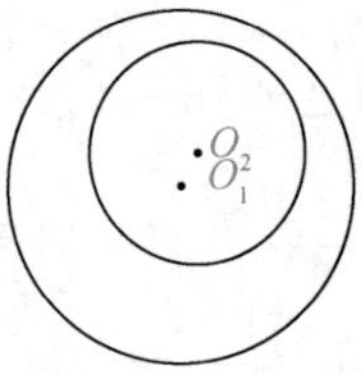	$0\leqslant d<r_1-r_2$	0 条

例题 1　圆心在 y 轴上，半径为 1，且过点(1，2)的圆的方程为（　　）.

A. $x^2+(y-2)^2=1$　　B. $x^2+(y+2)^2=1$　　C. $(x-1)^2+(y-3)^2=1$

D. $x^2+(y-3)^2=1$　　E. $(x+1)^2+y^2=1$

解题信号　求圆的方程，需要知道圆心和半径.

解析　方法一：采用直接法. 设圆心坐标为(0，b)，则由题意知$\sqrt{(0-1)^2+(b-2)^2}=1$，解得 $b=2$，故圆的方程为 $x^2+(y-2)^2=1$.

方法二：采用数形结合法. 作图，根据点(1，2)到圆心的距离为 1，易知圆心为(0，2)，故圆的方程为 $x^2+(y-2)^2=1$.

方法三：用验证法. 由于圆心在 y 轴上，排除 C，E. 将点(1，2)代入余下三个选项，排除 B，D.

答案　A

例题 2　点 $P(4，-2)$与圆 $x^2+y^2=4$ 上任一点连接的中点轨迹方程是（　　）.

A. $(x-2)^2+(y+1)^2=1$　　B. $(x-2)^2+(y+1)^2=4$

C. $(x+4)^2+(y-2)^2=4$　　D. $(x+2)^2+(y-1)^2=1$

E. $(x-4)^2+(y+2)^2=1$

解题信号 看到“中点”，考生要想到中点公式；看到点在圆上，考生要想到点的坐标必须满足圆的方程.

解析 设圆上任一点为 $Q(s, t)$，PQ 的中点为 $A(x, y)$，则 $\begin{cases}x=\dfrac{4+s}{2},\\ y=\dfrac{-2+t}{2},\end{cases}$ 解得 $\begin{cases}s=2x-4,\\ t=2y+2,\end{cases}$ 代入圆的方程，得 $(2x-4)^2+(2y+2)^2=4$，整理得 $(x-2)^2+(y+1)^2=1$.

答案 A

例题 3 已知动点 $P(x, y)$ 在圆 $(x-2)^2+y^2=1$ 上，则 $\dfrac{y}{x}$ 的最大值为（　　）.

A. $\sqrt{3}$　　B. $\sqrt{2}$　　C. $\dfrac{\sqrt{3}}{3}$　　D. $\dfrac{\sqrt{2}}{2}$　　E. 1

解题信号 $\dfrac{y}{x}$ 是过动点 $P(x, y)$ 与原点的直线的斜率.

解析 令 $k=\dfrac{y}{x}$，当直线与圆相切时 k 分别可以取到最大值、最小值. 此时，方程 $(x-2)^2+(kx)^2=1$ 有两个相等的实数根，即 $\Delta=16-4\times3\times(k^2+1)=0$，得 $k=\pm\dfrac{\sqrt{3}}{3}$，即最大值 $k=\dfrac{\sqrt{3}}{3}$.

答案 C

例题 4 若圆 $x^2+y^2-2x-4y=0$ 的圆心到直线 $x-y+a=0$ 的距离为 $\dfrac{\sqrt{2}}{2}$，则 a 的值为（　　）.

A. -2 或 2　　B. $\dfrac{1}{2}$ 或 $\dfrac{3}{2}$　　C. 2 或 0　　D. -2 或 0　　E. 1 或 -2

解题信号 看到圆心到直线的距离，考生要想到点到直线的距离公式.

解析 由圆 $x^2+y^2-2x-4y=0$ 的圆心 $(1, 2)$ 到直线 $x-y+a=0$ 的距离为 $\dfrac{\sqrt{2}}{2}$，得 $\dfrac{|1-2+a|}{\sqrt{2}}=\dfrac{\sqrt{2}}{2}$，故 $a=2$ 或 0.

答案 C

例题 5 直线 $y=kx+3$ 与圆 $(x-3)^2+(y-2)^2=4$ 相交于 M，N 两点，若 $|MN|\geqslant 2\sqrt{3}$，则 k 的取值范围是（　　）.

A. $\left[-\frac{3}{4}, 0\right]$　B. $\left(-\infty, -\frac{3}{4}\right]\cup[0, +\infty)$　C. $\left[-\frac{\sqrt{3}}{3}, \frac{\sqrt{3}}{3}\right]$

D. $\left[-\frac{2}{3}, 0\right]$　E. $\left[0, \frac{3}{4}\right]$

解题信号　MN 是弦长，考生要想到圆心到直线的距离与弦长和半径的关系式.

解析　由题意可知，圆心的坐标为(3，2)，则当 $|MN|\geqslant 2\sqrt{3}$ 时，由点到直线的距离公式，得 $|MN|=2\sqrt{r^2-d^2}=2\sqrt{4-\frac{(3k+1)^2}{1+k^2}}\geqslant 2\sqrt{3}$，解得 $k\in\left[-\frac{3}{4}, 0\right]$.

答案　A

例题 6　圆 $x^2+y^2-4x-4y+5=0$ 上的点到直线 $x+y-9=0$ 的最大距离与最小距离的差为（　）.

A. 6　B. 2　C. 3　D. $2\sqrt{3}$　E. 33

解题信号　看到圆与直线，考生要想到先判断二者的位置关系.

解析　圆 $x^2+y^2-4x-4y+5=0$ 的标准方程是 $(x-2)^2+(y-2)^2=3$，圆心(2，2)到直线 $x+y-9=0$ 的距离 $d=\frac{|2+2-9|}{\sqrt{1+1}}=\frac{5\sqrt{2}}{2}>\sqrt{3}$，故直线 $x+y-9=0$ 与圆 $x^2+y^2-4x-4y+5=0$ 相离，因此圆 $x^2+y^2-4x-4y+5=0$ 上的点到直线 $x+y-9=0$ 的最大距离与最小距离的差为直径长度，为 $2\sqrt{3}$.

答案　D

例题 7　圆 $x^2+y^2-2x+4y+1=0$ 上恰有 2 个点到直线 $2x+y+c=0$ 的距离等于 1.

（1）$|c|>\sqrt{5}$.

（2）$|c|<3\sqrt{5}$.

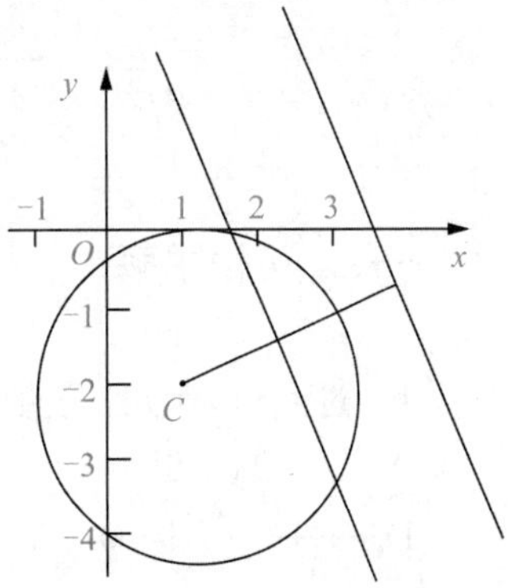

解题信号　恰有两个点到直线的距离相等，考生要想到作距离为 1 的平行线.

解析　先将圆化为标准方程：$(x-1)^2+(y+2)^2=2^2$，圆心到直线的距离 d 满足 $1<d<3$，由 $d=\frac{|2\times1-2+c|}{\sqrt{2^2+1^2}}=\frac{|c|}{\sqrt{5}}$，则当 $1<\frac{|c|}{\sqrt{5}}<3$ 时，圆上恰有两个点到直线 $2x+y+c=0$ 的距离等于 1，如图所示. 故条件（1）和条件（2）单独都不充分，联合充分.

答案　C

例题 8　圆 O_1：$x^2+y^2-2x=0$ 和圆 O_2：$x^2+y^2-4y=0$ 的位置关系是（　）.

A. 相离　B. 相交　C. 外切　D. 内切　E. 内含

解题信号　判断两圆位置关系，考生要想到利用圆心距和两个圆的半径进行比较.

解析　先将圆化为标准方程，圆 O_1：$(x-1)^2+y^2=1$ 和圆 O_2：$x^2+(y-2)^2=4$，

圆心为(1, 0), (0, 2), 半径为 $r_1=1$, $r_2=2$, 圆心之间的距离为 $d=\sqrt{(1-0)^2+(0-2)^2}=\sqrt{5}$, 因为 $2-1<\sqrt{5}<2+1$, 所以两个圆相交.

答案 B

例题 9 圆 C_1: $\left(x-\frac{3}{2}\right)^2+(y-2)^2=r^2$ 与圆 C_2: $x^2-6x+y^2-8y=0$ 有交点.

(1) $0<r<\frac{5}{2}$.

(2) $r>\frac{5}{2}$.

解题信号 看到两个圆，要想到利用圆心距与两个圆的半径来判断它们的位置关系.

解析 由圆 C_1: $\left(x-\frac{3}{2}\right)^2+(y-2)^2=r^2$ 与圆 C_2: $x^2-6x+y^2-8y=0$, 得到 C_1: 圆心为 $\left(\frac{3}{2}, 2\right)$, 半径为 r; C_2: 圆心为(3, 4), 半径为5.

$$|r_1-r_2|=|r-5|,\ r_1+r_2=5+r,\ d=\sqrt{\left(\frac{3}{2}-3\right)^2+(2-4)^2}=\frac{5}{2}.$$

两圆有交点则应满足 $|r-5|\leqslant\frac{5}{2}\leqslant r+5$, 解得 $\frac{5}{2}\leqslant r\leqslant\frac{15}{2}$.

条件 (1) 和条件 (2) 都不充分，联合也不充分.

答案 E

第四节 练 习

一、问题求解

1. 过点(1, 0)且与直线 $x-2y-2=0$ 平行的直线方程是（ ）.

A. $x-2y-1=0$ B. $x-2y+1=0$ C. $2x+y-2=0$

D. $x+2y-1=0$ E. $2x-y+2=0$

2. 在约束条件 $\begin{cases}4x+y\leqslant 10,\\4x+3y\leqslant 20,\\x\geqslant 0,\\y\geqslant 0\end{cases}$ 下，目标函数 $P=2x+y$ 的最大值为（ ）.

A. 6 B. 7 C. 7.5 D. 8 E. 9

3. 设 $z=2x+y$, 式中变量 x, y 满足条件 $\begin{cases}x-4y\leqslant -3,\\3x+5y\leqslant 25,\\x\geqslant 1,\end{cases}$ 则 z 的最大值和最小值分别

为（　　）.

A. 12，4　　B. 10，2　　C. 11，3　　D. 12，3　　E. 12，2

4. 直线 l 过点 $(-1, 2)$ 且与直线 $2x-3y+4=0$ 垂直，则直线 l 的方程是（　　）.

A. $3x+2y-1=0$　　B. $3x+2y+1=0$　　C. $3x-2y-1=0$

D. $3x-2y+1=0$　　E. $2x+3y+1=0$

5. 已知直线 $a^2x+y+2=0$ 与直线 $bx-(a^2+1)y-1=0$ 互相垂直，则 $|ab|$ 的最小值为（　　）.

A. 5　　B. 4　　C. 2　　D. 1　　E. 3

6. 已知点 $A(-3, -4)$，$B(6, 3)$ 到直线 l：$ax+y+1=0$ 的距离相等，则实数 a 的值等于（　　）.

A. $\frac{7}{9}$　　B. $-\frac{1}{3}$　　C. $-\frac{7}{9}$ 或 $-\frac{1}{3}$　　D. $\frac{7}{9}$ 或 $\frac{1}{3}$　　E. $\frac{1}{3}$

7. 方程 $x^2+y^2+4mx-2y+5m=0$ 表示圆的充分必要条件是（　　）.

A. $\frac{1}{4}<m<1$　　B. $m<\frac{1}{4}$　　C. $m>1$

D. $m<\frac{1}{4}$ 或 $m>1$　　E. $m\leqslant 1$

8. 已知 AC，BD 为圆 O：$x^2+y^2=4$ 的两条相互垂直的弦，垂足为 $M(1, \sqrt{2})$，则四边形 $ABCD$ 的面积的最大值为（　　）.

A. 5　　B. 4　　C. 6　　D. 3　　E. 2

9. 已知实数 x，y 满足 $2x^2+3y^2=2x$，则 x^2+y^2 的最大值为（　　）.

A. 1　　B. 2　　C. 3　　D. 4　　E. 5

10. 已知 $0<k<4$，直线 l_1：$kx-2y-2k+8=0$ 和直线 l_2：$2x+k^2y-4k^2-4=0$ 与两坐标轴围成一个四边形，则使得这个四边形面积最小的 k 的值为（　　）.

A. $\frac{1}{2}$　　B. $\frac{1}{3}$　　C. $\frac{1}{6}$　　D. $\frac{1}{8}$　　E. $\frac{1}{7}$

11. 已知点 $P(x, y)$ 到 $A(0, 4)$ 和 $B(-2, 0)$ 的距离相等，则 2^x+4^y 的最小值为（　　）.

A. 2　　B. 4　　C. $\sqrt{2}$　　D. $4\sqrt{2}$　　E. $5\sqrt{2}$

12. 过点 $A(11, 2)$ 作圆 $x^2+y^2+2x-4y-164=0$ 的弦，则弦长为整数的共有（　　）.

A. 16 条　　B. 17 条　　C. 32 条　　D. 33 条　　E. 34 条

13. 圆 $(x-a)^2+(y-b)^2=1$ 的圆心在第三象限，则直线 $ax+by-1=0$ 一定不经过（　　）.

A. 第一象限　　B. 第二象限　　C. 第三象限　　D. 第四象限　　E. 坐标轴

二、条件充分性判断

14. $(m+2)x+3my+1=0$ 与 $(m-2)x+(m+2)y-3=0$ 相互垂直.

(1) $m=\frac{1}{2}$.

（2）$m=-2$.

15. 圆$(x-1)^2+(y-2)^2=4$和直线$(1+2\lambda)x+(1-\lambda)y-3-3\lambda=0$相交于两点.

（1）$\lambda=\frac{2\sqrt{3}}{5}$.

（2）$\lambda=\frac{5\sqrt{3}}{2}$.

16. A点坐标为$(2, 3)$，B点坐标为$(4, -5)$，则A，B两点到直线l的距离相等.

（1）直线l的方程为$3x+2y-7=0$.

（2）直线l的方程为$4x+y-7=0$.

17. 半径分别为3和4的两个圆，圆心坐标分别为$(a, 1)$和$(2, b)$，则它们有4条公切线.

（1）点$P(a, b)$在圆$(x-2)^2+(y-1)^2=40$的外面.

（2）点$P(a, b)$在圆$(x-2)^2+(y-1)^2=50$的外面.

18. $0\leqslant\frac{y+1}{x+2}\leqslant 2$.

（1）点$P(x, y)$在直线$x+y-3=0$上，且$0\leqslant x\leqslant 4$.

（2）点$P(x, y)$在直线$x+y-3=0$上，且$0\leqslant x\leqslant 5$.

19. $\frac{y}{x}$的最大值是$\sqrt{3}$.

（1）圆O的方程是$(x-2)^2+y^2=3$.

（2）动点$P(x, y)$在圆O上运动.

20. 直线l的斜率为$-\frac{a}{a+1}$.

（1）直线l沿y轴负方向平移$a+1$（$a>0$）个单位，再沿x轴正方向平移a个单位，所得直线与直线l重合.

（2）直线l沿y轴负方向平移a（$a>0$）个单位，再沿x轴正方向平移$a+1$个单位，所得直线与直线l重合.

21. 已知直线l：$y=k(x-1)$，则直线l与抛物线$y=x^2+4x+3$的两个交点都在第二象限.

（1）k的取值范围是$(-2, 1)$.

（2）k的取值范围是$(-3, -1)$.

22. 两个圆的公切线共有2条.

（1）圆$x^2+y^2-2x=0$和圆$x^2+y^2+4y=0$.

（2）圆$(x+2)^2+y^2=4$与圆$(x-2)^2+(y-1)^2=9$.

23. 已知P为直线$x+y-3=0$上的点，过点P引圆O：$(x-1)^2+y^2=1$的两条切线，切点分别为M，N，则能够确定点P的个数.

（1）$\angle MPN=90°$.

（2）$\angle MPN=120°$.

24. 直线 $y=x$，$y=ax+b$ 与 $x=0$ 所围成的三角形的面积等于 1.

(1) $a=-1$，$b=2$.

(2) $a=-2$，$b=-4$.

25. 若直线 $y=kx+1$ 与圆 $x^2+y^2=1$ 相交于 P，Q 两点，则 $\angle POQ=\dfrac{2\pi}{3}$（其中，$O$ 为坐标原点）.

(1) $k=-\dfrac{\sqrt{3}}{3}$.

(2) $k=-\sqrt{3}$.

26. 圆 $y^2=4x-x^2$ 与直线 $x-y+k=0$ 没有交点.

(1) $k>1$.

(2) $k>0$.

27. $a^2+b^2=9$.

(1) 圆 C_1：$(x-a)^2+y^2=1$ 与圆 C_2：$x^2+(y-b)^2=4$ 只有一个交点.

(2) 圆 $(x+3)^2+(y-4)^2=4$ 上到原点距离最近的点的坐标是 $(a，b)$.

第五节　参考答案及解析

一、问题求解

1. 答案：A

解析：设所求直线方程为 $x-2y+c=0$，又已知直线经过点 $(1，0)$，故 $c=-1$，所以所求直线方程为 $x-2y-1=0$.

2. 答案：C

解析：首先，作出约束条件所表示的平面区域，这一区域称为可行域，如图（a）所示. 其次，将目标函数 $P=2x+y$ 变形为 $y=-2x+P$ 的形式，它表示一族直线，斜率为 -2，且在 y 轴上的截距为 P.

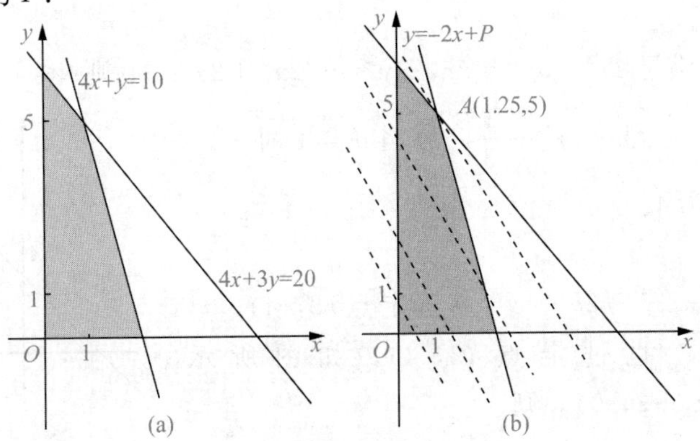

平移直线 $y=-2x+P$，当它经过两直线 $4x+y=10$ 与 $4x+3y=20$ 的交点 $A(1.25, 5)$时，直线在 y 轴上的截距最大，如图（b）所示. 因此，当 $x=1.25$，$y=5$ 时，目标函数取得最大值 7.5.

3. 答案：D

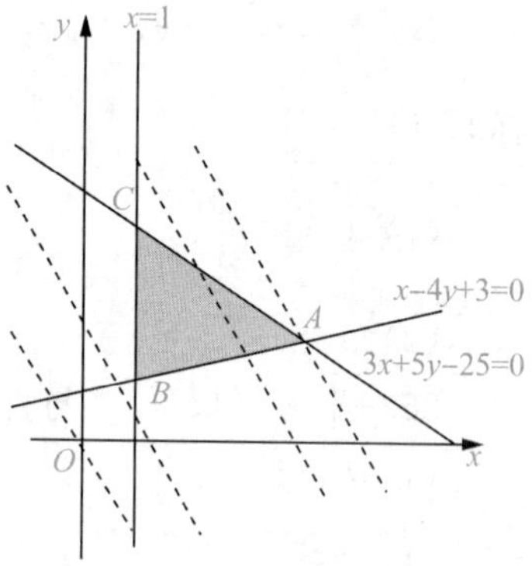

解析：由题意，变量 x，y 所满足的每个不等式都表示一个平面区域，不等式组则表示这些平面区域的公共区域. 如图所示，画出直线 l：$2x+y=t$，$t\in\mathbf{R}$，而且，直线往右平移时，t 随之增大. 由图可知，当直线 l 经过点 $A(5, 2)$时，对应的 t 最大；当直线 l 经过 $B(1, 1)$时，对应的 t 最小，所以，

$$z_{\max}=2\times5+2=12,\ z_{\min}=2\times1+1=3.$$

4. 答案：A

解析：由题意知，直线 l 的斜率为 $-\frac{3}{2}$，因此直线 l 的方程为 $y-2=-\frac{3}{2}(x+1)$，即 $3x+2y-1=0$.

5. 答案：C

解析：由题意知，$a^2b-(a^2+1)=0$ 且 $a\neq0$，得 $a^2b=a^2+1$，所以 $ab=\frac{a^2+1}{a}=a+\frac{1}{a}$，得 $|ab|=\left|a+\frac{1}{a}\right|=|a|+\frac{1}{|a|}\geqslant2$（当且仅当 $a=\pm1$ 时取等号）.

6. 答案：C

解析：由题意知 $\frac{|6a+3+1|}{\sqrt{a^2+1}}=\frac{|-3a-4+1|}{\sqrt{a^2+1}}$，解得 $a=-\frac{1}{3}$ 或 $a=-\frac{7}{9}$.

7. 答案：D

解析：由 $(4m)^2+4-4\times5m>0$ 知 $m<\frac{1}{4}$ 或 $m>1$. 答案选 D.

8. 答案：A

解析：设圆心 O 到 AC，BD 的距离分别为 d_1，d_2，则 $d_1^2+d_2^2=OM^2=3$. 四边形 $ABCD$ 的面积 $S=\frac{1}{2}|AC|\cdot|BD|=2\sqrt{(4-d_1^2)(4-d_2^2)}\leqslant8-(d_1^2+d_2^2)=5$.

9. 答案：A

解析：由 x，y 满足 $2x^2+3y^2=2x$，$3y^2=-2x^2+2x\geqslant0$，则 $0\leqslant x\leqslant1$，令 $u=x^2+y^2$，则 $u=\frac{1}{3}x^2+\frac{2}{3}x=\frac{1}{3}(x+1)^2-\frac{1}{3}$，故当 $x=1$ 时，$u=x^2+y^2$ 有最大值，为 1.

10. 答案：D

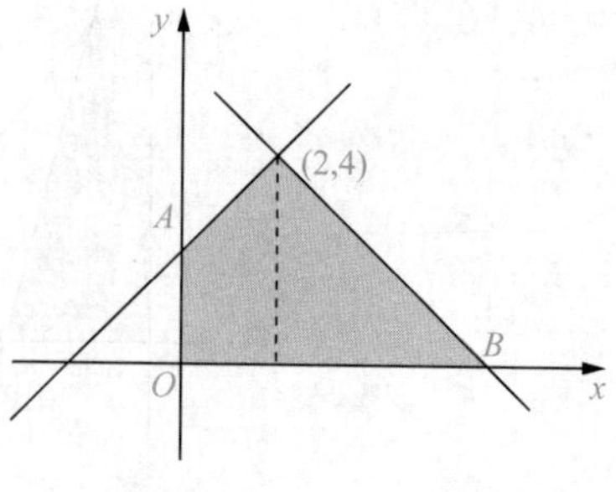

解析：l_1：$kx-2y-2k+8=0$ 过定点 $(2, 4)$，l_2：$k^2(y-4)=4-2x$ 也过定点 $(2, 4)$，如图所示，$A(0, 4-k)$，$B(2k^2+2, 0)$，则

$$S=\frac{1}{2}\times2k^2\times4+(4-k+4)\times2\times\frac{1}{2}=4k^2-k+8,$$

当 $k=\frac{1}{8}$ 时，S 取得最小值.

11. 答案：D

解析：因为点 $P(x,\ y)$ 到 $A(0,\ 4)$ 和 $B(-2,\ 0)$ 的距离相等，所以点 $P(x,\ y)$ 在 AB 的垂直平分线上，且垂线过 AB 的中点 $(-1,\ 2)$，垂线方程为 $x+2y-3=0$，即 $x+2y=3$. 因为 $2^x+4^y=2^x+2^{2y}$，且 $2^x>0$，$2^{2y}>0$，所以 $2^x+4^y=2^x+2^{2y}\geqslant2\sqrt{2^{x+2y}}=2\sqrt{2^3}=4\sqrt{2}$，最小值为 $4\sqrt{2}$.

12. 答案：C

解析：圆的标准方程是 $(x+1)^2+(y-2)^2=13^2$，圆心为 $(-1,\ 2)$，半径 $r=13$，圆心与 A 的距离为 12，则过点 A (11，2) 的最短弦长为 10，最长弦长为 26（分别只有一条），还有长度为 11，12，…，25 的各 2 条，所以共有弦长为整数的弦 $2+2\times15=32$（条）.

13. 答案：A

解析：由圆 $(x-a)^2+(y-b)^2=1$，得到圆心坐标为 $(a,\ b)$，因为圆心在第三象限，所以 $a<0$，$b<0$，又直线方程可化为 $y=-\frac{a}{b}x+\frac{1}{b}$，故 $-\frac{a}{b}<0$，$\frac{1}{b}<0$，则直线一定不经过第一象限.

二、条件充分性判断

14. 答案：D

解析：条件（1），当 $m=\frac{1}{2}$ 时，两条直线的斜率分别为 $-\frac{5}{3}$，$\frac{3}{5}$，有 $-\frac{5}{3}\times\frac{3}{5}=-1$，故两条直线相互垂直，充分. 条件（2），当 $m=-2$ 时，两条直线分别为平行于 x 轴、y 轴的直线，显然是垂直的，充分. 故答案选 D

15. 答案：D

解析：根据直线与圆相交的条件，即 $d<r$，则

$$d=\frac{|-3\lambda|}{\sqrt{(1+2\lambda)^2+(1-\lambda)^2}}<r=2,$$

$$9\lambda^2<4[(1+2\lambda)^2+(1-\lambda)^2],$$

从而得到 $11\lambda^2+8\lambda+8>0$，即对任意的 λ 均成立，条件（1）和条件（2）都充分.

16. 答案：D

解析：A，B 两点到 l 的距离相等，有两种情况：一种是直线与 AB 直线平行，条件（2）是这种情况；另一种是直线过 AB 线段的中点，条件（1）是这种情况. 这两种情况都能满足 A，B 两点到 l 的距离相等. 故两个条件都充分.

17. 答案：B

解析：两个圆有 4 条公切线，则圆心距大于两个圆的半径之和，故得到

$$\sqrt{(a-2)^2+(b-1)^2}>3+4=7\Rightarrow(a-2)^2+(b-1)^2>49.$$

由条件（1）得$(a-2)^2+(b-1)^2>40$，不充分；由条件（2）得$(a-2)^2+(b-1)^2>50$，充分.

18. 答案：A

解析：$\frac{y+1}{x+2}$表示(x, y)到$(-2, -1)$的斜率.

条件（1），当$x=0$时，$y=3$，即$A(0, 3)$为端点，当$x=4$时，$y=-1$，即$B(4, -1)$为端点. 则斜率的最大值为$\frac{3+1}{0+2}=2$，最小值为$\frac{-1+1}{4+2}=0$，充分. 当$x=5$，$y=-2$，即c（5，-2）为端点时斜率为$\frac{-2+1}{5+2}=-\frac{1}{7}<0$，条件（2）不充分.

19. 答案：C

解析：设$\frac{y}{x}=k\Rightarrow kx-y=0$，显然，条件（1）和条件（2）单独都不充分，考虑联合. 圆心为$(2, 0)$，半径为$\sqrt{3}$，则当直线与圆相切时有最值$\frac{|k\cdot 2-0|}{\sqrt{k^2+1}}=\sqrt{3}$，则$k=\pm\sqrt{3}$，充分.

20. 答案：B

解析：直线移动斜率不变，在移动过程中只要满足$\frac{y}{x}=k$（其中x表示横坐标变化量，y表示纵坐标变化量），则移动后的直线与原直线重合. 条件（1），可知$\frac{y}{x}=-\frac{a+1}{a}$，不充分. 条件（2），可知$\frac{y}{x}=-\frac{a}{a+1}$，充分.

21. 答案：B

解析：画图，直线$y=k(x-1)$恒过点$(1, 0)$，当以过$(1, 0)$，$(0, 3)$两点的直线按逆时针方向旋转到与x轴重合前时，直线与抛物线在第二象限有两个交点. 故直线斜率应该在$(-3, 0)$之内，显然条件（1）不充分，条件（2）充分.

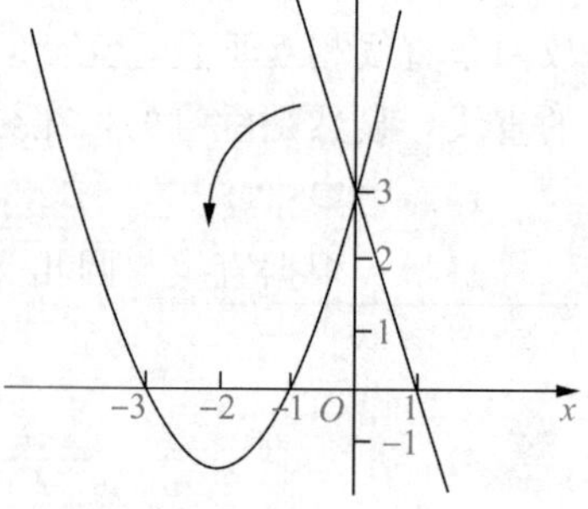

22. 答案：D

解析：本题主要考查两个圆的位置关系，当两个圆相交时，公切线只有 2 条. 条件（1），圆$x^2+y^2-2x=0$和圆$x^2+y^2+4y=0$，配方得到圆$(x-1)^2+y^2=1$和圆$x^2+(y+2)^2=4$，圆心距$d=\sqrt{1+4}=\sqrt{5}$，由于$2-1<d<2+1$，故相交，充分. 同理，条件（2）也充分. 故答案选 D.

23. 答案：D

解析：圆O：$(x-1)^2+y^2=1$的半径是1，圆心（1，0）到直线$x+y-3=0$的距离是$d=\frac{|1+0-3|}{\sqrt{2}}=\sqrt{2}$. 设垂足为$P$. 满足$P$为直线$x+y-3=0$上的点的条件；过点$P$作圆$O$：$(x-1)^2+y^2=1$的两条切线. 切点分别为$M$，$N$. 若$\angle MPN=90°$，则点$P$只有一

个；若$\angle MPN=120°$，则 P 点有 0 个．故答案选 D.

24. 答案：A

解析：条件（1）：画图如下图所示．$S_{三角形}=\frac{1}{2}\times2\times1=1$，条件（1）充分.

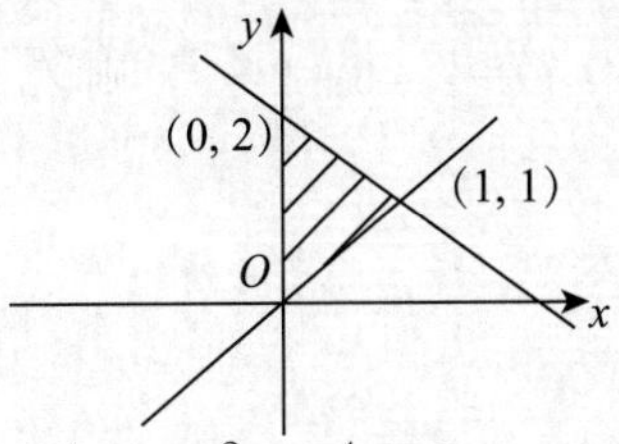

条件（2）：画图如下图所示．$\begin{cases}y=-2x-4,\\y=x\end{cases}$的交点为$\left(-\frac{4}{3}，-\frac{4}{3}\right)$，$S_{三角形}=\frac{1}{2}\times4\times\frac{4}{3}=\frac{8}{3}$，条件（2）不充分.

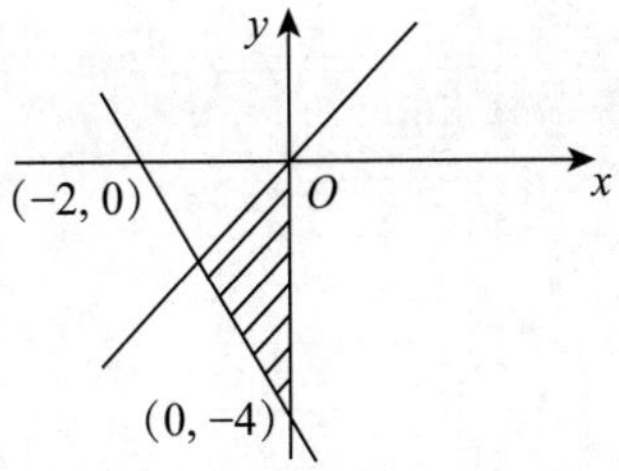

25. 答案：B

解析：条件（1）：$y=-\frac{\sqrt{3}}{3}x+1$，如图（a）所示，$\angle OMP=30°$，$\angle OPQ=\angle PQO=\angle POQ=60°$，不充分．条件（2）：$y=-\sqrt{3}x+1$，如图（b）所示，$\angle OMP=60°$，$\angle OPQ=\angle PQO=30°\Rightarrow\angle POQ=120°$，充分．故答案选 B.

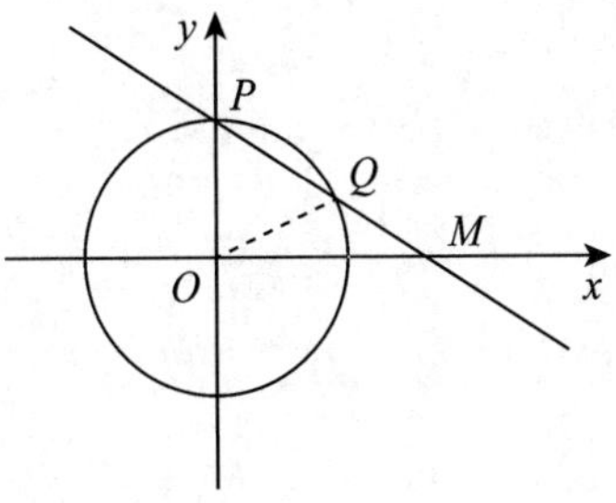

(a)

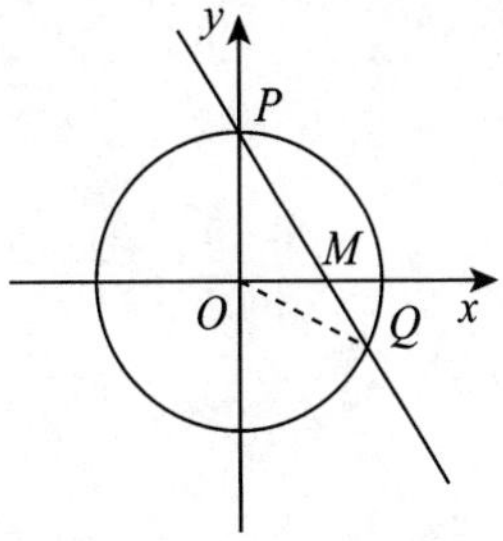

(b)

26. 答案：A

解析：题干分析可知圆心到直线的距离大于半径，圆心为（2，0），半径为 2，圆心到直线的距离为$\frac{|2+k|}{\sqrt{2}}>2\Rightarrow k>-2+2\sqrt{2}$或$k<-2-2\sqrt{2}$，条件（1）充分，条件（2）不充分．故答案选 A.

27. 答案：B

解析：条件（1），O_1（a，0），$r_1=1$，O_2（0，b），$r_2=2$；$O_1O_2=\sqrt{a^2+b^2}$，$r_1+r_2=3$，

$|r_1-r_2|=1$；

若外切，则$\sqrt{a^2+b^2}=3$，此时 $a^2+b^2=9$；若内切，则$\sqrt{a^2+b^2}=1$，此时 $a^2+b^2=1$，不充分；

条件（2），O_1（-3，4），$r=2$，O（0，0），则 $O_1O=5$，则圆上到原点距离最近的点 P（a，b）在 O_1O 上，且 $PO=O_1O-r=5-2=3$，则$\sqrt{a^2+b^2}=3$，即 $a^2+b^2=9$，充分.

第四部分　数据分析

第九章　排列组合
第十章　概率初步
第十一章　数据描述

考点分析

本部分在考试中大约占 5 个题目，15 分左右. 其中，第九章占 2~3 个题目，考点灵活，类型较多，考生很容易出错，是考试的核心内容，也是难点. 第十章占 2 个题目，主要考点为古典概型、独立事件、伯努利概型等知识点. 第十一章占 0~1 个题目，主要考点为平均数概念、方差和标准差.

时间安排

本部分建议考生用四周时间学习，其中第九章用 12 天左右的时间，第十章用 11 天左右的时间，第十一章用 5 天左右的时间. 第九章的学习方法要特别注意，由于其考试题目的多样性，所以学习时要分类型去理解题意，看到不同的“题眼”就要想到对应的做题方法，这一点是关键；尤其要参照例题，观察题目类型，注意琢磨“解题信号”.

第九章　排列组合

第一节　加法原理与乘法原理

一、加法原理（分类计数原理）

（1）如果完成一件事可以有 n 类办法，选择其中一类办法中的任何一种方法，就可以完成这件事；若第一类办法中有 m_1 种不同的方法，第二类办法中有 m_2 种不同的方法，…，第 n 类办法中有 m_n 种不同的方法，那么完成这件事共有 $N=m_1+m_2+\cdots+m_n$ 种不同的方法.

（2）模式："做事"—"分类"—"加法".

（3）关键：抓住分类的标准进行恰当的分类，要使分类既不遗漏也不重复.

二、乘法原理（分步计数原理）

（1）如果一件事必须依次连续地完成 n 个步骤才能完成；若完成第一个步骤有 m_1 种不同的方法，完成第二个步骤有 m_2 种不同的方法，…，完成第 n 个步骤有 m_n 种不同的方法，那么完成这件事共有 $N=m_1m_2\cdots m_n$ 种不同的方法.

（2）模式："做事"—"分步"—"乘法".

（3）关键：抓住特点进行分步，要正确设计分步的程序使每步之间既相互联系又彼此独立.

三、加法原理与乘法原理的区别

加法原理与乘法原理都是解决做一件事的不同方法数的问题. 区别在于：

（1）加法原理针对的是"分类"问题，其中各种方法相互独立，每一种方法只属于某一类，用其中任何一种方法都可以单独完成这件事.

（2）乘法原理针对的是"分步"问题，各个步骤中的方法相互依存，某一步骤中的每一种方法都只能做完这件事的一个步骤，只有各个步骤都完成才算这件事完成.

例题 1　从甲地到乙地，可以乘火车，也可以乘汽车，还可以乘轮船. 一天中，火车有 4 班，汽车有 5 班，轮船有 3 班，那么一天中乘坐这些交通工具从甲地到乙地共有（　　）种不同的走法.

A. 10　　B. 11　　C. 12　　D. 13　　E. 14

解析　从甲地到乙地有 3 类方式：第一类是乘火车，有 4 种走法；第二类是乘汽车，有 5 种走法；第三类是乘轮船，有 3 种走法. 所以，从甲地到乙地共有 $4+5+3=12$（种）

走法.

答案 C

例题 2 由 A 村去 B 村的道路有 3 条，由 B 村去 C 村的道路有 4 条，从 A 村经 B 村去 C 村时，共有（　　）种不同的走法.

A. 7　　B. 12　　C. 14　　D. 10　　E. 15

解析 从 A 村经 B 村去 C 村有两步：

第一步，由 A 村去 B 村，有 3 种方法；

第二步，由 B 村去 C 村，有 4 种方法.

所以从 A 村经 B 村去 C 村共有 $3\times4=12$（种）不同的方法.

答案 B

第二节 排　列

一、定义

从 n 个不同的元素中，任意取出 m（$0\leqslant m\leqslant n$）个，按一定顺序排成一列，称为从 n 个元素中取 m 个元素的一个排列.

所有这样的不同排列的个数，称为排列数，记为 P_n^m.

【注 1】 排列是有顺序的，不同的元素，位置不同，对应的排列也不同.

【注 2】 当 $m=n$ 时，即 n 个不同元素全部取出的排列数，称为全排列数，记为 P_n^n.

二、公式

$$\mathrm{P}_n^m=n(n-1)(n-2)\cdots(n-m+1)=\frac{n!}{(n-m)!}.$$

【注】 全排列数 $\mathrm{P}_n^n=n(n-1)\cdot(n-2)\cdot\cdots\cdot2\cdot1=n!$（$n!$ 称为 n 的阶乘）.

例题 1 两次掷一枚骰子，两次出现的数字之和为奇数的情况有（　　）种.

A. 6　　B. 12　　C. 18　　D. 24　　E. 36

解题信号 若两个数字之和是奇数，那么这两个数只能一奇一偶.

解析 两次之和为奇数，则一次掷为奇数，一次掷为偶数. 这可分为两种情况：当第一次为奇数、第二次为偶数时，有 $3\times3=9$（种）；当第一次为偶数、第二次为奇数时，有 $3\times3=9$（种）；共有 $9+9=18$（种）.

答案 C

例题 2 计划展出 9 幅不同的画，其中 2 幅水彩画、3 幅油画、4 幅国画，摆成一行陈列，要求同一品种的画必须连在一起，并且水彩画不放在两端，那么不同的陈列方式有（　　）种.

A. 462　　B. 476　　C. 546　　D. 576　　E. 586

解题信号 “必须连在一起”，意味着排列时，它们是一个整体.

解析 先把 3 个品种的画各看成整体，而水彩画不能放在头尾，故只能放在中间；又油画与国画有 2! 种放法，再考虑油画、水彩画以及国画本身又可以全排列，故排列的方法有 $2!\cdot 3!\cdot 4!\cdot 2!=576$（种）.

答案 D

例题 3 信号兵把红旗与白旗从上到下挂在旗杆上表示信号，现有 3 面红旗、2 面白旗，把这 5 面旗都挂上去，可表示不同信号的种数是（　　）.

A. 10　　B. 15　　C. 20　　D. 30　　E. 40

解题信号 相同颜色的旗，位置互换，是同一个排列.

解析 5 面旗全排列有 $P_5^5=5!$（种）挂法，由于 3 面红旗与 2 面白旗的分别全排列均只能算作一次的挂法，故共有不同的信号种数是 $\frac{5!}{3!\ 2!}=10$（种）.

答案 A

例题 4 记者现在要为 5 位志愿者和他们帮助的 2 位老人拍照，要求排成一排，2 位老人相邻但不排在两端，不同的排法共有（　　）种.

A. 1 440　　B. 960　　C. 720　　D. 480　　E. 380

解题信号 “相邻”，意味着可以看作一个整体；“不在两端”，意味着其他人在两端.

解析 视两位老人为 1 人，连同其余 5 人共 6 人进行排列. 由于老人不能排两端，从其余 5 人中选 2 人排两端，有 P_5^2 种排法；还有 4 人（实为 5 人）可以任意排列，有 P_4^4 种排法；又两位老人的位置可以互换，有 P_2^2 种情况. 根据乘法原理，不同的排法共有 $P_5^2P_4^4P_2^2=960$（种）.

答案 B

例题 5 一个晚会的节目有 4 个舞蹈、2 个相声、3 个独唱，舞蹈节目不能连续出场，则节目的出场顺序有（　　）种.

A. $P_5^5P_6^4$　　B. $P_5^5P_5^4$　　C. $P_6^5P_5^3$　　D. $P_5^5P_6^3$　　E. $P_6^6P_5^5$

解题信号 “不能连续”，意味着中间隔着别的节目.

解析 分两步进行：第一步排 2 个相声和 3 个独唱，共有 P_5^5 种；第二步将 4 个舞蹈插入第一步排好的 5 个元素中间，包含首尾两个空位，共有 P_6^4 种不同的方法. 由分步计数原理，节目的不同顺序共有 $P_5^5P_6^4$ 种.

答案 A

例题 6 书架上某层有 6 本书，新买了 3 本书插进去，要保持原来 6 本书的原有顺序，有（　　）种不同的插法.

A. P_9^9　　B. P_6^6　　C. P_9^3　　D. P_9^6　　E. 18

解题信号 "保持顺序"，意味着全排列中，这6本书只能是一种排列方式.

解析 9本书按一定顺序排在一层有 P_9^9 种，考虑到其中原来的6本书保持原有顺序，原来的每一种排法都重复了 P_6^6 次，所以有 $P_9^9 \div P_6^6 = P_9^3$（种）.

答案 C

例题7 有2本相同语文书、3本相同数学书、4本相同英语书排成一排，有（　）种不同的排法.

A. 600　　B. 1 440　　C. 1 260　　D. 310　　E. 200

解题信号 "相同的书"意味着不分先后，提示要消去重复排列.

解析 先把这9本书排成一排，有 P_9^9 种不同的排法. 其中，2本语文书有 P_2^2 种排法，3本数学书有 P_3^3 种排法，4本英语书有 P_4^4 种排法. 因相同的书无序，所以2本相同语文书、3本相同数学书、4本相同英语书都各只有1种排法，消去它们的顺序得这9本书的排法有 $\frac{P_9^9}{P_2^2P_3^3P_4^4}=1\ 260$（种）.

答案 C

—— 第三节 组　合 ——

一、定义

从 n 个不同元素中，任意取出 m（$0 \leqslant m \leqslant n$）个元素并为一组，称为从 n 个元素中取出 m 个元素的一个组合.

所有这些组合的个数，称为组合数，记为 C_n^m.

【注】 组合是无序的，只要把元素取出来就可以了，不需要进行排序.

二、公式

（1）$C_n^m=\frac{n(n-1)\cdots(n-m+1)}{m\cdot(m-1)\cdot\cdots\cdot 2\cdot 1}=\frac{n!}{m!(n-m)!}=\frac{P_n^m}{m!}$.

（2）$C_n^m=C_n^{n-m}$.

（3）$C_n^0=1$；$C_n^n=1$.

（4）$P_n^m=C_n^m\cdot P_m^m=C_n^m\cdot m!$.

（5）$C_n^0+C_n^1+C_n^2+\cdots+C_n^n=2^n$.

（6）$C_n^0+C_n^2+C_n^4+\cdots=2^{n-1}$.

(7) $C_n^1+C_n^3+C_n^5+\cdots=2^{n-1}$.

三、二项式定理

$(a+b)^n$ 的展开式的各项都是 n 次式，即展开式应有下面形式的各项：

$$a^n,\ a^{n-1}b,\ \cdots,\ a^{n-r}b^r,\ \cdots,\ b^n$$

展开式各项的系数：

(1) 每个都不取 b 的情况有 1 种，即 C_n^0 种，a^n 的系数是 C_n^0.

(2) 恰有 1 个取 b 的情况有 C_n^1 种，$a^{n-1}b$ 的系数是 C_n^1，….

(3) 恰有 r 个取 b 的情况有 C_n^r 种，$a^{n-r}b^r$ 的系数是 C_n^r，….

(4) 都取 b 的情况有 C_n^n 种，b^n 的系数是 C_n^n.

所以 $(a+b)^n=C_n^0a^n+C_n^1a^{n-1}b+\cdots+C_n^ra^{n-r}b^r+\cdots+C_n^nb^n\ (n\in\mathbf{N}_+)$.

这个公式所表示的定理称为二项式定理，右边的多项式称为 $(a+b)^n$ 的二项展开式，它有 $n+1$ 项，各项的系数 $C_n^r\ (r=0,1,\cdots,n)$ 称为二项式系数.

$C_n^ra^{n-r}b^r$ 称为二项展开式的通项，用 T_{r+1} 表示，即通项 $T_{r+1}=C_n^ra^{n-r}b^r$.

二项式定理中，设 $a=1$，$b=x$，则 $(1+x)^n=1+C_n^1x+\cdots+C_n^rx^r+\cdots+x^n$.

例题 1 从 4 台甲型和 5 台乙型电视机中任意取出 3 台，其中至少有甲型与乙型电视机各 1 台，则不同的取法共有（　　）.

A. 140 种　　B. 84 种　　C. 70 种　　D. 35 种　　E. 135 种

解题信号 任取 3 台提示是组合问题，不用排序.

解析 很多学生易错选为 A. 抽出的 3 台电视机中按照题目要求可以分为两类：第一类，甲型 1 台、乙型 2 台的取法有 $C_4^1C_5^2$ 种；第二类，甲型 2 台、乙型 1 台的取法有 $C_4^2C_5^1$ 种. 根据加法原理，可得总的取法有 $C_4^1C_5^2+C_4^2C_5^1=40+30=70$（种）.

答案 C

例题 2 50 件产品中有 4 件次品，从中任意抽出 5 件，其中至少有 3 件次品的抽法有（　　）.

A. 4 186 种　　B. 3 484 种　　C. 1 270 种　　D. 6 535 种　　E. 3 600 种

解题信号 任取 5 件提示是组合问题，不用排序.

解析 分为两类：第一类，3 件次品，2 件正品，其抽法（分两步，用乘法原理）有 $C_4^3C_{46}^2$ 种；第二类，有 4 件次品和 1 件正品的抽法，同理有 $C_4^4C_{46}^1$ 种. 最后由加法原理，不同的抽法共有 $C_4^3C_{46}^2+C_4^4C_{46}^1=4\ 186$（种）.

答案 A

例题 3 某外语组有 9 人，每人至少会英语和日语中的一门，其中 7 人会英语，3 人会日语，从中选出会英语和日语的各 1 人，有（　　）种不同的选法.

A. 20　　B. 6　　C. 2　　D. 12　　E. 8

解题信号 $7+3=10>9$，意味着恰有 1 人既会英语，又会日语，属于特殊元素，解题时需以此元素为突破口，分类讨论.

解析　由题意可知，9 人中仅会英语的有 6 人，既会英语又会日语的有 1 人，仅会日语的有 2 人．因此可根据既会英语又会日语的人是否当选，将所有选法分为两类：此人不当选时有 12 种不同的选法，此人当选时有 8 种不同的选法，共有 12+8=20（种）不同的选法．

答案　A

例题 4　（2022 年真题）甲、乙两支足球队进行比赛，比分为 4∶2，且在比赛过程中乙队没有领先过，则不同的进球顺序有（　　）种．

A. 6　　B. 8　　C. 9　　D. 10　　E. 12

解题信号　可根据进第 2 球的队伍进行分类．

解析　由于乙队没有领先过，故第 1 球必然是甲队进，则可按进第 2 球的队伍分为两种情况：

（1）甲队进：则后 4 球中乙队进 2 球，共 $C_4^2=6$（种）；

（2）乙队进：则第 3 球一定为甲队进，后 3 球中乙队进 1 球，共 $C_3^1=3$（种）．

故共有 6+3=9（种）不同的进球顺序．

答案　C

例题 5　（2023 年真题）某公司财务部有 2 名男员工、3 名女员工，销售部有 4 名男员工、1 名女员工，现要从中选 2 名男员工、1 名女员工组成工作小组，并要求每个部门至少有 1 名员工入选，则工作小组的构成方式有（　　）．

A. 24 种　　B. 36 种　　C. 50 种　　D. 51 种　　E. 68 种

解析　分 4 类情况进行讨论．

财务 2 名男员工+销售 1 名女员工：$C_2^2C_1^1=1$（种）．

财务 1 名男员工 1 名女员工+销售 1 名男员工：$C_2^1C_3^1C_4^1=24$（种）．

销售 1 名男员工 1 名女员工+财务 1 名男员工：$C_4^1C_1^1C_2^1=8$（种）．

销售 2 名男员工+财务 1 名女员工：$C_4^2C_3^1=18$（种）．

共 51 种，选 D．

答案　D

第四节　题型总结

一、相邻问题捆绑法

先将相邻元素“捆绑”，看成一个元素与其他元素排列，再将这些相邻元素“松绑”，自身排列．

例题　甲、乙等 10 名同学排一列，甲、乙必相邻，共有（　　）种排法．

A. 2！9！　　B. 8！2！　　C. 7！2！　　D. 10！　　E. 3！7！

解析 先将甲、乙“捆绑”，看成一个人与其余 8 人进行排列，也就是 9 个人全排列，有 9！种不同排法．再将甲、乙“松绑”，自身进行排列，有 2！种不同排法．故总计有 2！×9！种不同排法．

答案 A

二、 不相邻问题插空法

先不考虑不能相邻的元素，把其余元素做全排列，再将不能相邻的元素插入已经排好的元素间和两端的空隙中．

例题 1 甲、乙等 10 名同学排一列，甲、乙必不相邻，共有（　　）种排法．

A. 10！　B. 2！9！　C. 72×8！　D. 56×8！　E. 64×8！

解析 先不考虑甲、乙，将其余 8 人全排列，共 8！种排法．8 个人形成 9 个空隙（包括两端），将甲、乙插入 9 个空位共有 9×8=72（种）插法．故总计 72×8！种不同排法．

答案 C

例题 2 A，B，C，D，E，F 六个斜体字母排成一排，若 A，B，C 必须按 A 在前，B 居中，C 在后的原则排列，共有（　　）种排法．

A. 140　B. 90　C. 120　D. 480　E. 240

解析 方法一：依题意，○A○B○C○，将 D，E，F 按下列分类去插 4 个空．① 将 D，E，F 看作整体去插 4 个空有 C_4^1 种，D，E，F 自身全排列有 P_3^3 种，共有 $C_4^1P_3^3$ 种．② 将 D，E，F 分开（每空一个元素）插有 P_4^3 种．③ 将 D，E，F 中两个元素看成整体去插空有 $C_3^2P_2^2C_4^1C_3^1$ 种，于是共有 24+24+72=120（种）．

方法二：在○A○B○C○中，让 D，E，F 分别去插空，若将 D 去插这 4 个空则有 P_4^1 种，在 A，B，C，D 中间及两端就出现 5 个空，再让 E 去插空有 P_5^1 种，这样就在 A，B，C，D，E 中间及两端出现 6 个空，再让 F 去插空有 P_6^1 种，所以符合题意的排法有 $P_4^1P_5^1P_6^1=120$（种）．

答案 C

三、 相同元素分配挡板法

将相同元素分给不同对象，先将元素一字排开，再从空格中选出需要的个数插入挡板，将元素分为若干份，可使每个对象至少分得一个元素．

例题 1 10 瓶相同饮料分给 3 个人，每人至少 1 瓶，则有（　　）种分法．

A. 72　B. 36　C. 55　D. 56　E. 80

解析 将 10 瓶饮料一字排开，形成 9 个空格（不包括两端）．要把饮料分成 3 段，从 9 个空格中选 2 个插入挡板即可．共有 $C_9^2=36$（种）．

答案 B

例题 2 方程 $x+y+z+t=10$ 的正整数解有（ ）个.

A. C_9^3 B. C_{10}^2 C. C_{10}^3 D. C_9^2 E. C_8^3

解析 设想有 10 个相同的球并摆放成一行，选取 3 块隔板任意插入其中，则每一种插入方法都对应一个正整数解. 例如：○｜○○○○｜○○○｜○○的插入方法即对应于 $1+4+3+2=10$. 由于 10 个球之间共有 9 个空，任选 3 个空插入隔板，有 C_9^3 种插入方法，所以方程 $x+y+z+t=10$ 的正整数解有 C_9^3 个.

答案 A

四、环形排列问题

n 个不同元素做环形排列，共有 $(n-1)!$ 种排法. 如果从 n 个不同元素中选取 m 个元素做环形排列，则共有 $\frac{P_n^m}{m}$ 种排法. 如 16 个人围桌而坐，共有 $(16-1)!=15!$（种）不同坐法.

五、平均分堆问题

平均分堆时，出现数量相同的堆，有几堆则除以几的阶乘.

【注】 若指定了接收对象，则先分堆，再排序.

例题 有六本不同的书，则共有 15 种分法.

(1) 平均分为三堆.

(2) 平均分配给甲、乙、丙三人.

解析 条件 (1)：$\frac{C_6^2C_4^2C_2^2}{3!}=15$（种）.

条件 (2)：$\frac{C_6^2C_4^2C_2^2}{P_3^3}P_3^3=90$（种）.

答案 A

六、不同元素打包分配法

打包法是不同元素分组时，先将元素个数做正整数分解，再计算每种分解法对应的不同分组情况，最后汇总相加. 分配法是将 n 个不同元素分到 n 个不同位置，每个位置恰好 1 个元素.

例题 1 6 名老师分到 3 个班，每班至少 1 名老师，则有（ ）种分法.

A. 90 B. 540 C. 360 D. 450 E. 500

解析 首先，$6=1+1+4=1+2+3=2+2+2$，共三种分解方法. 其次，计算每种分解对应的分组方法数：$1+1+4$ 的方法数为：$\frac{C_6^1C_5^1C_4^4}{P_2^2}=15$，$2+2+2$ 的方法数为：$\frac{C_6^2C_4^2C_2^2}{P_3^3}=15$，

$1+2+3$ 的方法数为：$C_6^1C_5^2C_3^3=60$. 第一步打包，共 $15+60+15=90$（种）方法. 第二步分配，3 组元素分到 3 个位置，共计 3！种方法. 故总计 $90\times6=540$（种）方法.

答案 B

打包分配问题也称为分堆分配问题，是排列组合中的一个重点和难点，很多考生觉得难以理解，理解了也不容易熟练运用，下面对该问题进行透彻讲解.

1. 基本的分堆问题

例题 2 6 本不同的书，分为三堆，每堆 2 本，有（ ）种分法.

A. 26 B. 30 C. 15 D. 60 E. 90

解析 分堆与顺序无关，分堆总数是 $C_6^2C_4^2C_2^2$ 种，这 90 种分堆实际上重复了 6 次. 不妨把 6 本不同的书写上 1，2，3，4，5，6 六个号码，考虑以下两种分法：（1，2），（3，4），（5，6）与（3，4），（1，2），（5，6），由于书是均匀分堆的，三堆的本数一样，又与顺序无关，所以这两种分法是同一种分法. 以上的分堆方法实际上加入了堆的顺序，因此还应消去分堆的顺序，即除以堆数的全排列数 3!，所以分法是 $\frac{C_6^2C_4^2C_2^2}{3!}=15$（种）.

答案 C

例题 3 6 本不同的书，分为三堆，一堆 1 本，一堆 2 本，一堆 3 本，有（ ）种分法.

A. 26 B. 30 C. 15 D. 60 E. 90

解析 先分堆，方法是 $C_6^1C_5^2C_3^3=60$，由于每堆书的本数是不一样的，因此不会出现相同的分法，即共有 $C_6^1C_5^2C_3^3=60$（种）分法.

答案 D

例题 4 6 本不同的书，分为三堆，一堆 4 本，另外两堆各 1 本，有（ ）种分法.

A. 26 B. 30 C. 15 D. 60 E. 90

解析 先分堆，方法是 $C_6^4C_2^1C_1^1=30$（种），其中两堆书的本数都是 1 本，因此这两堆有了顺序，而对 4 本书的那一堆，由于书的本数不一样，不可能重复，所以实际分法是 $\frac{C_6^4C_2^1C_1^1}{2!}=15$（种）.

答案 C

由此可以得出分堆问题的一般方法：一般地，n 个不同的元素分成 p 堆，各堆内元素数目分别为 m_1，m_2，…，m_p，其中 k 堆内元素数目相等，那么分堆方案数是 $\frac{C_n^{m_1}C_{n-m_1}^{m_2}C_{n-m_1-m_2}^{m_3}\cdots C_{m_p}^{m_p}}{k!}$.

2. 先分堆后分配的问题

例题 5 将上述例题 2～例题 4 中“分为三堆”改为“分给甲、乙、丙三人”，各有（ ）种分法.

A. 90 B. 360 C. 15 D. 60 E. 180

解析 由于分配给三人，同一本书给不同的人是不同的分法，所以是排列问题. 实际上可看作“分为三堆，再将这三堆分给甲、乙、丙三人”，因此只要将分堆方法数再乘以 P_3^3 即可，答案分别为 $\frac{C_6^2C_4^2C_2^2}{3!}P_3^3=90$（种），$C_6^1C_5^2C_3^3P_3^3=360$（种），$\frac{C_6^4C_2^1C_1^1}{2!}P_3^3=90$（种）.

答案　A；B；A

例题 6　6 本不同的书，分给甲、乙、丙三人，每人至少 1 本，有（　　）种分法.

A. 426　　B. 530　　C. 540　　D. 560　　E. 480

解析　题目要求：书要分完，每人至少 1 本. 因此，考虑先分堆后排列. 先分堆，6 本书有三类分法：

① 每堆 2 本；

② 分别为 1 本、2 本、3 本；

③ 两堆各 1 本，另一堆 4 本.

所以根据加法原理，分堆法是 $\frac{C_6^2C_4^2C_2^2}{3!}+C_6^1C_5^2C_3^3+\frac{C_6^4C_2^1C_1^1}{2!}=90$（种）. 再考虑排列，即再乘以 P_3^3. 所以一共有 540 种不同的分法.

答案　C

3. 分堆问题的变形

例题 7　四个不同的小球放入编号 1，2，3，4 的四个盒子中，恰有一个空盒的放法有（　　）种.

A. 144　　B. 134　　C. 150　　D. 160　　E. 124

解析　恰有一个空盒，则另外三个盒子中小球数分别为 1，1，2. 实际上可转化为先将四个不同的小球分成三堆，两堆各 1 个，另一堆 2 个，分堆方法有 $\frac{C_4^1C_3^1C_2^2}{2!}$ 种，然后将这三堆再加上一个空盒进行全排列，即共有 $\frac{C_4^1C_3^1C_2^2}{2!}P_4^4=144$（种）.

答案　A

例题 8　甲、乙、丙三项任务，甲需 2 人承担，乙、丙各需 1 人承担，从 10 人中选派 4 人承担这三项任务，不同的选法有（　　）种.

A. 2 520　　B. 2 530　　C. 2 560　　D. 2 660　　E. 2 490

解析　先考虑分堆，即 10 人中选 4 人分为三组，其中两组各 1 人，另一组 2 人，共有 $\frac{C_{10}^1C_9^1C_8^2}{2!}$ 种分法. 再考虑排列，甲任务需 2 人承担，因此 2 人的那个组只能承担甲任务，而一个人的两组既可承担乙任务又可承担丙任务，所以共有 $\frac{C_{10}^1C_9^1C_8^2}{2!}P_2^2=2\ 520$（种）不同的选法.

答案　A

例题 9　集合 $A=\{1，2，3，4\}$，$B=\{6，7，8\}$，以 A 为定义域，B 为值域，从集合 A 到集合 B 的不同的函数有（　　）个.

A. 26　　B. 30　　C. 36　　D. 60　　E. 90

解析 由于集合 A 为定义域，B 为值域，即集合 A 中的每个元素都有对应的象，集合 B 中的每个元素都有原象. 而集合 B 的每个元素接受集合 A 中对应的元素的数目不限，所以此问题实际上还是先分堆后分配的问题. 先考虑分堆，集合 A 中 4 个元素分为三堆，各堆的元素数目分别为 1，1，2，则共有 $\frac{C_4^1C_3^1C_2^2}{2!}$ 种分堆方法. 再考虑分配，即排列，再乘以 P_3^3，所以共有 $\frac{C_4^1C_3^1C_2^2}{2!}P_3^3=36$（个）不同的函数.

答案 C

例题 10 $p=\frac{3}{7}$.

（1）将 8 名乒乓球选手分为两组，每组 4 人，则甲、乙两位选手不在同一组的概率为 p.

（2）将 8 名乒乓球选手分为两组，每组 4 人，则甲、乙两位选手在同一组的概率为 p.

解析 条件（1）$p=\frac{\frac{C_6^3C_3^3}{P_2^2}P_2^2}{\frac{C_8^4C_4^4}{P_2^2}}=\frac{4}{7}$，不充分；条件（2）$p=\frac{C_6^2C_4^4}{\frac{C_8^4C_4^4}{P_2^2}}=\frac{3}{7}$，充分.

答案 B

七、数字排序问题

此类问题涉及奇偶、整除、数位大小等，可采用元素位置法进行分析，注意 0 不能放在首位.

例题 0～9 共 10 个数字，能组成（　　）个没有重复数字的不同的三位偶数.

A. 328　　B. 256　　C. 720　　D. 320　　E. 410

解析 0 排在末位时，共有 $P_9^2=72$（个）. 0 不排在末位时，共有 $P_4^1P_8^1P_8^1=256$（个）. 所以总计为 $72+256=328$（个）.

答案 A

八、分房问题——允许重复排列

此类问题应区分可重复排列元素“人”和不可重复排列元素“房”进行分析. 将 n 个人等可能地分到 m 个房间中去，共有 m^n 种方法.

例题 1 四封信放入三个邮箱，则不同的放信方法共有（　　）种.

A. 3^3　　B. 3^4　　C. 4^3　　D. 4^4　　E. $3^2\times4^2$

解析 每封信都有选择权，可以选三个邮箱中的任意一个，也就是每封信都有 3 种选法，四封信就有 $3\times3\times3\times3=3^4$（种）放法.

答案 B

例题 2 公交车上有 10 名乘客，沿途共 5 个车站，则乘客下车的不同方式有（　　）种.

A. 5^{10}　　B. 5^9　　C. 10^5　　D. 10^4　　E. $5^2\times10^2$

解析 每名乘客都有 5 种站点的选择权，则 10 名乘客一共有 5^{10} 种下车方式.

答案 A

九、约束条件排列问题

对有约束元素的排列问题，应按元素的性质进行分类，特殊元素或特殊位置的问题，采用特殊优先安排的策略.

例题 从 10 个不同的文艺节目中选 6 个编为一个节目单，如果某女演员的独唱节目一定不能排在第二个节目的位置上，则共有（　　）种不同的排法.

A. P_{10}^6　　B. P_{10}^5　　C. $6P_9^5+P_9^6$　　D. $P_9^1P_9^5$　　E. $P_{10}^1P_9^5$

解析 方法一：第二个节目共有 $P_9^1=9$（种）排法，其他节目共有 P_9^5 种排法，所以总计有 $P_9^1P_9^5$（种）.

方法二：若选中该女演员上场，则她有 5 个出场位可选，而其他节目有 P_9^5 种可能的排列；若该女演员不上场，则有 P_9^6 种可能. 所以共有 $5P_9^5+P_9^6=P_9^1P_9^5$（种）.

方法三：从总可能数（10 中取 6 做排列）中减去把该女演员恰好排在第二个节目的可能数，即为所求，$P_{10}^6-P_9^5=P_9^1P_9^5$（种）.

答案 D

十、 错排问题

该问题也称为不对号入座问题. 即编号 1，2，…，n 的不同元素，放入编号 1，2，…，n 的不同盒子中，要求元素编号与盒子编号不同，就叫作不对号.

记忆：元素对号入座只有 1 种方法，不对号入座时，

（1）恰有 2 个元素不对号有 1 种方法；

（2）恰有 3 个元素不对号有 2 种方法；

（3）恰有 4 个元素不对号有 9 种方法；

（4）恰有 5 个元素不对号有 44 种方法.

例题 1 4 个教师监考他们所教的 4 个班级，每个教师只教 1 个班级，要求每个教师不能监考自己教的班，则共有（　　）种监考方案.

A. 4　　B. 5　　C. 7　　D. 9　　E. 13

解析 把 4 个教师编号 1，2，3，4，他们所教班级也相应编号 1，2，3，4. 每个教师不能监考自己教的班，意味着教师编号 1，2，3，4 全部要与班级编号 1，2，3，4 不对号，也就是恰有 4 个元素的错排问题，那么有 9 种方法.

答案 D

例题 2 设有编号为 1，2，3，4，5 的五个球和编号为 1，2，3，4，5 的五个盒子，现将这 5 个球投入 5 个盒子，要求每个盒子放一个球，并且恰好有两个球的号码与盒子号码相同，共有（　　）种不同的方法.

A. 60　　B. 32　　C. 24　　D. 31　　E. 20

解析 从 5 个球中取出 2 个与盒子号码相同有 C_5^2 种，还剩下 3 个球与 3 个盒子号码不能对应，只有 2 种装法，因此共有 $2C_5^2=20$（种）装法.

答案 E

例题 3 4 对夫妻排成前后两排，每排 4 人，要求前后必须一男一女，使每对夫妻前后都不对号的排法有（　　）种.

A. 3 520　　B. 3 542　　C. 3 456　　D. 3 550　　E. 3 576

解析 第一步：对 4 对夫妻进行重新组合，建立 4 个新的组合，使每个组合一男一女，但不是夫妻，可知其方法数为 $x_4=9$（相当于 4 男与 4 女不对号）. 第二步：对 4 个组合进行排序，其方法数为 $16\times4!$. 所以，满足条件的排法数为 $9\times16\times4!=3\,456$（种）.

答案 C

十一、 局部有序排列问题

对某几个元素顺序确定的排列，可先把这几个元素与其他元素一起排列，再用总排列数除以这几个元素的全排列数. 这其实就是用除法来消序.

例题 7 人排队，其中甲、乙、丙、丁 4 人顺序一定，则共有（　　）种排法.

A. 210　　B. 215　　C. 220　　D. 225　　E. 230

解析 方法一：$\dfrac{P_7^7}{P_4^4}=7\times6\times5=210$（种）.

方法二：不考虑甲、乙、丙、丁，7 个位置 3 个人坐，共有 $P_7^3=210$（种）坐法，剩下的 4 个空位，甲、乙、丙、丁只能按序就座，即仅 1 种坐法，所以总计 210 种坐法.

答案 A

十二、 正难则反问题

对于没有、全部、至多、至少等问题，往往要考虑问题的对立事件会简化计算. 先求出总可能数，再减去不符合条件的可能数.

例题 1 0～9 共 10 个数，从中取出 3 个数求和，则和为不小于 10 的偶数的取法共有（　　）种.

A. 49　　B. 50　　C. 51　　D. 52　　E. 53

解析 3 个数之和为偶数，只有两种可能：一是三个数全是偶数，二是两个奇数、一个偶数. 10 个数中取 3 个偶数，有 C_5^3 种可能，10 个数中取 2 奇 1 偶，有 $C_5^1C_5^2$ 种可能.

另外，10 个数中取 3 个，其和为小于 10 的偶数，穷举法可知共有 9 种可能. 因此符合

条件的取法有 $C_5^3+C_5^1C_5^2-9=51$（种）.

答案 C

例题 2 从正方体的 6 个面中选取 3 个面，其中有 2 个面不相邻的选法共有（　　）.

A. 80 种　　B. 12 种　　C. 16 种　　D. 20 种　　E. 30 种

解析 由于正面考虑比较复杂，而问题的反面即为三个面两两相邻，一个顶点对应于一种取法，这样的取法共 8 种，用“正难则反”的方法求解，即 $C_6^3-8=20-8=12$（种）.

答案 B

十三、分排排列问题

n 个元素排成前后若干排，若无特殊要求，可按一排处理.

例题 两排座位，第一排 3 个座位，第二排 5 个座位，若 8 名学生坐，每人 1 个座位，则有（　　）种不同坐法.

A. $P_3^3P_5^5$　　B. $P_8^3P_8^5$　　C. P_8^8　　D. $P_3^3+P_5^5$　　E. $P_8^3+P_8^5$

解析 8 名学生可在前后两排任意入座，再无其他条件，所以两排座位可看作一排来处理，不同坐法共计 P_8^8 种.

答案 C

十四、配对问题

该问题的核心在于是否成双. 对不成双问题要先取双，然后从每双中取左右单只即可.

例题 10 双不同的鞋子，从中任取 4 只，则全不成双的取法有（　　）种.

A. 210　　B. 840　　C. 1 680　　D. 3 360　　E. 6 720

解析 从 10 双鞋中选 4 双，共 C_{10}^4 种取法，再从每双鞋中各取 1 只，分别有 2 种取法，所以总计 $2^4C_{10}^4=3\ 360$（种）.

答案 D

十五、摸球问题

例题 袋中装有 5 个白球和 6 个黑球，依次取出 4 个球. 则第二次取得白球的取法有 3 600 种.

（1）每次取 1 个球，取后不放回.

（2）每次取 1 个球，取后放回.

解析 条件（1），若第一次取白球，取法数为 $5\times4\times9\times8$；若第一次取黑球，取法数为 $6\times5\times9\times8$. 总计 $72\times(20+30)=3\ 600$（种）. 条件（2），若第一次取白球，取法数为 $5\times5\times11\times11$；若第一次取黑球，取法数为 $6\times5\times11\times11$. 总计 $5\times11\times11\times(5+6)=$

6 655（种）.

答案 A

第五节 练 习

一、问题求解

1. 从 4 名男生和 3 名女生中选出 3 人，分别从事 3 项不同的工作. 若这 3 人中至少有 1 名女生，则选派方案共有（　　）种.

A. 31　　B. 186　　C. 124　　D. 81　　E. 168

2. 从 6 人中选 4 人分别到巴黎、伦敦、悉尼、莫斯科 4 个城市游览，要求每个城市各 1 人游览，每人只游览 1 个城市，且这 6 人中甲、乙两人不去巴黎游览，则不同的选择方案共有（　　）.

A. 300 种　　B. 240 种　　C. 114 种　　D. 96 种　　E. 36 种

3. 将 5 列火车停放在 5 条不同的轨道上，其中甲火车不停在第一条轨道上，乙火车不停在第二条轨道上，那么不同的停放方法有（　　）.

A. 96 种　　B. 120 种　　C. 78 种　　D. 72 种　　E. 144 种

4. 从 6 名男同学和 4 名女同学中，选出 3 名男同学和 2 名女同学分别承担 A，B，C，D，E 共 5 项工作，则共有（　　）分配方案.

A. 96 000 种　　B. 13 200 种　　C. 48 200 种　　D. 14 400 种　　E. 72 000 种

5. 从 6 台原装计算机和 5 台组装计算机中任意选取 5 台，其中至少有原装与组装计算机各 2 台，则不同的取法有（　　）.

A. 36 种　　B. 129 种　　C. 350 种　　D. 323 种　　E. 436 种

6. 把 5 名辅导员分派到 3 个学科小组辅导课外科技活动，每个小组至少有 1 名辅导员的分派方法有（　　）.

A. 140 种　　B. 84 种　　C. 70 种　　D. 150 种　　E. 25 种

7. 4 位同学参加某种形式的竞赛，竞赛规则规定：每位同学必须从甲、乙两道题中任选一题作答，选甲题答对得 100 分，答错得 −100 分；选乙题答对得 90 分，答错得 −90 分. 若 4 位同学的总分为 0，则这 4 位同学不同的得分情况有（　　）种.

A. 48　　B. 36　　C. 24　　D. 18　　E. 12

8. 某班新年联欢会原定的 5 个节目已排成节目单，开演前又增加了 2 个新节目. 如果将这 2 个节目插入原节目单中，且 2 个新节目不相邻，那么不同插法有（　　）种.

A. 6　　B. 12　　C. 15　　D. 30　　E. 60

9. 马路上有 10 盏路灯，为节约用电又不影响正常的照明，可把其中的 3 盏灯关掉，但不能同时关掉相邻的 2 盏或 3 盏，也不能关掉两端的灯，那么满足条件的关灯方法共有（　　）种.

A. 20　　B. 120　　C. 240　　D. 60　　E. 144

10. 计划在某画廊展示 10 幅不同的画，其中 1 幅水彩画、4 幅油画、5 幅国画，排成一行陈列，要求同一品种的画必须放在一起，并且水彩画不放在两端，那么不同的陈列方式有（　　）种.

A. $P_4^4P_5^5$　　B. $P_3^3P_4^4P_5^5$　　C. $P_3^1P_4^4P_5^5$　　D. $P_2^2P_4^4P_5^5$　　E. $P_2^2P_4^2P_5^5$

11. 有 2 排座位，前排 11 个座位，后排 12 个座位. 现安排 2 个人就座，规定前排中间的 3 个座位不能坐，并且这 2 个人左右不相邻，那么不同排法有（　　）种.

A. 234　　B. 346　　C. 350　　D. 363　　E. 144

12. 不同的 5 种商品在货架上排成一排，其中甲、乙两种必须排在一起，丙、丁两种不能排在一起，则不同的排法共有（　）.

A. 12 种　　B. 20 种　　C. 24 种　　D. 48 种　　E. 36 种

13. 停车场划出一排 12 个停车位置，今有 8 辆车需要停放，要求空车位连在一起，不同的停车方法有（　　）.

A. P_8^8 种　　B. P_8^1 种　　C. $P_8^8P_8^1$ 种　　D. $P_8^8C_9^1$ 种　　E. $P_{12}^8C_6^1$ 种

14. 排有 5 个独唱和 3 个合唱的演出节目表，若合唱节目不排头，且任何 2 个合唱节目不相邻，则不同排法有（　　）种.

A. P_8^8　　B. $P_5^3P_3^3$　　C. $P_5^5P_5^3$　　D. $P_5^5P_8^3$　　E. $P_5^5C_8^3$

15. 设有编号为 1，2，3，4，5 的 5 个小球和编号为 1，2，3，4，5 的 5 个盒子，将 5 个小球放入 5 个盒子中（每个盒子中放 1 个小球），则至少有 2 个小球和盒子编号相同的放法有（　　）.

A. 36 种　　B. 49 种　　C. 31 种　　D. 28 种　　E. 72 种

16. 从 7 个参加义务劳动的人中选出 2 人一组、3 人一组，轮流挖土、运土，有（　　）种分组.

A. 240　　B. 420　　C. 360　　D. 144　　E. 126

17. 6 名旅客安排在 3 个房间，每个房间至少安排 1 名旅客，则不同的安排方法共有（　　）种.

A. 240　　B. 720　　C. 360　　D. 540　　E. 426

18. 为构建和谐社会出一份力，一文艺团体下基层宣传演出，准备的节目表中原有 4 个歌舞节目，如果保持这些节目的相对顺序不变，拟再添 2 个小品节目，则不同的排列方法有（　　）.

A. 36 种　　B. 30 种　　C. 24 种　　D. 12 种　　E. 18 种

19. 一次考试中，要求从试卷上的 9 道题目中选 6 道进行答题，要求至少包含前 5 道题目中的 3 道，则考生答题的不同的选法的种数是（　　）.

A. 40　　B. 74　　C. 84　　D. 200　　E. 300

20. 在 8 名志愿者中，只能做英语翻译的有 4 人，只能做法语翻译的有 3 人，既能做英语翻译又能做法语翻译的有 1 人. 现从这些志愿者中选取 3 人做翻译工作，确保英语和法语都有翻译的不同选法共有（　　）种.

A. 12　　B. 18　　C. 21　　D. 30　　E. 51

21. 从 5 位同学中选派 4 位同学在星期五、星期六、星期日参加公益活动，每人一天，要求星期五有 2 人参加，星期六、星期日各有 1 人参加，则不同的选派方法共有（ ）.

A. 40 种　B. 60 种　C. 100 种　D. 120 种　E. 180 种

22. 男、女学生共有 8 人，从男生中选取 2 人，且从女生中选取 1 人，共有 30 种不同的选法，其中女生有（ ）.

A. 2 人或 3 人　B. 3 人或 4 人　C. 3 人　D. 4 人　E. 5 人

二、条件充分性判断

23. 某小组有 8 名同学，从这个小组的男生中选 2 人，女生中选 1 人，去完成三项不同的工作，每项工作应有一人，共有 180 种安排方法.

（1）该小组男生人数是 5 人.

（2）该小组男生人数是 6 人.

24. 4 个人参加 3 项比赛，不同的报名方法有 3^4 种.

（1）每人至多报 2 项且至少报 1 项.

（2）每人报且只报 1 项.

25. 由 1，2，3，4，5，6 组成无重复数字的六位数，偶数有 108 个.

（1）1 与 5 不相邻.

（2）3 与 5 不相邻.

26. 按要求把 9 个人分成 3 个小组，共有 504 种不同的分法.

（1）各组人数分别为 1，3，5 个.

（2）平均分成 3 个小组.

27. $mn=144$.

（1）有一个三位数，它的 3 个数字相乘的积是质数，这样的三位数有 m 个.

（2）参加会议的人彼此都握手，共握手 66 次，到会的人数是 n 人.

28. 甲、乙、丙、丁、戊 5 人并排站成一排，则不同的排法种数有 24 种.

（1）甲、乙必须相邻.

（2）乙在甲的右边.

29. 能确定 n 的值.

（1）已知 $\left(\sqrt{x}+\dfrac{1}{2\sqrt{x}}\right)^n$ 展开式中第五项为常数项.

（2）已知 $(a+b)^{2n}$ 展开式中第二项的系数.

30. 5 位同学报名参加甲、乙、丙 3 个课外活动小组，则不同的报名方法共有 243 种.

（1）每位同学只参加一个小组.

（2）甲为每人必选小组.

31. 12 个相同的球放到编号为 1，2，3，4 的 4 个盒子中，有 165 种放法.

（1）每个盒子至少放一个.

（2）每个盒子可放任意个，可存在空盒.

32. $A=36$.

(1) $x_1+x_2+x_3=10$，有 A 组正整数解.

(2) $x_1+x_2+x_3=10$，有 A 组非负整数解.

—— 第六节　参考答案及解析 ——

一、问题求解

1. 答案：B

解析：方法一：正面处理法."至少有 1 名女生"，即选派的女生可以是 1 名，可以是 2 名，也可以是 3 名．由分类计数原理得，选派方案共有 $(C_4^2C_3^1+C_4^1C_3^2+C_3^3)P_3^3=186$（种）.

方法二：反面处理法."至少有 1 名女生"的反面是"没有女生"，由此，选派方案共有 $(C_7^3-C_4^3)P_3^3=186$（种）.

2. 答案：B

解析：本题主要是根据特殊元素甲和乙进行分类处理：

① 选出的 4 人中不包含甲、乙，不同的方案有 $P_4^4=24$（种）；

② 选出的 4 人中在甲、乙中选 1 人，不同的方案有 $C_2^1\cdot C_4^3\cdot 3\cdot P_3^3=144$（种）；

③ 选出的 4 人中甲、乙均包括，不同的方案有 $C_2^2\cdot C_4^2\cdot P_3^2\cdot P_2^2=72$（种）.

于是由加法原理得，不同的方案共有 $24+144+72=240$（种）.

3. 答案：C

解析：由题意，可先安排甲火车，并依其进行分类讨论：① 若甲火车在第二条轨道上，则剩下 4 列火车可自由停放，有 P_4^4 种方法；② 若甲火车停第三条、第四条或第五条轨道上，则根据分步计数原理有 $P_3^1P_3^1P_3^3$ 种停法．再用分类计数原理，不同的停放方法共有 $P_4^4+P_3^1P_3^1P_3^3=78$（种）.

4. 答案：D

解析：方法一：把工作当元素，同学看作位子．第一步，从 5 种工作中任选 3 种分给 6 名男同学中的 3 人，有 $C_5^3P_6^3$ 种分法；第二步，将余下的 2 个工作分给 4 名女生中的 2 人，有 P_4^2 种分法．因此，共有 $C_5^3P_6^3P_4^2=14\ 400$（种）分法．也可先给女同学分配工作，再给男同学分配工作，分配方案也有 $C_5^2P_4^2P_6^3=14\ 400$（种）.

方法二：第一步，共 $C_6^3C_4^2$ 种选人方式；第二步，共 $C_6^3C_4^2P_5^5=14\ 400$（种）分配方式.

5. 答案：C

解析：根据题意可得，第一类办法，即有 2 台原装计算机和 3 台组装计算机，此方案的解决过程可以分成两步：第一步，在原装计算机中任意选取 2 台，有 C_6^2 种方法；第二步，在组装计算机任意选取 3 台，有 C_5^3 种方法．根据乘法原理，共有 $C_6^2C_5^3$ 种方法．同理，第二类办法，即有 3 台原装计算机和 2 台组装计算机，有 $C_6^3C_5^2$ 种方法．根据加法原理全部的选取过程

共有 $C_6^2C_5^3+C_6^3C_5^2=350$（种）方法.

6. 答案：D

解析：依据题意可做如下分类：① 3 个人辅导同一个小组时，有 $\frac{C_5^3C_2^1C_1^1}{P_2^2}P_3^3=60$（种）方案；② 2 个组分别派 2 名辅导员时，有 $\frac{C_5^1C_4^2C_2^2}{P_2^2}P_3^3=90$（种）方案. 总计有 $60+90=150$（种）方案.

7. 答案：B

解析：本题需要考生注意到情况的复杂，考虑从“分类”切入.

第一类：4 人全选甲题（得分为 100，100，-100，-100），2 人答对，2 人答错，有 $C_4^2C_2^2=6$（种）情况.

第二类：2 人选甲题 1 对 1 错，2 人选乙题 1 对 1 错，有 $C_4^2\cdot P_2^2\cdot C_2^2\cdot P_2^2=24$（种）情况.

第三类：4 人全选乙题，2 对 2 错，有 $C_4^2C_2^2=6$（种）情况.

于是由加法原理得，不同得分情况共有 $C_4^2\cdot P_2^2\cdot C_2^2\cdot P_2^2+2C_4^2\cdot C_2^2=24+12=36$（种）.

8. 答案：D

解析：原来的 5 个节目中间和两端可看作分出 6 个空位. 将 2 个新节目不相邻插入，相当于从 6 个位置中选 2 个让它们按顺序排列，故有 $P_6^2=30$（种）排法.

9. 答案：A

解析：关掉第一盏灯的方法有 8 种，关第二盏、第三盏时需分类讨论，正面考虑情况十分复杂. 若从反面考虑，每一种关灯的方法对应着一种满足题设条件的亮灯与关灯的排列，于是问题转化为“在 7 盏亮灯的 8 个空中插入 3 盏暗灯，但还要满足不插在两端”的问题. 故关灯方法数为 C_6^3，即 20 种.

10. 答案：D

解析：第一步：确定 4 幅油画的相对位置（捆在一起）的方法数为 P_4^4.

第二步：确定 5 幅国画的相对位置（捆在一起）的方法数为 P_5^5.

第三步：确定国画和油画的相对位置的方法数为 P_2^2，再把水彩画插在国画和油画之间，有 P_1^1 种方法. 故满足条件的陈列方法有 $P_2^2P_4^4P_5^5$ 种.

11. 答案：B

解析：先将前排中间的 5 号、6 号、7 号座位和待安排的 2 人连同座位取出，再将剩下的 18 个座位排成一列，然后将待安排 2 人的座位插入这 18 个座位之间及两端的空隙中，使这 2 人的座位互不相邻，有 P_{19}^2 种方法；但在前排的 4 号与 8 号座位、前排的 11 号与后排的 1 号座位之间可以同时插入待安排 2 人的座位满足条件，$2P_2^2$ 种方法. 由分类计数原理得到，不同排法有 $P_{19}^2+2P_2^2=342+4=346$（种）.

12. 答案：C

解析：甲、乙捆绑视为 1 个元素，有 P_2^2 种方法；除了丙、丁两种外还有第 5 种元素，那么捆绑元素与第 5 种元素全排，则有 P_2^2 种方法；最后将丙、丁插空即可，则有 P_3^2 种方法. 共有 $P_2^2P_2^2P_3^2=2\times2\times6=24$（种）排法.

13. 答案：D

解析：分析可得，8 辆车停放在一起有 P_8^8 种情况；此时，包含两端在内，共 9 个空位，在其中选 1 个空位，把 4 个空车位连在一起插入，有 C_9^1 种情况．由分步计数原理，得共 $P_8^8C_9^1$ 种不同的停车方法．

14. 答案：C

解析：由题意知，本题按照分步原理来解决：排有 5 个独唱和 3 个合唱的演出节目表，合唱节目不排头，且任何 2 个合唱节目不相邻，需要采用插空法．先排列 5 个独唱，共有 P_5^5 种排法；在 5 个节目形成的空中，不能包括第一个空，共有 P_5^3 种排法．根据分步计数原理得到共有 $P_5^5P_5^3$ 种．

15. 答案：C

解析：符合条件的放法分为三类．

第一类：恰有 2 个小球与盒子编号相同，这只需先从 5 个小球中任取 2 个放入编号相同的盒子中，有 C_5^2 种放法；再从剩下的 3 个小球中取出 1 个放入与其编号不同的盒子中，有 C_2^1 种放法；最后剩下的 2 个小球放入编号不同的盒中只有 1 种放法．故此类共有 $C_5^2C_2^1=20$（种）放法．

第二类：恰有 3 个小球与盒子编号相同，这只需先从 5 个小球中任取 3 个放入编号相同的盒子中，有 C_5^3 种放法；最后剩下的 2 个球放入编号不同的盒中只有 1 种放法．故此类共有 $C_5^3=10$（种）不同放法．

第三类：恰有 5 个小球与盒子编号相同，这只有 1 种放法．

于是由分类计数原理得，共有 $20+10+1=31$（种）不同放法．

16. 答案：B

解析：分组的方法有 $C_7^2C_5^3P_2^2=420$（种）．

17. 答案：D

解析：整体分为以下三类进行考虑：

① 先把 6 名旅客分成 1，1，4 共 3 组，有 $C_6^4\times\dfrac{C_2^1C_1^1}{P_2^2}$ 种分法；再分配到 3 个房间，有 P_3^3 种情况．由分步计数原理可得，有 $\left(C_6^4\times\dfrac{C_2^1C_1^1}{P_2^2}\right)P_3^3=90$（种）安排方法；

② 先把 6 名旅客分成 1，2，3 共 3 组，有 $C_6^1C_5^2C_3^3$ 种分法；再分配到 3 个房间，有 P_3^3 种情况．由分步计数原理可得，有 $C_6^1C_5^2C_3^3P_3^3=360$（种）安排方法；

③ 先把 6 名旅客分成 2，2，2 共 3 组，有 $\dfrac{C_6^4C_4^2C_2^2}{P_3^3}$ 种分法；再分配到 3 个房间，有 P_3^3 种情况．由分步计数原理可得，有 $\left(\dfrac{C_6^4C_4^2C_2^2}{P_3^3}\right)P_3^3=90$（种）安排方法．

由分类计数原理知，共有不同的安排种数为 $90+360+90=540$（种）．

18. 答案：B

解析：记两个小品节目分别为 A，B．先排 A 节目．根据 A 节目前后的歌舞节目数目考虑方法数，相当于把 A 节目插入到 4 个节目的前后．可知有 C_5^1 种方法．这一步完成后就有 5 个节目了. 再考虑需加入的 B 节目前后的节目数，同理知有 C_6^1 种方法. 由乘法原理知，共有 $C_5^1C_6^1=30$（种）方法.

19. 答案：B

解析：针对前面 5 个题目和后面 4 个题目，可以进行如下分类：

① 前面取 3 个和后面取 3 个：$C_5^3\times C_4^3=40$. ② 前面取 4 个和后面取 2 个：$C_5^4\times C_4^2=30$. ③ 前面取 5 个和后面取 1 个：$C_5^5\times C_4^1=4$.

所以总计 $40+30+4=74$（种）.

20. 答案：E

解析：以两种翻译都能做的人是否被选中分为两类：

两种翻译都能做的人被选中，只需从其他 7 人选 2 人即可，即 $C_7^2=21$（种）.

两种翻译都能做的人没有选中，那么 3 人中有可能：2 英 1 法或者 1 英 2 法，即 $C_4^2C_3^1+C_4^1C_3^2=30$（种）. 故选法共有 51 种.

21. 答案：B

解析：从 5 位同学中选派 4 位同学有 C_5^4 种，4 位同学星期五有 2 人参加，星期六、星期日各有 1 人参加，其顺序都已给定，所以不同的选派方法共有 $C_5^4\cdot C_4^2\cdot C_2^1\cdot C_1^1=60$（种）.

22. 答案：A

解析：设女生有 n 人，则男生有 $(8-n)$ 人，则根据题意，有 $C_n^1C_{8-n}^2=30$，解得 $n=2$ 或 $n=3$.

二、条件充分性判断

23. 答案：D

解析：条件（1），男生 5 人，女生 3 人，有 $C_5^2C_3^1 3!=180$（种），充分；

条件（2），男生 6 人，女生 2 人，有 $C_6^2C_2^1 3!=180$（种），充分.

24. 答案：B

解析：条件（1），4 个人依次去报名，每个人有 $C_3^2+C_3^1=6$（种）方式.

由乘法原理，共有 6^4 种不同的报名方式，不充分.

条件（2），4 个人依次报名，只报 1 项，每个人有 $C_3^1=3$（种）方式，从而共有 3^4 种不同的报名方式，充分.

25. 答案：C

解析：条件（1），1 与 5 不相邻的六位数，偶数的个数是 $C_3^1 3!\ P_4^2=216$（个），不充分；

条件（2），同理，也不充分.

联合条件（1）和条件（2），第一，先将偶数 2，4，6 进行排列，有 $P_3^3=6$（种），偶数占住 3 个位置，则共有 4 个空位（三个偶数之间有 2 个空位，偶数前和偶数后各 1 个）；第二，将奇数 1，3，5 进行插空，由于结果必须是偶数，因此最后一个空不能放入奇数，则能放入的空位只有 3 个. 若 1，3 不相邻，则 3 个奇数放入 3 个空位，没有选择，只是把 1，3，5 进行排列，有 $P_3^3=6$（种）；若 1，3 相邻，则将 1，3 看作一个整体，视为一个“大奇数”，将1，3进行排列，“大奇数”有13和31两种．再把“大奇数”和5插入3个空位中的2个，有$P_3^2=6$（种）放法．所以1，3不相邻的情况，有$6\times2=12$（种），所以这样的偶数有$6\times(6+12)=108$（个），充分．

26．答案：A

解析：条件（1），不平均分组，共有$C_9^1C_8^3C_5^5=504$（种）分法，充分；

条件（2），平均分组，共有$\frac{C_9^3C_6^3C_3^3}{3!}=280$（种）分法，不充分．

27．答案：C

解析：条件（1），设这个三位数为abc，则$a\times b\times c=p=1\times1\times p$（$p=2，3，5，7$）．

因此，这样的三位数有$m=C_4^1C_3^1=12$（个）（先从4个质数中选1个，再从3个位中选1个位放该质数，最后两个同样的1放入两个不同的位只有1种，见下表），不充分．

112	121	211
113	131	311
115	151	511
117	171	711

条件（2），参加会议的人彼此都握手，即$C_n^2=66=\frac{n(n-1)}{2}$，解得$n=12$，不充分．

联合起来有$mn=144$，充分．

28．答案：C

解析：显然条件（1）和（2）单独都不充分，考虑联合．由题意可知，这是相邻问题捆绑法．由于乙必须在甲的右边，所以不同的排法种数有$P_4^4=24$（种）．故答案选C．

29．答案：D

解析：条件（1）：$\left(\sqrt{x}+\frac{1}{2\sqrt{x}}\right)^n$展开式中的第五项为常数项，所以

$$T_5=C_n^4\ (\sqrt{x})^{n-4}\left(\frac{1}{2\sqrt{x}}\right)^4=\frac{C_n^4}{16}\cdot x^{\frac{n-8}{2}}，令\frac{n-8}{2}=0，解得n=8.$$

条件（2）：$(a+b)^{2n}$展开式中第二项为$T_2=C_{2n}^1a^{2n-1}b=2na^{2n-1}b$，系数$2n$已知，故$n$已知．

30．答案：A

解析：条件（1）：不同的报名方法为$3^5=243$，充分．条件（2）：甲为每人必选小组，对5位同学中的任意一人，可以单独报乙、单独报丙、乙和丙都报或者乙和丙都不报，所以不同的报名方法为$4^5=1\ 024$，不充分．故答案选A．

31．答案：A

解析：讨论条件（1），12个相同的球放入编号为1，2，3，4的4个盒子中共有$C_{11}^3=165$（种）放法．因此条件（1）充分，条件（2）不充分．

32．答案：A

解析：条件（1）相当于10个相同的球放入3个不同的盒，每盒不空，共有$C_9^2=36$（种）不同的放法，因此，条件（1）充分；由条件（1）充分，知条件（2）不充分．

第十章 概率初步

第一节 事件及其概率运算

一、随机试验

(1) 可以在相同的条件下重复地进行；

(2) 每次试验的可能结果不止一个，并且能事先明确试验的所有可能结果；

(3) 进行一次试验之前不能确定哪一个结果会出现.

在概率论中，我们将具有上述三个特点的试验称为随机试验.

二、基本事件

随机试验中，每一种可能的结果称为一个基本事件.

三、样本空间

由随机试验中所有基本事件（即所有可能的结果）所构成的集合，称为样本空间，记为 Ω.

四、随机事件

1. 定义

样本空间中，几个基本事件组成的集合，就称为一个随机事件，常用 A，B，C，…来表示.

2. 性质

随机事件是样本空间的子集. 它可以是空集（$\varnothing$），称为不可能事件；也可以是全集（即等于 Ω），称为必然事件.

五、事件间的关系与运算

因为事件是一个集合，因而事件间的关系和运算是按照集合间的关系和运算来处理的.

1. 包含于

事件 $A\subseteq B\Leftrightarrow$事件 A 发生必然导致事件 B 发生.

2. 互斥（互不相容）

事件 A 与 B 互斥$\Leftrightarrow$事件 A 与 B 不能同时发生.

3. 对立事件

事件 A 不发生，称为事件 A 的对立事件，记为 $\overline{A}$.

4. 事件的和

事件 $A\cup B\Leftrightarrow$事件 A 与 B 至少有一个发生.

5. 事件的积

事件 $A\cap B\Leftrightarrow$事件 A 与 B 都发生，称为事件 A 与 B 的积. $A\cap B$ 也记作 AB.

6. 事件的差

事件 A 发生而事件 B 不发生，称为事件 A 与 B 的差，记为 $A-B$.

7. 事件运算满足的定律

设 A，B，C 为事件，则有

(1) 交换律：$A\cup B=B\cup A$，$AB=BA$.

(2) 结合律：$(A\cup B)\cup C=A\cup(B\cup C)$；$(AB)C=A(BC)$.

(3) 分配律：$(A\cup B)C=(AC)\cup(BC)$；$(AB)\cup C=(A\cup C)\cap(B\cup C)$.

六、事件的概率运算

1. 概率的定义

做一个随机试验，事件 A 出现的可能性的大小，即称为事件 A 的概率，记为 $P(A)$.

2. 概率的性质

(1) $0\leqslant P(A)\leqslant 1$，$P(\overline{A})=1-P(A)$.

(2) $P(\varnothing)=0$，$P(\Omega)=1$.

(3) 事件 $A\subseteq B\Rightarrow P(A)\leqslant P(B)$.

(4) $P(A\cup B)=P(A)+P(B)-P(AB)$.

(5) 若 A，B 互斥，则 $P(A+B)=P(A)+P(B)$.

(6) $P(A-B)=P(A)-P(AB)$.

第二节　古典概型

一、基本概念

随机试验如果具有以下两个特征：

(1) 样本空间的元素（即基本事件）只有有限个；

(2) 每个基本事件出现的可能性相等.

则称这种随机试验为古典概型.

二、古典概型概率公式

在古典概型的情况下，样本空间的基本事件总数为 n，事件 A 包括的基本事件数为 m，则

$$P(A)=\frac{m}{n}.$$

例题 1 一袋中装有大小相同，编号分别为 1，2，3，4，5，6，7，8 的八个球，从中有放回地每次取一个球，共取 2 次，则取得两个球的编号和不小于 15 的概率为（ ）.

A. $\frac{1}{64}$ B. $\frac{3}{64}$ C. $\frac{5}{64}$ D. $\frac{7}{64}$ E. $\frac{9}{64}$

解题信号 显然取球是等可能的古典概型事件．“有放回”，说明第一次和第二次的取球种数相同.

解析 由分步计数原理知，从有八个球的袋中有放回地取 2 次，所取号码共有 $8\times8=64$（种），其中和不小于 15 的有 3 种，即（7，8），（8，7），（8，8），所以所求概率为 $P=\frac{3}{64}$.

答案 B

例题 2 在一个口袋中装有 5 个白球和 3 个黑球，这些球除颜色外完全相同. 从中摸出 3 个球，至少摸到 2 个黑球的概率等于（ ）.

A. $\frac{2}{7}$ B. $\frac{7}{60}$ C. $\frac{3}{8}$ D. $\frac{7}{64}$ E. $\frac{1}{3}$

解题信号 显然本题是古典概型，可以依据公式来求．此外，“至少摸到 2 个黑球”，意味着“摸到 2 个黑球或者 3 个黑球”.

解析 在一个口袋中装有 5 个白球和 3 个黑球，这些球除颜色外完全相同. 试验的总事件是从 8 个球中取 3 个球，有 C_8^3 种取法. 从中摸出 3 个球，至少摸到 2 个黑球，包括摸到 2 个黑球，或摸到 3 个黑球，有 $C_3^2C_5^1+C_3^3$ 种不同的取法. 所以至少摸到 2 个黑球的概率 $P=\frac{2}{7}$.

答案 A

例题 3 将 10 个参加比赛的代表队，通过抽签分成 A，B 两组，每组 5 个队，其中甲、乙两队恰好被分到 A 组的概率为（ ）.

A. $\frac{1}{12}$ B. $\frac{7}{60}$ C. $\frac{4}{9}$ D. $\frac{2}{9}$ E. $\frac{1}{3}$

解题信号 显然是古典概型，用概率公式计算.

解析 试验发生包括的所有事件是把 10 个队分成两组，共有 $C_{10}^5C_5^5$ 种结果，而满足条件的事件是甲、乙两队恰好被分在 A 组，再从另外 8 个队中选 3 个即可，共有 $C_8^3C_5^5$ 种结

果．所以 $P=\frac{2}{9}$.

答案　D

例题 4　某国今春大旱，某基金会计划给予援助，六家矿泉水企业参与了竞标，其中 A 企业来自浙江省，B，C 两家企业来自福建省，D，E，F 三家企业来自广东省．此项援助计划从两家企业购水，假设每家企业中标的概率相同，则在中标的企业中，至少有一家来自广东省的概率是（　　）.

A. $\frac{1}{5}$　　B. $\frac{7}{60}$　　C. $\frac{4}{5}$　　D. $\frac{2}{5}$　　E. $\frac{1}{3}$

解题信号　看到"每家企业中标的概率相同"，考生应意识到是古典概型.

解析　从六家企业中选两家试验的总事件数是 $C_6^2=15$（种），至少有一家来自广东省的对立事件是在中标的企业中没有来自广东省的，不符合的基本事件数为 $C_3^2=3$（种），所以 $P=1-\frac{1}{5}=\frac{4}{5}$.

答案　C

例题 5　古代一位铸币大臣在每箱 10 枚的货币中各掺入了一枚劣币，皇帝怀疑这个大臣作弊，他用了两种方式检测．方式一：在 10 个箱子中各任意抽查一枚；方式二：在 5 个箱子中各任意抽查两枚．皇帝用这两种方式至少能发现一枚劣币的概率分别为 P_1 和 P_2，则（　　）.

A. $P_1=P_2$　　B. $P_1<P_2$

C. $P_1>P_2$　　D. 以上三种情况都有可能

E. 无法确定

解题信号　古典概型，用概率公式计算两个事件的概率，再进行比较.

解析　从反面思考，考虑没有发现劣币的概率．方式一：每箱没有发现劣币的概率为$\frac{9}{10}$，故概率 $P_1=1-0.9^{10}$.

方式二：每箱没有发现劣币的概率为$\frac{C_9^2}{C_{10}^2}=0.8$，所求的概率为 $P_2=1-0.8^5$，作差得 $P_1<P_2$.

答案　B

例题 6　市区某公交汽车站有 10 个候车位（成一排），现有 4 名乘客随便坐在某个座位上候车，则恰好有 5 个连续空座位的候车方式的概率为（　　）.

A. $\frac{2}{21}$　　B. $\frac{7}{60}$　　C. $\frac{4}{21}$　　D. $\frac{2}{5}$　　E. $\frac{1}{21}$

解题信号　显然是古典概型，用概率公式计算.

解析　试验发生包括的事件是 4 个人在 10 个位置排列，共有 $C_{10}^4P_4^4=5\ 040$（种）．把 4 名乘客当作 4 个元素做全排列，有 P_4^4 种排法，将一个空位和余下的 5 个空位作为一个元素插空，有 P_5^2 种排法，共有 $P_4^4P_5^2=480$（种），所以题目所求的概率是 $P=\frac{480}{5\,040}=\frac{2}{21}$.

答案 A

第三节 独立事件

一、基本概念

如果两事件中任一事件的发生，不影响另一事件发生的概率，则称这两事件是相互独立的.

二、相互独立事件的概率

(1) 如果事件 A 与 B 是相互独立事件，则事件 A 与 B 同时发生的概率为

$$P(AB)=P(A)P(B).$$

(2) 一般地，如果事件 A_1，A_2，…，A_n 相互独立，那么这 n 个事件同时发生的概率为

$$P(A_1A_2\cdots A_n)=P(A_1)P(A_2)\cdots P(A_n).$$

(3) 如果事件 A_1，A_2，…，A_n 相互独立，那么事件 $\overline{A_1}$，$\overline{A_2}$，…，$\overline{A_n}$ 也相互独立．这 n 个事件都不发生的概率为

$$P(\overline{A_1}\,\overline{A_2}\cdots\overline{A_n})=P(\overline{A_1})P(\overline{A_2})\cdots P(\overline{A_n}).$$

(4) 如果事件 A_1，A_2，…，A_n 相互独立，则这 n 个事件至少有一个发生的概率为

$$P(A_1\cup A_2\cup\cdots\cup A_n)=1-P(\overline{A_1})P(\overline{A_2})\cdots P(\overline{A_n}).$$

【注】 如果事件 A_1，A_2，…，A_n 相互独立，则 A_p 与 $\overline{A_q}\,(p\neq q)$ 也相互独立.

例题 1 甲、乙两人进行三局二胜的台球赛，已知每局甲取胜的概率为 0.6，乙取胜的概率为 0.4，那么最终乙胜甲的概率为（　　）.

A. 0.36　　B. 0.352　　C. 0.432　　D. 0.648　　E. 0.552

解题信号 每一局比赛之间互不影响，可见是独立事件.

解析 因为每局甲取胜的概率为 0.6，乙取胜的概率为 0.4，最终乙胜甲的事件包括三个子事件：乙先胜两局，乙胜第二、三两局和乙胜第一、三两局，这三个子事件是互斥的，所以 $P=0.4\times0.4+0.6\times0.4\times0.4+0.4\times0.6\times0.4=0.352$.

答案 B

例题 2 甲、乙两人相互独立地解同一道数学题，已知甲做对此题的概率是 0.8，乙做对此题的概率是 0.7，那么甲、乙两人中恰有一人做对此题的概率是（　　）.

A. 0.56　　B. 0.38　　C. 0.24　　D. 0.648　　E. 0.64

解题信号　相互独立，用独立事件概率公式求解.

解析　根据题意，恰有一人做对就是甲做对乙没有做对或甲没有做对乙做对，则所求概率是 $0.8\times(1-0.7)+0.7\times(1-0.8)=0.38$.

答案　B

例题 3　在一条线路上并联着 3 个自动控制的常开开关，只要其中一个开关能够闭合，线路就能正常工作. 如果在某段时间里 3 个开关能够闭合的概率分别为 P_1，P_2，P_3，那么这段时间内线路正常工作的概率为（　　）.

A. $P_1+P_2+P_3$　　B. $P_1P_2P_3$　　C. $\frac{P_1+P_2+P_3}{3}$

D. $1-(1-P_1)(1-P_2)(1-P_3)$　E. $(1-P_1)(1-P_2)(1-P_3)$

解题信号　开关并联，意味着任意两个开关的开闭相互独立.

解析　在这段时间线路正常工作是"3 个开关至少有一个能够闭合"，其对立事件是"3 个开关均不能够闭合"，所求概率为 $1-(1-P_1)(1-P_2)(1-P_3)$.

答案　D

例题 4　甲、乙两队进行排球决赛，现在的情形是甲队只要再赢一局就获得冠军，乙队需要再赢两局才能得冠军. 若两队每局获胜的概率相同，则甲队获得冠军的概率为（　　）.

A. $\frac{3}{5}$　　B. $\frac{1}{2}$　　C. $\frac{3}{4}$　　D. $\frac{14}{25}$　　E. $\frac{2}{5}$

解题信号　每次比赛，结果互不影响，是独立事件. "两队每局获胜的概率相同"，则概率是 $\frac{1}{2}$.

解析　甲要获得冠军共分为两种情况. 一是第一局就取胜，这种情况的概率为 $\frac{1}{2}$；二是第一局失败，第二局取胜，这种情况的概率为 $\frac{1}{2}\times\frac{1}{2}=\frac{1}{4}$. 则甲获得冠军的概率为 $\frac{1}{2}+\frac{1}{4}=\frac{3}{4}$.

答案　C

例题 5　某台机器上安装甲、乙两个元件，这两个元件的使用寿命互不影响. 已知甲元件的使用寿命超过 1 年的概率为 0.6，要使两个元件中至少有一个的使用寿命超过 1 年的概率至少为 0.9，则乙元件的使用寿命超过 1 年的概率至少为（　　）.

A. 0.3　　B. 0.6　　C. 0.75　　D. 0.9　　E. 0.5

解题信号　"互不影响"，意味着是独立事件.

解析　设甲元件的使用寿命超过 1 年的事件为 A，乙元件的使用寿命超过 1 年的事件为 B，则由已知甲元件的使用寿命超过 1 年的概率为 0.6，得 $P(A)=0.6$，而两个元件中至少有一个的使用寿命超过 1 年的概率至少为 0.9. 故其对立事件两个元件的使用寿命均不超过 1 年的事件概率有：$P(\overline{A}\cap\overline{B})=P(\overline{A})\cdot P(\overline{B})=[1-P(A)]\cdot[1-P(B)]=0.4\times[1-P(B)]<1-0.9=0.1$，即 $1-P(B)<0.25$，$P(B)>1-0.25=0.75$，即乙元件的使用寿命超过 1 年的概率至少为 0.75.

答案 C

例题 6 甲、乙、丙三台机床各自独立地加工同一种零件，已知甲机床加工的零件是一等品，而乙机床加工的零件不是一等品的概率为$\frac{1}{4}$；乙机床加工的零件是一等品，而丙机床加工的零件不是一等品的概率为$\frac{1}{12}$；甲、丙两台机床加工的零件都是一等品的概率为$\frac{2}{9}$. 从甲、乙、丙加工的零件中各取一个检验，则至少有一个零件是一等品的概率为（　　）.

A. $\frac{1}{6}$　　B. $\frac{1}{3}$　　C. $\frac{1}{2}$　　D. $\frac{2}{3}$　　E. $\frac{5}{6}$

解题信号 “独立”，意味着是独立事件，用概率公式求解.

解析 先求出甲、乙、丙每台机床加工的零件是一等品的概率. 设 A，B，C 分别为甲、乙、丙三台机床各自加工的零件是一等品的事件，由题设条件有

$$\begin{cases} P(A\overline{B})=\frac{1}{4}, \\ P(B\overline{C})=\frac{1}{12}, \\ P(AC)=\frac{2}{9}, \end{cases} \quad \begin{cases} P(A)\cdot[1-P(B)]=\frac{1}{4}, \\ P(B)\cdot[1-P(C)]=\frac{1}{12}, \\ P(A)\cdot P(C)=\frac{2}{9}, \end{cases}$$

解得 $P(A)=\frac{1}{3}$，$P(B)=\frac{1}{4}$，$P(C)=\frac{2}{3}$，即甲、乙、丙三台机床各自加工的零件是一等品的概率分别是$\frac{1}{3}$，$\frac{1}{4}$，$\frac{2}{3}$.

记 D 为从甲、乙、丙加工的零件中各取一个检验，至少有一个零件是一等品的事件，则

$$P(D)=1-P(\overline{D})=1-[1-P(A)][1-P(B)][1-P(C)]=1-\frac{2}{3}\cdot\frac{3}{4}\cdot\frac{1}{3}=\frac{5}{6}.$$

故从甲、乙、丙加工的零件中各取一个检验，至少有一个零件是一等品的概率为$\frac{5}{6}$.

答案 E

—— 第四节　伯努利概型 ——

一、基本概念

（1）若随机试验只有 2 种可能结果，则称为伯努利试验.

伯努利试验的可能结果常记为 A 和 $\overline{A}$，即事件 A 发生和事件 A 不发生.

（2）将伯努利试验在相同条件下独立重复进行 n 次，称这 n 次独立重复试验为 n 重伯努利试验，简称伯努利概型.

二、伯努利概型

（1）如果在一次试验中事件 A 发生的概率是 p，那么在 n 次独立重复试验中，事件 A 恰好发生 k 次的概率为

$$P_n\{x=k\}=C_n^k p^k q^{n-k}\ (k=0,1,2,\cdots,n)\text{，其中 } q=1-p.$$

（2）在伯努利试验序列中，事件 A 在第 k 次试验中才首次发生的概率为

$$p(1-p)^{k-1}\quad (k=1,2,\cdots,n).$$

（3）在伯努利试验序列中，事件 A 到第 m 次试验时恰好发生 k 次的概率为

$$C_{m-1}^{k-1}p^k(1-p)^{m-k}\quad (1\leqslant k\leqslant m,\ m=1,2,\cdots).$$

例题 1 某人射击一次击中的概率为 0.6，经过三次射击，此人至少有两次击中目标的概率为（　　）.

A. $\frac{1}{125}$　　B. $\frac{8}{125}$　　C. $\frac{81}{125}$　　D. $\frac{5}{9}$　　E. $\frac{17}{27}$

解题信号 n 次独立重复试验，是伯努利概型，用公式计算.

解析 由题意知，本题是一个 n 次独立重复试验恰好发生 k 次的概率，射击一次击中的概率为 0.6，经过三次射击，因为至少有两次击中目标包括两次击中目标或三次击中目标，这两种情况是互斥的，所以至少有两次击中目标的概率为 $C_3^2 0.6^2\times 0.4+C_3^3 0.6^3=\frac{81}{125}$.

答案 C

例题 2 甲、乙两人进行乒乓球比赛，比赛规则为“3 局 2 胜”，即以先赢 2 局者为胜. 根据经验，每局比赛甲获胜的概率为 0.6，则本次比赛甲获胜的概率是（　　）.

A. 0.216　　B. 0.36　　C. 0.432　　D. 0.236　　E. 0.648

解题信号 n 次独立重复试验，是伯努利概型，用公式计算.

解析 甲获胜有两种情况，一是甲以 2∶0 获胜，此时 $P_1=0.6^2=0.36$. 二是甲以 2∶1 获胜，此时 $P_2=C_2^1\times 0.6\times 0.4\times 0.6=0.288$，故甲获胜的概率 $P=P_1+P_2=0.648$.

答案 E

例题 3 某射手射击一次，击中目标的概率是 0.9，他连续射击 4 次，且各次射击是否击中目标相互没有影响. 给出下列结论：

① 他第 3 次击中目标的概率是 0.9；

② 他恰好 3 次击中目标的概率是 $0.9^3\times 0.1$；

③ 他至少有一次击中目标的概率是 $1-0.1^4$.

其中正确结论的个数是（　　）.

A. 0　　B. 1　　C. 2　　D. 3　　E. 无法判定

解题信号 n 次独立重复试验，是伯努利概型，用公式计算.

解析 ① 他第 3 次击中目标的概率是 0.9，此是正确命题，因为该射手射击一次，击中目标的概率是 0.9，故正确；

② 他恰好 3 次击中目标的概率是 $0.9^3\times0.1$，此命题不正确，因为恰好 3 次击中目标的概率是 $C_4^3\times0.9^3\times0.1$，故不正确；

③ 他至少有一次击中目标的概率是 $1-0.1^4$，由于他一次也未击中目标的概率是 0.1^4，故至少有一次击中目标的概率是 $1-0.1^4$，故正确.

综上①，③是正确命题.

答案 C

例题 4 某射手每次射击击中目标的概率是 $\frac{2}{3}$，且各次射击的结果互不影响. 假设这名射手射击 5 次，则有 3 次连续击中目标，另外 2 次未击中目标的概率为（ ）.

A. $\frac{8}{81}$ B. $\frac{4}{27}$ C. $\frac{5}{81}$ D. $\frac{7}{27}$ E. $\frac{7}{81}$

解题信号 *n* 次独立重复试验，是伯努利概型，用公式计算.

解析 设“第 i 次射击击中目标”为事件 $A_i(i=1, 2, 3, 4, 5)$；“射手在 5 次射击中，有 3 次连续击中目标，另外 2 次未击中目标”为事件 A，则

$$P(A)=P(A_1A_2A_3\overline{A_4}\,\overline{A_5})+P(\overline{A_1}A_2A_3A_4\overline{A_5})+P(\overline{A_1}\,\overline{A_2}A_3A_4A_5)$$

$$=\left(\frac{2}{3}\right)^3\times\left(\frac{1}{3}\right)^2+\frac{1}{3}\times\left(\frac{2}{3}\right)^3\times\frac{1}{3}+\left(\frac{1}{3}\right)^2\times\left(\frac{2}{3}\right)^3=\frac{8}{81}.$$

答案 A

例题 5 甲、乙两人每次击中目标的概率分别是 $\frac{1}{2}$ 和 p. 现每人各射击两次，则“甲击中目标的次数减去乙击中目标的次数的差不超过 1”的概率为 $\frac{35}{36}$.

(1) $p=\frac{2}{3}$.

(2) $p=\frac{1}{3}$.

解题信号 两个人分别进行 *n* 次独立重复试验，是伯努利概型，用公式计算.

解析 由题意可得，“甲击中目标的次数减去乙击中目标的次数的差超过 1”的概率为 $\frac{1}{36}$（甲击中 2 次，乙击中 0 次），$\frac{1}{2}\times\frac{1}{2}\times(1-p)\times(1-p)=\frac{1}{36}$，解得，$p=\frac{2}{3}$，$p=\frac{4}{3}$（舍去），故条件 (1) 充分，条件 (2) 不充分.

答案 A

第五节　练　习

一、问题求解

1. 锅中煮有芝麻馅汤圆 6 个，花生馅汤圆 5 个，豆沙馅汤圆 4 个，这三种汤圆的外部特征完全相同，从锅中任意舀取 4 个汤圆，则每种汤圆都至少取到 1 个的概率为（　　）.

A. $\frac{8}{91}$　B. $\frac{25}{91}$　C. $\frac{48}{91}$　D. $\frac{60}{91}$　E. $\frac{70}{91}$

2. 有 5 本不同的书，其中语文书 2 本，数学书 2 本，物理书 1 本．若将其随机地摆放到书架的同一层上，则同一科目的书都不相邻的概率是（　　）.

A. $\frac{4}{5}$　B. $\frac{3}{5}$　C. $\frac{2}{5}$　D. $\frac{1}{5}$　E. $\frac{1}{6}$

3. 甲、乙两人独立地解同一问题，甲解决这个问题的概率是 p_1，乙解决这个问题的概率是 p_2，那么恰好有 1 人解决这个问题的概率是（　　）.

A. p_1p_2　B. $p_1(1-p_2)+p_2(1-p_1)$

C. $1-p_1p_2$　D. $1-(1-p_1)(1-p_2)$

E. $(1-p_1)(1-p_2)$

4. 一出租车司机从饭店到火车站途中有 6 个交通岗，假设他在各交通岗遇到红灯这一事件是相互独立的，并且概率都是$\frac{1}{3}$. 那么这位司机遇到红灯前，已经通过了 2 个交通岗的概率是（　　）.

A. $\frac{1}{6}$　B. $\frac{1}{90}$　C. $\frac{4}{27}$　D. $\frac{5}{9}$　E. $\frac{1}{24}$

5. 已知 10 个产品中有 3 个次品，现从其中抽出若干个产品，要使这 3 个次品全部被抽出的概率不小于 0.6，则至少应抽出产品（　　）个.

A. 6　B. 7　C. 8　D. 9　E. 10

6. 在 4 次独立试验中，事件 A 出现的概率相同，若事件 A 至少发生 1 次的概率是$\frac{65}{81}$，则事件 A 在一次试验中出现的概率是（　　）.

A. $\frac{1}{3}$　B. $\frac{2}{5}$　C. $\frac{5}{6}$　D. $\frac{2}{3}$　E. $\frac{3}{5}$

7. 从应届高中生中选拔飞行员，已知这批学生体型合格的概率为$\frac{1}{3}$，视力合格的概率为$\frac{1}{6}$，其他几项标准合格的概率为$\frac{1}{5}$. 从中任选一名学生，则该生三项均合格的概率为（假设三项标准互不影响）（　　）.

A. $\frac{4}{9}$ B. $\frac{1}{90}$ C. $\frac{4}{5}$ D. $\frac{5}{9}$ E. $\frac{17}{90}$

8. 甲、乙两同学掷一骰子，用字母 p，q 分别表示两人各掷一次的点数．满足关于 x 的方程 $x^2+px+q=0$ 有实数解的概率为（ ）.

A. $\frac{19}{36}$ B. $\frac{7}{36}$ C. $\frac{5}{36}$ D. $\frac{1}{36}$ E. $\frac{23}{36}$

9. 两个射手彼此独立射击一目标，甲射中目标的概率为 0.9，乙射中目标的概率为 0.8，在一次射击中，甲、乙同时射中目标的概率是（ ）.

A. 0.72 B. 0.85 C. 0.1 D. 0.38 E. 0.3

10. 打靶时，甲每打 10 次可中靶 8 次，乙每打 10 次可中靶 7 次，若两人同时射击一次，他们都中靶的概率为（ ）.

A. $\frac{3}{5}$ B. $\frac{3}{4}$ C. $\frac{12}{25}$ D. $\frac{14}{25}$ E. $\frac{4}{5}$

11. 若甲以 10 发中 8，乙以 10 发中 6，丙以 10 发中 7 的命中率打靶，3 人各射击 1 次，则 3 人中只有 1 人命中的概率为（ ）.

A. $\frac{21}{250}$ B. $\frac{47}{250}$ C. $\frac{7}{125}$ D. $\frac{3}{20}$ E. $\frac{1}{20}$

12. 10 颗骰子同时掷出，共掷 5 次，至少有一次全部出现一个点的概率是（ ）.

A. $\left[1-\left(\frac{5}{6}\right)^{10}\right]^5$ B. $\left[1-\left(\frac{5}{6}\right)^{6}\right]^{10}$ C. $\left[1-\left(\frac{1}{6}\right)^{5}\right]^{10}$

D. $1-\left[1-\left(\frac{1}{6}\right)^{10}\right]^5$ E. $\left[1-\left(\frac{1}{6}\right)^{10}\right]^5$

13. 先后掷两枚均匀的正方体骰子（它们的六个面分别标有点数 1，2，3，4，5，6），骰子朝上的面的点数分别为 X，Y，则 $\log_{2X}Y=1$ 的概率为（ ）.

A. $\frac{2}{7}$ B. $\frac{7}{60}$ C. $\frac{3}{8}$ D. $\frac{7}{64}$ E. $\frac{1}{12}$

14. 一学生通过某英语听力测验的概率为 $\frac{1}{2}$，他连续测验 2 次，恰有 1 次获得通过的概率为（ ）.

A. $\frac{1}{4}$ B. $\frac{1}{3}$ C. $\frac{1}{2}$ D. $\frac{4}{5}$ E. $\frac{3}{4}$

15. 一道数学竞赛试题，甲学生解出它的概率为 $\frac{1}{2}$，乙学生解出它的概率为 $\frac{1}{3}$，丙学生解出它的概率为 $\frac{1}{4}$. 由甲、乙、丙 3 人独立解答此题只有 1 人解出的概率为（ ）.

A. $\frac{1}{6}$ B. $\frac{1}{90}$ C. $\frac{4}{25}$ D. $\frac{5}{9}$ E. $\frac{11}{24}$

16. 一次考试共三个题，小王答对每个题的概率是 0.7，则小王至少答对两个题而及格的概率为（ ）.

A. 0.784 B. 0.764 C. 0.654 D. 0.624 E. 0.574

17. 8 个篮球队中有 2 个强队，先任意将这 8 个队分成两个组（每组 4 个队）进行比赛，这两个强队被分在同一个组的概率是（　　）.

A. $\frac{2}{7}$　　B. $\frac{3}{7}$　　C. $\frac{4}{7}$　　D. $\frac{5}{7}$　　E. $\frac{6}{7}$

18. 有红、黄、蓝三种颜色的旗帜各 3 面，在每种颜色的 3 面旗帜上分别有号码 1，2，3. 现任意抽取 3 面，它们的颜色与号码均不相同的概率是（　　）.

A. $\frac{1}{14}$　　B. $\frac{1}{7}$　　C. $\frac{5}{14}$　　D. $\frac{3}{14}$　　E. $\frac{3}{16}$

19. 一个坛子里有编号为 1，2，…，12 的 12 个大小相同的球，其中 1～6 号球是红球，其余的是黑球. 若从中任取 2 个球，则取到的都是红球，且至少有 1 个球的号码是偶数的概率为（　　）.

A. $\frac{1}{22}$　　B. $\frac{1}{11}$　　C. $\frac{3}{22}$　　D. $\frac{2}{11}$　　E. $\frac{3}{11}$

20. 一批产品的次品率为 0.2，逐次检测后放回，在连续 3 次检测中，至少有一件是次品的概率为（　　）.

A. 0.362　　B. 0.376　　C. 0.382　　D. 0.387　　E. 0.488

21. 将一枚硬币连续掷 9 次，如果出现 k 次正面的概率等于 $k+1$ 次反面的概率，则 k 的值为（　　）.

A. 2　　B. 3　　C. 4　　D. 5　　E. 6

22. 在 4 次独立重复试验中，随机事件 A 恰好发生 1 次的概率不大于其恰好发生 2 次的概率，则事件 A 在一次试验中发生的概率 p（$0<p<1$）的取值范围是（　　）.

A. $[0.4, 1)$　　B. $(0, 0.4]$　　C. $(0, 0.6]$　　D. $[0.6, 1)$　　E. $[0.5, 1)$

23. 将一颗骰子随机掷 3 次，则所得最大点数与最小点数之差等于 2 的概率为（　　）.

A. $\frac{1}{9}$　　B. $\frac{5}{27}$　　C. $\frac{2}{9}$　　D. $\frac{8}{27}$　　E. $\frac{1}{3}$

24. 将一颗骰子连续掷三次，它落地时向上的点数依次成等差数列的概率为（　　）.

A. $\frac{1}{9}$　　B. $\frac{1}{12}$　　C. $\frac{1}{15}$　　D. $\frac{1}{18}$　　E. $\frac{1}{14}$

25. 甲、乙两人约定于 6 时到 7 时之间在某处会面，并约定先到者应等候另一个人一刻钟，过时即可离去. 两个人会面的概率为（　　）.

A. $\frac{1}{16}$　　B. $\frac{3}{16}$　　C. $\frac{5}{16}$　　D. $\frac{7}{16}$　　E. $\frac{9}{16}$

二、条件充分性判断

26. 甲、乙、丙三人独立地去破译一个密码，则密码能被破译的概率为 $\frac{3}{5}$.

(1) 甲、乙、丙三人能破译出的概率分别为 $\frac{1}{3}$，$\frac{1}{4}$，$\frac{1}{7}$.

（2）甲、乙、丙三人能破译出的概率分别为$\frac{1}{2}$，$\frac{1}{3}$，$\frac{1}{4}$.

27. 事件 A，B 的概率 $P(A)=\frac{1}{3}$，$P(B)=\frac{1}{2}$，则 $P(\overline{A}B)=\frac{1}{2}$.

（1）$A\subseteq B$.

（2）A 与 B 互斥.

28. 某组有学生 6 人，血型分别为：A 型 2 人，B 型 1 人，以及 AB 型和 O 型血的人. 从中随机抽取 2 人，则 2 人血型相同的概率为$\frac{2}{15}$.

（1）AB 型血有 2 人.

（2）O 型血有 1 人.

29. 盒中球的最大个数是 1 的概率 $P=\frac{1}{10}$.

（1）将 3 个相同的球随机放入 3 个不同的盒子中.

（2）将 3 个不相同的球随机放入 3 个不同的盒子中.

30. 将一颗骰子连续掷三次，则 $P=\frac{1}{12}$.

（1）它落地后向上的点数依次成等差数列的概率为 P.

（2）它落地后向上的点数依次成等比数列的概率为 P.

31. $P=\frac{1}{2}$.

（1）盒中共有大小相同的 3 只白球，1 只黑球，从中随机摸出 2 只球，它们颜色不同的概率是 P.

（2）身高不同的 6 人排成二行三列，恰巧每列前面的人比后面的人矮的概率为 P.

32. 有一个篮球运动员投篮 n 次，投篮命中率均为$\frac{3}{5}$，则这个篮球运动员投篮至少有一次投中的概率是 0.936.

（1）$n=3$.

（2）$n=4$.

33. $P=\frac{5}{36}$.

（1）同时掷 2 颗骰子落地后，向上的 2 个面上的点数和是 6 的概率为 P.

（2）同时掷 2 颗骰子落地后，向上的 2 个面上的点数和是 8 的概率为 P.

34. 点 $P(s,t)$落入圆$(x-4)^2+y^2<a^2$（不含圆周）的概率是$\frac{5}{18}$.

（1）s，t 是连续掷一枚骰子两次所得到的点数，$a=3$.

（2）s，t 是连续掷一枚骰子两次所得到的点数，$a=4$.

35. $P=\frac{3}{8}$.

（1）先后掷 3 枚均匀的硬币，出现 2 枚正面向上，1 枚反面向上的概率为 P.

（2）甲、乙两人投宿 3 个旅馆，恰好两人住在同一旅馆的概率为 P.

36. 甲、乙两人各进行一次独立射击，至少有 1 人击中目标的概率为 0.88.

（1）在一次射击中，甲击中目标的概率为 0.6，乙击中目标的概率为 0.7.

（2）在一次射击中，甲、乙击中目标的概率都是 0.6.

37. 甲、乙两名跳高运动员试跳 2 m 高度，成功的概率分别为 0.7，0.6，且每次试跳成功与否相互没有影响，则 $P=0.88$.

（1）甲试跳 3 次，第三次才成功的概率为 P.

（2）甲、乙两人在第一次试跳中至少有一人成功的概率为 P.

38. 将 m 个相同的球放入位于一排的 n 个格子中，每格至多放一个球，则 3 个空格相连的概率是 $\frac{3}{28}$.

（1）$m=5$，$n=8$.

（2）$m=4$，$n=7$.

39. 甲、乙两人各投篮 1 次，恰好有 1 人投中的概率是 0.45.

（1）甲投中的概率是 0.6，乙投中的概率是 0.75.

（2）甲投中的概率是 0.75，乙投中的概率是 0.6.

40. 某机构在 2020 年 10 月 1 日开展特大优惠活动，凡当天购买新版教材者，可获得一次抽奖机会，抽奖工具是一个圆面转盘，被分成 5 个扇形区域，指针箭头落在面积最小区域时，就中特等奖，则一位当天购买新版教材的学员中特等奖的概率是 $\frac{1}{25}$.

（1）扇形区域的面积依次成公比为 2 的等比数列.

（2）扇形区域的面积依次成公差为 2 的等差数列.

41. 直线 $y=kx+b$ 不经过第二象限的概率是 $\frac{2}{9}$.

（1）$k\in\{-1, 0, 1\}$，$b\in\{-1, 1, 3\}$.

（2）$k\in\{-2, -1, 2\}$，$b\in\{-1, 0, 2\}$.

42. 甲、乙两人各进行一次独立射击，至少有 1 人击中目标的概率为 0.8.

（1）在一次射击中，甲击中目标的概率为 0.6.

（2）在一次射击中，乙击中目标的概率为 0.7.

—— 第六节　参考答案及解析 ——

一、问题求解

1. 答案：C

解析：因为总的舀取法数为 C_{15}^{4}，而所求事件的取法分为三类，即芝麻馅汤圆、花生馅汤圆、豆沙馅汤圆取得的个数分别为（1，1，2），（1，2，1），（2，1，1）三类，故所求概率 $P=\frac{C_6^1C_5^1C_4^2+C_6^1C_5^2C_4^1+C_6^2C_5^1C_4^1}{C_{15}^4}=\frac{48}{91}$.

2. 答案：C

解析：由题意知本题是一个等可能事件的概率．试验发生包含的事件是把 5 本书随机地摆到一个书架上，共有 $P_5^5=120$（种）结果. 分类研究同类书不相邻的排法种数：

假设第一本是语文书（或数学书），第二本是数学书（或语文书），则有 $4\times2\times2\times2\times1=32$（种）可能.

假设第一本是语文书（或数学书），第二本是物理书，则有 $4\times1\times2\times1\times1=8$（种）可能.

假设第一本是物理书，则有 $1\times4\times2\times1\times1=8$（种）可能.

故同一科目的书都不相邻的概率 $P=\frac{48}{120}=\frac{2}{5}$.

3. 答案：B

解析：恰有 1 人解决就是甲解决、乙没有解决或甲没有解决、乙解决，故所求概率是 $p_1(1-p_2)+p_2(1-p_1)$.

4. 答案：C

解析：因为这位司机在第一、第二个交通岗未遇到红灯，在第三个交通岗遇到红灯，所以 $P=\left(1-\frac{1}{3}\right)\left(1-\frac{1}{3}\right)\times\frac{1}{3}=\frac{4}{27}$.

5. 答案：D

解析：要使这 3 个次品全部被抽出的概率不小于 0.6，设至少应抽出 x 个产品，则基本事件总数为 C_{10}^x，使这 3 个次品全部被抽出的基本事件个数为 $C_3^3C_7^{x-3}$，由题设可知：$\frac{C_3^3C_7^{x-3}}{C_{10}^x}\geqslant0.6$，即 $x(x-1)(x-2)\geqslant432$，分别把选项 A，B，C，D，E 代入，选项 D，E 均满足不等式，因为求 x 的最小值，所以 $x=9$.

6. 答案：A

解析：根据题意可知，事件 A 在 1 次试验中发生的概率为 p，事件 A 在 1 次试验中不发生的概率为 $1-p$，因为事件 A 至少发生 1 次的概率是 $\frac{65}{81}$，它的对立事件是“在 4 次独立试验中，事件 A 1 次也没有发生”，故由条件知 $C_4^4(1-p)^4=1-\frac{65}{81}=\frac{16}{81}$，解得 $p=\frac{1}{3}$.

7. 答案：B

解析：$P=\frac{1}{3}\times\frac{1}{6}\times\frac{1}{5}=\frac{1}{90}$.

8. 答案：A

解析：两人掷骰子共有 36 种等可能情况.

其中使方程有实数解需要 $p^2-4q\geqslant0$，共有 19 种情况：

当 $p=6$ 时，$q=6，5，4，3，2，1$；

当 $p=5$ 时，$q=6$，5，4，3，2，1；

当 $p=4$ 时，$q=4$，3，2，1；

当 $p=3$ 时，$q=2$，1；

当 $p=2$ 时，$q=1$. 故其概率为$\frac{19}{36}$.

9. 答案：A

解析：甲射中目标的概率为 0.9，乙射中目标的概率为 0.8，所以甲、乙同时射中目标的概率是 $0.9\times0.8=0.72$.

10. 答案：D

解析：$P=\frac{8}{10}\times\frac{7}{10}=\frac{14}{25}$.

11. 答案：B

解析：记“甲命中”为事件 A，“乙命中”为事件 B，“丙命中”为事件 C，则“3 人中只有 1 人命中”为事件 $A\overline{B}\,\overline{C}+\overline{A}B\overline{C}+\overline{A}\,\overline{B}C$. 因为 $A\overline{B}\,\overline{C}$，$\overline{A}B\overline{C}$，$\overline{A}\,\overline{B}C$ 是互斥事件，且 A，$\overline{A}$，B，$\overline{B}$，C，$\overline{C}$ 均为相互独立事件，所以根据题意可以得到所要求的概率为

$$P=P(A)P(\overline{B})P(\overline{C})+P(\overline{A})P(B)P(\overline{C})+P(\overline{A})P(\overline{B})P(C).$$

因为 $P(A)=\frac{4}{5}$，$P(B)=\frac{3}{5}$，$P(C)=\frac{7}{10}$，所以 $P(\overline{A})=\frac{1}{5}$，$P(\overline{B})=\frac{2}{5}$，$P(\overline{C})=\frac{3}{10}$，故

$$P=\frac{4}{5}\times\frac{2}{5}\times\frac{3}{10}+\frac{1}{5}\times\frac{3}{5}\times\frac{3}{10}+\frac{1}{5}\times\frac{2}{5}\times\frac{7}{10}=\frac{47}{250}.$$

12. 答案：D

解析：10 颗骰子都出现一个点的概率为$\left(\frac{1}{6}\right)^{10}$，不都出现一个点的概率为$1-\left(\frac{1}{6}\right)^{10}$，5 次不都出现一个点的概率为$\left[1-\left(\frac{1}{6}\right)^{10}\right]^5$，5 次至少一次全都出现一个点的概率为$1-\left[1-\left(\frac{1}{6}\right)^{10}\right]^5$.

13. 答案：E

解析：$\log_{2X}Y=1$，所以 $Y=2X$，满足条件的 X，Y 有 3 对（1，2），（2，4），（3，6），而骰子朝上的点数 X，Y 共有 36 对，所以概率为 $P=\frac{1}{12}$.

14. 答案：C

解析：$P=\frac{1}{2}\times\frac{1}{2}+\frac{1}{2}\times\frac{1}{2}=\frac{1}{2}$.

15. 答案：E

解析：$P=\frac{1}{2}\times\frac{2}{3}\times\frac{3}{4}+\frac{1}{2}\times\frac{1}{3}\times\frac{3}{4}+\frac{1}{2}\times\frac{2}{3}\times\frac{1}{4}=\frac{11}{24}$.

16. 答案：A

解析：所求概率为 $C_3^2(0.7)^2\times(0.3)^1+C_3^3(0.7)^3\times(0.3)^0=0.441+0.343=0.784$.

17. 答案：B

解析：方法一：把分组视为有序分组，则 $P=\dfrac{C_2^1C_6^2}{C_8^4}=\dfrac{3}{7}$.

方法二：把分组视为无序分组，则 $P=\dfrac{C_6^2}{\dfrac{C_8^4}{2!}}=\dfrac{3}{7}$.

18. 答案：A

解析：9 面旗帜抽 3 面，有 P_9^3 种；

颜色和号码均不同，按照颜色和号码将 9 面旗帜排成 3 行 3 列可这样抽，抽第一面，有 9 种；第二面只能从第一面剩余的行和列中抽取，有 4 种；同理，第三面有 1 种. 于是三面的颜色与号码均不相同的概率是 $P=\dfrac{9\times4\times1}{9\times8\times7}=\dfrac{1}{14}$.

19. 答案：D

解析：取出的 2 个红球都是偶数的情况有 C_3^2 种，取出的两个红球一奇一偶的情况有 $C_3^1C_3^1$ 种，从 12 个球中任取 2 个有 C_{12}^2 种取法，至少有 1 个球的号码是偶数的概率 $P=\dfrac{C_3^2+C_3^1C_3^1}{C_{12}^2}=\dfrac{2}{11}$.

需要明确的是：至少有 1 个球的号码是偶数，包含一奇一偶和两个偶数这两种情况.

20. 答案：E

解析：至少有一件是次品的概率 $P=1-(1-0.2)^3=0.488$. 求至少有一件是次品的对立事件是没有次品，通过对立事件求解是比较快捷的解题方法.

21. 答案：C

解析：出现正、反面的概率都是 $\dfrac{1}{2}$，根据题意得，$C_9^k\left(\dfrac{1}{2}\right)^k\left(\dfrac{1}{2}\right)^{9-k}=C_9^{k+1}\left(\dfrac{1}{2}\right)^{k+1}\cdot\left(\dfrac{1}{2}\right)^{9-(k+1)}$，即 $C_9^k=C_9^{k+1}$，$k=4$.

22. 答案：A

解析：由于 4 次试验相互独立，所以恰好发生 1 次的概率为 $C_4^1p(1-p)^3$，恰好发生 2 次的概率为 $C_4^2p^2(1-p)^2$，则 $C_4^1p(1-p)^3\leqslant C_4^2p^2(1-p)^2\Rightarrow0.4\leqslant p<1$.

23. 答案：C

解析：最大点数与最小点数之差等于 2 的情况有：第一种，最小点数为 1，最大点数为 3，列举有 (1, 1, 3)，(1, 3, 1)，(3, 1, 1)，(1, 2, 3)，(1, 3, 2)，(2, 3, 1)，(2, 1, 3)，(3, 1, 2)，(3, 2, 1)，(1, 3, 3)，(3, 1, 3)，(3, 3, 1)，共有 12 种情况；同理，第二种，最小点数为 2，最大点数为 4；第三种，最小点数为 3，最大点数为 5；第四种，最小点数为 4，最大点数为 6. 合计为 48 种. 则概率 $P=\dfrac{48}{6\times6\times6}=\dfrac{2}{9}$.

24. 答案：B

解析：一颗骰子连续掷三次得到的数列共有 6^3 个，其中为等差数列的有三类：

① 公差为 0 的有 6 个；

② 公差为 1 或 -1 的有 8 个；

③ 公差为 2 或 -2 的有 4 个.

共有 18 个，成等差数列的概率为$\frac{18}{6^3}=\frac{1}{12}$.

25. 答案：D

解析：以 x 和 y 表示甲、乙两人到达约会地点时间，则两人能会面的条件是$|x-y|\leqslant 15$，在平面上建立直角坐标系，如图所示，则(x, y)的所有可能结果是边长为 60 的正方形，而可能会面的时间由图中阴影部分表示. 这是一个几何概型，两人能会面的概率为 $P=\frac{60^2-45^2}{60^2}=\frac{7}{16}$.

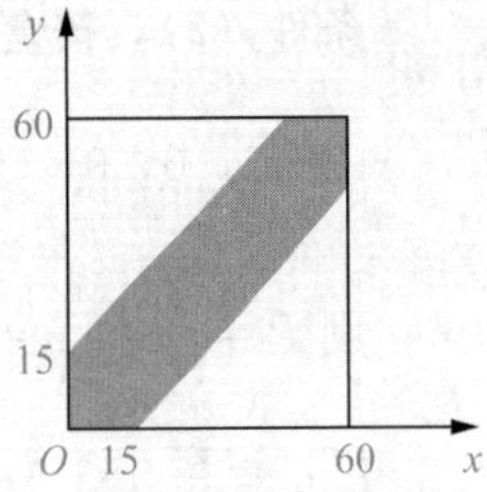

二、条件充分性判断

26. 答案：E

解析：用 A，B，C 分别表示甲、乙、丙能破译的三个事件，题干要求推出 $P(A\cup B\cup C)=\frac{3}{5}$，即 $1-P(\overline{A})P(\overline{B})P(\overline{C})=\frac{3}{5}$.

由条件（1），$P(A)=\frac{1}{3}$，$P(B)=\frac{1}{4}$，$P(C)=\frac{1}{7}$，从而 $1-P(\overline{A})P(\overline{B})P(\overline{C})=1-\frac{2}{3}\times\frac{3}{4}\times\frac{6}{7}=\frac{4}{7}\neq\frac{3}{5}$，不充分；

由条件（2），$P(A)=\frac{1}{2}$，$P(B)=\frac{1}{3}$，$P(C)=\frac{1}{4}$，从而 $1-P(\overline{A})P(\overline{B})P(\overline{C})=1-\frac{1}{2}\times\frac{2}{3}\times\frac{3}{4}=\frac{3}{4}\neq\frac{3}{5}$，不充分.

27. 答案：B

解析：由于 $P(\overline{A}B)=P(B-A)=P(B)-P(AB)$，即题干要求推出 $P(AB)=0$.

条件（1），$A\subseteq B$，则 $P(AB)=P(A)=\frac{1}{3}\neq 0$，不充分；

条件（2），A 与 B 互斥，从而 $P(AB)=P(\varnothing)=0$，充分.

28. 答案：D

解析：由条件（1），AB 型血有 2 人，则 O 型血有 1 人.

则一般事件数为 $C_6^2=15$；

特殊事件数为 $C_2^2+C_2^2=2$，则 $P=\frac{2}{15}$，充分；

条件（2），O 型血有 1 人，则 AB 型血有 2 人. 与条件（1）等价，也充分.

29. 答案：A

解析：条件（1），按盒中球的个数分 3 种情况讨论：

① （3，0，0）：$C_3^1=3$；② （2，1，0）：$P_3^3=6$；③ （1，1，1）：1.

则 $P=\frac{1}{10}$. 条件（1）充分.

条件（2），按盒中球的个数分 3 种情况讨论：

① （3，0，0）：$C_3^3C_3^1=3$；② （2，1，0）：$C_3^2C_1^1P_3^3=18$；③ （1，1，1）：$\frac{C_3^1C_2^1C_1^1}{P_3^3}P_3^3=6$.

则 $P=\frac{6}{3^3}=\frac{6}{27}=\frac{2}{9}$. 条件（2）不充分.

30. 答案：A

解析：条件（1）"基本事件空间中的总数"：$6^3=216$；

特殊事件数：$d=0$：（1，1，1），（2，2，2），（3，3，3），（4，4，4），（5，5，5），（6，6，6）；

$d=1$：（1，2，3），（2，3，4），（3，4，5），（4，5，6）；

$d=-1$：（3，2，1），（4，3，2），（5，4，3），（6，5，4）；

$d=\pm 2$：（1，3，5），（2，4，6），（6，4，2），（5，3，1）；

一共 18 种，则 $P=\frac{18}{216}=\frac{1}{12}$，充分.

条件（2）"基本事件空间中的总数"：$6^3=216$；

特殊事件数：$q=1$：（1，1，1），（2，2，2），（3，3，3），（4，4，4），（5，5，5），（6，6，6）；

$q=2$：（1，2，4）；

$q=\frac{1}{2}$：（4，2，1）；

一共 8 种，则 $P=\frac{8}{216}=\frac{1}{27}$，不充分.

31. 答案：A

解析：条件（1），

$$P=\frac{C_3^1C_1^1}{C_4^2}=\frac{1}{2}.$$

条件（2），

第一列：前面的人比后面的人矮的概率为 $\frac{1}{2}$；

第二列：前面的人比后面的人矮的概率为 $\frac{1}{2}$；

第三列：前面的人比后面的人矮的概率为 $\frac{1}{2}$；

$P=\frac{1}{2}\times\frac{1}{2}\times\frac{1}{2}=\frac{1}{8}$，不充分.

32. 答案：A

解析：由题干及所给条件（1）和条件（2）知，两条件不可能同时充分，现考虑条件（1），可得这个篮球运动员投篮至少有一次投中的概率为 $1-\left(\frac{2}{5}\right)^3=0.936$，充分，于是知条件（2）不充分.

33. 答案：D

解析：条件（1）“向上的 2 个面上的点数和是 6”，则有（1，5），（2，4），（3，3），（4，2），（5，1）共 5 种，$P=\frac{5}{36}$，充分；条件（2）“向上的 2 个面上的点数和是 8”，则有（2，6），（3，5），（4，4），（5，3），（6，2）共 5 种，$P=\frac{5}{36}$，充分.

34. 答案：A

解析：针对条件（1）“$a=3$”时，$(x-4)^2+y^2<3^2$，s，t 是连续掷一枚骰子两次所得到的点数，可能的情况共有 $6\times6=36$（种），共有 10 对满足条件，$P=\frac{10}{36}=\frac{5}{18}$，条件（1）充分；针对条件（2）“$a=4$”时，$(x-4)^2+y^2<4^2$，$s$，$t$ 是连续掷一枚骰子两次所得到的点数，可能的情况共有 $6\times6=36$（种），共有 17 对满足条件，$P=\frac{17}{36}\neq\frac{5}{18}$，条件（2）不充分.

35. 答案：A

解析：由条件（1）得 $P=C_n^k p^k q^{n-k}=C_3^2\left(\frac{1}{2}\right)^2\cdot\frac{1}{2}=\frac{3}{8}$，条件（1）充分；

由条件（2）得 $P=\frac{3}{3\times3}=\frac{1}{3}$，条件（2）不充分.

36. 答案：A

解析：条件（1），至少有 1 人击中目标的概率 $P=1-(1-0.6)(1-0.7)=0.88$，条件（1）充分；条件（2），至少有 1 人击中目标的概率 $P=1-(1-0.6)^2=0.84$，条件（2）不充分.

37. 答案：B

解析：条件（1），$P=(1-0.7)^2\times0.7=0.063$，不充分；条件（2），$P=1-(1-0.7)(1-0.6)=0.88$，充分.

38. 答案：A

解析：条件（1），$m=5$，$n=8$，概率为 $\frac{C_6^1}{C_8^5}=\frac{3}{28}$，充分；条件（2），$m=4$，$n=7$，$\frac{C_5^1}{C_7^4}=\frac{1}{7}$，不充分.

39. 答案：D

解析：条件（1），恰好有 1 人投中的概率 $P=0.75\times(1-0.6)+0.6\times(1-0.75)=0.45$，充分；条件（2），恰好有 1 人投中的概率 $P=0.75\times(1-0.6)+0.6\times(1-0.75)=0.45$，充分.

40. **答案**：E

解析：条件（1）：设区域最小的面积为 m，由于 5 个扇形区域面积成公比为 2 的等比数列，可得总面积 $S=\dfrac{m(1-2^5)}{1-2}=31m$，故一位当天购买新版教材的学员中特等奖的概率 $P=\dfrac{m}{31m}=\dfrac{1}{31}$，不充分. 条件（2）：设区域最小的面积为 n，由于 5 个扇形区域面积成公差为 2 的等差数列，可得总面积 $S=5n+20$，故一位当天购买新教材的学员中特等奖的概率 $P=\dfrac{n}{5n+20}$，不充分. 故答案选 E.

41. **答案**：D

解析：直线不经过第二象限，则 $k\geqslant 0$ 且 $b\leqslant 0$. 条件（1）：不经过第二象限的情况有 $\begin{cases}k=0,\\b=-1\end{cases}$ 或 $\begin{cases}k=1,\\b=-1.\end{cases}$ 概率 $P=\dfrac{2}{9}$，条件（1）充分. 条件（2）：不经过第二象限的情况有 $\begin{cases}k=2,\\b=-1\end{cases}$ 或 $\begin{cases}k=2,\\b=0.\end{cases}$ 概率 $P=\dfrac{2}{9}$，条件（2）充分. 故答案选 D.

42. **答案**：E

解析：条件（1）和条件（2）显然单独都不充分，考虑联合. 则 $P=1-0.4\times 0.3=0.88$，也不充分. 故答案选 E.

第十一章 数据描述

第一节 方差与标准差

一、算术平均值

有 n 个数 x_1，x_2，…，x_n，称 $\frac{x_1+x_2+\cdots+x_n}{n}$ 为这 n 个数的算术平均值，

$$\bar{x}=\frac{1}{n}\sum_{i=1}^{n}x_i,\ x_1+x_2+\cdots+x_n=n\bar{x}.$$

二、方差

设一组样本数据 x_1，x_2，…，x_n，其平均数为 $\bar{x}$，则称

$$S^2=\frac{1}{n}[(x_1-\bar{x})^2+(x_2-\bar{x})^2+\cdots+(x_n-\bar{x})^2]=\frac{1}{n}\sum_{i=1}^{n}(x_i-\bar{x})^2$$

为这个样本的方差.

【注】 把方差公式的括号展开，化简后可以得到 $S^2=\frac{1}{n}(x_1^2+x_2^2+\cdots+x_n^2)-\bar{x}^2$.

三、标准差

方差的算术平方根称为这组数据的标准差，即 $S=\sqrt{\frac{1}{n}\sum_{i=1}^{n}(x_i-\bar{x})^2}$.

四、方差和标准差的意义

(1) 方差的实质是各数据与平均数的差的平方的平均数. 但因为方差与原始数据的单位不同，且平方后可能夸大了离差的程度，所以派生出了标准差这个概念. 标准差的优点是单位和样本的数据单位保持一致，给计算和研究带来了方便.

(2) 方差和标准差用来比较平均数相同的两组数据波动的大小，也用它们描述数据的离散程度. 方差或标准差越大，说明数据的波动越大，越不稳定；方差或标准差越小，说明数据波动越小，越整齐，越稳定.

五、众数和中位数

1. 众数

一组数据中，出现次数最多的数称为众数．如果这组数据中所有数字出现次数一样，那么这组数据没有众数．

2. 中位数

将一组数据由小到大排列，若有奇数个数据，则正中间的数为中位数；若有偶数个数据，则中间两个数的平均数为中位数．

例题 1 要从甲、乙、丙三位射击运动员中选拔一名参加比赛，在预选赛中，他们每人各打 10 发子弹，命中的环数如下．

甲：10，10，9，10，9，9，9，9，9，9

乙：10，10，10，9，10，8，8，10，10，8

丙：10，9，8，10，8，9，10，9，9，9

根据这次成绩，应该选拔（　　）去参加比赛．

A. 甲　　B. 乙　　C. 丙　　D. 甲或乙　　E. 甲或丙

解题信号 应该选成绩更稳定的射击运动员去参加比赛．稳定性由方差来体现．

解析 $\overline{x}_{甲}=9.3$，$\overline{x}_{乙}=9.3$，$\overline{x}_{丙}=9.1$，不应选拔丙去参加比赛；

$$S_{甲}^2=\frac{1}{10}[(10-9.3)^2+(10-9.3)^2+\cdots+(9-9.3)^2]=0.21,$$

$$S_{乙}^2=\frac{1}{10}[(10-9.3)^2+(10-9.3)^2+\cdots+(8-9.3)^2]=0.81.$$

由于 $S_{甲}^2<S_{乙}^2$，故应选甲参加比赛．

答案 A

例题 2 给出两组数据：甲组：20，21，23，24，26；乙组：100，101，103，104，106．甲组、乙组的方差分别为 S_1^2，S_2^2，则下列正确的是（　　）．

A. $S_1^2>S_2^2$　　B. $S_1^2<S_2^2$　　C. $S_1^2=S_2^2$　　D. $S_1^2\neq S_2^2$　　E. 无法确定

解题信号 先求平均数，再求方差，然后判断得出结论．

解析 甲组：$\overline{x}_1=20+\frac{0+1+3+4+6}{5}=22.8$，

乙组：$\overline{x}_2=100+\frac{0+1+3+4+6}{5}=102.8$，

所以 $S_1^2=\frac{1}{5}[(-2.8)^2+(-1.8)^2+(0.2)^2+(1.2)^2+(3.2)^2]$，

$S_2^2=\frac{1}{5}[(-2.8)^2+(-1.8)^2+(0.2)^2+(1.2)^2+(3.2)^2]$，可得 $S_1^2=S_2^2$．

答案 C

例题 3 某人 5 次上班途中所花的时间（单位：min）分别为 x，y，10，11，9．已知这组

数据的平均数为10，方差为2，则$|x-y|$的值为（　　）.

A. 1　　B. 2　　C. 3　　D. 4　　E. 5

解题信号　已知平均数和方差，可以根据公式反推原有的样本数据.

解析　由题意可得$x+y=20$，$(x-10)^2+(y-10)^2=8$. 设$x=10+t$，$y=10-t$，则$2t^2=8$，解得$t=\pm 2$，所以$|x-y|=|2t|=4$.

答案　D

例题4　已知一组数据x_1，x_2，x_3，…，x_n的平均数$\overline{x}=5$，方差$S^2=4$，则数据$3x_1+7$，$3x_2+7$，$3x_3+7$，…，$3x_n+7$的平均数和方差分别为（　　）.

A. 15，36　　B. 22，6　　C. 15，6

D. 22，36　　E. 以上答案均不正确

解题信号　由已知数据的平均数和方差，可以先列出等式，再求新数据的平均数和方差，观察具体特点.

解析　因为x_1，x_2，x_3，…，x_n的平均数为5，所以$\frac{x_1+x_2+\cdots+x_n}{n}=5$，所以$\frac{3x_1+3x_2+\cdots+3x_n}{n}+7=\frac{3(x_1+x_2+\cdots+x_n)}{n}+7=3\times 5+7=22$，因为$x_1$，$x_2$，$x_3$，…，$x_n$的方差为4，所以$3x_1+7$，$3x_2+7$，$3x_3+7$，…，$3x_n+7$的方差是$3^2\times 4=36$.

答案　D

例题5　以下各组数据中，众数、中位数和平均数都相等的是（　　）.

A. 7，7，8，9　B. 8，9，7，8　C. 9，9，8，7　D. 4，2，3，5　E. 8，9，7，10

解题信号　根据定义求解.

解析　B选项中众数、中位数、平均数均为8.

答案　B

第二节　数据的图表表示

一、频率分布直方图

1. 频数

在一组样本数据中，每个数据出现的次数称为频数.

2. 频率

每个数据出现的次数与总次数的比值称为频率，即

$$频率=\frac{频数}{总次数}.$$

3. 组距

把全体样本数据分成若干个组，每一组最高数值与最低数值的差称为组距.

4. 频率分布直方图

将频数分布表中的结果直观形象地表示出来的图形，称为频率分布直方图. 通常我们把频率分布直方图在直角坐标系中表示，横轴表示样本数据，纵轴表示频率与组距的比值，各组频率的大小等于每组所对应的矩形的面积.

二、饼图

（1）饼图是一个圆划分为几个扇形的圆形统计图表，用于描述量、频率或百分比之间的相对关系.

（2）在饼图中，每个扇区的弧长（以及圆心角和面积）相对于圆的大小为其所表示的数量的比例. 其所用公式为：

某部分所占的百分比＝对应扇形所占整个圆周的比例.

例题 1 某棉纺厂为了了解一批棉花的质量，从中随机抽取了 100 根棉花纤维的长度（单位：mm）（棉花纤维的长度是棉花质量的重要指标），所得数据都在区间［5，40］中，其频率分布直方图如下图所示，则其抽样的 100 根中，有（　　）根棉花纤维的长度小于 20 mm.

A. 20　　B. 25　　C. 26　　D. 28　　E. 30

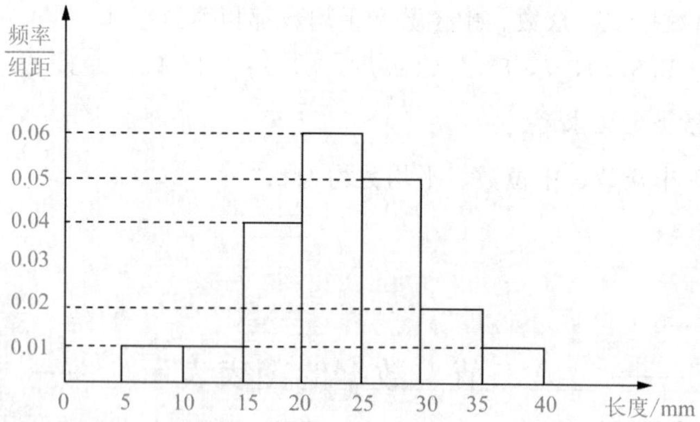

解题信号 看到直方图，要想到每组频率＝纵坐标×组距. 频率反映了该组所占总体的比例.

解析 $100\times(0.01+0.01+0.04)\times5=30$.

答案 E

例题 2 某食品厂为了检查一条自动包装流水线的生产情况，随机抽取该流水线上 40 件产品作为样本算出它们的质量（单位：g），质量的分组区间为（490，495］，（495，500］，…，（510，515］，由此得到样本的频率分布直方图，如下页图所示.

（1）根据频率分布直方图，则质量超过 505 g 的产品数量为（　　）.

A. 8　　B. 10　　C. 12　　D. 14　　E. 16

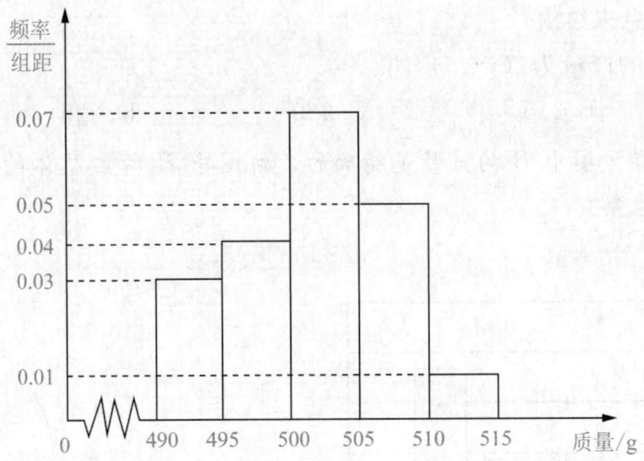

解题信号　看到频率分布直方图，要想到每组频率＝纵坐标×组距．频率反映了该组所占总体的比例．

解析　根据频率分布直方图可知：质量超过 505 g 的产品数量是$(0.05+0.01)\times 5\times 40=12$.

答案　C

(2) 在上述抽取的 40 件产品中任取 2 件，设 n 为质量超过 505 g 的产品数量，则有(　　).

A. $P\{n=0\}=\dfrac{67}{130}$　　B. $P\{n=1\}=\dfrac{53}{130}$　　C. $P\{n=2\}=\dfrac{17}{130}$

D. $P\{n=1\}=\dfrac{51}{130}$　　E. $P\{n=2\}=\dfrac{11}{130}$

解题信号　概率问题．

解析　n 的可能取值是 0，1，2.

$$P\{n=0\}=\frac{C_{28}^2}{C_{40}^2}=\frac{63}{130},\quad P\{n=1\}=\frac{C_{28}^1C_{12}^1}{C_{40}^2}=\frac{28}{65},$$

$$P\{n=2\}=\frac{C_{12}^2}{C_{40}^2}=\frac{11}{130}.$$

答案　E

(3) 从流水线上任取 5 件产品，则恰有 2 件产品的质量超过 505 g 的概率为(　　).

A. 0.9×0.7^3　　B. 0.8×0.7^3　　C. 1.2×0.7^3　　D. 0.6×0.7^3　　E. 0.7^4

解题信号　概率问题．

解析　该流水线上产品质量超过 505 g 的概率是 0.3，故恰好有 2 件产品的质量超过 505 g 的概率为 $P=C_5^2 0.3^2(1-0.3)^3=0.9\times 0.7^3=0.308\ 7$.

答案　A

例题 3　某工厂用 A，B，C 三台机器加工生产一种产品．对 2018 年第一季度的生产情况进行统计如下页图所示，图(a)是三台机器的产量统计图，图(b)是三台机器产量的比例分布

图.（图中有部分信息未给出）

（1）则 A 机器的产量为（　　）件.

A. 210　　B. 215　　C. 220　　D. 225　　E. 230

解题信号 直方图中 B 的产量是精确的，饼图中 B 所占总体的比例也是知道的，根据这两点，就可以求解.

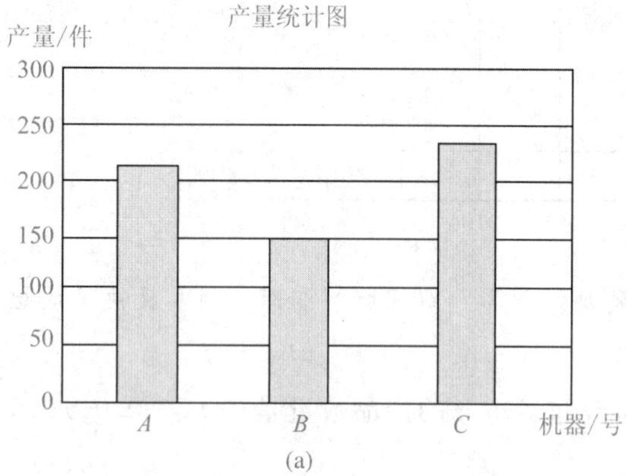

(a)

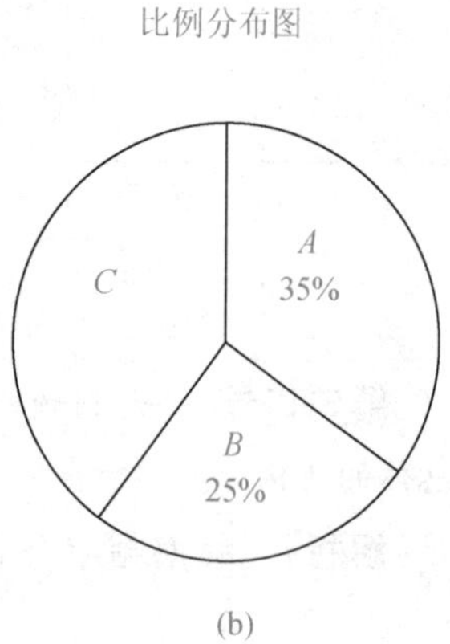

(b)

解析 由图（a）得到 B 机器的产量为 150 件，再根据图（b）中 A 机器和 B 机器的比例关系，可以得到 A 机器的产量为 210 件.

答案 A

（2）则 C 机器的产量为（　　）件.

A. 180　　B. 190　　C. 200　　D. 210　　E. 240

解题信号 依然由已经确定的 B 机器的产量和比例来求解.

解析 C 机器产量的百分比为 40%. 设 C 机器的产量为 x 件，由 $\frac{150}{25\%}=\frac{x}{40\%}$，得 $x=240$，即 C 机器的产量为 240 件.

答案 E

—— 第三节　练　习 ——

一、问题求解

1. 有专业机构认为甲型 H1N1 流感在一段时间没有发生大规模群体感染的标志为“连续 10 天，每天新增疑似病例不超过 15 人”. 根据过去 10 天甲、乙、丙、丁 4 地新增疑似病例数据，一定符合该标志的是（　　）.

A. 甲地：总体均值为 6，中位数为 8

B. 乙地：总体均值为 5，总体方差为 12

C. 丙地：中位数为 5，众数为 6

D. 丁地：总体均值为 3，总体方差大于 0

E. 以上答案均不正确

2. 若样本 1，2，3，x 的平均数为 5，又样本 1，2，3，x，y 的平均数为 6，则样本 1，2，3，x，y 的方差是（　　）.

A. 26　　B. 30　　C. 41.5　　D. 25.7　　E. 32

3. 为了检查一批手榴弹的杀伤半径，抽取了其中 20 颗做试验，得到这 20 颗手榴弹的杀伤半径，并列表如下：

杀伤半径/m	7	8	9	10	11
手榴弹数/颗	1	5	4	6	4

在这个问题中，这 20 颗手榴弹的杀伤半径的众数和中位数分别是（　　）.

A. 10，9.4　　B. 10，9.5　　C. 9.5，10　　D. 10，9.6　　E. 9.4，10

4. 统计某校 1 000 名学生的数学水平测试成绩，得到样本频率分布直方图，如下图所示，若满分为 100 分，规定不低于 60 分为及格，则及格率是（　　）.

A. 20%　　B. 65%　　C. 40%　　D. 30%　　E. 80%

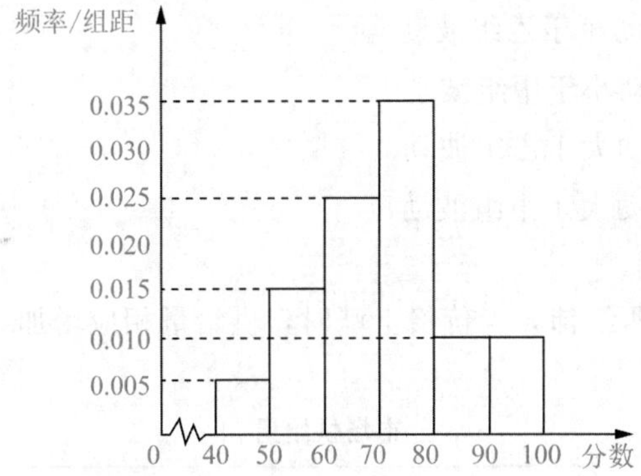

5. 某校 A，B 两队 10 名参加篮球比赛的队员的身高（单位：cm）如下表所列：

球队＼队员	1 号	2 号	3 号	4 号	5 号
A 队	176	175	174	171	174
B 队	170	173	171	174	182

设两队队员身高的平均数分别为 $\overline{x}_A$，$\overline{x}_B$，身高的方差分别为 S_A^2，S_B^2，则正确的选项是（　　）.

A. $\overline{x}_A=\overline{x}_B$，$S_A^2>S_B^2$　　B. $\overline{x}_A<\overline{x}_B$，$S_A^2<S_B^2$　　C. $\overline{x}_A>\overline{x}_B$，$S_A^2>S_B^2$

D. $\overline{x}_A=\overline{x}_B$，$S_A^2<S_B^2$　　E. $\overline{x}_A=\overline{x}_B$，$S_A^2=S_B^2$

6. 如果一组数据 x_1，x_2，…，x_n 的方差是 2，那么另一组数据 $3x_1$，$3x_2$，…，$3x_n$ 的方差是（　　）.

A. 2　　B. 18　　C. 12　　D. 6　　E. 9

7. 某学生在军训时进行打靶测试，共射击 10 次. 他的第 6，7，8，9 次射击分别射中 9.0 环、8.4 环、8.1 环、9.3 环，他的前 9 次射击的平均环数高于前 5 次的平均环数．若要使 10 次射击的平均环数超过 8.8 环，则他第 10 次射击至少应该射中（　　）环．（打靶成绩精确到 0.1 环）

A. 9.0　　B. 9.2　　C. 9.4　　D. 9.5　　E. 9.9

8. 某班有 48 名学生，某次数学考试的成绩经计算得到的平均分为 70 分，标准差为 S，后来发现成绩记录有误，甲得 80 分却误记为 50 分，乙得 70 分却误记为 100 分，更正后计算的标准差为 S_1，则 S 与 S_1 之间的大小关系是（　　）.

A. $S_1<S$　　B. $S_1=S$　　C. $S_1>S$

D. 无法判断　　E. 以上答案均不正确

9. 某汽车配件厂对甲、乙两组设备生产的同一型号螺栓的直径进行抽样检验，各随机抽取了 6 个螺栓，测得直径数据（单位：mm）如下.

甲组：8.94　8.96　8.97　9.02　9.05　9.06

乙组：8.93　8.98　8.99　9.02　9.03　9.05

由数据知两组样本的平均值都是 9 mm，用 $S_{甲}^2$，$S_{乙}^2$ 分别表示甲、乙的样本方差，在用该样本来估计两组设备生产的螺栓质量波动的大小时，下列结论正确的是（　　）.

A. $S_{甲}^2<S_{乙}^2$，甲组波动小于乙组波动

B. $S_{乙}^2<S_{甲}^2$，乙组波动小于甲组波动

C. $S_{甲}^2<S_{乙}^2$，甲组波动大于乙组波动

D. $S_{乙}^2<S_{甲}^2$，乙组波动大于甲组波动

E. 以上答案均不正确

10. 某农贸市场出售西红柿，当价格上涨时，供给量相应增加，而需求量相应减少，具体调查结果如下：

市场供给量

单价/（元·kg^{-1}）	2	2.4	2.8	3.2	3.6	4
供给量×10^{-3}/kg	50	60	70	75	80	90

市场需求量

单价/（元·kg^{-1}）	4	3.4	2.9	2.6	2.3	2
需求量×10^{-3}/kg	50	60	65	70	75	80

根据以上提供的信息，市场供需平衡点（即供给量和需求量相等时的单价）应在区间（　　）.

A.（2.3，2.4）　　B.（2.4，2.6）　　C.（2.6，2.8）

D.（2.8，2.9）　　E.（2.9，3.2）

11. 把自然数 1，2，3，4，5，…，98，99 分成三组，如果每组数的平均数刚好相等，那么此平均数为（　　）.

A. 55　　B. 60　　C. 45　　D. 50　　E. 40

12. 某车间进行季度考核，整个车间平均分是 85 分，其中$\frac{2}{3}$的人得 80 分以上（含 80 分），他们的平均分是 90 分，则低于 80 分的人的平均分是（　　）分.

A. 68　　B. 70　　C. 75　　D. 78　　E. 80

13. 某班有 50 个学生，在数学考试中，成绩在前 10 名的学生的平均分比全班平均分高 12 分，那么其余同学的平均分比全班平均分低了（　　）分.

A. 3　　B. 4　　C. 5　　D. 6　　E. 7

14. 某项射击资格赛后的统计表明，某国的四名运动员中，三名运动员的平均成绩加上另一名运动员的环数，计算后得到的环数分别是 92，114，138，160，则该国的四名运动员资格赛的平均环数是（　　）.

A. 63　　B. 64　　C. 65　　D. 66　　E. 67

15. 小王和小李一起到加油站给汽车加油，小王每次加 50L 92 号汽油，小李每次加 200 元 92 号汽油，如果汽油价格有升有降，他们分别加了两次油，那么给汽车所加汽油的平均价格较低的是（　　）.

A. 小王　　B. 小李　　C. 一样的

D. 无法比较　　E. 以上答案均不正确

16. 某班学生参加知识竞赛，将竞赛所取得的成绩（得分取整数）进行整理后分成 5 组，并绘制成直方图，如下图所示. 请结合直方图提供的信息，则 60.5～70.5 这一分数段的频率是（　　）.

A. 0.2　　B. 0.25　　C. 0.3　　D. 0.35　　E. 0.4

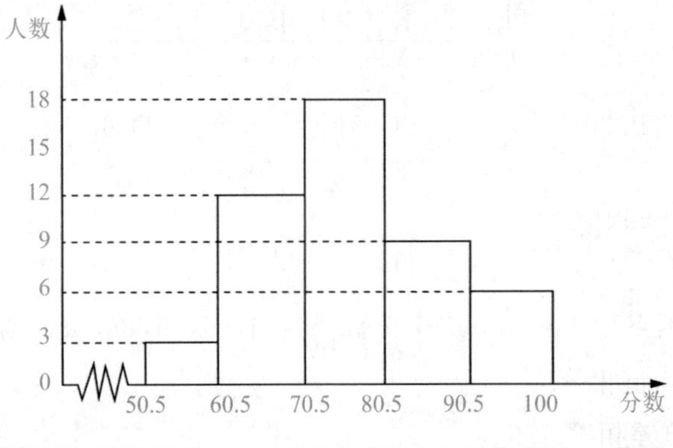

17. 在学校开展的综合实践活动中，某班进行了小制作评比，作品上交时间为 5 月 1 日至 30 日，评委会把同学们上交作品的件数按 5 天一组分组统计，绘制了频率分布直方图，如下页图所示. 已知从左到右各矩形高的比为 2∶3∶4∶6∶4∶1，第三组的频数为 12，请解答下列问题.

（1）本次活动共有（　　）件作品参加评比.

A. 60　　B. 55　　C. 50　　D. 45　　E. 40

（2）经过评比，第三组、第四组和第六组分别有 6 件、10 件、2 件作品获奖，则这三组

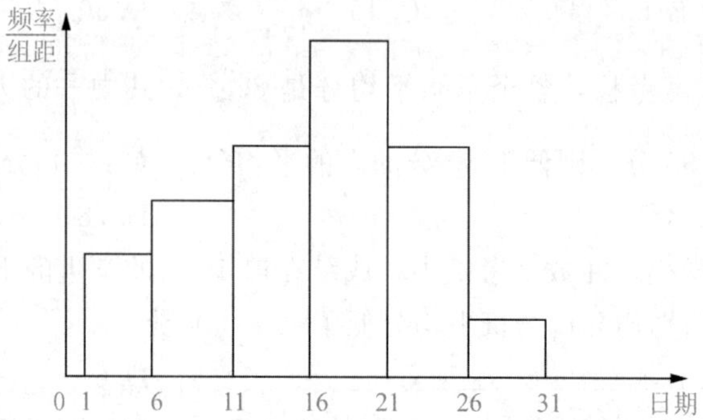

中的（　　）获奖率高.

A. 第三组　　B. 第三组和第六组　　C. 第四组

D. 第四组和第六组　　E. 第六组

18. 有一个容量为 200 的样本，其频率分布直方图如下图所示，根据样本的频率分布直方图估计，样本数据落在区间［10，12］内的频数为（　　）.

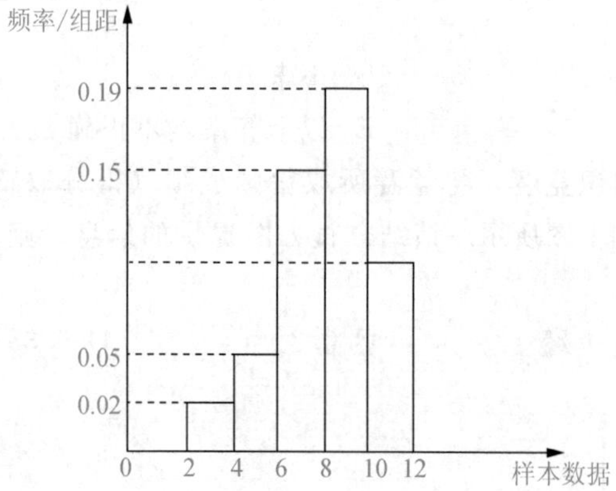

A. 24　　B. 36　　C. 31　　D. 66　　E. 40

二、条件充分性判断

19. 设有两组数据 S_1：3，4，5，6，7 和 S_2：4，5，6，7，a，则能确定 a 的值.

（1）S_1 和 S_2 的均值相等.

（2）S_1 和 S_2的方差相等.

20. 若规定某个样本的平均值小于 3 即为合格，则抽检样本为合格.

（1）抽检样本 1，2，3，k，5 的方差为 2.

（2）抽检样本 1，2，3，k，5 的标准差为 2.

21. 对甲、乙两学生的成绩进行抽样分析，各抽取 5 门功课，那么两人中各门功课发展较平稳的是甲.

（1）甲的成绩为 70，80，60，70，90.

（2）乙的成绩为 80，60，70，84，76.

22. 设有两组数据 S_1：1，2，3，4，5，以及 S_2：4，5，a，7，8，则能确定 a 的值.

(1) S_1 与 S_2 的均值相等.

(2) S_1 与 S_2 的方差相等.

23. 等差数列 a，b，c，d，e 的方差为 8.

(1) a，b，c，d，e 的公差为 2.

(2) a，b，c，d，e 的平均值为 10.

24. 数据 $2x_1-1$，$2x_2-1$，…，$2x_{10}-1$ 的标准差为 16.

(1) 样本数据 x_1，x_2，…，x_{10} 的标准差为 8.

(2) 样本数据 $\frac{x_1}{2}+1$，$\frac{x_2}{2}+1$，…，$\frac{x_{10}}{2}+1$ 的方差为 8.

25. 已知一组数据 −1，0，4，x，6，15，则这组数据的众数是 6.

(1) 该组数据的中位数是 4.

(2) 该组数据的中位数是 5.

26. 已知一组数据 −1，0，x，1，−2，则这组数据的方差是 2.

(1) 该组数据平均数是 0.

(2) 该组数据平均数是 1.

—— 第四节　参考答案及解析 ——

一、问题求解

1. 答案：B

解析：假设连续 10 天，每天新增疑似病例的人数分别为 x_1，x_2，x_3，…，x_{10}，并设有一天超过 15 人，不妨设第一天为 16 人，根据方差公式有 $S^2=\frac{1}{10}[(16-5)^2+(x_2-5)^2+(x_3-5)^2+\cdots+(x_{10}-5)^2]>12$，说明乙地连续 10 天，每天新增疑似病例都不超过 15 人.

2. 答案：A

解析：样本 1，2，3，x 的平均数为 5，所以 $1+2+3+x=20$，解得 $x=14$. 又因为样本 1，2，3，x，y 的平均数为 6，所以 $1+2+3+14+y=30$，解得 $y=10$. 故样本 1，2，3，x，y 的方差是 $\frac{1}{5}\times(25+16+9+64+16)=26$.

3. 答案：B

解析：根据所给的表格，共有 20 个数据，其中有 1 个 7，5 个 8，4 个 9，6 个 10，4 个 11，把这些数字从小到大排列得到中间两个数字的平均数是 9.5，出现最多的数字是 10.

4. 答案：E

解析：及格的频率为 $(0.025+0.035+0.01+0.01)\times10=0.8$，$0.8\times100\%=80\%$.

5. 答案：D

解析：$\overline{x}_A=\frac{1}{5}(176+175+174+171+174)=174$ (cm)，

$\overline{x}_B=\frac{1}{5}(170+173+171+174+182)=174$ (cm).

$S_A^2=\frac{1}{5}[(176-174)^2+(175-174)^2+(174-174)^2+(171-174)^2+(174-174)^2]$

$=2.8$ (cm^2)，

$S_B^2=\frac{1}{5}[(170-174)^2+(173-174)^2+(171-174)^2+(174-174)^2+(182-174)^2]$

$=18$ (cm^2).

所以 $\overline{x}_A=\overline{x}_B$，$S_A^2<S_B^2$.

6. 答案：B

解析：$\overline{x}=\frac{x_1+x_2+\cdots+x_n}{n}$，$S^2=\frac{(x_1-\overline{x})+(x_2-\overline{x})^2+\cdots+(x_n-\overline{x})^2}{n}$，则

$$\frac{3x_1+3x_2+\cdots+3x_n}{n}=3\overline{x},$$

$$\frac{(3x_1-3\overline{x})^2+(3x_2-3\overline{x})^2+\cdots+(3x_n-3\overline{x})^2}{n}$$

$$=9\frac{(x_1-\overline{x})^2+(x_2-\overline{x})^2+\cdots+(x_n-\overline{x})^2}{n}=9S^2=18.$$

本题得到的重要结论：如果一组数据 x_1，x_2，…，x_n 的平均数是 $\overline{x}$，方差为 S^2，那么

(1) 新数据 ax_1，ax_2，…，ax_n 的平均数是 $a\overline{x}$，方差为 a^2S^2；

(2) 新数据 x_1+b，x_2+b，…，x_n+b 的平均数是 $\overline{x}+b$，方差为 S^2；

(3) 新数据 ax_1+b，ax_2+b，…，ax_n+b 的平均数是 $a\overline{x}+b$，方差为 a^2S^2.

7. 答案：E

解析：第 6，7，8，9 次射击的平均环数为 $\frac{9+8.4+8.1+9.3}{4}=8.7$（环）. 则前 5 次最多射击了 $(8.7\times5-0.1)$ 环. 要使 10 次射击的平均环数超过了 8.8 环，则总环数至少为 $8.8\times10+0.1$，则最后一次的射击至少要 $8.8\times10+0.1-(8.7\times9-0.1)=9.9$（环）.

8. 答案：A

解析：设更正前甲，乙，丙，……的成绩依次为 a_1，a_2，a_3，…，a_{48}. 则 $a_1+a_2+\cdots+a_{48}=48\times70$，即

$50+100+a_3+\cdots+a_{48}=48\times70$，

$(a_1-70)^2+(a_2-70)^2+\cdots+(a_{48}-70)^2=48\times S^2$，

$(-20)^2+30^2+(a_3-70)^2+\cdots+(a_{48}-70)^2=48\times S^2$.

更正后平均分 $\overline{x}=\frac{1}{48}(80+70+a_3+\cdots+a_{48})=70$.

标准差

$$S_1=\sqrt{\frac{1}{48}[(80-70)^2+(70-70)^2+(a_3-70)^2+\cdots+(a_{48}-70)^2]}$$

$$=\sqrt{\frac{1}{48}[100+(a_3-70)^2+\cdots+(a_{48}-70)^2]}$$

$$=\sqrt{\frac{1}{48}[100+48\times S^2-(-20)^2-30^2]}=\sqrt{S^2-25}<S.$$

9. 答案：B

解析：由题意知本题考查一组数据的方差，因为甲的平均数是 9 mm，甲的方差 $S_{甲}^2=\frac{(-0.06)^2+(-0.04)^2+(-0.03)^2+0.02^2+0.05^2+0.06^2}{6}=0.0021\ (\text{mm}^2)$，乙的平均数是 9 mm，乙的方差 $S_{乙}^2=\frac{(-0.07)^2+(-0.02)^2+(-0.01)^2+0.02^2+0.03^2+0.05^2}{6}\approx 0.001533\ (\text{mm}^2)$，且 $0.001533<0.0021$，即 $S_{乙}^2<S_{甲}^2$，所以乙的稳定性比甲要好.

10. 答案：C

解析：从表中可以看出，当单价从 2 涨到 4 时，市场供给量从 50 增加到 90；而当单价从 4 降到 2 时，市场需求量从 50 增加到 80. 因此市场供需平衡点（即供给量和需求量相等时的单价）应在区间（2.6，2.8）.

11. 答案：D

解析：设每组数中各含有 a，b，c 个数字，由于“每组数的平均数刚好相等”，根据算术平均值计算公式可得 $\frac{ax+bx+cx}{a+b+c}=x$，即所有数的平均数＝每组数的平均数.

依题意：将自然数分成三组后每组的平均数相等，则此平均数应与 1，2，3，4，5，…，98，99 这 99 个自然数的平均数相等，即所求的平均数为 $\frac{S_{99}}{99}=\frac{1+2+\cdots+99}{99}=\frac{\frac{1+99}{2}\times 99}{99}=50$.

12. 答案：C

解析：由题干中“$\frac{2}{3}$的人得 80 分以上（含 80 分），他们的平均分是 90 分”可知，将这部分人看成一个整体，其权重是 $\frac{2}{3}$，平均值是 90；则“低于 80 分的人”又视为另一个整体，其权重为 $\frac{1}{3}$.

方法一：特殊值法．假设整个车间总共有 3 人；根据题意，2 人的得分在 80 分以上（含 80 分），则低于 80 分的有 1 人；其平均分为 $(85\times 3-2\times 90)\div 1=75$（分）.

方法二：设低于 80 分的人的平均分是 x 分．由题意可知，两部分人的权重为 $\frac{2}{3}$ 和 $\frac{1}{3}$；根据加权平均值计算公式：$\overline{x}=90\times\frac{2}{3}+\frac{1}{3}x=85$，解得 $x=75$.

13. 答案：A

解析：由题干中“50 个学生，前 10 名的学生的平均分比全班平均分高 12 分”，可设全班平均分为 x，可得，将前 10 名学生看成一个整体，其权重是 $\frac{10}{50}$，平均值为 $12+x$；将前 10 名以外的学生视为另一个整体，其权重为 $1-\frac{10}{50}=\frac{40}{50}$，平均值设为 y. 题目则为求 $x-y$ 的值.

方法一：设全班平均分为 x 分，前 10 名以外学生的平均分为 y 分，根据加权平均值计算公式：$\frac{(x+12)\times 10+40y}{50}=x$，化简，得 $x=3+y$，即 $x-y=3$.

方法二：根据题意可知，前 10 名学生的总成绩比全班的平均成绩高出的总分等于其余同学的总分数比全班的平均成绩低的总分；即其余同学比全班平均成绩低的总分数为 $12\times 10=120$（分），所以其余同学的平均分比全班平均分低了 $120\div 40=3$（分）.

14. 答案：A

解析：设四名运动员的环数分别为 a，b，c，d，则计算后得到的环数分别为 $\frac{b+c+d}{3}+a$，$\frac{a+c+d}{3}+b$，$\frac{a+b+d}{3}+c$，$\frac{a+b+c}{3}+d$，即相当于 92，114，138，160. 对其求和得

$$\frac{b+c+d}{3}+a+\frac{a+c+d}{3}+b+\frac{a+b+d}{3}+c+\frac{a+b+c}{3}+d=2(a+b+c+d)$$
$$=92+114+138+160.$$

根据算术平均值计算公式，可得

$$\text{平均环数}=\frac{\text{总环数}}{\text{人数}}=\frac{a+b+c+d}{4}=\frac{92+114+138+160}{8}=63.$$

15. 答案：B

解析：题干设问“给汽车所加汽油的平均价格较低的”，这就要求先分别求出两人给汽车所加汽油的平均价格，然后进行比较. 分别求出两人给汽车所加汽油的平均价格. 假设购买了两次汽油，且两次汽油的价格分别为 a 元/L、b 元/L，$a\neq b$，则

小王加汽油的平均价格为

$$\overline{a}=\frac{50(a+b)}{50+50}=\frac{a+b}{2}.$$

小李加汽油的平均价格为

$$\overline{b}=\frac{200+200}{\frac{200}{a}+\frac{200}{b}}=\frac{2ab}{a+b}.$$

比较大小（做商法）：$\frac{\overline{a}}{\overline{b}}=\frac{(a+b)^2}{4ab}\geqslant\frac{(2\sqrt{ab})^2}{4ab}=1$，当且仅当 $a=b$ 时，取等号；因为 $a\neq b$，所以 $\overline{a}>\overline{b}$.

16. 答案：B

解析：先求出全班总人数：$3+6+9+12+18=48$（人），即该班共有48名学生．$60.5 \sim 70.5$这一分数段的频数为12，频率为$12 \div 48=0.25$．

17．答案：(1) A　(2) E

解析：(1) 依题意知第三组的频率为$\frac{4}{2+3+4+6+4+1}=\frac{1}{5}$，又因为第三组的频数为12，所以本次活动的参评作品数为$\frac{12}{\frac{1}{5}}=60$．

(2) 第三组的获奖率为$\frac{6}{12}=\frac{1}{2}$；第四组上交的作品数量为$60 \times \frac{6}{2+3+4+6+4+1}=18$（件），所以第四组的获奖率是$\frac{10}{18}=\frac{5}{9}$；第六组上交的作品数量为$60 \times \frac{1}{2+3+4+6+4+1}=3$（件），所以第六组的获奖率为$\frac{2}{3}=\frac{6}{9}$．显然第六组的获奖率高．

18．答案：B

解析：观察直方图易得，数据落在$[10, 12]$外的频率为$(0.02+0.05+0.15+0.19) \times 2=0.82$；数据落在$[10, 12]$内的频率为$1-0.82=0.18$．故样本数落在$[10, 12]$内的频数为$200 \times 0.18=36$．

二、条件充分性判断

19．答案：A

解析：由条件(1)，$\frac{3+4+5+6+7}{5}=\frac{4+5+6+7+a}{5}$，所以$a=3$．

由条件(2)，$S_1^2=S_2^2$，$\overline{x}_1=5$，所以$S_1^2=\frac{1}{5}[(3-5)^2+(4-5)^2+\cdots+(7-5)^2]=2$．

又$S_2^2=\frac{1}{n}[(x_1-\overline{x})^2+(x_2-\overline{x})^2+\cdots+(x_n-\overline{x})^2]=\frac{1}{n}(x_1^2+x_2^2+\cdots+x_n^2)-\overline{x}^2$，代入数据可得，$\frac{1}{5}(4^2+5^2+6^2+7^2+a^2)-\left(\frac{4+5+6+7+a}{5}\right)^2=2$，整理得$a^2-11a+24=0$，$(a-3)(a-8)=0$，所以$a=3$或$a=8$．因为有两个，所以$a$不确定．

或者根据方差的概念：方差体现的是一组数据的波动性大小，另外，4，5，6，7，8与3，4，5，6，7的方差是相同的，所以a不确定．

20．答案：E

解析：条件(1)，$S^2=\frac{1}{5}\left[(1^2+2^2+3^2+k^2+5^2)-5\left(\frac{1+2+3+k+5}{5}\right)^2\right]=2$，即$2k^2-11k+12=0$，因式分解有$(k-4)(2k-3)=0$，所以$k=4$或$\frac{3}{2}$，可得平均数为3或$\frac{5}{2}$，不充分．

条件(2)，$S^2=\frac{1}{5}\left[(1^2+2^2+3^2+k^2+5^2)-5\left(\frac{1+2+3+k+5}{5}\right)^2\right]=2^2$，即$2k^2-11k-$

$13=0$，因式分解有 $(k+1)(2k-13)=0$，所以 $k=-1$ 或 $\frac{13}{2}$，可得平均数为 2 或 $\frac{7}{2}$，不充分.

21. 答案：E

解析：显然联合分析，分别计算出平均值和方差：$\overline{x}_{甲}=74$，$\overline{x}_{乙}=74$，$S_{甲}^2=104$，$S_{乙}^2=70.4$，故 $S_{甲}^2>S_{乙}^2$，说明乙比较稳定，不充分.

22. 答案：D

解析：条件（1）：5 个数的均值相等即和相等. 得

$1+2+3+4+5=4+5+a+7+8 \Rightarrow a=-9$，充分.

条件（2）：S_1 的方差 $S_1^2=\frac{1}{5}(1^2+2^2+3^2+4^2+5^2)-3^2=2$.

S_2 的方差 $S_2^2=\frac{1}{5}(4^2+5^2+a^2+7^2+8^2)-\left(\frac{4+5+a+7+8}{5}\right)^2$，

由两组数据的方差相等可得 $a=6$，显然也充分. 故答案选 D.

23. 答案：A

解析：条件（1）：a，b，c，d，e 的方差为

$$S^2=\frac{(a-c)^2+(b-c)^2+(c-c)^2+(d-c)^2+(e-c)^2}{5}=\frac{(-4)^2+(-2)^2+0^2+2^2+4^2}{5}=8,$$

充分. 条件（2）：只知道平均值显然不能求出方差，不充分. 故答案选 A.

24. 答案：A

解析：条件（1），样本数据 x_1，x_2，…，x_{10} 的标准差为 8，可得样本数据 $2x_1$，$2x_2$，…，$2x_{10}$ 的标准差为 16，即数据 $2x_1-1$，$2x_2-1$，…，$2x_{10}-1$ 的标准差为 16，充分.

条件（2），样本数据 $\frac{x_1}{2}+1$，$\frac{x_2}{2}+1$，…，$\frac{x_{10}}{2}+1$ 的方差为 8，即数据 $\frac{x_1}{2}$，$\frac{x_2}{2}$，…，$\frac{x_{10}}{2}$ 的方差为 8，即样本数据 x_1，x_2，…，x_{10} 的方差为 32，标准差为 $4\sqrt{2}$，则数据 $2x_1-1$，$2x_2-1$，…，$2x_{10}-1$ 的标准差为 $8\sqrt{2}$，不充分.

25. 答案：B

解析：由条件（1）可得，$x=4$，则数据众数为 4，故条件（1）不充分.

由条件（2）可得 $4+x=10$，所以 $x=6$，因此 6 是众数，条件（2）充分.

26. 答案：A

解析：由条件（1）得 $x=2$，故方差为

$$\frac{(-1-0)^2+(0-0)^2+(2-0)^2+(1-0)^2+(-2-0)^2}{5}=2.$$

故条件（1）充分.

由条件（2）得 $x=7$，故方差为

$$\frac{(-1-1)^2+(0-1)^2+(7-1)^2+(1-1)^2+(-2-1)^2}{5}=10.$$

故条件（2）不充分.

高分篇

本篇对管理类综合能力数学部分笔试中的重点题型和例题进行了深度剖析、归纳总结，针对性强．本篇中的所有公式和例题均是考试重点，建议考生在遇到偏题、怪题，以及无解题思路时，先记下疑点，再查看解析，务必做到不依赖解析，绕开重重陷阱．

第一章 算术高分进阶

第一节 技巧点拨

一、化简求值的方法

（1）分式裂项抵消的方法：$\dfrac{1}{n(n+k)}=\dfrac{1}{k}\left(\dfrac{1}{n}-\dfrac{1}{n+k}\right)$.

（2）连环平方差合项方法：

$$(a+b)(a^2+b^2)(a^4+b^4)\cdots(a^{2^n}+b^{2^n})$$

$$=\frac{(a-b)(a+b)(a^2+b^2)(a^4+b^4)\cdots(a^{2^n}+b^{2^n})}{a-b}=\frac{a^{2^{n+1}}-b^{2^{n+1}}}{a-b}\ (a\neq b).$$

（3）根式裂项抵消的方法：$\dfrac{1}{\sqrt{n}+\sqrt{n+k}}=\dfrac{1}{k}(-\sqrt{n}+\sqrt{n+k})$.

（4）$\dfrac{1}{n(n+1)(n+2)}=\dfrac{1}{2}\left[\dfrac{1}{n(n+1)}-\dfrac{1}{(n+1)(n+2)}\right]$.

例题 $\left(1-\dfrac{1}{4}\right)\left(1-\dfrac{1}{9}\right)\cdots\left(1-\dfrac{1}{99^2}\right)=$（　　）.

A. $\dfrac{50}{97}$　　B. $\dfrac{52}{97}$　　C. $\dfrac{47}{98}$　　D. $\dfrac{47}{99}$　　E. $\dfrac{50}{99}$

解析

$$原式=\left(1-\frac{1}{2^2}\right)\left(1-\frac{1}{3^2}\right)\cdots\left(1-\frac{1}{99^2}\right)$$

$$=\left[\left(1-\frac{1}{2}\right)\left(1-\frac{1}{3}\right)\left(1-\frac{1}{4}\right)\cdots\left(1-\frac{1}{99}\right)\right]\times\left[\left(1+\frac{1}{2}\right)\left(1+\frac{1}{3}\right)\left(1+\frac{1}{4}\right)\cdots\left(1+\frac{1}{99}\right)\right]$$

$$=\left(\frac{1}{2}\times\frac{2}{3}\times\frac{3}{4}\times\cdots\times\frac{98}{99}\right)\left(\frac{3}{2}\times\frac{4}{3}\times\frac{5}{4}\times\cdots\times\frac{100}{99}\right)=\frac{1}{99}\times\frac{100}{2}=\frac{50}{99}.$$

答案 E

二、整体思想

例题 1 将无限循环小数 $0.8\dot{7}$ 化为既约分数后，分母比分子大（　　）.

A. 9　　B. 11　　C. 13　　D. 15　　E. 17

解析 $A=0.8\dot{7}$，$10A=8.\dot{7}$，$100A=87.\dot{7}$，因此 $90A=79$，得 $A=0.8\dot{7}=\dfrac{79}{90}$.

答案 B

例题 2 甲、乙两人从相距 20 km 的两地同时出发，相向而行，甲的速度为 6 km/h，乙的速度为 4 km/h，一条狗与甲同时同地出发向乙跑去，遇到乙后立即掉头向甲跑去，遇到甲后又立即掉头跑向乙，……，如此跑动直到甲、乙两人相遇为止. 若狗的速度是 13 km/h，则在整个过程中狗总计跑了（　　）km.

A. 26　　B. 24　　C. 36　　D. 2　　E. 28

解析 甲、乙相遇的总时间为 $\frac{20}{6+4}=2$（h），因此，狗跑的路程为 $2\times13=26$（km）.

答案 A

三、经验公式

例题 该股票涨了.

（1）某股票连续三天涨了 10%后，又连续三天跌了 10%.

（2）某股票连续三天跌了 10%后，又连续三天涨了 10%.

解析 设股票原价是 1 元. 条件（1）：$(1+10\%)^3(1-10\%)^3=(1.1\times0.9)^3=0.99^3<1$. 条件（2）：$(1-10\%)^3(1+10\%)^3=(0.9\times1.1)^3=0.99^3<1$. 所以，条件（1）和条件（2）均不充分.

答案 E

四、特殊值法

例题 1 已知整数 a，b，c，且 $|a-b|+|c-a|=1$，则 $|a-b|+|a-c|+|b-c|=$（　　）.

A. 2　　B. 3　　C. 4　　D. -3　　E. -2

解析 设 $a=b=0$，$c=1$，代入得原式的值为 2.

答案 A

例题 2 若 $a<0$，$-1<b<0$，则有（　　）.

A. $ab^2<ab<a$　　B. $a<ab<ab^2$　　C. $ab^2<a<ab$

D. $a<ab^2<ab$　　E. $ab<ab^2<a$

解析 设 $a=-1$，$b=-\frac{1}{2}$，代入选项验证.

答案 D

例题 3 $ab^2<cb^2$.

（1）实数 a，b，c 满足 $a+b+c=0$.

（2）实数 a，b，c 满足 $a<b<c$.

解析 条件（1）：取 $a=b=c=0$，不充分.

条件（2）：取 $a=-1$，$b=0$，$c=1$，不充分.

联合条件（1）和条件（2）：取 $a=-1$，$b=0$，$c=1$，不充分.

答案 E

五、排除法

例题 已知 $|a|=\frac{1}{2}$，$|b|=1$，则 $|a+b|=$（　　）.

A. $\frac{3}{2}$或 0　　B. $\frac{1}{2}$或 0　　C. $-\frac{1}{2}$　　D. $\frac{1}{2}$或$\frac{3}{2}$　　E. $\frac{1}{2}$或-1

解析 由于绝对值具有非负性，可排除选项 C，E；$|a+b|$不可能为 0，排除选项 A，B. 遇到绝对值、偶次根式、平方式，马上考虑非负性.

答案 D

六、数字特征

例题 1 某校今年的毕业生中，本科生和硕士生人数之比是 5∶2，据 5 月份统计，该校本科生有 70%、硕士生有 90%已经落实了工作单位. 则该校落实工作单位的本科生和硕士生人数之比是（　　）.

A. 35∶18　　B. 15∶2　　C. 8∶3　　D. 10∶3　　E. 12∶5

解析 一般解法是设未知数，列不定方程，最后找比例关系. 例如，设本科生人数为 a，硕士生人数为 b，则有落实单位的本科生与硕士生人数之比为$(a\times70\%)$∶$(b\times90\%)$. 注意分子中含有质数 7，而选项中仅有 35 包含质因数 7，所以可立即选出答案 A.

原则 1：质数原则. 由于质数无法约分，可沿此线索找答案.

答案 A

例题 2 2018 年某市的全年科学研究与试验发展(R&D)经费支出 300 亿元，比 2017 年增长 20%，2018 年该市的 GDP 为 10 000 亿元，比 2017 年增长 10%. 2017 年，该市的 R&D 经费支出占当年 GDP 的（　　）.

A. 1.75%　　B. 2%　　C. 2.5%　　D. 2.75%　　E. 3%

解析 该题涉及两个比值的乘积：$\frac{300}{1.2}\times\frac{1.1}{10\ 000}=2.75\%$，选 D.

答案 D

例题 3 某国参加北京奥运会的男、女运动员的比例原为 19∶12，由于先增加若干名女运动员，使男、女运动员的比例变为 20∶13，后又增加了若干名男运动员，男、女运动员比例最终变为 30∶19. 如果后增加的男运动员比先增加的女运动员多 3 人，则最后运动员的总人数为（　　）.

A. 686　　B. 637　　C. 700　　D. 661　　E. 600

解析 该题的比例关系变化了多次，若列方程求解则运算量会很大. 注意到最终的男女比例是 30∶19，所以总人数一定是 49 的倍数，可立即排除选项 C，D，E. 又增加男运动员时，女运动员人数不变，但比例从 13 变为 19，可见女运动员人数含有因子 13 和 19. 最终的男女比例 30∶19 中并不含因子 13，可见是约分消去的，因此男运动员人数中也必含有因子 13. 因此，总人数能被 13 整除，故只能选 B.

原则 2：整除原则. 遇到比例、分数、百分数，有时可以借助整除或倍数的性质找答案.

答案 B

例题 4 某校男、女生人数之比是 3∶2，分为 3 个班，一、二、三班人数之比为 10∶8∶7，一班男女比例为 3∶1，二班男女比例为 5∶3，三班男女比例为（　　）.

A. 3∶4　　B. 5∶9　　C. 5∶7　　D. 3∶5　　E. 6∶11

解析 采用特殊值法，假定全校 50 人，则男生 30 人，女生 20 人；一班 20 人，二班 16 人，三班 14 人；一班男生 15 人，女生 5 人；二班男生 10 人，女生 6 人；则三班男生 5 人，女生 9 人，即男女比例为 5∶9.

答案 B

例题 5 四个人加工一批零件，第一个人加工的量是其他三人加工总量的$\frac{1}{3}$，第二个人加工的量是其他三人加工总量的$\frac{1}{4}$，第三个人加工的量是其他三人加工总量的$\frac{1}{5}$，第四个人加工了 46 个零件. 则四个人总计加工了（　　）个零件.

A. 70　　B. 80　　C. 120　　D. 150　　E. 175

解析 设第一个人加工了 x 个，第二个人加工了 y 个，第三个人加工了 z 个，则总量 M 为 $M=x+y+z+46=x+3x=y+4y=z+5z$，即 $M=4x=5y=6z$，M 应是 4，5，6 的公倍数，只能选 C.

答案 C

七、数形结合

例题 某单位有 90 人，其中 65 人参加外语培训，72 人参加计算机培训，已知参加外语培训而未参加计算机培训的有 8 人，则参加计算机培训而未参加外语培训的有（　　）人.

A. 5　　B. 8　　C. 10　　D. 12　　E. 15

解析

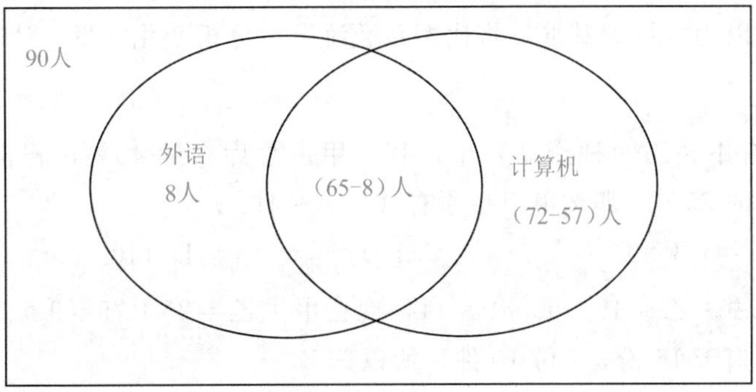

答案 E

八、估算法

例题 有快、慢两列火车，长度分别为 160 m 和 120 m，相向行驶在平行轨道上．若坐在慢车上的人看见整列快车驶过的时间为 4 s，则坐在快车上的人看见整列慢车驶过的时间为（　　）．

A. 3 s　　B. 4 s　　C. 5 s　　D. 6 s　　E. 7 s

解析 快车车身长，慢车车身短，两车相对速度一样，看见慢车驶过的时间会短，只有 A.

答案 A

九、代入法

例题 将价值 200 元的甲原料与价值 480 元的乙原料配成一种新原料，若新原料每千克的售价分别比甲、乙原料每千克的售价少 3 元和多 1 元．则新原料的售价是（　　）．

A. 15 元　　B. 16 元　　C. 17 元　　D. 18 元　　E. 19 元

解析 设新原料售价为 x 元/kg. $\frac{200}{x+3}+\frac{480}{x-1}=\frac{200+480}{x}\Rightarrow\frac{5}{x+3}+\frac{12}{x-1}=\frac{17}{x}$.

解方程需要一定的时间，可代入 C 选项 $x=17$ 代入验证满足该方程.

答案 C

十、比例统一

例题 1 甲、乙两仓库储存的粮食质量之比为 4∶3，现从甲库中调出 10 万吨粮食，则甲、乙两仓库的库存粮食质量之比变为 7∶6．甲仓库原有的粮食有（　　）万吨.

A. 70　　B. 78　　C. 80　　D. 85　　E. 90

解析 原来甲∶乙＝4∶3＝8∶6，现在甲∶乙＝7∶6，可以看出调出了 1 份粮食，重 10 万 t，8 份就是 80 万吨.

比例变化中，以固定量为基准，将比例系数统一，分析变化的量，计算份额.

答案 C

例题 2 仓库中有甲、乙两种产品若干，其中甲占总库存的 45%，若再存入 160 件乙产品，则甲占新库存的 25%．那么甲产品原有（　　）件.

A. 80　　B. 90　　C. 100　　D. 110　　E. 115

解析 原来甲∶乙＝45∶55＝9∶11，现在甲∶乙＝25∶75＝9∶27，可以看出存入了 160 件乙产品相当于 16 份，1 份 10 件，所以选 B.

答案 B

例题 3 某单位有男、女职工若干．第一次机构调整，女职工减少 15 人，余下职工的男女比例为 2∶1．第二次机构调整，男职工减少 45 人，余下职工的男女比例为 1∶5．则该单位原有女职工（ ）人．

A. 50　　B. 45　　C. 40　　D. 30　　E. 25

解析 第一次机构调整后，男∶女＝2∶1＝10∶5，第二次机构调整后，男∶女＝1∶5，男职工减少 9 份，对应 45 人，一份 5 人，故女职工 25 人，加上减少的 15 人，共 40 人．

答案 C

第二节 高频考点

一、整除及倍数

1. 如果 a，b，c 是三个任意整数，那么$\frac{a+b}{2}$，$\frac{b+c}{2}$，$\frac{c+a}{2}$（ ）．

A. 都不是整数　　B. 至少有两个整数　　C. 至少有一个整数

D. 都是整数　　E. 以上答案均不正确

2. 若 a，b，c 均为整数且满足 $(a-b)^{10}+(a-c)^{10}=1$，则 $|a-b|+|b-c|+|c-a|=$（ ）．

A. 0　　B. 2　　C. 1　　D. 4　　E. 3

3. 已知$\frac{x}{a-b}=\frac{y}{b-c}=\frac{z}{c-a}$（$a$，$b$，$c$ 互不相等），则 $x+y+z$ 的值为（ ）．

A. 1　　B. $\frac{1}{2}$　　C. ± 1　　D. -1　　E. 0

解题思路

1. 答案 C

解析 若 a，b，c 均偶数，则$\frac{a+b}{2}$，$\frac{b+c}{2}$，$\frac{c+a}{2}$均为整数；若 a，b，c 中有 2 个偶数，则$\frac{a+b}{2}$，$\frac{b+c}{2}$，$\frac{c+a}{2}$有一个整数；若 a，b，c 中偶数个数少于 2，则奇数个数至少是 2，从而 $a+b$，$b+c$，$c+a$ 中至少有一个是偶数．因此$\frac{a+b}{2}$，$\frac{b+c}{2}$，$\frac{c+a}{2}$中至少有一个整数．

2. 答案 B

解析 令 $a=b=1$，$c=0$，则 $|a-b|+|b-c|+|c-a|=0+1+1=2$.

3. **答案** E

解析 设 $\frac{x}{a-b}=\frac{y}{b-c}=\frac{z}{c-a}=k$，则 $x=(a-b)k$，$y=(b-c)k$，$z=(c-a)k$，所以 $x+y+z=(a-b)k+(b-c)k+(c-a)k=(a-b+b-c+c-a)k=0$.

二、奇数、偶数、质数、合数

1. 若 $n=p+r$，其中 n，p，r 均为正整数，且 n 是奇数，则 $p=2$.

(1) p 和 r 都是质数.

(2) $r\neq 2$.

2. 如果 a，b，c 是三个连续的奇数，有 $a+b=32$.

(1) $10<a<b<c<20$.

(2) b 和 c 为质数.

3. 某人左、右两手分别握了若干颗石子，若左手中的石子数乘以 3 与右手中的石子数乘以 4 之和为 29，则右手中的石子数为（　　）.

A. 奇数　　B. 偶数　　C. 质数　　D. 合数　　E. 3 的倍数

解题思路

1. **答案** C

解析 条件（1）和条件（2）单独显然是不成立的，考虑二者联合的情况. 根据奇数和偶数的性质可知：奇数+偶数→奇数. 故当 n 是奇数时，则 p，r 不可以同为奇数，要求一奇一偶，又 $r\neq 2$ 且 p 和 r 都是质数，可得 $p=2$. 所以条件（1）和条件（2）联合起来充分.

2. **答案** C

解析 单独的条件（1）和条件（2）显然不充分，考虑二者联合的情况. 在 10 与 20 之间的奇数有 11，13，15，17，19，但是满足条件（2）的只有 $a=15$，$b=17$，$c=19$，所以 $a+b=32$，故联合起来充分.

3. **答案** C

解析 根据题意可得（简记左手中石子数为“左”，右手中石子数为“右”），左×3+右×4=29（奇数），因此可以得到，右$=\frac{29-\text{左}\times 3}{4}$为整数，所以当左手中的石子数为 3 或 7 时，才能整除，得到右手中的石子数为 5 或 2. 因为 2 和 5 都是质数，所以选择 C.

三、有理数、无理数判断

1. 设 a，$b\in\mathbf{R}$，下列命题中正确的是（　　）.

A. 若 a，b 均是无理数，则 $a+b$ 也是无理数

B. 若 a，b 均是无理数，则 ab 也是无理数

C. 若 a 是有理数，b 是无理数，则 $a+b$ 是无理数

D. 若 a 是有理数，b 是无理数，则 ab 是无理数

E. 以上答案均不正确

2. 已知 x 是无理数，且 $(x+1)(x+3)$ 是有理数，则下列叙述有（　　）个是正确的：(1) x^2 是有理数；(2) $(x-1)(x-3)$ 是无理数；(3) $(x+2)^2$ 是有理数；(4) $(x-1)^2$ 是无理数.

A. 2　　B. 3　　C. 4　　D. 1　　E. 0

解题思路

1. **答案** C

解析 假设 $a=2+\sqrt{2}$，$b=2-\sqrt{2}$，a，b 均为无理数，但是 $a+b=4$，$ab=2$ 均为有理数，所以选项 A 和 B 均为错误选项．假设 $a=0$，$b=2-\sqrt{2}$，则 $a+b=2-\sqrt{2}$，$ab=0$，由此可知选项 D 错误. 显然 C 正确，E 错误.

2. **答案** B

解析 (1) $x^2=(x+1)(x+3)-4x-3$，可得 x^2 是无理数，其中 $(x+1)(x+3)$ 为有理数，$4x$ 为无理数，3 为有理数；

(2) $(x-1)(x-3)=(x+1)(x+3)-8x$，同理可得 $(x-1)(x-3)$ 是无理数；

(3) $(x+2)^2=(x+1)(x+3)+1$，同理可得 $(x+2)^2$ 是有理数；

(4) $(x-1)^2=(x+1)(x+3)-6x-2$，同理可得 $(x-1)^2$ 是无理数.

四、绝对值计算

1. 若 $\sqrt{(a-60)^2}+|b+90|+(c-130)^{10}=0$，则 $a+b+c$ 的值是（　　）.

A. 0　　B. 280　　C. -100　　D. 100　　E. -200

2. 若 x，y 为实数，且 $\sqrt{y-2}+|x+y|=0$，则 $\left(\frac{x}{y}\right)^{2\,021}$ 的值为（　　）.

A. 1　　B. -1　　C. 2　　D. -2　　E. 0

3. 若 $x<-2$，则 $\big|1-|1+x|\big|$ 的值等于（　　）.

A. $-x$　　B. x　　C. $2+x$　　D. $-2-x$　　E. $2-x$

4. 已知 $|x-1|+|x-5|=4$，则 x 的取值范围是（　　）.

A. $1\leqslant x\leqslant 5$　　B. $x\leqslant 1$　　C. $1<x<5$　　D. $x\geqslant 5$　　E. $1<x\leqslant 5$

5. 函数 $y=|x+1|+|x+2|+|x+3|$，当 $x=$（　　）时，y 有最小值.

A. -1　　B. 0　　C. 1　　D. -2　　E. -3

解题思路

1. **答案** D

解析 根据$\sqrt{(a-60)^2}+|b+90|+(c-130)^{10}=0$，可知$\begin{cases}a-60=0,\\b+90=0,\\c-130=0,\end{cases}$解得$a=60$，$b=-90$，$c=130$，故$a+b+c=100$.

2. 答案 B

解析 利用绝对值的非负性质，有$x+y=0$可知$\frac{x}{y}=-1$，所以$\left(\frac{x}{y}\right)^{2\,021}=-1$.

3. 答案 D

解析 $\big|1-|1+x|\big|=|2+x|=-2-x$.

4. 答案 A

解析 当$x\leqslant 1$时，有$-(x-1)-(x-5)=4$，得$x=1$；当$1<x<5$时，有$x-1-(x-5)=4$，无论x取何值都成立，即$1<x<5$；当$x\geqslant 5$时，有$x-1+x-5=4$，得到$x=5$. 综上，$1\leqslant x\leqslant 5$.

5. 答案 D

解析 $y=|x+1|+|x+2|+|x+3|$有奇数个绝对值依次相加. 取中间项$|x+2|$为0，即$x=-2$，将其代入原表达式，可求出y的最小值为2.

五、分式绝对值

1. $\frac{|a|}{a}-\frac{|b|}{b}=-2$.

(1) $a<0$. (2) $b>0$.

2. 等式$\left|\frac{2x-1}{3}\right|=\frac{1-2x}{3}$成立.

(1) $x\leqslant\frac{1}{2}$. (2) $x>-1$.

3. 若$\frac{x}{y}=3$，则$\frac{|x+y|}{x-y}$的值为（　　）.

A. 2　　B. -2　　C. ± 2　　D. 3　　E. ± 3

4. 已知$\frac{a}{|a|}+\frac{|b|}{b}+\frac{c}{|c|}=1$，则$\left(\frac{|abc|}{abc}\right)^{2\,021}\div\left(\frac{bc}{|ab|}\cdot\frac{ac}{|bc|}\cdot\frac{ab}{|ca|}\right)$的值为（　　）.

A. 1　　B. -1　　C. ± 1　　D. $\frac{1}{3}$　　E. $\frac{1}{2}$

解题思路

1. 答案 C

解析 条件（1），$a<0\Rightarrow\frac{|a|}{a}=\frac{-a}{a}=-1$，$\frac{|a|}{a}-\frac{|b|}{b}=-1-\frac{|b|}{b}$，不能推出$\frac{|a|}{a}-$

$\frac{|b|}{b}=-2$；

条件（2），$b>0\Rightarrow\frac{|b|}{b}=\frac{b}{b}=1$，所以 $\frac{|a|}{a}-\frac{|b|}{b}=-1+\frac{|a|}{a}$，不能推出 $\frac{|a|}{a}-\frac{|b|}{b}=-2$.

考虑条件（1）和条件（2）联合，在 $a<0$，$b>0$ 条件下：$\frac{|a|}{a}-\frac{|b|}{b}=-1-1=-2$，充分.

2. **答案** A

解析 $\left|\frac{2x-1}{3}\right|=\frac{1-2x}{3}\Leftrightarrow\frac{2x-1}{3}\leqslant 0$，即 $2x-1\leqslant 0$，$x\leqslant\frac{1}{2}$. 条件（1）充分，条件（2）不充分.

3. **答案** C

解析 由 $\frac{x}{y}=3$ 得到 $x=3y$，则 $\frac{4|y|}{2y}=\frac{2|y|}{y}=\begin{cases}2, & y>0,\\ -2, & y<0.\end{cases}$

4. **答案** B

解析 根据 $\frac{a}{|a|}+\frac{|b|}{b}+\frac{c}{|c|}=1$，得到 a，b，c 中两正一负. 不妨令 $a>0$，$b>0$，$c<0$，代入 $(-1)^{2\,021}\div\left(\frac{ab}{|ab|}\cdot\frac{bc}{|bc|}\cdot\frac{ac}{|ac|}\right)=-1$. 故答案选 B.

六、绝对值不等式

1. 已知 $|x-a|\leqslant 1$，$|y-x|\leqslant 1$，则有（　　）.

A. $|y-a|\leqslant 2$　　B. $|y-a|\leqslant 1$　　C. $|y+a|\leqslant 2$

D. $|y+a|\leqslant 1$　　E. $|y+a|\leqslant 3$

2. 若不等式 $|3-x|+|x-2|<a$ 的解集是空集，则 a 的取值范围是（　　）.

A. $a<1$　　B. $a\leqslant 1$　　C. $a>1$

D. $a\geqslant 1$　　E. $a=1$

3. $|x+2|+|x-8|<a$ 的解集是空集.

（1）$a=10$.

（2）$a\leqslant 10$.

4. 不等式 $|1-x|+|1+x|>a$ 对于任意的 x 成立.

（1）$a\in(-\infty,\ 2)$.

（2）$a=2$.

解题思路

1. **答案** A

解析 $|y-a|=|(y-x)+(x-a)|\leqslant|y-x|+|x-a|$，已知 $|y-x|\leqslant 1$，

$|x-a|\leqslant 1$，则$|y-a|\leqslant 1+1=2$.

2. 答案 B

解析 利用$|3-x|+|x-2|$的最小值为 1，当且仅当 $a\leqslant 1$ 时，不等式$|3-x|+|x-2|<a$ 的解集为空集.

3. 答案 D

解析 $|x+2|+|x-8|$的最小值为$|2-(-8)|=10$. 所以条件（1）和条件（2）都充分.

4. 答案 A

解析 $|1-x|+|1+x|$最小值为 2. 所以当 $a<2$ 时，$|1-x|+|1+x|>a$ 恒成立. 故条件（1）充分，条件（2）不充分.

七、平均值

1. 已知 x_1，x_2，…，x_n 的几何平均值为 3，前面 $n-1$ 个数的几何平均值为 2，则 x_n 的值是（ ）.

A. $\frac{9}{2}$　　B. $\left(\frac{3}{2}\right)^n$　　C. $2\left(\frac{3}{2}\right)^n$　　D. $\left(\frac{3}{2}\right)^{n-1}$　　E. $\frac{3}{2}$

2. 数列 a_1，a_2，a_3，…，满足 $a_1=7$，$a_9=8$，且对任何 $n\geqslant 3$，a_n 为前 $n-1$ 项的算术平均值，则 $a_2=$（ ）.

A. 7　　B. 8　　C. 9　　D. 10　　E. 11

解题思路

1. 答案 C

解析 考查几何平均值的定义，因为

$$\sqrt[n]{x_1x_2\cdots x_n}=3,\quad \sqrt[n-1]{x_1x_2\cdots x_{n-1}}=2\Rightarrow\begin{cases}x_1x_2\cdots x_n=3^n,\\ x_1x_2\cdots x_{n-1}=2^{n-1},\end{cases}$$

两式联立得 $x_n=3\left(\frac{3}{2}\right)^{n-1}=2\left(\frac{3}{2}\right)^n$.

2. 答案 C

解析 通过递推运算

$$\begin{cases}a_3=\dfrac{a_1+a_2}{2},\\ a_4=\dfrac{a_1+a_2+a_3}{3},\\ \quad\cdots\cdots\\ a_9=\dfrac{a_1+a_2+\cdots+a_8}{8}\end{cases}\Rightarrow\begin{cases}2a_3=a_1+a_2,\\ 3a_4=a_1+a_2+a_3,\\ \quad\cdots\cdots\\ 8a_9=a_1+a_2+\cdots+a_8\end{cases}\Rightarrow a_3=a_4=\cdots=a_9=8，解得 a_2=9.$$

八、比较大小

1. 设 $a>0>b>c$，$a+b+c=1$，$M=\frac{b+c}{a}$，$N=\frac{a+c}{b}$，$P=\frac{a+b}{c}$，则 M，N，P 之间的关系是（　　）.

A. $P>M>N$　　B. $M>N>P$　　C. $N>P>M$

D. $M>P>N$　　E. $P>N>M$

2. 若 $0<x<1$，则 x，$\frac{1}{x}$，x^2 的大小关系是（　　）.

A. $x<\frac{1}{x}<x^2$　　B. $\frac{1}{x}<x<x^2$　　C. $x^2<x<\frac{1}{x}$

D. $\frac{1}{x}<x^2<x$　　E. $x<x^2<\frac{1}{x}$

3. 两个正数 m 和 n 满足$\frac{m}{n}=t(t>1)$，若 $m+n=s$，则 m，n 中较小的数可以表示为（　　）.

A. $\frac{s}{1+t}$　　B. $\frac{s}{1-t}$　　C. $\frac{t}{1+s}$　　D. $\frac{t}{1-s}$　　E. $\frac{-s}{1+t}$

解题思路

1. **答案** D

解析 $M=\frac{b+c}{a}$，$N=\frac{a+c}{b}$，$P=\frac{a+b}{c}$，$M+1=\frac{b+c+a}{a}$，$N+1=\frac{a+c+b}{b}$，$P+1=\frac{a+b+c}{c}$，因为 $a>0>b>c$，则 $N+1<P+1<M+1$，$N<P<M$. 答案选 D.

2. **答案** C

解析 因为 $0<x<1$，假设 $x=\frac{1}{2}$，则 $x^2=\frac{1}{4}$，$\frac{1}{x}=2$，则 $x^2<x<\frac{1}{x}$.

3. **答案** A

解析 两个正数$\frac{m}{n}=t(t>1)$，$m+n=s$，可得 $m>n$ 且 $nt+n=s$，因此较小的数可表示为 $n=\frac{s}{1+t}$.

九、整体替换

1. 若$\sqrt{x+y-1}+(y+3)^2=0$，则 $x-y$ 的值为（　　）.

A. -1　　B. 5　　C. 7　　D. -7　　E. 8

2. 已知 $b=x^2y^2z^2$，x，y，z 为互不相等的三个实数，且满足 $x+\frac{1}{y}=y+\frac{1}{z}=z+\frac{1}{x}$，

则 b 的值为（　　）.

A. 1　　B. 2　　C. 3　　D. 4　　E. 5

3. 已知 $\frac{x}{2}=\frac{y}{3}=\frac{m}{4}\neq 0$，那么式子 $\frac{x^2+y^2+m^2}{xy+ym+mx}$ 的值是（　　）.

A. $\frac{27}{26}$　　B. $\frac{29}{26}$　　C. $\frac{26}{29}$　　D. 1　　E. 2

解题思路

1. **答案** C

解析 $\begin{cases}x+y-1=0,\\ y+3=0\end{cases}\Rightarrow\begin{cases}x=4,\\ y=-3\end{cases}\Rightarrow x-y=7.$

2. **答案** A

解析 由题可知：

① $x+\frac{1}{y}=y+\frac{1}{z}\Rightarrow x-y=\frac{y-z}{yz}$；② $x+\frac{1}{y}=z+\frac{1}{x}\Rightarrow x-z=\frac{y-x}{xy}$；③ $y+\frac{1}{z}=z+\frac{1}{x}\Rightarrow y-z=\frac{z-x}{xz}$. ①，②，③相乘得 $1=x^2y^2z^2\Rightarrow b=1$.

3. **答案** B

解析 令 $x=2k$，$y=3k$，$m=4k$，代入 $\frac{x^2+y^2+m^2}{xy+ym+mx}=\frac{4k^2+9k^2+16k^2}{6k^2+12k^2+8k^2}=\frac{29}{26}$.

十、涉及两个集合的应用题

1. 一个俱乐部会下象棋的有 69 人，会下围棋的有 58 人，两种棋都不会下的有 12 人，两种棋都会下的有 30 人．这个俱乐部一共有（　　）.

A. 109 人　　B. 115 人　　C. 127 人　　D. 139 人　　E. 140 人

2. 现有 50 名学生都做物理、化学实验，如果物理实验做正确的有 40 人，化学实验做正确的有 31 人，两种实验都做错的有 4 人．则两种实验都做正确的有（　　）.

A. 27 人　　B. 25 人　　C. 19 人　　D. 10 人　　E. 12 人

3. 有 62 名学生，会击剑的有 11 人，会游泳的有 56 人，两种都不会的有 4 人．则两种都会的学生有（　　）.

A. 1 人　　B. 5 人　　C. 7 人　　D. 9 人　　E. 10 人

4. 学校文艺组每人至少会演奏一种乐器，已知会拉小提琴的有 24 人，会弹电子琴的有 17 人，其中两样都会的有 8 人．则这个文艺组共有（　　）.

A. 25 人　　B. 32 人　　C. 33 人　　D. 41 人　　E. 47 人

解题思路

1. **答案** A

解析　设总人数为 x，根据公式“会下象棋的人数＋会下围棋的人数－两种都会下的人数＝总人数－两种都不会下的人数”，可得 $69+58-30=x-12$，解得 $x=109$.

2. **答案**　B

解析　设两种实验都做正确的为 x 人，根据公式“物理实验做正确的人数＋化学实验做正确的人数－两种实验都做正确的人数＝总人数－两种实验都做错的人数”，可得 $40+31-x=50-4$，解得 $x=25$.

3. **答案**　D

解析　设两种都会的学生为 x 人，根据公式“会击剑的人数＋会游泳的人数－两种都会的人数＝总人数－两种都不会的人数”，可得 $11+56-x=62-4$，解得 $x=9$.

4. **答案**　C

解析　设 $A=\{$会拉小提琴的人$\}$，$B=\{$会弹电子琴的人$\}$，因此 $A\cup B=\{$文艺组的人$\}$，$A\cap B=\{$两样乐器都会的人$\}$，由两个集合的容斥原理可得文艺组共有 $24+17-8=33$（人）.

十一、涉及三个集合的应用题

1. 某大学有外语教师 120 名，其中教英语的有 50 名，教日语的有 45 名，教法语的有 40 名，有 15 名既教英语又教日语，有 10 名既教英语又教法语，有 8 名既教日语又教法语，有 4 名教英语、日语和法语三门课. 则不教这三门课的外语教师有（　　）.

A. 12 名　　B. 14 名　　C. 16 名　　D. 18 名　　E. 19 名

2. 对某单位的 100 名员工进行调查，结果发现他们至少喜欢看篮球、足球和赛车一种. 其中 63 人喜欢看篮球，33 人喜欢看赛车，49 人喜欢看足球，既喜欢看篮球又喜欢看赛车的有 18 人，既喜欢看足球又喜欢看赛车的有 14 人，三种都喜欢看的有 10 人. 则只喜欢看足球的有（　　）.

A. 22 人　　B. 28 人　　C. 30 人　　D. 36 人　　E. 38 人

3. 在一次国际会议上，人们发现与会代表中有 10 人是东欧人，有 6 人是亚太地区的，会说汉语的有 6 人. 欧美地区的代表占与会代表总数的$\frac{2}{3}$以上，而东欧代表占欧美地区代表的$\frac{2}{3}$以上. 则与会代表的人数可能是（　　）.

A. 22　　B. 21　　C. 19　　D. 18　　E. 17

解题思路

1. **答案**　B

解析　此题是三个集合的容斥问题，根据容斥原理可以得到，至少教英、日、法三门课其中一门的外语教师有 $50+45+40-10-15-8+4=106$（名），不教这三门课的外语教师人数为 $120-106=14$（名）.

2. **答案**　A

解析 求只喜欢看足球的人数，只要总人数减去喜欢看篮球和喜欢看赛车的，但多减去了既喜欢看篮球又喜欢看赛车的，再加回去即可，即 $100-63-33+18=22$（人）.

3. **答案** C

解析 由东欧代表占欧美地区代表的$\frac{2}{3}$以上，东欧代表 10 人，则欧美地区代表人数小于 15（最多为 14）. 欧美地区代表人数小于等于 14 人，又欧美地区代表占总代表的$\frac{2}{3}$以上，那么总代表人数小于 21（最多为 20），又有 6 人是亚太地区的，故总代表人数大于 18 而小于 21，即总代表人数为 19 或 20.

十二、涉及商品价格的应用题

1. 某校办工厂将总价值为 2 000 元的甲种原料与总价值为 4 800 元的乙种原料混合后，其均价比原甲种原料少 3 元/kg，比乙种原料多 1 元/kg. 则混合后的单价是（　　）元/kg.

A. 15　　B. 16　　C. 17　　D. 18　　E. 19

2. 某商品原价为 100 元，现有五种调价方案，其中 $0<n<m<100$. 则调价后该商品价格最高的方案是（　　）.

A. 先涨价 $m\%$，再降低 $n\%$　　B. 先涨价 $n\%$，再降低 $m\%$

C. 先涨价$\frac{m+n}{2}\%$，再降低$\frac{m+n}{2}\%$　　D. 先涨价$\sqrt{mn}\%$，再降低$\sqrt{mn}\%$

E. 先涨价$\frac{m}{2}\%$，再降低 $n\%$

3. 一商店把某商品按标价的 9 折出售，仍可获利 20%，若该商品的进价为每件 21 元，则该商品每件的标价为（　　）.

A. 26 元　　B. 28 元　　C. 30 元　　D. 32 元　　E. 34 元

4. 甲、乙、丙 3 人合买一份礼物，他们商定按年龄比例分担费用. 若甲的年龄是乙的一半，丙的年龄为甲年龄的三分之一，而甲、乙共花费了 225 元. 则这份礼物的售价是（　　）元.

A. 250　　B. 265　　C. 270　　D. 275　　E. 280

解题思路

1. **答案** C

解析 设混合后的单价为 x 元/kg，则甲种原料的单价为$(x+3)$元/kg，乙种原料的单价为（$x-1$）元/kg，混合后的总价值为(2 000+4 800)元，混合后的质量为$\frac{2\,000+4\,800}{x}$（kg），甲种原料的质量为$\frac{2\,000}{x+3}$（kg），乙种原料的质量为$\frac{4\,800}{x-1}$（kg），得$\frac{2\,000}{x+3}+\frac{4\,800}{x-1}=\frac{2\,000+4\,800}{x}\Rightarrow x=17$，经检验是原方程的根，所以 $x=17$.

2. **答案** A

解析 经过计算可知 A. $100(1+m\%)(1-n\%)$；B. $100(1+n\%)(1-m\%)$；C. $100\left(1+\frac{m+n}{2}\%\right)\left(1-\frac{m+n}{2}\%\right)$；D. $100(1+\sqrt{mn}\%)(1-\sqrt{mn}\%)$；E. $100\left(1+\frac{m}{2}\%\right)(1-n\%)$.

因 $0<n<m<100$，设 $n=20$，$m=25$，可得 A 为 100，B 为 90，C 为 94.937 5，D 为 95，E 为 90.

故选 A.

3. **答案** B

解析 设该商品每件的标价为 x 元，则由题意得 $\frac{90\%x-21}{21}\times100\%=20\%$，解得 $x=28$.

4. **答案** A

解析 设乙的年龄为 x，则可知甲的年龄为 $\frac{1}{2}x$，丙的年龄为 $\frac{1}{3}\times\frac{1}{2}x=\frac{1}{6}x$，从而可知甲、乙、丙的年龄之比为 $\frac{1}{2}x:x:\frac{1}{6}x=3:6:1$，进而可得这份礼物的售价为 $225\div\frac{9}{10}=250$（元）.

十三、 涉及商品打折的应用题

1. 某商场销售一批名牌衬衫，平均每天可售出 20 件，每件盈利 40 元，为了扩大销售，增加盈利，尽快减少库存，商场决定采取适当的减价措施. 经调查发现，如果每件衬衫每降价 1 元，商场平均每天可多销售出 2 件，每件衬衫降价（ ）元时，商场平均每天盈利最多.

A. 12　　B. 13　　C. 14　　D. 15　　E. 16

2. 某商品的成本为 240 元，若按该商品标价的 8 折出售，利润率是 15%. 则该商品的标价为（ ）.

A. 276 元　　B. 331 元　　C. 345 元　　D. 360 元　　E. 400 元

3. 张先生向商店订购某种商品 80 件，每件定价 100 元. 张先生向商店经理说："如果你肯减价，每件减少 1 元，我就多订 4 件."商店经理算了一下，如果减价 5%，那么由于张先生多订购，仍可获得与原来一样多的利润. 那么这种商品的成本是（ ）元.

A. 55　　B. 75　　C. 60　　D. 65　　E. 70

4. 某商品价格在今年 1 月降低 10%，此后由于市场供求关系的影响，价格连续三次上涨，使商品目前售价与 1 月份降低前的价格相同. 则这三次价格的平均回升率是（ ）.

A. $\sqrt[4]{\frac{10}{9}}-1$　　B. $\sqrt[3]{\frac{10}{9}}-1$　　C. $\sqrt[3]{\frac{10}{3}}-1$　　D. $\sqrt{\frac{10}{9}}-1$　　E. $3\frac{1}{3}\%$

解题思路

1. **答案** D

解析 设每件衬衫应降价 x 元，商场平均每天盈利 y 元，得 $(20+x\times2)(40-x)=$

y，$y=-2x^2+60x+800$，$y=-2(x-15)^2+1\ 250$，即 $x=15$ 时，y 有最大值为 1 250.

2. **答案** C

解析 设商品的标价为 x 元，则根据题意得 $\frac{0.8x-240}{240}\times 100\%=15\%$，解得 $x=345$.

3. **答案** B

解析 减价 5%，销量增加 20 件，设成本为 x，有 $80\times(100-x)=100\times(95-x)$，得 $x=75$.

4. **答案** B

解析 设该商品原价为 a，$a-10\%a=90\%a$，设平均回升率为 x，则 $0.9a(1+x)^3=a$，解得 $x=\sqrt[3]{\frac{10}{9}}-1$.

十四、 涉及利润最大化的应用题

1. 某商店将进价为 8 元的商品按每件 10 元售出，每天可售出 200 件，现在采取提高商品售价、减少销量的办法来增加利润，如果这种商品每件的售价每提高 0.5 元其销量就减少 10 件．那么，应将每件售价定为（　　）元时，才能使每天的利润为 640 元.

A. 12　　B. 16　　C. 12 或 16　　D. 20　　E. 18

2. 某水果批发商经销一种高档水果，如果每千克盈利 10 元，每天可售出 500 kg．经市场调查发现，在进价不变的情况下，若每千克涨价 1 元，日销售量将减少 20 kg．现该水果批发商要保证每天盈利 6 000 元，同时又要使顾客得到实惠，那么每千克应涨价（　　）元.

A. 5　　B. 10　　C. 5 或 10　　D. 6　　E. 8

3. 有甲、乙两种商品，经营销售这两种商品所能获得的利润依次是 P（万元）和 Q（万元），它们与投入资金 x（万元）的关系，有经验公式：$P=\frac{x}{5}$，$Q=\frac{3}{5}\sqrt{x}$．今有 3 万元资金投入经营甲、乙两种商品，为获得最大利润，对甲、乙两种商品的资金投入进行调整，能获得的最大利润是（　　）万元.

A. 1.0　　B. 1.05　　C. 1.15　　D. 2.05　　E. 3.15

4. 某公司有 60 万元资金，计划投资甲、乙两个项目，按要求对项目甲的投资不小于对项目乙投资的 $\frac{2}{3}$，且对每个项目的投资不能低于 5 万元，对项目甲每投资 1 万元可获得 0.4 万元的利润，对项目乙每投资 1 万元可获得 0.6 万元的利润．该公司正确投资后，在两个项目上共可获得的最大利润为（　　）.

A. 36 万元　　B. 31.2 万元　　C. 30.4 万元　　D. 24 万元　　E. 28 万元

解题思路

1. 答案 C

解析 设每件售价 x 元，则每件利润为（$x-8$）元，每天销量为 $200-\frac{x-10}{0.5}\times10$，当每天利润为 640 元时，有 $\left(200-\frac{x-10}{0.5}\times10\right)(x-8)=640$，则 $x_1=12$ 或 $x_2=16$.

2. 答案 A

解析 设每千克涨价 x 元，根据题意可列 $(10+x)(500-20x)=6\ 000$，解得 $x=5$ 或 $x=10$. 也就是说，涨价 5 元、10 元，商场均盈利 6 000 元，为了"使顾客得到实惠"，涨价 5 元.

3. 答案 B

解析 设对甲种商品投资 x 万元，则乙种商品投资 $(3-x)$ 万元，总利润 y 万元，有：$y=\frac{1}{5}x+\frac{3}{5}\sqrt{3-x}$ $(0\leqslant x\leqslant3)$. 设 $\sqrt{3-x}=t$，则 $x=3-t^2$，所以 $y=\frac{1}{5}(3-t^2)+\frac{3}{5}t=-\frac{1}{5}\left(t-\frac{3}{2}\right)^2+\frac{21}{20}$ $(0\leqslant t\leqslant\sqrt{3})$. 当 $t=\frac{3}{2}$ 时，$y_{\max}=1.05$，此时 $x=0.75$，$3-x=2.25$. 由此可知，为获得最大利润，对甲、乙两种商品的资金投入分别为 0.75 万元和 2.25 万元，获得总利润为 1.05 万元.

4. 答案 B

解析 因为对乙项目投资获利较大，故在投资规划要求内$\left(\text{对项目甲的投资不小于对项目乙投资的}\frac{2}{3}\right)$，应尽可能多地安排资金投资于乙项目，即对项目甲的投资等于对项目乙投资的 $\frac{2}{3}$ 可获最大利润. 这是最优解法，即对甲项目投资 24 万元，对乙项目投资 36 万元，可获最大利润为 31.2 万元.

十五、涉及分段计费的应用题

1. 2009 年 1 月 1 日起，某市全面推行农村合作医疗，农民每年每人只拿出 10 元就可以享受合作医疗. 某人住院报销了 805 元，则花费了（　　）元.

住院费/元	报销率/%
不超过 3 000	15
3 000～4 000	25
4 000～5 000	30
5 000～10 000	35
10 000～20 000	40

A. 3 220　　B. 4 183. 33　　C. 4 350　　D. 4 500　　E. 4 750

2. 我国是一个水资源严重缺乏的国家，为了鼓励居民节约用水，某市城区水费按下表规定收取. 张伟 3 月份共缴水费 17 元，他家 3 月份用水（　　）t.

每户每月用水量	不超过 10t（含 10t）	超过 10t 的部分
水费单价	1.3 元/t	2.00 元/t

A. 7　　B. 9　　C. 11　　D. 12　　E. 14

3. 某公司按照销售人员营业额的不同，分别给予不同的销售提成，其提成规定如下表. 某员工在 2018 年 8 月得到提成 800 元，则该员工该月的销售额为（　　）元.

销售额/元	提成率/%
不超过 10 000	0
10 000～15 000	2.5
15 000～20 000	3
20 000～30 000	3.5
30 000～40 000	4
40 000 以上	5

A. 22 000　　B. 26 000　　C. 30 000　　D. 34 375　　E. 36 000

解题思路

1. **答案** C

解析 $3\ 000\times 0.15=450$，$1\ 000\times 0.25=250$，$1\ 000\times 0.3=300$，$805<405+250+300$. 某人住院的医疗费是 $4\ 000+\frac{805-700}{0.3}=4\ 350$（元）.

2. **答案** D

解析 设张伟家三月份用水 x t. $1.3\times 10+(x-10)\times 2=17$，解得 $x=12$.

3. **答案** D

解析 根据表格可知，销售额不超过 10 000 元提成为 0；在 10 000～15 000 元，提成 $5\ 000\times 2.5\%=125$（元）；在 15 000～20 000 元，提成 $5\ 000\times 3\%=150$（元）；在 20 000～30 000 元，提成 $10\ 000\times 3.5\%=350$（元）；在 30 000～40 000 元，提成 $10\ 000\times 4\%=400$（元），某员工 2018 年 8 月的提成是 800（元）$=125+150+350+175$（元），故销售额为 $30\ 000+175\div 4\%=34\ 375$（元）.

十六、行程问题

1. 分别在上、下行轨道上行驶的两列火车相向而行，已知甲车长 192 m，每秒行驶 20 m；乙车长 178 m，每秒行驶 17 m. 从两车车头相遇到两车车尾离开，需要（　　）s.

A. 7　　B. 8　　C. 9　　D. 10　　E. 11

2. 一辆客车、一辆货车和一辆小轿车在一条笔直的公路上朝同一方向匀速行驶．在某一时刻，客车在前，小轿车在后，货车在客车与小轿车的正中间．过了 10 min，小轿车追上了货车；又过了 5 min，小轿车追上了客车；再过 t min，货车追上了客车，则 $t=$（　　）．

A. 5　　B. 10　　C. 15　　D. 20　　E. 30

3. 甲、乙、丙是一条路上的三个车站，乙站到甲、丙两站的距离相等．小强和小明同时分别从甲、丙两站出发相向而行，小强经过乙站 100 m 时与小明相遇，然后两人又继续前进，小强走到丙站立即返回，经过乙站 300 m 时又追上小明．则甲、乙两站的距离是（　　）m.

A. 100　　B. 200　　C. 300　　D. 400　　E. 600

4. 一支部队排成长为 800 m 的队列行军，速度为 80 m/min，在队首的通信员以 3 倍于行军的速度跑步到队尾，花 1 min 传达首长命令后，立即以同样的速度跑回队首．在往返过程中通信员共用时（　　）．

A. 6.5 min　　B. 7.5 min　　C. 8 min　　D. 8.5 min　　E. 10 min

5. 小刚和小强租一条小船，向上游划去，不慎把水壶掉进江中，当他们发现并调转船头时，水壶与船已经相距 2 km，假定小船的速度是 4 km/h，水流速度是 2 km/h．那么他们追上水壶需要（　　）h.

A. 2　　B. 0.25　　C. 0.5　　D. 0.75　　E. 1

解题思路

1. **答案**　D

解析　$t=\dfrac{s}{v}=\dfrac{192+178}{20+17}=\dfrac{370}{37}=10(\text{s})$.

2. **答案**　C

解析　设小轿车和货车、货车和客车之间的距离为 s，则

$$\begin{cases}V_{轿}-V_{货}=\dfrac{s}{10},\\ V_{轿}-V_{客}=\dfrac{2s}{15}\end{cases}\Rightarrow V_{货}-V_{客}=\frac{s}{30};\ t=\frac{s}{V_{货}-V_{客}}-15=15.$$

3. **答案**　C

解析　设乙站到甲、丙两站的距离相等为 x，则 $\dfrac{x+100}{x-100}=\dfrac{2x+200}{400}$，所以 $x=300$（m）.

4. **答案**　D

解析　根据题意可得，通信员由队首至队尾的时间为 $\dfrac{800}{80+240}=2.5$（min），由队尾至队首的时间为 $\dfrac{800}{240-80}=5$（min），由此知在往返过程中通信员共用时间为 $2.5+5+1=8.5$（min）.

5. **答案**　C

解析 水壶的速度是$V_{水}$，小船的总速度则是（$V_{船}-V_{水}$），那么水壶和小船的合速度还是$V_{船}$，所以小船追上水壶的时间是$\frac{2}{4}=0.5$（h）.

十七、 工程问题

1. 修一条公路，甲队单独施工需要40天完成，乙队单独施工需要24天完成．现两队同时从两端开工，结果在距该路中点7.5 km处会合完工．则这条公路的长度为（　）.

A. 60 km　　B. 70 km　　C. 80 km　　D. 90 km　　E. 100 km

2. 某生产小组开展劳动竞赛后，每人一天多做10个零件，这样8个人一天做的零件超过200个，后来改进技术，每人一天又多做27个零件，这样他们4个人一天所做的零件就超过了劳动竞赛中8个人所做的零件．则他们改进技术后的生产效率是劳动竞赛前的（　）倍.

A. 4　　B. 3.9　　C. 3.6　　D. 3.3　　E. 3

3. 一个工作，甲、乙合作需要4 h完成，乙、丙合作需要5 h完成．现在先由甲、丙合作2 h后，余下的工作乙还需要6 h完成．则乙单独做这个工作需要（　）h.

A. 10　　B. 15　　C. 20　　D. 25　　E. 30

4. 一蓄水池装有甲、乙、丙三个进水管，单独开放甲管，45 h可以注满全池；单独开放乙管，60 h可以注满；单独开放丙管，90 h可以注满．如果三管一齐开放，则注满水池需（　）.

A. 10 h　　B. 15 h　　C. 20 h　　D. 25 h　　E. 27 h

5. 用一队货车运一批货物，若每辆货车装7 t货物，则剩余10 t货物装不完；若每辆货车装8 t货物，则最后一辆货车只装3 t货物就装完了这批货物．则这批货物共有（　）t.

A. 90　　B. 95　　C. 100　　D. 115　　E. 120

解题思路

1. **答案** A

解析 由题意知甲的效率为$\frac{1}{40}$，乙的效率为$\frac{1}{24}$，进而可得甲与乙的效率之比为3∶5，在相同的时间内工作量之比也是3∶5．假设总的工作量“1”被看作8份，则可知7.5 km对应的是$\frac{1}{8}$的工作量，由此知总的工作量为$7.5\div\frac{1}{8}=60$（km）.

2. **答案** D

解析 设劳动竞赛前每人一天做x个，则根据题意可得$\begin{cases}8(x+10)>200,\\4(x+27+10)>8(x+10),\end{cases}$解得$\begin{cases}x>15,\\x<17,\end{cases}$即得$x=16$，由此得改进技术后的生产效率是劳动竞赛前的$\frac{16+37}{16}\approx3.3$（倍）.

3. **答案** C

解析 可以理解成甲、乙先合作2 h，乙、丙再合作2 h，乙还做了$6-2-2=2$（h），且 2 h 完成了总工作量的 $1-\frac{2}{4}-\frac{2}{5}=\frac{1}{10}$，所以乙单独做这件工作要 $2\div\frac{1}{10}=20$（h）.

4. **答案**　C

解析　由题意知甲管的效率为 $\frac{1}{45}$，乙管的效率为 $\frac{1}{60}$，丙管的效率为 $\frac{1}{90}$，则可得三管一齐开放，注满水池所需的时间为 $\frac{1}{\frac{1}{45}+\frac{1}{60}+\frac{1}{90}}=20$（h）.

5. **答案**　D

解析　设这批货物有 x t，车队有 a 辆车，根据题意得 $7a+10=8(a-1)+3$，$a=15$，得 $x=115$.

十八、浓度问题

1. 若用浓度为 40% 和 16% 的甲、乙两种食盐溶液配成浓度为 24% 的食盐溶液 600 g. 则甲、乙两种溶液应各取（　　）.

A. 280 g 和 320 g　　B. 285 g 和 315 g　　C. 290 g 和 310 g
D. 295 g 和 305 g　　E. 200 g 和 400 g

2. 一个容积为 10 L 的量杯盛满纯酒精，第一次倒出 a L 酒精后，用水将量杯注满并搅拌均匀，第二次仍倒出 a L 溶液后，再用水将量杯注满并搅拌均匀，此时量杯中的酒精溶液浓度为 49%. 则每次的倒出量 a 为（　　）L.

A. 2.55　　B. 3　　C. 2.45　　D. 4　　E. 5

解题思路

1. **答案**　E

解析　设甲溶液应取 x g，则乙溶液应取 $(600-x)$g，根据题意得

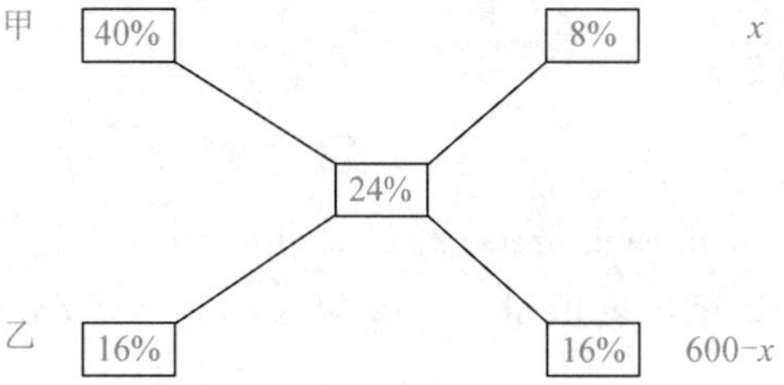

从而有 $\frac{8\%}{16\%}=\frac{x}{600-x}$，解得 $x=200$，则 $600-x=600-200=400$.

2. **答案**　B

解析　设第一次倒出后的溶液浓度为 A，根据题意知，$A=\frac{(10-a)\times100\%}{10}$，第二次倒出后的溶液浓度为 $\frac{(10-a)\times A}{10}$，则有 $100\%\times\left(\frac{10-a}{10}\right)^2=49\%$，解得 $a=3$.

十九、含有变量的应用题

1. 某产品的产量第一年的增长率为 p，第二年的增长率为 q，设这两年平均增长率为 x. 则有（　　）.

A. $x=\frac{p+q}{2}$　　B. $x<\frac{p+q}{2}$　　C. $x\leqslant\frac{p+q}{2}$

D. $x\geqslant\frac{p+q}{2}$　　E. $x>\frac{p+q}{2}$

2. 某种放射性物质不断变化为其他物质，每经过 1 年剩留的这种物质是原来的 84%，则经过（　　）年，剩留量是原来的一半.（结果保留一位有效数字）

A. 1　　B. 2　　C. 3　　D. 4　　E. 5

3. 细胞每分裂一次，1 个细胞变成 2 个细胞. 洋葱根尖细胞每分裂一次间隔的时间为 12 小时. 那么原有 2 个洋葱根尖细胞经 3 昼夜变成（　　）.

A. 2^6 个　　B. 2^{12} 个　　C. 2^7 个

D. 2^{14} 个　　E. 以上答案均不正确

4. 一容器内有一细菌，逐日成倍增长繁殖，第 20 天繁殖满整个容器. 那么繁殖到第（　　）天细菌占容器的一半.

A. 16　　B. 12　　C. 24

D. 19　　E. 以上答案均不正确

解题思路

1. **答案** C

解析 根据题意得 $(1+p)(1+q)=(1+x)^2$. 而 $(1+p)(1+q)\leqslant 1+p+q+\frac{(p+q)^2}{4}=\left(1+\frac{p+q}{2}\right)^2$，当且仅当 $p=q$ 时取等号，即 $(1+x)^2\leqslant\left(1+\frac{p+q}{2}\right)^2$. 两边开方得 $1+x\leqslant 1+\frac{p+q}{2}$，故 $x\leqslant\frac{p+q}{2}$.

2. **答案** D

解析 设这种物质最初的质量是 1，经过 x 年，剩留量是 y，那么经过 1 年，剩留量 $y=1\times 84\%=0.84^1$；经过 2 年，剩留量 $y=0.84\times 84\%=0.84^2$；……经过 x 年，剩留量 $y=0.84^x\ (x\geqslant 0)$.

根据函数关系式列表如下：

x	0	1	2	3	4	5	6	…
y	1	0.84	0.71	0.59	0.50	0.42	0.35	…

根据题目要求 $y=0.5$，只需 $x\approx 4$.

3. **答案** C

解析 3 昼夜即 6 个 12 小时，原有 2 个洋葱根尖细胞经 3 昼夜变成 $2\times2^6=2^7$.

4. **答案** D

解析 容器内的细菌，逐日成倍增长繁殖，故第 20 天繁殖到 2^{20}，又第 20 天繁殖满整个容器，所以细菌占容器的一半是有红茶细菌 $\frac{2^{20}}{2}=2^{19}$. 则繁殖 19 天时，细菌占容器的一半.

第三节 丢分陷阱

一、涉及年龄问题的应用题，勿忘所有人年龄同步增长

例题 今年王先生的年龄是他父亲年龄的一半，他父亲的年龄又是他儿子的 15 倍，两年后他们三人的年龄之和恰好是 100 岁. 那么王先生今年（ ）岁.

A. 40　　B. 50　　C. 20　　D. 30　　E. 45

解析 方法一：设今年王先生的年龄为 x，其父亲的年龄为 $2x$，其儿子的年龄为 $\frac{2x}{15}$，两年后，王先生的年龄为 $(x+2)$，其父亲的年龄为 $(2x+2)$，其儿子的年龄为 $\left(\frac{2x}{15}+2\right)$. 又 $(x+2)+(2x+2)+\left(\frac{2x}{15}+2\right)=100$，解得 $x=30$（岁）.

方法二：今年王先生的儿子、王先生和王先生的父亲三人年龄之比为 $1:\frac{15}{2}:15=2:15:30$，则今年三人年龄之和为 $100-2\times3=94$，故王先生的年龄为 30 岁.

陷阱 三人年龄须同步增加，即 $x+2$，$2x+2$，$\frac{2x}{15}+2$，易错写为 $x+2$，$2(x+2)$，$\frac{2(x+2)}{15}$.

答案 D

二、涉及比例问题的应用题，要搞清被比量是谁

例题 一种货币贬值 20%后，需增值（ ）才能保持原币值.

A. 18%　　B. 20%　　C. 22%　　D. 24%　　E. 25%

解析 设需增值 x，并假定原币值为 a，依题意有：$a(1-20\%)(1+x)=a$，$x=25\%$.

陷阱 容易误以为减少 20%，自然要再增加 20%.

答案 E

第二章　代数高分进阶

第一节　技巧点拨

一、配方法

例题 1　在各项为正的等比数列 $\{a_n\}$ 中，$a_1a_5+2a_3a_5+a_3a_7=25$，则 $a_3+a_5=$（　　）.

A. 3　　B. 3.6　　C. 4.2　　D. 5　　E. 5.5

解析　$a_1a_5=a_3^2$，$a_3a_7=a_5^2$，$a_1a_5+2a_3a_5+a_3a_7=a_3^2+2a_3a_5+a_5^2=25$，所以 $a_3+a_5=5$.

答案　D

例题 2　a 和 b 是方程 $x^2-2mx+m+6=0$ 的两个实根，则 $(a-1)^2+(b-1)^2$ 的最小值是（　　）.

A. $-\frac{49}{4}$　　B. 8　　C. 18　　D. 20　　E. 22

解析　方程有两个实根，考生应马上想到韦达定理和判别式不小于零，于是有：

$(a-1)^2+(b-1)^2=(a+b)^2-2ab-2(a+b)+2=4m^2-6m-10=4\left(m-\frac{3}{4}\right)^2-\frac{49}{4}$.

再由 $\Delta=4m^2-4(m+6)\geqslant 0$，得到 $m\leqslant -2$ 或 $m\geqslant 3$. 因此当 $m=3$ 时，取到最小值.

答案　B

二、换元法

例题 1　方程 $\frac{1+3^{-x}}{1+3^x}=3$ 的解的个数为（　　）.

A. 0　　B. 1　　C. 2　　D. 3　　E. 4

解析　设 $3^x=y$，则 $3y^2+2y-1=0$，解得 $y=\frac{1}{3}$ 或 -1（舍去），所以 $x=-1$. 特殊方程或不等式往往需要换元，将其化为一元二次方程或不等式进行求解.

答案　B

例题 2　不等式 $\log_2(2^x-1)\cdot\log_2(2^{x+1}-2)<2$ 的解集包含（　　）个整数.

A. 0　　B. 1　　C. 2　　D. 3　　E. 4

解析　设 $\log_2(2^x-1)=y$，$\log_2(2^{x+1}-2)=\log_2 2(2^x-1)=\log_2 2+\log_2(2^x-1)=1+y$，则 $y(y+1)<2$，解得 $-2<y<1$，所以有：$\log_2\frac{5}{4}<x<\log_2 3$，范围内只包含

一个整数 $x=1$.

答案　B

例题 3　实数 x，y 满足 $4x^2-5xy+4y^2=5$，设 $S=x^2+y^2$，则 $\frac{1}{S_{max}}+\frac{1}{S_{min}}=$（　　）.

A. $\frac{8}{5}$　　B. $\frac{7}{5}$　　C. $\frac{9}{5}$　　D. $\frac{11}{5}$　　E. 2

解析　令 $\frac{x+y}{2}=a$，$\frac{x-y}{2}=b$，即 $x=a+b$，$y=a-b$，代入原方程有 $3a^2+13b^2=5\Rightarrow 0\leqslant a^2\leqslant\frac{5}{3}$，$S=(a+b)^2+(a-b)^2=2(a^2+b^2)=\frac{20a^2+10}{13}\in\left[\frac{10}{13},\ \frac{10}{3}\right]$. 用换元法，可消去交叉项 xy，简化计算.

答案　A

例题 4　对于所有实数 x，如不等式 $x^2\log_2\frac{4(a+1)}{a}+2x\log_2\frac{2a}{a+1}+\log_2\frac{(a+1)^2}{4a^2}>0$ 恒成立. 则 a 满足（　　）.

A. $0<a<2$　　B. $1<a<3$　　C. $0<a<1$　　D. $1<a<2$　　E. $0<a<3$

解析　令 $\log_2\frac{2a}{a+1}=t$，则 $\log_2\frac{4(a+1)}{a}=\log_2\frac{8(a+1)}{2a}=3+\log_2\frac{a+1}{2a}=3-t$. $\log_2\frac{(a+1)^2}{4a^2}=2\log_2\frac{a+1}{2a}=-2t$，代入原不等式得 $(3-t)x^2+2tx-2t>0$ 恒成立.

由此得到 $\begin{cases}3-t>0,\\ \Delta=4t^2+8t(3-t)<0.\end{cases}$ 解得 $t<0$，故 $\log_2\frac{2a}{a+1}<0$，$0<\frac{2a}{a+1}<1$，则 $0<a<1$.

答案　C

例题 5　已知 $x^2+4y^2=4x$，则 $x+y$ 的范围是（　　）.

A. $[2-\sqrt{5},\ 2+\sqrt{5}]$　　B. $[3-\sqrt{5},\ 3+\sqrt{5}]$　　C. $[3-\sqrt{5},\ 2+\sqrt{5}]$

D. $[2-\sqrt{5},\ 3+\sqrt{5}]$　　E. $[2-\sqrt{5},\ 3-\sqrt{5}]$

解析　将所求表达式看成一个整体换元，化为仅含 x 的二次方程. 求取值范围，则方程必有实根，可用判别式求解.

令 $x+y=t$，则 $y=t-x$，代入题干得 $x^2+4(t-x)^2=4x\Rightarrow 5x^2-4(2t+1)x+4t^2=0$，

$$\Delta=16(2t+1)^2-80t^2\geqslant 0\Rightarrow t^2-4t-1\leqslant 0\Rightarrow 2-\sqrt{5}\leqslant t\leqslant 2+\sqrt{5}.$$

答案　A

例题 6　已知 $a+b=1$，则 $\sqrt{a+\frac{1}{2}}+\sqrt{b+\frac{1}{2}}$ 的范围是（　　）.

A. $[1,\ 2]$　　B. $[0,\ 2]$　　C. $[1,\ \sqrt{2}]$　　D. $[\sqrt{2},\ 2]$　　E. $[0,\ \sqrt{2}]$

解析　$x=\sqrt{a+\frac{1}{2}}\geqslant 0$，$y=\sqrt{b+\frac{1}{2}}\geqslant 0$，得到 $a=x^2-\frac{1}{2}$，$b=y^2-\frac{1}{2}$，又因 $a+b=1$，$x^2+y^2=2$，$\left(\frac{x+y}{2}\right)^2=\frac{x^2+y^2}{4}+\frac{2xy}{4}\leqslant\frac{x^2+y^2}{4}+\frac{x^2+y^2}{4}=1$，得到 $x+y\leqslant 2$，且 $x+y\geqslant\sqrt{2}$.

答案 D

三、平均值求解

例题 1 已知 x，y 为正实数，且满足 $x+3y-1=0$，则 $t=2^x+8^y$ 有（　　）.

A. 最大值 $2\sqrt{2}$　　B. 最大值$\frac{\sqrt{2}}{2}$　　C. 最小值 $2\sqrt{2}$

D. 最小值$\frac{\sqrt{2}}{2}$　　E. 最小值$\sqrt{2}$

解析 $2^x+8^y=2^x+2^{3y}\geqslant 2\sqrt{2^x 2^{3y}}=2\sqrt{2^{x+3y}}=2\sqrt{2}$.

答案 C

例题 2 若 $x>-1$，则 $f(x)=x^2+2x+\frac{2}{x+1}$的最小值为（　　）.

A. 1　　B. 2　　C. 3　　D. 0　　E. 不存在

解析 $f(x)=x^2+2x+\frac{2}{x+1}=(x+1)^2+\frac{1}{x+1}+\frac{1}{x+1}-1$

$$\geqslant 3\sqrt[3]{(x+1)^2\frac{1}{x+1}\frac{1}{x+1}}-1=2.$$

答案 B

例题 3 实数 a，b 均大于零，a，b 的等差中项是$\frac{1}{2}$，$\alpha=a+\frac{1}{a}$，$\beta=b+\frac{1}{b}$，则 $\alpha+\beta$ 的最小值为（　　）.

A. 2　　B. 3　　C. 4　　D. 5　　E. 不存在

解析 因为 a，b 均大于零，且等差中项是$\frac{1}{2}$，所以 $a+b=1$.

$$\alpha+\beta=a+b+\frac{1}{a}+\frac{1}{b}=1+\frac{a+b}{ab}=1+\frac{1}{ab}.$$

$$1=a+b\geqslant 2\sqrt{ab}\Rightarrow 0<2\sqrt{ab}\leqslant 1\Rightarrow 0<ab\leqslant\frac{1}{4}.$$

所以当 $ab=\frac{1}{4}$时，$\alpha+\beta$ 的最小值是 5.

答案 D

例题 4 实数 a，b，c 满足 $a+b+c=1$，则 $a^2+b^2+c^2$ 的最小值为（　　）.

A. $\frac{1}{3}$　　B. $\frac{1}{4}$　　C. $\frac{1}{5}$　　D. $\frac{1}{6}$　　E. $\frac{1}{7}$

解析 方法一：$a^2+b^2+c^2=(a+b+c)^2-2(ab+bc+ca)\geqslant 1-2(a^2+b^2+c^2)$，即 $a^2+b^2+c^2\geqslant\frac{1}{3}$.

方法二：由 $a+b+c=1$，可设 $a=\frac{1}{3}+t_1$，$b=\frac{1}{3}+t_2$，$c=\frac{1}{3}+t_3$.

其中 $t_1+t_2+t_3=0$，这种方法称为均值换元法，是一种常用技巧.

所以，$a^2+b^2+c^2=\left(\frac{1}{3}+t_1\right)^2+\left(\frac{1}{3}+t_2\right)^2+\left(\frac{1}{3}+t_3\right)^2=\frac{1}{3}+t_1^2+t_2^2+t_3^2\geqslant\frac{1}{3}$.

答案 A

例题 5 设 $x>0$，$y>0$，则 $\frac{1}{x}+\frac{1}{y}$ 的最小值为 4.

(1) $x+y=1$.

(2) $x+y=2$.

解析 条件 (1)，$\frac{1}{x}+\frac{1}{y}=\frac{x+y}{x}+\frac{x+y}{y}=2+\frac{y}{x}+\frac{x}{y}\geqslant 4$，充分. 同理，条件 (2) 不充分.

答案 A

例题 6 设 $x>0$，$y>0$，则 $x+y$ 的最小值为 16.

(1) $\frac{1}{x}+\frac{9}{y}=2$.

(2) $\frac{1}{x}+\frac{9}{y}=1$.

解析 条件 (2)，$x+y=(x+y)\left(\frac{1}{x}+\frac{9}{y}\right)=\frac{y}{x}+\frac{9x}{y}+10\geqslant 2\sqrt{\frac{y}{x}\cdot\frac{9x}{y}}+10=16$，充分. 同理，条件 (1) 不充分.

答案 B

【注】 通过例题 5 和例题 6，请考生体会数字“1”的替换技巧，即条件中的“1”与所求式中的“1”的代换.

例题 7 设 $x>0$，$y>0$，且 $x^2+\frac{y^2}{4}=1$，则 $x\sqrt{1+y^2}$ 的最大值为（　　）.

A. $\frac{5}{4}$　　B. 1　　C. $\frac{3}{4}$　　D. $\frac{1}{2}$　　E. $\frac{1}{4}$

解析

$$x^2+\frac{y^2}{4}=1\Rightarrow 4x^2+y^2=4.$$

$$x\sqrt{1+y^2}=\sqrt{x^2(1+y^2)}=\frac{1}{2}\sqrt{4x^2(1+y^2)}\leqslant\frac{1}{2}\cdot\frac{4x^2+(y^2+1)}{2}=\frac{5}{4},$$

当且仅当 $4x^2=y^2+1$，即 $x=\frac{\sqrt{10}}{4}$，$y=\frac{\sqrt{6}}{2}$ 时取最大值.

答案 A

四、整体思想

例题 1 已知 $x+\frac{1}{x}=5$，则 $x-\frac{1}{x}$ 的值为（　　）.

A. $\sqrt{21}$　　B. $-\sqrt{21}$　　C. 5　　D. $\pm\sqrt{21}$　　E. ± 5

解析 如果先解方程求出 x 的值，再代入计算，相对较为耗时. 利用整体思想有

$$\left(x-\frac{1}{x}\right)^2=\left(x+\frac{1}{x}\right)^2-4=25-4=21,\ x-\frac{1}{x}=\pm\sqrt{21}.$$

答案 D

例题 2 设 $f(x)=(3x^2+\sqrt{7}x+1)(3x^2-\sqrt{7}x+1)-(3x^2+4x+1)(3x^2-4x+1)$，则 $f(-3)=$（　　）.

A. 1　　B. 27　　C. 81　　D. 125

E. 以上答案均不正确

解析

$$\begin{aligned}f(x)&=[(3x^2+1)+\sqrt{7}x][(3x^2+1)-\sqrt{7}x]-[(3x^2+1)+4x][(3x^2+1)-4x]\\&=[(3x^2+1)^2-7x^2]-[(3x^2+1)^2-16x^2]=9x^2,\end{aligned}$$

$f(-3)=81.$

答案 C

例题 3 分解因式 $(x+1)(x+2)(x+3)(x+4)-120$ 的结果中一定包含因式（　　）.

A. $x^2+5x-16$　　B. $x^2-5x+16$　　C. $x^2-5x-16$

D. $x^2+5x+16$　　E. $x^2-5x+12$

解析

$$\begin{aligned}&[(x+1)(x+4)][(x+2)(x+3)]-120=(x^2+5x+4)(x^2+5x+6)-120\\&=(x^2+5x)^2+10(x^2+5x)-96=(x^2+5x+16)(x^2+5x-6).\end{aligned}$$

答案 D

例题 4 设关于 x 的方程 $ax^2+bx+c=0(a\neq0)$ 的两个实数根和为 N_1，两个实数根的平方和为 N_2，两个实数根的立方和为 N_3. 则 $aN_3+bN_2+cN_1=$（　　）.

A. 0　　B. 1　　C. -1　　D. 2　　E. -2

解析 $aN_3+bN_2+cN_1=a(x_1^3+x_2^3)+b(x_1^2+x_2^2)+c(x_1+x_2)$.

因为 $ax_1^2+bx_1+c=0$，$ax_2^2+bx_2+c=0$，所以

$$aN_3+bN_2+cN_1=x_1(ax_1^2+bx_1+c)+x_2(ax_2^2+bx_2+c)=0.$$

答案 A

例题 5 方程 $x^2-3x+1=\dfrac{2}{x^2-3x}$ 有（　　）个实数根.

A. 0　　B. 1　　C. 2　　D. 3　　E. 4

解析 令 $y=x^2-3x\Rightarrow y+1=\dfrac{2}{y}\Rightarrow y^2+y-2=0\Rightarrow y_1=-2$，$y_2=1\Rightarrow x^2-3x+2=0$ 或 $x^2-3x-1=0$，解得 $x_1=1$，$x_2=2$，$x_3=\dfrac{3+\sqrt{13}}{2}$，$x_4=\dfrac{3-\sqrt{13}}{2}$.

答案 E

例题 6　已知方程组$\begin{cases}x^2-y^2=5,\\x+y=5,\end{cases}$则 $xy=$（　　）.

A. 2　　B. 4　　C. 6　　D. 8　　E. 10

解析　$x^2-y^2=(x+y)(x-y)=5(x-y)=5\Rightarrow x-y=1\Rightarrow\begin{cases}x+y=5,\\x-y=1\end{cases}\Rightarrow\begin{cases}x=3,\\y=2.\end{cases}$

答案　C

五、方程与函数思维

例题 1　已知二次函数 $f(x)=ax^2+bx+c$，则能确定 a，b，c 的值.

（1）曲线 $y=f(x)$ 过点（0，0）和（1，1）.

（2）曲线 $y=f(x)$ 与 $y=a+b$ 相切.

解析　利用方程式思维解题法，结论不需要求出具体的值，三个未知数需要三个方程就可以求解，因此两个条件联立充分.

答案　C

例题 2　$f(x)=ax^7+bx^5+cx^3+dx+10$，$f(6)=-15$，$f(-6)=$（　　）.

A. -15　　B. 15　　C. -25　　D. 25　　E. 35

解析　可令 $f(x)=g(x)+10(g(x)=ax^7+bx^5+cx^3+dx)$，即有 $f(6)=g(6)+10=-15\Rightarrow-g(6)=25$，则有 $f(-6)=-g(6)+10=25+10=35$.

答案　E

例题 3　$x\in\mathbf{R}$，方程$\frac{3}{x^2+3x+2}=x^2+3x$ 所有实数根的和为（　　）.

A. 0　　B. -3　　C. 3　　D. -6　　E. 6

解析　令 $k=x^2+3x$，则原方程可化为$\frac{3}{k+2}=k\Rightarrow k^2+2k-3=0$，易得到两个不等的实数解 $k_1=-3$，$k_2=1$，因此得到原方程可以转化为两个方程：① $x^2+3x+3=0$，明显有 $\Delta<0$，无实数根；② $x^2+3x-1=0$，明显有 $\Delta>0$，有两个不相等的实数根，由韦达定理得到两根的和为 $x_1+x_2=-3$. 所以原方程所有实数根的和为-3.

答案　B

例题 4　m，$n\in\mathbf{R}$，$mn\neq1$，$2m^2-3m-7=0$，$7n^2+3n-2=0$，则$\frac{m}{n}=$（　　）.

A. $-\frac{7}{2}$　　B. $\frac{7}{2}$　　C. $-\frac{3}{2}$　　D. $\frac{3}{2}$　　E. $\frac{9}{2}$

解析　题中两个方程为① $2m^2-3m-7=0$；② $7n^2+3n-2=0$. 系数同除以$-n^2$ 为 $2\left(\frac{1}{n}\right)^2-3\left(\frac{1}{n}\right)-7=0$，由 $mn\neq1$，因此可得到 m，$\frac{1}{n}$是方程 $2x^2-3x-7=0$ 的两个不相等的实数根，根据韦达定理得到 $m\cdot\frac{1}{n}=-\frac{7}{2}$（两根之积）.

答案 A

例题 5 $f(x)=|x-1|-2|x|+|x+2|$，$x\in[-2,1]$，则 $f_{\max}(x)+f_{\min}(x)=$ (　　).

A. 1　　B. 2　　C. 3　　D. 4　　E. 5

解析 遇到绝对值问题，首先判断在区间内绝对值的符号，直接去掉绝对值. 也可考虑绝对值函数的每个绝对值项对应的零点值. 该题可直接根据在区间内每个绝对值项的正负判断，决定是否去掉绝对值符号.

因为 $x\in[-2,1]$，所以 $x-1\leqslant 0$，$x+2\geqslant 0$，易得到 $f(x)=1-x-2|x|+x+2=3-2|x|$.

所以当 $x=0$ 时，有 $f_{\max}(x)=3$；当 $x=-2$ 时，有 $f_{\min}(x)=-1$. 因此有 $f_{\max}(x)+f_{\min}(x)=2$.

答案 B

六、特殊值法

例题 1 已知正数 a，b，c 成等比数列，公比大于 1，令 $P=a+2b+3c$，$Q=3a+b+2c$，$R=2a+3b+c$，则必有 (　　).

A. $P>Q>R$　　B. $P>R>Q$　　C. $Q>P>R$　　D. $R>P>Q$　　E. $Q>R>P$

解析 设 $a=1$，$b=2$，$c=4$，代入得 $P=17$，$Q=13$，$R=12$.

答案 A

例题 2 已知 $abc=1$，则 $\dfrac{a}{ab+a+1}+\dfrac{b}{bc+b+1}+\dfrac{c}{ca+c+1}=$ (　　).

A. 1　　B. 2　　C. $\dfrac{3}{2}$　　D. $\dfrac{2}{3}$　　E. 3

解析 设 $a=b=c=1$，代入计算，结果为 1. 遇到多个变量符号，条件简单或恒等式，可尝试特殊值法.

答案 A

七、排除法

例题 1 三个不相同的非零实数 a，b，c 成等差数列，又 a，c，b 恰成等比数列，则 $\dfrac{a}{b}=$ (　　).

A. 2　　B. 4　　C. -4　　D. -2　　E. -1

解析 a，c，b 成等比数列，所以 $c^2=ab>0$，$\dfrac{a}{b}>0$，排除选项 C，D，E.

a，b，c 成等差数列，所以 $2b=a+c$，也即 $2=\dfrac{a}{b}+\dfrac{c}{b}$，又 $\dfrac{c}{b}\neq 0$，所以 $\dfrac{a}{b}\neq 2$，排除选项

A，所以选 B.

答案 B

例题 2 $\frac{1^2-2^2+3^2-4^2+5^2-6^2+7^2-8^2+9^2-10^2}{2^0+2^1+2^2+2^3+2^4+2^5+2^6+2^7}=$（　　）.

A. $\frac{11}{51}$　　B. $-\frac{22}{51}$　　C. $\frac{22}{51}$　　D. $-\frac{11}{51}$　　E. $-\frac{11}{52}$

解析 该题本意是考查数列，分母是一个等比数列，分子使用结合律后是一个等差数列，但如果按此计算，相对比较耗时，可用奇偶判断法快速排除错误选项．首先，分母是 1+（7 个偶数）=奇数；其次，分子是（5 个奇数之和）－（5 个偶数之和）结果为负的奇数；所以商应该是负的奇数除以奇数的形式，且约分不会改变结果，容易排除选项 A，B，C，E，答案是 D.

答案 D

例题 3 若 $x=\frac{\sqrt{5}-3}{2}$，则 $x(x+1)(x+2)(x+3)=$（　　）.

A. -1　　B. 0　　C. 1　　D. 2　　E. 3

解析 因 $x<0$，$x+1>0$，$x+2>0$，$x+3>0$，排除选项 B，C，D，E.

答案 A

例题 4 若 $y^2-2\left(\sqrt{x}+\frac{1}{\sqrt{x}}\right)y+3<0$ 对一切正数 x 恒成立，则 y 的取值范围是（　　）.

A. $1<y<3$　　B. $2<y<4$　　C. $1<y<4$　　D. $3<y<5$　　E. $2<y<5$

解析 由已知 $y^2+3<2\left(\sqrt{x}+\frac{1}{\sqrt{x}}\right)y$，观察选项，取 y 的边界值代入，其中 $y=3$ 适用于排除选项 B，C，E，当 $x=1$ 时，不等式不成立，故排除这 3 个选项．取 $y=4$，则 $19<8\left(\sqrt{x}+\frac{1}{\sqrt{x}}\right)$，当 $x=1$ 时，不等式不成立，排除选项 D. 遇到选择变量的取值范围，可考虑特殊值排除法.

答案 A

八、数形结合

例题 1 已知不等式 $ax^2+2x+2>0$ 的解集是 $\left(-\frac{1}{3}, \frac{1}{2}\right)$，则 $a=$（　　）.

A. -12　　B. 6　　C. 0　　D. 12　　E. 4

解析 根据解集的特点，结合二次函数图像，知 $a<0$.

数形结合一般用于二次函数、特殊函数、绝对值以及集合问题.

答案 A

例题 2 下列不等式成立的是（　　）.

A. 在$(-\infty, 0]$区间内，$\ln 3-x<\ln(3+x)$

B. 在$(-3, 0)$区间内，$\ln 3-x<\ln(3+x)$

C. 在$(0, +\infty)$区间内，$\ln 3-x<\ln(3+x)$

D. 在$(-3, 0]$区间内，$\ln 3-x<\ln(3+x)$

E. 以上答案均不正确

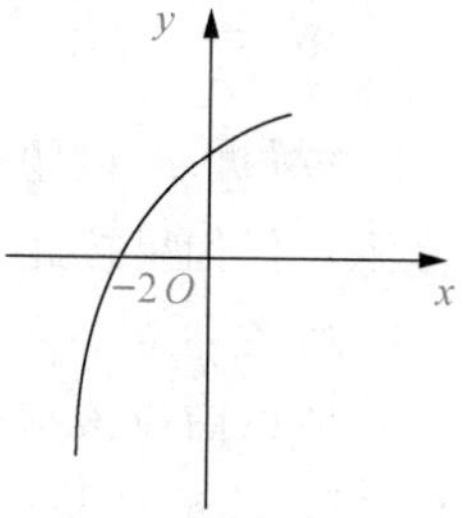

解析 如图所示，利用对数函数图像，我们不难发现一个关键点，即$x\to-3$，因此，我们可以重点关注不等式的右边. 当$x\to-3$时，$\ln(3+x)\to-\infty$. 小于$-\infty$是不可能的，首先排除选项B. 选项A错在定义域不正确，选项D错在当$x=0$时，不等式左右两边相等. 所以答案选C.

答案 C

例题 3 函数$y=ax^2+bx+c\,(a\neq0)$在$[0, +\infty)$内单调递增的充分必要条件是（　　）.

A. $a<0$ 且 $b\geqslant0$　　B. $a<0$ 且 $b\leqslant0$

C. $a>0$ 且 $b\geqslant0$　　D. $a>0$ 且 $b\leqslant0$

E. 不存在

解析 在$[0, +\infty)$内单调递增，意味着：

① 函数开口必向上，也即必有$a>0$；

② 函数对称轴必位于y轴或y轴左侧，即$b\geqslant0$. 如右图所示.

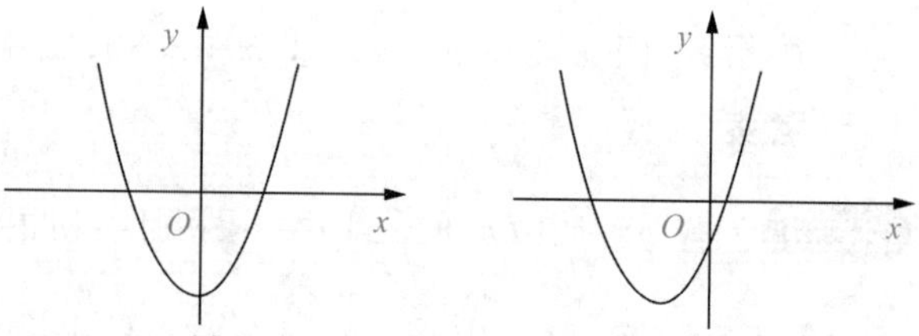

(a)　　(b)

答案 C

九、代入法

例题1 已知$0<x<y<a<1$，则有（　　）.

A. $\log_a(xy)<0$　　B. $0<\log_a(xy)<1$

C. $1<\log_a(xy)<2$　　D. $\log_a(xy)>2$

E. 无法判断

解析 取$x=\dfrac{1}{8}$，$y=\dfrac{1}{4}$，$a=\dfrac{1}{2}$代入，$\log_a(xy)=5$，可排除选项A、B、C. 由$x<a$，$y<a$可知$xy<a^2$. 当$0<a<1$时，$\log_a x$单调递减，故$\log_a(xy)>\log_a a^2=2$. 因而D选项正确.

答案 D

例题 2 方程$\sqrt{x+y-2}+|x+2y|=0$的解是（　　）.

A. $x=0$，$y=2$　　B. $x=3$，$y=1$

C. $x=2$，$y=3$　　D. $x=4$，$y=-2$

E. $x=2$，$y=-2$

解析　本题考查根式和绝对值式的非负性，即$\begin{cases}\sqrt{x+y-2}=0,\\ |x+2y|=0\end{cases}\Rightarrow\begin{cases}x+y-2=0,\\ x+2y=0.\end{cases}$然后解方程得到答案．更简便的方法是用观察法，$x+2y=0$，$x$ 和 y 必为一正一负．如果在考场上忘了这个方法，也可以逐个选项代入方程验证．因为数字和方程都很简单，所以很容易作答．

答案　D

例题 3　方程$\left|x-|2x+1|\right|=4$的根是（　　）．

A. $x=-5$ 或 $x=1$　　B. $x=5$ 或 $x=-1$　　C. $x=3$ 或 $x=-\frac{5}{3}$

D. $x=-3$ 或 $x=\frac{5}{3}$　　E. 不存在

解析　本题考查绝对值方程，分情况讨论，联立求解．实际上更快的解法是将各选项直接代入验证．验证的顺序要具体情况具体分析，主要是通过观察选项来确定．

答案　C

十、尾数法

例题 1　多项式 x^3+ax^2+bx-6 的两个因式是 $x-1$ 和 $x-2$，则其第三个一次因式为（　　）．

A. $x-6$　　B. $x-3$　　C. $x+1$　　D. $x+2$　　E. $x+3$

解析　多项式中的常数项 -6 是由它的三个因式中的常数项相乘得到的，即有 $(-1)\times(-2)\times m=-6\Rightarrow m=-3$．

答案　B

例题 2　$W=(1-a)^4-4(1-a)^3+6(1-a)^2+4a-3=$（　　）．

A. a^4+2　　B. a^4-3　　C. a^4+4　　D. $(2-a)^4$　　E. a^4

解析　所求多项式中每一部分的常数项和即为最终结果的常数项．有 $1-4+6+0-3=0$，即结果的常数项为 0．

答案　E

十一、数列错位相减

例如，已知数列 1，$3a$，$5a^2$，…，$(2n-1)a^{n-1}$ $(a\neq 0)$，则

$$S_n=1+3a+5a^2+\cdots+(2n-1)a^{n-1}. \quad ①$$

$$aS_n=a+3a^2+5a^3+\cdots+(2n-1)a^n. \quad ②$$

式①－式②：$(1-a)S_n=1+2a+2a^2+2a^3+\cdots+2a^{n-1}-(2n-1)a^n$．当 $a=1$ 时，是等差数列，$S_n=n^2$．

当 $a\neq 1$ 时，$(1-a)S_n=1+2a\dfrac{1-a^{n-1}}{1-a}-(2n-1)a^n$，即

$$S_n=\frac{1+a-(2n+1)a^n+(2n-1)a^{n+1}}{(1-a)^2}.$$

十二、数列裂项相消

$$\frac{1}{n(n+k)}=\frac{1}{k}\left(\frac{1}{n}-\frac{1}{n+k}\right),\ \frac{1}{(2n-1)(2n+1)}=\frac{1}{2}\left(\frac{1}{2n-1}-\frac{1}{2n+1}\right),$$

$$n\cdot n!=(n+1)!-n!,\ \frac{n}{(n+1)!}=\frac{1}{n!}-\frac{1}{(n+1)!},\ \frac{1}{\sqrt{n+k}+\sqrt{n}}=\frac{1}{k}(\sqrt{n+k}-\sqrt{n}).$$

十三、数列分组求和

$A_n=1+11+111+\cdots+\underbrace{11\cdots1}_{n个1}$，其中 $\underbrace{11\cdots1}_{n个1}=1+10+10^2+\cdots+10^{n-1}=\dfrac{1}{9}(10^n-1)$，

$$A_n=\frac{1}{9}[(10-1)+(10^2-1)+\cdots+(10^n-1)]=\frac{10^{n+1}-9n-10}{81}.$$

$$\begin{aligned}B_n&=\left(x+\frac{1}{x}\right)^2+\left(x^2+\frac{1}{x^2}\right)^2+\cdots+\left(x^n+\frac{1}{x^n}\right)^2\\&=\left(x^2+\frac{1}{x^2}+2\right)+\left(x^4+\frac{1}{x^4}+2\right)+\cdots+\left(x^{2n}+\frac{1}{x^{2n}}+2\right)\\&=(x^2+x^4+\cdots+x^{2n})+\left(\frac{1}{x^2}+\frac{1}{x^4}+\cdots+\frac{1}{x^{2n}}\right)+2n\\&=\begin{cases}4n, & x=\pm1,\\ 2n+\dfrac{(x^{2n}-1)(x^{2n+2}+1)}{x^{2n}(x^2-1)}, & x\neq\pm1.\end{cases}\end{aligned}$$

十四、数列倒序相加

例如，若 $\lg(xy)=a$，令 $S=\lg x^n+\lg(x^{n-1}y)+\lg(x^{n-2}y^2)+\cdots+\lg y^n$. 则将 S 各项反序排列相加有 $S=\lg y^n+\lg(xy^{n-1})+\lg(x^2y^{n-2})+\cdots+\lg x^n$. 于是 $2S=\underbrace{\lg(xy)^n+\lg(xy)^n+\cdots+\lg(xy)^n}_{n+1项}=n(n+1)\lg(xy)=an(n+1)$，$S=\dfrac{1}{2}an(n+1)$.

第二节　高频考点

一、一元二次方程求根

1. 关于 x 的方程 $x^2-6x+m=0$ 的两个实根为 a 和 b，且 $3a+2b=20$，则 m 为（　　）.

A. 16　　B. 14　　C. -14　　D. -16　　E. 18

2. 关于 x 的一元二次方程 $x^2+(m-2)x+m+1=0$ 有两个相等的实数根，则 m 的值是（　　）.

A. 0　　B. 8　　C. 0 或 8　　D. $4\pm2\sqrt{2}$　　E. $4\pm\sqrt{2}$

3. 若方程 $(3x-c)^2-60=0$ 的两个根均为正数，其中 c 为整数，则 c 的最小值为（　　）.

A. 0　　B. 8　　C. 1　　D. 16　　E. 5

4. 方程 $x^2+ax+2=0$ 与 $x^2-2x-a=0$ 有一公共实数解，则 a 满足（　　）.

A. $a=2$　　B. $a=2$ 或 $a=-3$　　C. $a=-2$

D. $a=-2$ 或 $a=3$　　E. $a=3$

解题思路

1. **答案** D

解析 由 $\Delta=(-6)^2-4m\geqslant0$ 得 $m\leqslant9$，由韦达定理有 $a+b=6$，$ab=m$，由 $3a+2b=a+2(a+b)=a+2\times6=20$，解得 $a=8$，$b=-2$，故 $m=ab=8\times(-2)=-16$.

2. **答案** C

解析 一元二次方程 $x^2+(m-2)x+m+1=0$ 有两个相等的实数根，故 $\Delta=0$，即 $(m-2)^2-4\times1\times(m+1)=0$，整理得 $m^2-8m=0$，解得 $m_1=0$，$m_2=8$.

3. **答案** B

解析 $(3x-c)^2-60=0$，$(3x-c)^2=60$，$3x-c=\pm2\sqrt{15}$，$3x=c\pm2\sqrt{15}$，$x=\dfrac{c\pm2\sqrt{15}}{3}$. 又两个根均为正数，且 $2\sqrt{15}>7$，所以整数 c 的最小值为 8.

4. **答案** E

解析 设方程的公共根为 x_0，则有 $\begin{cases}x_0^2+ax_0+2=0,\\x_0^2-2x_0-a=0,\end{cases}$ 两式相减得，$(a+2)(x_0+1)=0$.

① $a+2=0$，$a=-2$，两个方程都变为 $x^2-2x+2=0$，$\Delta<0$，无实根.

② $x_0+1=0$，$x_0=-1$，代入第一个方程，$a=3$，第一个方程 $x^2+3x+2=0$ 的两个根为 -1 和 -2；第二个方程 $x^2-2x-3=0$ 的两个根为 -1 和 3，因此 $a=3$.

二、 分式方程求解

1. 若$\frac{1}{x}-\frac{1}{y}=5$，则$\frac{2x+4xy-2y}{x-3xy-y}=$（　　）.

A. $\frac{3}{4}$　　B. $\frac{2}{5}$　　C. 1　　D. $\frac{11}{5}$　　E. $\frac{1}{4}$

2. 已知$z\neq0$，$4x-3y-6z=0$，$x+2y-7z=0$，则$\frac{2x^2+3y^2+6z^2}{x^2+5y^2+7z^2}=$（　　）.

A. 1　　B. 2　　C. $\frac{1}{2}$　　D. $\frac{2}{3}$　　E. 3

3. 分式方程$\frac{x}{x-3}-2=\frac{m^2}{x-3}$有增根，则$m$的值为（　　）.

A. $\sqrt{3}$　　B. $-\sqrt{3}$　　C. $\sqrt{3}$或$-\sqrt{3}$　　D. $-\sqrt{2}$　　E. $\sqrt{2}$

4. 已知$\frac{1}{a}-\frac{1}{b}=2$，则代数式$\frac{-3a+4ab+3b}{2a-3ab-2b}$的值为（　　）.

A. $-\frac{10}{7}$　　B. $\frac{10}{7}$　　C. $-\frac{10}{9}$　　D. $\frac{10}{9}$　　E. $-\frac{11}{7}$

5. 分式方程$\frac{1}{x+4}+\frac{1}{x-4}=\frac{k}{x^2-16}$有增根，则$k$的值为（　　）.

A. 8　　B. -8　　C. 0　　D. 4 或-4　　E. 8 或-8

解题思路

1. **答案** A

解析 $$\frac{2x+4xy-2y}{x-3xy-y}\xlongequal{\text{分子分母同时除以 }xy}\frac{\frac{2}{y}+4-\frac{2}{x}}{\frac{1}{y}-3-\frac{1}{x}}=\frac{2\left(\frac{1}{y}-\frac{1}{x}\right)+4}{\left(\frac{1}{y}-\frac{1}{x}\right)-3}=\frac{-6}{-8}=\frac{3}{4}.$$

2. **答案** A

解析 将$4x-3y-6z=0$，$x+2y-7z=0$两个式子联立可知，$y=2z$，$x=3z$，所以

$$\frac{2x^2+3y^2+6z^2}{x^2+5y^2+7z^2}=\frac{18z^2+12z^2+6z^2}{9z^2+20z^2+7z^2}=\frac{36}{36}=1.$$

3. **答案** C

解析 $\frac{x}{x-3}-2=\frac{m^2}{x-3}$，$\frac{x-2x+6}{x-3}=\frac{m^2}{x-3}$，$m^2=6-x$，当$x-3=0$，即$x=3$时方程有增根，则$m^2=6-3=3$，$m=\pm\sqrt{3}$.

【注】　增根：在分式方程化为整式方程的过程中，若整式方程的根使最简公分母为0（根使整式方程成立，而在分式方程中分母为0），那么这个根叫作原分式方程的增根.

4. 答案 A

解析 $a-b=-2ab$，原式$=\dfrac{-3(a-b)+4ab}{2(a-b)-3ab}=-\dfrac{10}{7}$.

5. 答案 E

解析 方程两边都乘以$(x+4)(x-4)$，得$(x-4)+(x+4)=k$. 因为原方程有增根，所以最简公分母$(x+4)(x-4)=0$，解得$x=-4$或4. 当$x=-4$时，$k=-8$；当$x=4$时，$k=8$. 故k的值是-8或8.

三、高次方程代入求解

1. 若$x^3+x^2+x+1=0$，则$x^{-27}+x^{-26}+\cdots+x^{-1}+1+x+\cdots+x^{26}+x^{27}$的值是（　　）.

A. 1　　B. 0　　C. -1　　D. 2　　E. 3

2. 若a，b，c均为整数且满足恒等式$(a-b)^{10}+(a-c)^{10}=1$，则表达式$|a-b|+|b-c|+|c-a|=$（　　）.

A. 1　　B. 2　　C. 3　　D. 4　　E. 5

3. 当$x=-5$时，$ax^4+bx^2+c=3$，则当$x=5$时，代数式ax^4+bx^2+c的值为（　　）.

A. 1　　B. 2　　C. 3　　D. 4　　E. 5

4. 已知$a^2+bc=14$，$b^2-2bc=-6$，则$3a^2+4b^2-5bc=$（　　）.

A. 12　　B. 14　　C. 16　　D. 18　　E. 19

解题思路

1. 答案 C

解析 由$x^3+x^2+x+1=0$，得特解$x=-1$，所以

$$x^{-27}+x^{-26}+\cdots+x^{-1}+1+x+\cdots+x^{26}+x^{27}=-1.$$

2. 答案 B

解析 因为a，b，c均为整数，所以$(a-b)$和$(a-c)$均为整数，从而由$(a-b)^{10}+(a-c)^{10}=1$，可得$\begin{cases}|a-b|=1,\\|a-c|=0\end{cases}$或$\begin{cases}|a-b|=0,\\|a-c|=1.\end{cases}$

若$\begin{cases}|a-b|=1,\\|a-c|=0,\end{cases}$则$a=c$，从而可知原表达式

$$|a-b|+|b-c|+|c-a|=|a-b|+|b-a|+|a-a|=2|a-b|=2;$$

若$\begin{cases}|a-b|=0,\\|a-c|=1,\end{cases}$则$a=b$，从而可知原表达式

$$|a-b|+|b-c|+|c-a|=|a-a|+|a-c|+|c-a|=2|a-c|=2.$$

所以$|a-b|+|b-c|+|c-a|=2$.

3. 答案 C

解析 $a(-5)^4+b(-5)^2+c=3$，即$5^4a+5^2b+c=3$. 当$x=5$时，代数式

$$ax^4+bx^2+c=5^4a+5^2b+c=3.$$

4. **答案** D

解析 原式$=3(a^2+bc)+4(b^2-2bc)=42-24=18$.

四、一元二次不等式求解

1. 已知不等式 $x^2-ax+b<0$ 的解集是 $\{x \mid -1<x<2\}$，则不等式 $x^2+bx+a>0$ 的解集是（　　）.

A. $\{x \mid x\neq 3\}$　　B. $\{x \mid x\neq 2\}$　　C. $\{x \mid x\neq 1\}$

D. $\mathbf{R}$　　E. $\{x \mid x\neq 0\}$

2. 已知不等式 $ax^2+4ax+3\geqslant 0$ 的解集为 $\mathbf{R}$，则 a 的取值范围为（　　）.

A. $\left[-\frac{3}{4}, \frac{3}{4}\right]$　　B. $\left(0, \frac{3}{4}\right)$　　C. $\left(0, \frac{3}{4}\right]$

D. $\left[0, \frac{3}{4}\right]$　　E. $\left[0, \frac{3}{4}\right)$

解题思路

1. **答案** C

解析 依题意，方程 $x^2-ax+b=0$ 的两个根为 $x_1=-1$，$x_2=2$，由 $-1+2=a$，$(-1)\times 2=b$，得 $a=1$，$b=-2$，则不等式 $x^2+bx+a>0$，即 $x^2-2x+1>0$，$(x-1)^2>0$，由 $x\in\mathbf{R}$ 且 $x\neq 1$，得解集为 $x\in(-\infty, 1)\cup(1, +\infty)$.

2. **答案** D

解析 当 $a=0$ 时，$3\geqslant 0$ 对任意 $x\in\mathbf{R}$ 均成立；

当 $a\neq 0$ 时，$\begin{cases} a>0, \\ (4a)^2-12a\leqslant 0, \end{cases}$ 解得 $0<a\leqslant\frac{3}{4}$. 综上得 $0\leqslant a\leqslant\frac{3}{4}$.

五、分式不等式

1. 分式不等式 $\frac{3x+1}{x-3}<1$ 的解集为（　　）.

A. $\{x \mid -3<x<3\}$　　B. $\{x \mid -2<x<3\}$　　C. $\{x \mid -13<x<3\}$

D. $\{x \mid -3<x<14\}$　　E. $\{x \mid -13<x<-2\}$

2. 已知分式 $\frac{2x^2+2kx+k}{4x^2+6x+3}$ 的值恒小于 1，那么实数 k 的取值范围是（　　）.

A. $k>1$　　B. $k\leqslant 3$　　C. $1<k<3$

D. $1\leqslant k\leqslant 3$　　E. $k\geqslant 3$

解题思路

1. 答案 B

解析

原不等式$\Leftrightarrow \frac{3x+1}{x-3}-1<0 \Leftrightarrow \frac{3x+1-x+3}{x-3}<0 \Leftrightarrow \frac{2x+4}{x-3}<0 \Leftrightarrow \frac{x+2}{x-3}<0 \Leftrightarrow (x+2)(x-3)<0$，故原不等式的解集为$\{x \mid -2<x<3\}$.

2. 答案 C

解析 原式中分母恒大于0，所以等价于$2x^2+2kx+k<4x^2+6x+3$，即保证$2x^2+(6-2k)x+(3-k)>0$恒成立．又知$\Delta=k^2-4k+3$，当$1<k<3$时，$\Delta<0$，上式恒成立.

六、等差等比数列综合

1. 公差不为零的等差数列$\{a_n\}$的前n项和为S_n. 若a_4是a_3与a_7的等比中项，$S_8=32$，则S_{10}等于（　　）.

A. 18　　B. 24　　C. 60　　D. 90　　E. 100

2. 等比数列$\{a_n\}$的前n项和为S_n，且$4a_1$，$2a_2$，a_3成等差数列．若$a_1=1$，则S_4等于（　　）.

A. 7　　B. 8　　C. 15　　D. 16　　E. 18

3. 已知A，B，C既成等差数列又成等比数列，设a，b是方程$Ax^2+Bx-C=0$的两个实根，且$a>b$，则a^3b-ab^3等于（　　）.

A. $\sqrt{2}$　　B. $\sqrt{5}$　　C. $2\sqrt{2}$　　D. $2\sqrt{5}$　　E. $2\sqrt{3}$

4. 已知方程$x^2+3x=0$的一个根是某等差数列的公差，另一个根为此数列的首项，且等差数列的a_4是a_3，a_5的等比中项. 则a_n的前100项之和为（　　）.

A. -320　　B. 200　　C. -200　　D. 300　　E. -300

解题思路

1. 答案 C

解析 a_4是a_3与a_7的等比中项，故

$$a_4^2=a_3\times a_7 \Rightarrow (a_1+3d)^2=(a_1+2d)(a_1+6d) \Rightarrow 2a_1d+3d^2=0 \Rightarrow 2a_1=-3d,$$

$$S_8=8a_1+28d=32 \Rightarrow d=2 \Rightarrow a_1=-3 \Rightarrow S_{10}=-30+45d=60.$$

2. 答案 C

解析 $4a_1$，$2a_2$，a_3成等差数列，则$4a_2=4a_1+a_3$，故$4q=4+q^2 \Rightarrow q=2$.

因此$a_1=1$，$a_2=2$，$a_3=4$，$a_4=8$，$S_4=15$.

3. 答案 B

解析 因为既成等差又成等比的数列为非零的常数列，从而$A=B=C\neq 0$，原方程化为$x^2+x-1=0$，根据韦达定理可知$a+b=-1$，$ab=-1$，进一步可知：$a^3b-ab^3=$

$ab[(a+b)(a-b)]=(-1)[(-1)(a-b)]$，$(a-b)^2=(a+b)^2-4ab=5$，因 $a-b>0$，从而 $a-b=\sqrt{5}$，所以原式 $=\sqrt{5}$.

4. **答案** E

解析 设 $a_3=a_4-d$，$a_5=a_4+d$，则有 $a_4^2=a_3a_5=(a_4-d)(a_4+d)=a_4^2-d^2\Rightarrow d=0$；而方程 $x^2+3x=0$ 的根为 -3，0. 从而 $d=0$，$a_1=-3$，则有 $a_n=-3$，故前 100 项之和为 -300.

七、数列求和

1. 设数列 $\{a_n\}$ 是等差数列，且 $a_2=-8$，$a_{15}=5$，S_n 是数列 $\{a_n\}$ 的前 n 项和，则（　　）.

A. $S_{10}=S_{11}$　　B. $S_{10}>S_{11}$　　C. $S_9=S_{10}$　　D. $S_9<S_{10}$　　E. $S_{10}\geqslant S_{11}$

2. 等差数列 $\{a_n\}$ 的公差不为 0，首项 $a_1=1$，a_2 为 a_1 和 a_5 的等比中项，则数列的前 10 项之和为（　　）.

A. 90　　B. 100　　C. 145　　D. 190　　E. 120

3. 在等差数列 $\{a_n\}$ 中 $a_4=9$，$a_9=-6$，则满足 $S_n=54$ 的所有 n 的值为（　　）.

A. 4 或 9　　B. 4　　C. 9　　D. 3 或 8　　E. 8

解题思路

1. **答案** C

解析 设公差为 d，则 $d=\dfrac{5+8}{15-2}=1$，所以 $a_n=n-10$，因此 $S_9=S_{10}$ 是前 n 项和中的最小值.

2. **答案** B

解析 a_2 为 a_1 和 a_5 的等比中项，则 $a_2^2=a_1a_5$，因为 $a_1=1$，所以 $a_2^2=a_5$.

$$(a_1+d)^2=a_1+4d\Rightarrow a_1^2+2a_1d+d^2=a_1+4d\Rightarrow d^2-2d=0\Rightarrow d=2,$$

故 $S_{10}=10a_1+45d=100$.

3. **答案** A

解析 记公差为 d，则有 $d=\dfrac{a_9-a_4}{9-4}=-3$. $a_4=a_1+(4-1)d=9\Rightarrow a_1=18$，$S_n=\dfrac{d}{2}n^2+\left(a_1-\dfrac{d}{2}\right)n=-\dfrac{3}{2}n^2+\left(18+\dfrac{3}{2}\right)n=54\Rightarrow n^2-13n+36=0\Rightarrow n=4$ 或 9.

—— 第三节　丢分陷阱 ——

一、一元二次函数忽略二次项系数 a 正负号的讨论

例题 已知 $a\neq 0$，则 $2ax^2>a(x+1)$ 成立.

（1）$x<-\frac{1}{2}$或 $x>1$.　　　　（2）$-\frac{1}{2}<x<1$.

解析　对于一元二次不等式 $2ax^2-ax-a>0$，当 $a>0$ 时，有 $2x^2-x-1>0$，即 $x<-\frac{1}{2}$或 $x>1$；当 $a<0$ 时，有 $2x^2-x-1<0$，即$-\frac{1}{2}<x<1$. 因此，在不知道二次项系数 a 正负号的情况下，任何 x 都无法保证原不等式成立.

陷阱　考生很容易忘记讨论本题中 a 的正负号，从而错选答案．特别注意本题不能选 C，本题条件（1）与（2）联合后为空集.

答案　E

二、忽略二次项系数不能等于零

一元二次方程和不等式，忽略二次项系数 a 不能等于零.

例题　若关于 x 的一元二次方程（$m-1$）$x^2+5x+m^2-3m+2=0$ 的常数项为 0，则 m 的值为（　　）.

A. 1　　B. 2　　C. 1 或 2　　D. 0　　E. 0 或 1

解析　一元二次方程（$m-1$）$x^2+5x+m^2-3m+2=0$ 的常数项为 0，则要求 $m^2-3m+2=0$，$m=1$ 或 2，当 $m=1$ 时，二次项系数为 0，所以不符合要求，所以 $m=2$ 满足题目.

陷阱　当 $m=1$ 时，二次项系数为 0，原方程不是一元二次方程.

答案　B

三、忽略判别式非负的隐含条件

一元二次方程有根时，忽略判别式非负的隐含条件.

例题　已知 $a\in\mathbf{R}$，若关于 x 的方程 $x^2+x+\left|a-\frac{1}{4}\right|+|a|=0$ 有实根，则 a 的取值范围是（　　）.

A. $0\leqslant a\leqslant\frac{1}{4}$　　B. $a\geqslant 1$　　C. $0\leqslant a\leqslant 1$　　D. $a\leqslant -1$　　E. $a\geqslant\frac{1}{4}$

解析　方程有实根，$\Delta=1-4\left(\left|a-\frac{1}{4}\right|+|a|\right)\geqslant 0\Rightarrow\left|a-\frac{1}{4}\right|+|a|\leqslant\frac{1}{4}\Rightarrow 0\leqslant a\leqslant\frac{1}{4}$.

陷阱　当 $a<0$ 或 $a>\frac{1}{4}$时，$\Delta=1-4\left(\left|a-\frac{1}{4}\right|+|a|\right)<0$，关于 x 的一元二次方程无解.

答案　A

四、 忽略分母不能为零的情况

解分式方程，或分式不等式变整式不等式时，忘记分母不能为零.

例题 a 为（ ）时，有 $\frac{|a|-2}{a^2+a-6}=0$.

A. -2 B. ± 2 C. 2 D. -3 E. 2 或 -3

解析 $\begin{cases}|a|-2=0,\\ a^2+a-6\neq 0,\end{cases}$ 化简得 $\begin{cases}a=\pm 2,\\ a\neq 3 \text{ 或 } a\neq 2,\end{cases}$ 解得 $a=-2$.

陷阱 当 $a=-3$ 或 2 时，分式方程分母为 0，无意义.

答案 A

五、 忽略对数中真数大于零的隐含条件

求解对数方程时，忽略真数大于 0 的隐含条件.

例题 当关于 x 的方程 $\log_4 x^2=\log_2(x+4)-a$ 的根在区间 $(-2,-1)\cup(1,2)$ 时，实数 a 的取值范围中包含（ ）个整数.

A. 0 B. 1 C. 2 D. 4 E. 6

解析 当 $-2<x<-1$ 时，方程化为 $a=\log_2\frac{x+4}{-x}$，$1<\frac{x+4}{-x}<3$，而 a 的取值范围为 $(0,\log_2 3)$，包含一个整数解 $a=1$；当 $1<x<2$ 时，方程化为 $a=\log_2\frac{x+4}{x}$，$3<\frac{x+4}{x}<5$，而 a 的取值范围为 $(\log_2 3,\log_2 5)$，包含一个整数解 $a=2$.

陷阱 方程 $\log_4 x^2=\log_2(x+4)-a$ 化为 $a=\log_2\frac{x+4}{|x|}$ 时，注意 x 的取值范围.

答案 C

六、 超越方程使用换元法时，没有进行等价转换

例题 已知方程 $9^x-2\times 3^x+(3k-1)=0$ 有两个不相等的实数根，则实数 k 的取值范围（ ）.

A. $\frac{1}{3}\leqslant k<\frac{2}{3}$ B. $\frac{1}{3}<k<\frac{2}{3}$ C. $\frac{1}{3}<k\leqslant\frac{2}{3}$ D. $\frac{1}{3}\leqslant k\leqslant\frac{2}{3}$ E. $k<\frac{2}{3}$

解析 令 $3^x=t$，则有 $t^2-2t+(3k-1)=0$. 原方程有两个不相等的实根，意味着 $t^2-2t+(3k-1)=0$ 有两个正实根，设为 t_1，t_2，于是有：$\begin{cases}\Delta=2^2-4(3k-1)>0,\\ t_1\times t_2=3k-1>0,\\ t_1+t_2=2>0\end{cases}\Rightarrow\frac{1}{3}<k<\frac{2}{3}$.

陷阱 本题考生很容易忽略指数函数 $3^x=t>0$ 的隐含条件，仅通过 $\Delta=2^2-4(3k-1)>0$ 求解，而误选 E.

答案 B

七、遇到实际问题时，勿忘函数的定义域

例题 有一个长 2 m、宽 1 m 的矩形铁皮，如图所示，在四个角上分别截去一个边长为 x m 的小正方形后，沿着虚线折起做成一个无盖的长方体水箱（接口连接问题不考虑）. 若要使水箱容积不大于 $4x^3$ m^3，则 x 的取值范围为（　　）.

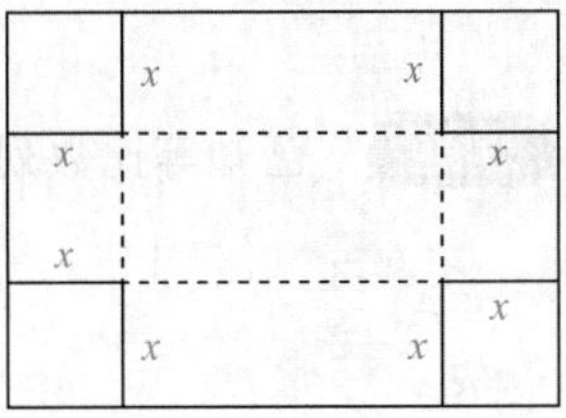

A. $\left\{x\middle|\frac{1}{3}\leqslant x<\frac{1}{2}\right\}$　　B. $\left\{x\middle|\frac{1}{3}<x<\frac{1}{2}\right\}$

C. $\left\{x\middle|x\geqslant\frac{1}{3}\right\}$　　D. $\left\{x\middle|\frac{1}{3}<x\leqslant\frac{1}{2}\right\}$

E. $\left\{x\middle|\frac{1}{3}\leqslant x\leqslant\frac{1}{2}\right\}$

解析 由题设该长方体高 x m，底面矩形长 $(2-2x)$ m，宽 $(1-2x)$ m. 水箱容积满足函数关系 $f(x)=x(2-2x)(1-2x)=4x^3-6x^2+2x$.

其中 x 满足 $\begin{cases}x>0,\\1-2x>0,\\2-2x>0\end{cases}\Rightarrow 0<x<\frac{1}{2}$，此为容积函数 $f(x)$ 的定义域. 由 $f(x)\leqslant 4x^3$ 知 $x\leqslant 0$ 或 $x\geqslant\frac{1}{3}$，综合函数定义域有 $\left\{x\middle|\frac{1}{3}\leqslant x<\frac{1}{2}\right\}$.

陷阱 本题考生很容易忽视由题目本身意义赋予函数的定义域，而误选 C.

答案 A

八、均值不等式忽略了一正二定三相等

例题 函数 $y=2x(5-3x)$，$x\in\left(0,\frac{5}{3}\right)$ 的最大值为（　　）.

A. $\frac{25}{8}$　　B. $\frac{25}{6}$　　C. $\frac{5}{4}$　　D. $\frac{5}{8}$　　E. $\frac{5}{6}$

解析 因为 $x\in\left(0,\frac{5}{3}\right)$，所以 $x>0$，$5-3x>0$.

$y=2x(5-3x)=\frac{2}{3}\cdot 3x\cdot(5-3x)\leqslant\frac{2}{3}\left(\frac{3x+5-3x}{2}\right)^2=\frac{25}{6}$，当且仅当 $3x=5-3x$，即 $x=\frac{5}{6}\in\left(0,\frac{5}{3}\right)$ 时，等号成立，此时 $y=\frac{25}{6}$.

陷阱 本题考生很容易错解为 $y=2x(5-3x)\leqslant 2\cdot\left(\frac{x+5-3x}{2}\right)^2=\frac{(5-2x)^2}{2}$，当且仅当 $x=5-3x$，即 $x=\frac{5}{4}\in\left(0,\frac{5}{3}\right)$时，等号成立，此时 $y=\frac{25}{8}$，因而误选 A.

答案 B

九、等比数列求前 n 项和，忽略公比的取值范围

例题 已知等比数列 $\{a_n\}$ 中，$a_3=\frac{3}{2}$，$S_3=\frac{9}{2}$，则 a_1 的值为（　　）.

A. $\frac{3}{2}$　　B. 6　　C. $-\frac{1}{2}$　　D. $\frac{3}{2}$或 6　　E. 1

解析 当 $q=1$ 时，$a_1=a_2=a_3$，此时正好有 $S_3=a_1+a_2+a_3=\frac{9}{2}$，符合题意. 当 $q\neq 1$ 时，依题意有 $a_1q^2=\frac{3}{2}$，$\frac{a_1(1-q^3)}{1-q}=\frac{9}{2}$，解得 $q^2=\frac{1}{4}$，$a_1=6$. 综上得 $a_1=\frac{3}{2}$或 $a_1=6$.

陷阱 忘记等比数列前 n 项和公式一定要分 $q=1$ 和 $q\neq 1$ 两种情况讨论：

$$S_n=\begin{cases}na_1, & q=1,\\ \frac{a_1(1-q^n)}{1-q}, & q\neq 1.\end{cases}$$

答案 D

十、 等比数列忽略公比的符号

例题 1 等比数列 $\{a_n\}$ 中的 $a_5+a_1=34$，$a_5-a_1=30$，那么 a_3 的值为（　　）.

A. $\frac{1}{8}$　　B. $-\frac{1}{8}$　　C. 8　　D. -8　　E. 8 或-8

解析 $\begin{cases}a_5+a_1=34,\\ a_5-a_1=30\end{cases}\Rightarrow\begin{cases}a_5=32,\\ a_1=2\end{cases}\Rightarrow a_3^2=a_5a_1=64$，因为 a_1，a_3，a_5 同号，所以 $a_3=8$.

陷阱 本题考生很容易忽略公比的正负性而误选 E.

答案 C

例题 2 设 4 个实数成等比数列，其积为 2^{10}，中间两项的和为 4，则公比 q 的值为（　　）.

A. $\frac{1}{2}$　　B. 2　　C. $-\frac{1}{2}$　　D. -2　　E. -2 或$-\frac{1}{2}$

解析 设这四个数分别为$\frac{a}{q}$，a，aq，aq^2，则$\begin{cases}a^4q^2=2^{10},\\ a+aq=4,\end{cases}$解得 $q=-\frac{1}{2}$或$q=-2$.

陷阱　本题很容易误解：设这四个数分别为$\frac{a}{t^3}$，$\frac{a}{t}$，at，at^3，由题意可知

$$\begin{cases} a^4=2^{10}, & ① \\ \frac{a}{t}+at=4. & ② \end{cases}$$

由式①得

$$a^2=2^5. \quad ③$$

由式②得 $a=\frac{4t}{t^2+1}$，代入式③并整理，得 $2t^4+3t^2+2=0$.

因为 $\Delta=3^2-4\times2\times2=-7<0$，所以 t^2 不存在，即所求 $q=t^2$ 不存在.

产生错误的原因是，在等差数列中若有连续四项，可设这四项为 $a-3d$，$a-d$，$a+d$，$a+3d$. 同样在等比数列中若有连续四项，若设为$\frac{a}{q^3}$，$\frac{a}{q}$，aq，aq^3，只有当各项同号时才可以.

答案　E

十一、 数列应用题忽略实际意义

例题　一个凸多边形的内角成等差数列，其中最小内角为 120°，公差 5°，则该凸多边形的边数为（　　）.

A. 9　　B. 16　　C. 9 或 16　　D. 12　　E. 8

解析　由于凸多边形的内角之和为 $(n-2)\times180°$，故 $n\times120°+\frac{n(n-1)}{2}\times5°=(n-2)\times180°$，$n^2-25n+144=0$，$n=9$ 或 16. 因为凸多边形的任何内角均不超过 180°，即 $a_n<180°$，所以 $120°+(n-1)\times5°<180°$，进而 $n<13$，故 $n=9$.

陷阱　本题容易忽略数列的实际意义，忘记条件 $a_n<180°$，从而误选 C.

答案　A

第三章　几何高分进阶

第一节　技巧点拨

一、配方法

例题 1　方程 $x^2+y^2-4kx-2y+5k=0$ 表示一个圆的充分必要条件是（　　）．

A. $\frac{1}{4}<k<1$　　B. $k<\frac{1}{4}$ 或 $k>1$　　C. k 为全体实数

D. $k=\frac{1}{4}$ 或 $k=1$　　E. $k>1$

解析　$(x-2k)^2+(y-1)^2=4k^2-5k+1=r^2>0 \Rightarrow k<\frac{1}{4}$ 或 $k>1$.

答案　B

例题 2　已知方程 $x^2+(a-2)x+a-1=0$ 有两个实根 x_1 和 x_2，点 (x_1, x_2) 在圆 $x^2+y^2=4$ 上，则实数 $a=$（　　）．

A. $3-\sqrt{5}$　　B. $3+\sqrt{6}$　　C. $3+\sqrt{7}$　　D. $3\pm\sqrt{7}$　　E. $3-\sqrt{7}$

解析　点在圆上有 $x_1^2+x_2^2=4$，由韦达定理得，$x_1^2+x_2^2=(x_1+x_2)^2-2x_1x_2=4$，解得 $a=3\pm\sqrt{7}$，方程有实根则有 $\Delta\geqslant 0$，所以 $a=3-\sqrt{7}$.

答案　E

例题 3　长方体的表面积为 11，12 条棱长之和为 24. 则这个长方体的体对角线长为（　　）．

A. $2\sqrt{3}$　　B. $\sqrt{14}$　　C. 5　　D. 6　　E. 8

解析　设长方体的长、宽、高分别为 x，y，z，则 $\begin{cases}2(xy+yz+zx)=11,\\4(x+y+z)=24.\end{cases}$ 体对角线长为

$$\sqrt{x^2+y^2+z^2}=\sqrt{(x+y+z)^2-2(xy+yz+zx)}=\sqrt{6^2-11}=5.$$

答案　C

二、整体思想

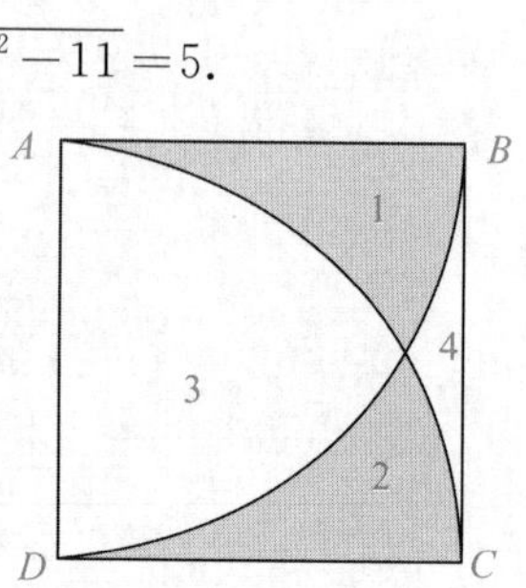

例题 1　如图所示，正方形 $ABCD$ 的边长为 1，分别以 A，D 为圆心，AD 为半径作圆，则两块空白面积之差为（用大的减小的）（　　）．

A. $\pi-1$　　B. $\frac{1}{\pi}-1$　　C. $\frac{\pi}{2}-1$　　D. $\frac{\pi}{2}$　　E. π

解析　$S_4=S_{ABCD}-(S_{扇形ACD}+S_{扇形ABD}-S_3)\Rightarrow S_3-S_4=S_{扇形ACD}+S_{扇形ABD}-S_{ABCD}$

$=2\times\frac{\pi}{4}\times1^2-1=\frac{\pi}{2}-1.$

答案　C

例题 2　如图所示，圆 O_1 和圆 O_2 内切，弦 $AB/\!/O_1O_2$，且 AB 与小圆相切，则大圆与小圆面积之差为 25π.

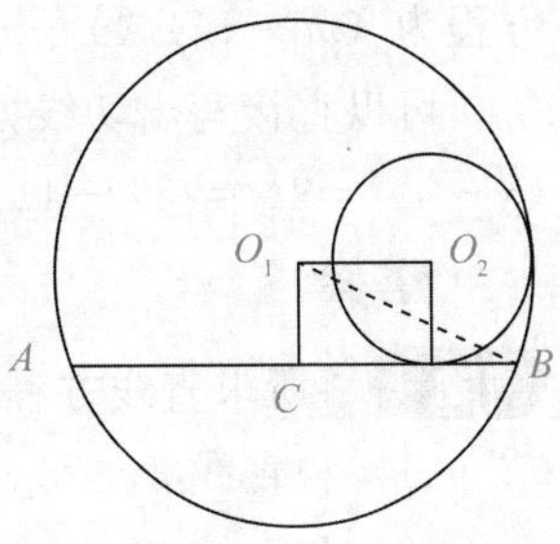

(1) $AB=10$.

(2) $AB=8$.

解析　由于不知道大圆和小圆的半径，所以无法直接求解．所求面积等于 $\pi(R^2-r^2)$，其中 R 是大圆半径，r 是小圆半径．因为 $AB/\!/O_1O_2$，可做 $O_1C\perp AB$，有 $O_1C=r$，又有 $O_1B=R$，由勾股定理得 $R^2-r^2=BC^2$，面积之差为 25π，故 $BC=5$，$AB=10$．将 R^2-r^2 视作整体，就找到了解题的突破口．

答案　A

三、经验公式

例题 1　圆 C 过直线 $x+2y-3=0$ 与圆 $x^2+y^2-2x=0$ 的交点，且圆心在 y 轴上，则圆 C 的方程表达式为（　　）.

A. $x^2+y^2+4y+6=0$　　B. $x^2+y^2+4y-6=0$　　C. $x^2+y^2+4x+6=0$

D. $x^2+y^2+4x-6=0$　　E. $x^2+y^2+4x+4y=0$

解析　可设圆 C 的方程表达式为：$x^2+y^2-2x+\lambda(x+2y-3)=0$．化简得到：$x^2+y^2-2x+\lambda x+2\lambda y-3\lambda=0$．因圆心在 y 轴上，即圆的方程表达式中 x 的一次项系数为 0，即 $\lambda-2=0\Rightarrow\lambda=2$，$\lambda=2$ 代入即得到圆 C 的方程表达式为：$x^2+y^2+4y-6=0$.

答案　B

例题 2　设 P 是圆 $x^2+y^2=2$ 上的一点，该圆在点 P 的切线平行于直线 $x+y+2=0$，则点 P 的坐标为（　　）.

A. $(-1,1)$　　B. $(1,-1)$　　C. $(0,\sqrt{2})$　　D. $(\sqrt{2},0)$　　E. $(1,1)$

解析　圆 $x^2+y^2=r^2$ 过圆上点 (x_0,y_0) 的切线方程为：$x_0x+y_0y=r^2$．本题中过圆上一点 $P(x_0,y_0)$ 的切线方程为 $x_0x+y_0y=2$，又由切线方程平行于直线 $x+y+2=0$，即有 $\frac{y_0}{x_0}=1$，明显只有选项 E 满足.

答案　E

例题 3　已知点 $A(3,-4)$，圆 C：$(x+3)^2+(y-4)^2=100$，则过点 A 与圆 C 相切的切线方程为（　　）.

A. $3x-4y-25=0$　　B. $4x-3y-25=0$　　C. $3x-4y+25=0$

D. $4x-3y+25=0$　　　　　E. $3x+4y-25=0$

解析　① 先判断点 $A(3,-4)$ 与圆 C：$(x+3)^2+(y-4)^2=100$ 的位置关系．点坐标代入有 $(3+3)^2+(-4-4)^2=100$ 成立，点 A 在圆 C 上．

② 过圆上一点 $P(m,n)$ 与圆 C：$(x-x_0)^2+(y-y_0)^2=r^2$ 相切的直线，则该切线方程为 $(m-x_0)(x-x_0)+(n-y_0)(y-y_0)=r^2$．

可以直接写出切线方程为 $(3+3)(x+3)+(-4-4)(y-4)=100\Rightarrow 6(x+3)-8(y-4)=100\Rightarrow 3x-4y-25=0$．由上述得到所求的切线方程为 $3x-4y-25=0$．

答案　A

例题 4　所求直线方程过点 $P(-2,6)$，则可唯一确定直线方程的表达式．

（1）和直线 $2x+3y+1=0$ 平行．

（2）和直线 $2x+3y+1=0$ 垂直．

解析　条件（1），利用经验公式法：与直线 $Ax+By+C=0$ 平行的直线可表达为

$$Ax+By+m=0 \quad (m\neq C).$$

因此直线方程可以表达为 $2x+3y+m=0$．把点 $P(-2,6)$ 代入有 $2\times(-2)+3\times 6+m=0\Rightarrow m=-14$．因此该直线方程为 $2x+3y-14=0$，充分．

条件（2），利用经验公式：与直线 $Ax+By+C=0$ 垂直的直线可表达为 $Bx-Ay+n=0$，因此直线方程可以表达为 $3x-2y+n=0$，把点 $P(-2,6)$ 代入有 $3\times(-2)-2\times 6+n=0\Rightarrow n=18$，因此该直线方程为 $3x-2y+18=0$，充分．

答案　D

四、数形结合

例题　一个直圆柱形状的量杯中放有一根长为 12 cm 的细搅拌棒（搅拌棒直径不计），当搅拌棒的下端接触量杯下底时，上端在杯子边缘处最少可露出 2 cm，最多可露出 4 cm，则这个量杯的容积为（　　）cm^3．

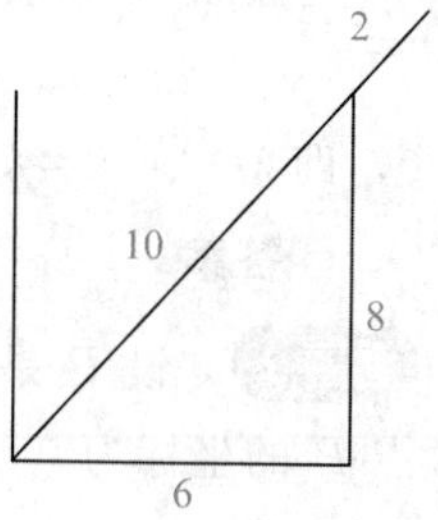

A. 72π　　　B. 96π　　　C. 288π

D. 384π　　　E. 108π

解析　如图所示，当搅拌棒完全斜放时，上端在量杯边缘露出的最少，则此时搅拌棒在杯中的长度为 10 cm；当搅拌棒垂直放置时，上端在量杯边缘露出的最多，则此时搅拌棒在杯中的长度为 8 cm．根据勾股定理可得，量杯的底部直径为 6 cm，故该量杯的体积 $V=\pi\times 3^2\times 8=72\pi$．

答案　A

五、找规律

例题　P 是边长为 a 的正方形，P_1 是以 P 的四边中点为顶点的正方形，P_2 是以 P_1 的

四边中点为顶点的正方形，P_i 是以 P_{i-1} 的四边中点为顶点的正方形，则 P_6 的面积是（　　）.

A. $\frac{a^2}{16}$　　B. $\frac{a^2}{32}$　　C. $\frac{a^2}{40}$　　D. $\frac{a^2}{48}$　　E. $\frac{a^2}{64}$

解析　P 的面积为 a^2，P_1 的面积为$\frac{1}{2}a^2$，P_2 的面积为$\frac{1}{2^2}a^2$，…，P_6 的面积为$\frac{1}{2^6}a^2$.

答案　E

六、无穷求和

例题　如图所示，作边长为 a 的正三角形的内切圆，在这个圆内重新作内接正三角形，在新的正三角形内再作内切圆，如此继续下去……，则所有这些圆的周长之和为 C，面积之和为 S，则 C 和 S 分别为（　　）.

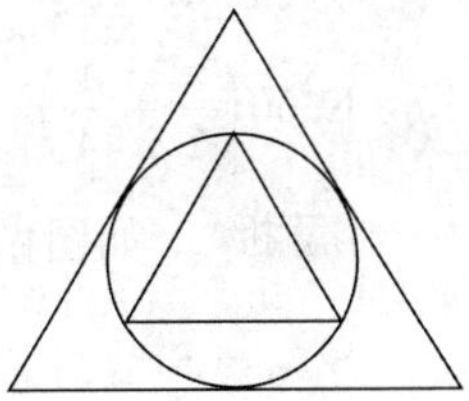

A. $\frac{\sqrt{3}\pi}{3}a$，$\frac{\pi}{9}a^2$　B. $\frac{\sqrt{3}}{3}a$，$\frac{a^2}{9}$　C. $\frac{2\sqrt{3}}{3}\pi a$，$\frac{\pi}{9}a^2$

D. $\sqrt{3}\pi a$，$\frac{\pi}{3}a^2$　E. $\frac{\pi}{3}a$，$\sqrt{3}\pi a^2$

解析　所有正三角形的边长构成等比数列 $a_n=\frac{a}{2^{n-1}}$.

所有内切圆的半径构成等比数列 $r_n=\frac{r}{2^{n-1}}$，$r\times\frac{\sqrt{3}}{2}=\frac{a}{4}$.

$$C=2\pi(r_1+r_2+\cdots+r_n+\cdots)=2\pi\cdot\frac{\sqrt{3}}{6}a\cdot\lim_{n\to\infty}\frac{1-\left(\frac{1}{2}\right)^n}{1-\frac{1}{2}}=2\pi\cdot\frac{\sqrt{3}}{6}a\cdot\frac{1}{1-\frac{1}{2}}=\frac{2\sqrt{3}\pi}{3}a.$$

$$S=\pi(r_1^2+r_2^2+\cdots+r_n^2+\cdots)=\pi\cdot\left(\frac{\sqrt{3}}{6}a\right)^2\cdot\lim_{n\to\infty}\frac{1-\left(\frac{1}{4}\right)^n}{1-\frac{1}{4}}=\frac{\pi}{9}a^2.$$

答案　C

七、等积变换

例题　如图所示，圆的周长为 12π，圆的面积与长方形的面积相等，则阴影面积为（　　）.

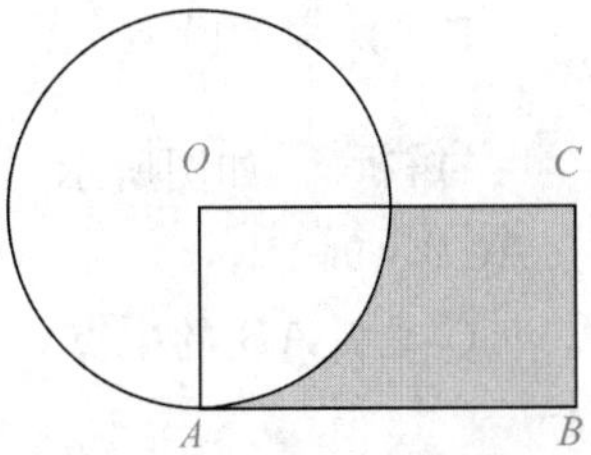

A. 27π　　B. 28π　　C. 29π

D. 30π　　E. 36π

解析　周长 $C=2\pi r=12\pi$，$r=6$，圆面积 $S=36\pi$.

阴影部分的面积恰好等于圆面积的$\frac{3}{4}$，即27π.

答案 A

八、面积代数和

例题 如图所示，三角形ABC是等腰直角三角形，$AB=BC=10$ cm，D是半圆周上的中点，BC是半圆的直径，则阴影部分的面积为（　　）cm^2.

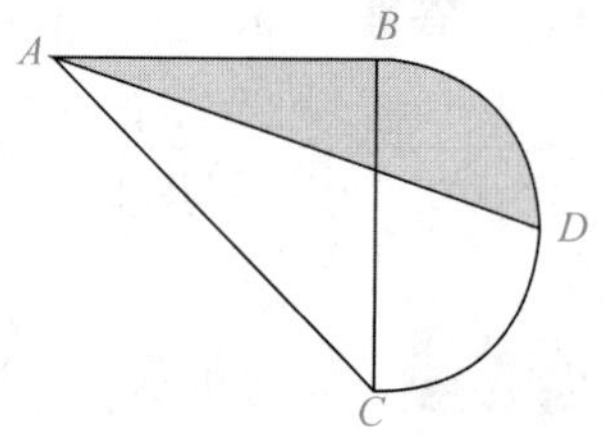

A. $25\left(\frac{\pi}{4}+\frac{1}{2}\right)$　　B. $25\left(\frac{1}{2}-\frac{\pi}{4}\right)$

C. $25\left(\frac{\pi}{2}-1\right)$　　D. $50\left(\frac{\pi}{4}+\frac{1}{3}\right)$

E. $50\left(\frac{\pi}{2}+\frac{1}{4}\right)$

解析 如图做辅助线，使$ED/\!/AB$，$AE\perp ED$.

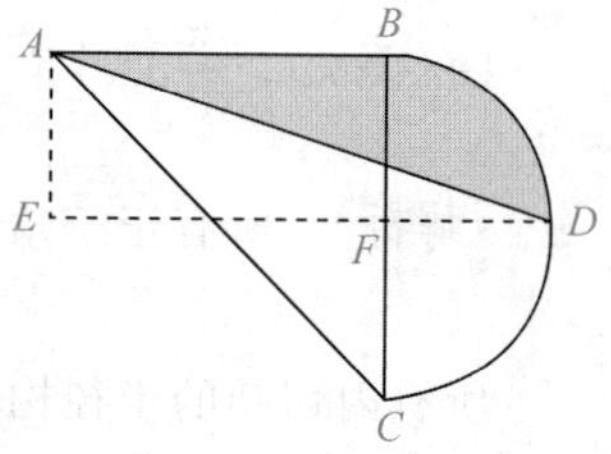

$$S_{阴影}=S_{矩形AEFB}+S_{扇形BFD}-S_{\triangle AED}=50+\frac{5^2}{4}\pi-\frac{1}{2}\times5\times15$$
$$=25\left(\frac{\pi}{4}+\frac{1}{2}\right)\ (cm^2).$$

答案 A

九、割补法

例题 如图所示，已知$AB=10$ cm是半圆的直径，C是弧AB的中点，延长BC于D，ABD是以AB为半径的扇形，则阴影部分的面积为（　　）cm^2.

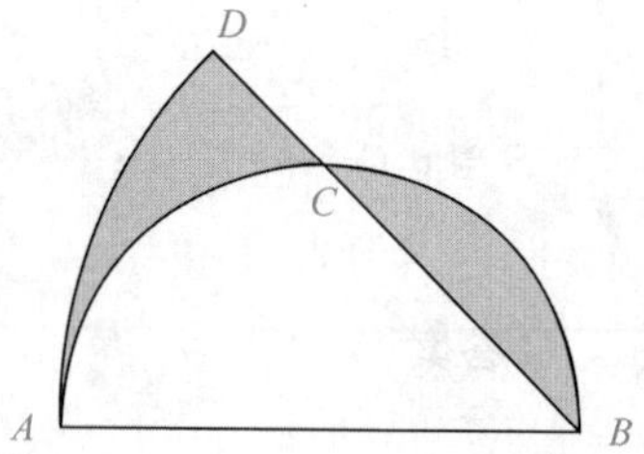

A. $25\left(\frac{\pi}{2}+1\right)$　　B. $25\left(\frac{\pi}{2}-1\right)$

C. $25\left(\frac{\pi}{4}+1\right)$　　D. $25\left(1-\frac{\pi}{4}\right)$

E. $50\left(\frac{\pi}{4}+1\right)$

解析 如图所示，连接AC，$S_{阴影}=S_{扇形ABD}-S_{\triangle ABC}$，$\angle ACB=90°$.

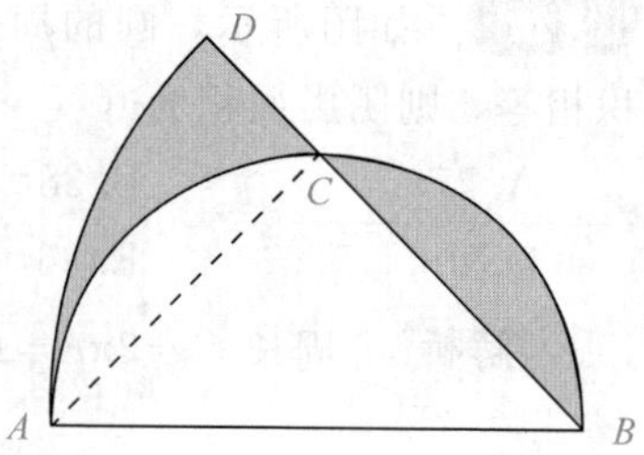

C是弧AB的中点，所以$CA=CB$，$\angle CAB=\angle CBA=45°$.

$AC:AB=1:\sqrt{2}=AC:10$，$AC=\frac{10}{\sqrt{2}}$.

$S_{阴影}=\frac{1}{2}\cdot\frac{\pi}{4}\cdot10^2-\frac{1}{2}\cdot\frac{10}{\sqrt{2}}\cdot\frac{10}{\sqrt{2}}=25\left(\frac{\pi}{2}-1\right)$.

答案 B

第二节 高频考点

一、三角形的判定

1. 若$\triangle ABC$三个内角的度数分别为m，n，p，且$|m-n|+(n-p)^2=0$，则这个三角形为（ ）.

A. 直角三角形　B. 钝角三角形　C. 等腰直角三角形

D. 等边三角形　E. 无法确定

2. $\triangle ABC$的三条边a，b，c满足条件$a^2+b^2+c^2=ab+bc+ac$，则$\triangle ABC$是（ ）.

A. 等边三角形　B. 直角三角形　C. 钝角三角形

D. 等腰直角三角形　E. 无法确定

3. 若$\triangle ABC$的边长均为整数，周长为11，在所有可组成的三角形中，最大边长为5.

（1）其中一边长为4.

（2）其中一边长为3.

解题思路

1. **答案** D

解析 由$|m-n|+(n-p)^2=0$，得$m-n=0$，$n-p=0$，有$m=n$，$n=p$，即$m=n=p$，所以$\triangle ABC$为等边三角形.

2. **答案** A

解析 $a^2+b^2+c^2=ab+bc+ac\Rightarrow\frac{1}{2}[(a-b)^2+(b-c)^2+(a-c)^2]=0\Rightarrow a=b=c$，即三角形为等边三角形.

3. **答案** D

解析 条件（1），显然另外两边之和为7，所有能构成的三角形的整数对为（2，4，5），（3，4，4），最大边长为5，充分；同理，条件（2）中，能构成三角形的整数对为（3，3，5），（3，4，4），最大边长也是5，充分.

二、直角三角形的计算

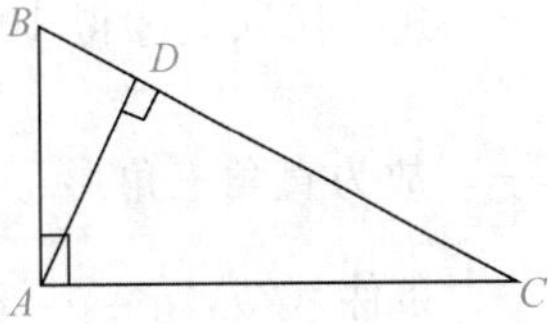

1. 如图所示，$BA\perp AC$，$AD\perp BC$，垂足分别为A，D，已

知 $AB=3$，$AC=4$，$BC=5$，则点 A 到线段 BC 的距离是（　　）.

A. 2.4　　B. 3　　C. 4

D. 5　　E. 6

2. 如图所示，已知△ABC 是直角边长为 1 的等腰直角三角形，以 Rt△ABC 的斜边 AC 为直角边，画第二个等腰 Rt△ACD，再以 Rt△ACD 的斜边 AD 为直角边，画第三个等腰 Rt△ADE，依次类推，第 n 个等腰三角形的面积是（　　）.

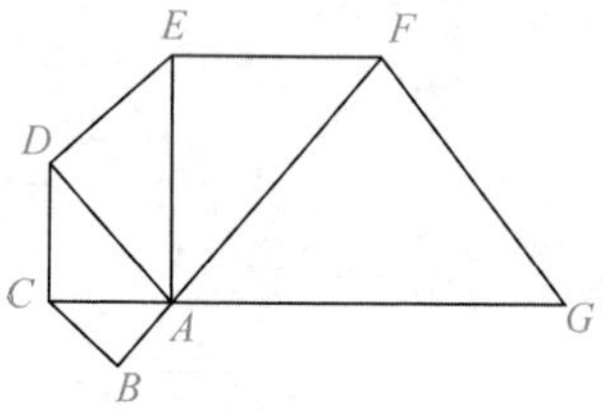

A. 2　　B. 2^{n-2}　　C. 2^{n-1}

D. 2^n　　E. 2^{n+1}

3. 设 a，b，c 是△ABC 的三边长，则△ABC 是直角三角形.

(1) 二次函数 $y=\left(a-\frac{b}{2}\right)x^2-cx-a-\frac{b}{2}$ 在 $x=1$ 时取最小值 $-\frac{8}{5}b$.

(2) a，b，c 是△ABC 的三边长，且 a，b，c 满足等差数列，其内切圆半径为 1.

解题思路

1. **答案** A

解析 由 $AD\perp BC$，可由面积法得 $AD=2.4$，得点 A 到线段 BC 的距离是 2.4.

2. **答案** B

解析 因为△ABC 是直角边长为 1 的等腰直角三角形，所以

$$S_{\triangle ABC}=\frac{1}{2}\times1\times1=\frac{1}{2}=2^{1-2},\quad AC=\sqrt{1+1}=\sqrt{2},\quad AD=\sqrt{2+2}=2,\quad\cdots$$

$$S_{\triangle ACD}=\frac{1}{2}\times\sqrt{2}\times\sqrt{2}=1=2^{2-2},\quad S_{\triangle ADE}=\frac{1}{2}\times2\times2=2=2^{3-2},\quad\cdots$$

故第 n 个等腰直角三角形的面积是 2^{n-2}.

3. **答案** A

解析 条件 (1)，对称轴为

$$x=-\frac{-c}{2\left(a-\frac{b}{2}\right)}=1\Rightarrow2a-b=c. \quad ①$$

最小值为

$$\frac{-4\left(a-\frac{b}{2}\right)\left(a+\frac{b}{2}\right)-c^2}{4\left(a-\frac{b}{2}\right)}=-\frac{8}{5}b\Rightarrow20a^2+11b^2+5c^2-32ab=0. \quad ②$$

式①代入式②得 $10a^2-13ab+4b^2=0\Rightarrow b=2a$ 或 $b=\frac{5a}{4}$，由此得 $c=0$（舍去）或 $c=\frac{3a}{4}$，故为直角三角形. 充分.

条件 (2)，a，b，c 成等差数列，所以 $a+b+c=3b$，设其公差为 d，且 $a\leqslant b\leqslant c$，故

$$\frac{3b}{2}=\sqrt{\frac{3b}{2}\left(\frac{3b}{2}-a\right)\left(\frac{3b}{2}-b\right)\left(\frac{3b}{2}-c\right)}\Rightarrow\left(\frac{b}{2}+d\right)\times\frac{b}{2}\times\left(\frac{b}{2}-d\right)=\frac{3b}{2}\Rightarrow b^2=12+4d^2.$$

显然可以找出很多反例．事实上，等边三角形也有内切圆半径为 1 的情况，而等边三角形的三边也可构成等差数列，故不充分.

三、 三角形边长的计算

1. 已知三角形三条边分别为 a，b，c 且 $a>c$，那么 $|a-c|-\sqrt{(a+c-b)^2}$ 等于(　　).

A. $2a-b$　　B. $2c-b$　　C. $b-2a$　　D. $b-2c$　　E. $2b-a$

2. 如图所示，在△ABC 中，$\angle BAC=90°$，$AC>AB$，AD 是高，M 是 BC 的中点，$BC=8$，$DM=\sqrt{3}$，则 AD 的长度为(　　).

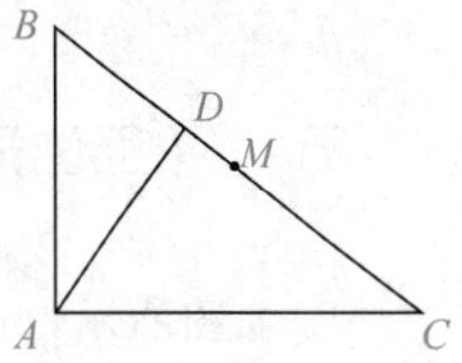

A. $\sqrt{11}$　　B. $\sqrt{12}$　　C. $\sqrt{13}$

D. $\sqrt{14}$　　E. 3

解题思路

1. **答案** D

解析 利用三角形存在的前提条件，任意两边之和大于第三边，任意两边之差小于第三边可知：$|a-c|-\sqrt{(a+c-b)^2}=a-c-(a+c-b)=b-2c$.

2. **答案** C

解析 根据直角三角形的射影定理，

$AD^2=CD\cdot DB=(CM+DM)(BM-DM)=(BM+DM)(BM-DM)=BM^2-DM^2=13$，从而 $AD=\sqrt{13}$.

四、 不同图形大小的比较

1. 周长相同的圆、正方形和正三角形的面积分别为 a，b 和 c，则(　　).

A. $a>b>c$　　B. $b>c>a$　　C. $c>a>b$

D. $a>c>b$　　E. $b>a>c$

2. 如图所示，AB 为半圆 O 的直径，C 为半圆上一点，且弧 AC 为半圆的$\frac{1}{3}$，设扇形 AOC、三角形 COB、弓形 BMC 的面积分别为 S_1，S_2，S_3，则下列结论正确的是(　　).

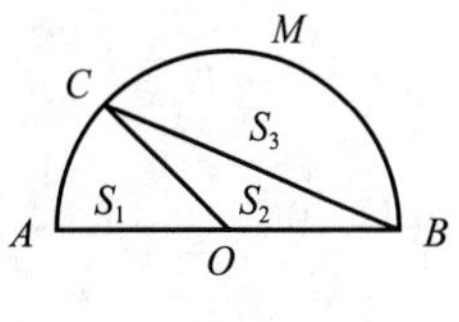

A. S_1 最大　　B. S_2 最大　　C. S_3 最大

D. $S_1=S_3$　　E. $S_2=S_3$

解题思路

1. 答案 A

解析 设周长均为 $3l$，正三角形的面积为$\frac{1}{2}l^2\sin\frac{\pi}{3}=\frac{\sqrt{3}}{4}l^2\approx 0.433l^2=c$，正方形的面积为$\left(\frac{3}{4}l\right)^2=\frac{9}{16}l^2\approx 0.56l^2=b$，圆的面积为$\frac{9l^2}{4\pi}\approx 0.717l^2=a$，故 $a>b>c$.

2. 答案 C

解析 根据$\triangle AOC$ 的面积$=\triangle BOC$ 的面积，得 $S_1>S_2$，再根据题意，知 S_1 占半圆面积的$\frac{1}{3}$，所以 S_3 大于半圆面积的$\frac{1}{3}$.

五、平面图形的面积

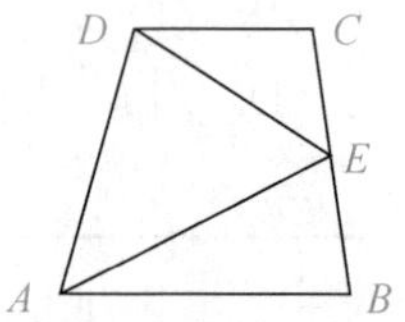

1. 如图所示，在梯形 $ABCD$ 中，$AB/\!/CD$，点 E 为 BC 的中点. 设三角形 DEA 的面积为 S_1，梯形 $ABCD$ 的面积为 S_2，则 S_1 与 S_2 的关系是（　　）.

A. $3S_1=S_2$　　B. $3S_1=2S_2$

C. $5S_1=2S_2$　　D. $2S_1=S_2$

E. $5S_1=3S_2$

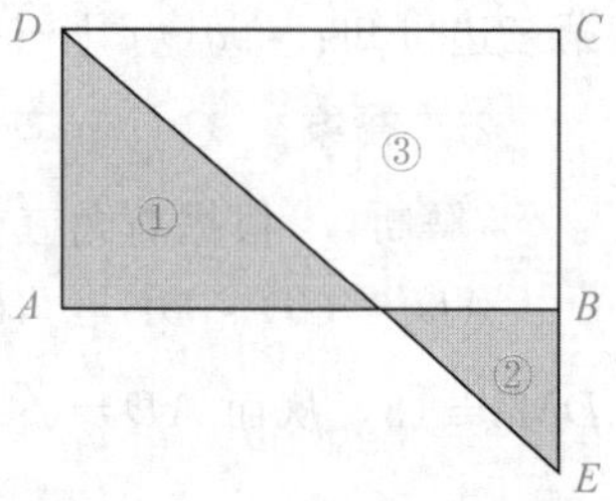

2. 如图所示，长方形 $ABCD$ 的长为 10，宽为 6，阴影部分①的面积比阴影部分②的面积大 10，则 BE 长为（　　）.

A. 3.5　　B. 4

C. 4.5　　D. 5

E. 6

3. 如图所示，三角形 ABC 中$\angle C=90°$，$AC=4$，$BC=2$，分别以 AC 和 BC 为直径画半圆，则阴影部分的面积为（　　）.

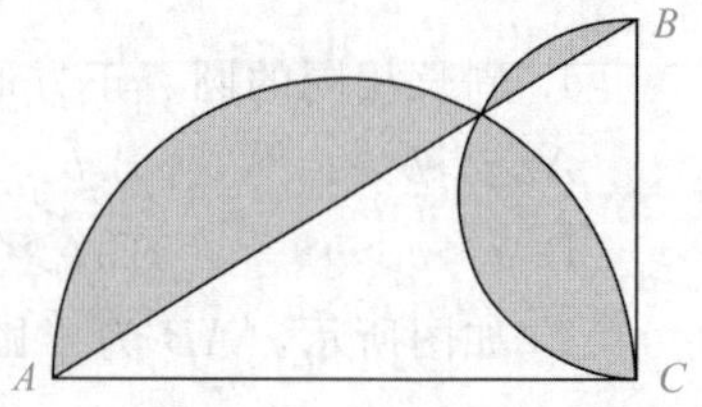

A. $2\pi-1$　　B. $3\pi-2$

C. $3\pi-4$　　D. $\frac{2}{5}\pi-3$

E. $\frac{5}{2}\pi-4$

解题思路

1. 答案 D

解析 如下页图所示，延长 DE 交 AB 的延长线于点 G，注意到$\triangle DEC\cong\triangle GEB$，

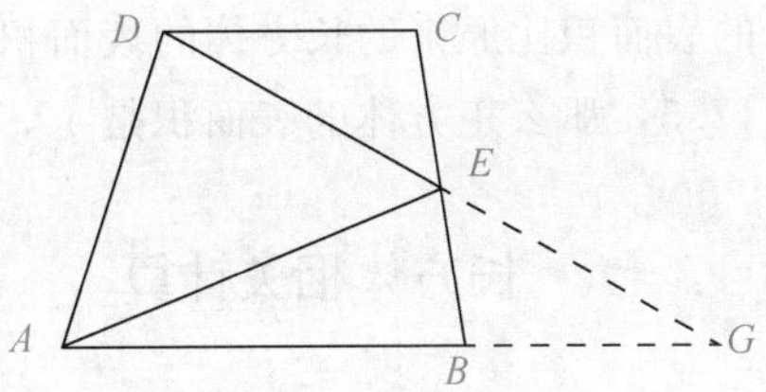

$S_{\triangle AEG}=S_2-S_1=\frac{1}{2}S_2$（等面积法），所以 $S_1=\frac{1}{2}S_2$.

2. **答案** B

解析 矩形 $ABCD$ 的面积＝①的面积＋③的面积＝60.

三角形 DCE 的面积＝②的面积＋③的面积＝50＝10×（6＋BE）÷2，所以 $BE=4$.

3. **答案** E

解析 $S_{阴影}=S_{半圆形AC}+S_{半圆形BC}-S_{\triangle ABC}=\frac{5}{2}\pi-4$.

六、立方体相关计算

1. 如图所示，设正方体 $ABCD—A_1B_1C_1D_1$ 的棱长为 1，黑、白两个甲壳虫同时从 A 点出发，以相同的速度分别沿棱向前爬行，黑甲壳虫爬行的路线是：$AA_1\to A_1D_1\to D_1C_1\to C_1C\to CB\to BA\to AA_1\to A_1D_1\cdots$，白甲壳虫爬行的路线是：$AB\to BB_1\to B_1C_1\to C_1D_1\to D_1A_1\to A_1A\to AB\to BB_1\cdots$，那么当黑、白两个甲壳虫各爬行完第 2 008 条棱，分别停止在所到的正方体顶点处时，它们之间的距离是（　　）.

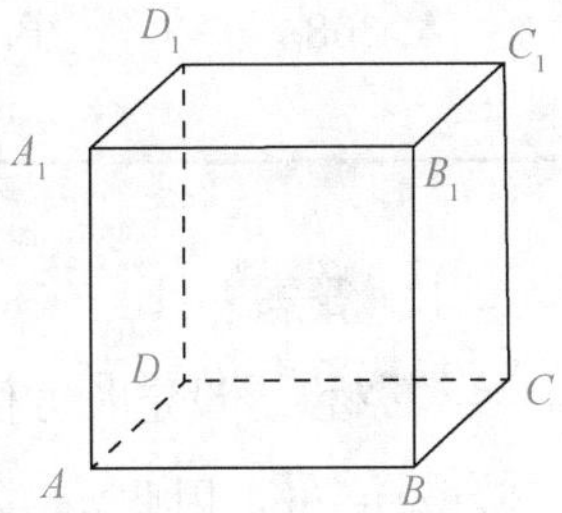

A. 1　　B. $\sqrt{2}$　　C. 3
D. 4　　E. 5

2. 若正方体的体对角线之长为 4，则正方体的体积为（　　）.

A. 64　　B. $16\sqrt{2}$　　C. $\frac{64\sqrt{3}}{9}$　　D. $\frac{128}{9}$　　E. $\frac{32\sqrt{3}}{9}$

3. 把一个正方体和一个等底面积的长方体拼成一个新的长方体，拼成的长方体的表面积比原来的长方体的表面积增加了 50. 原正方体的表面积是（　　）.

A. 75　　B. 70　　C. 64　　D. 80　　E. 60

解题思路

1. **答案** B

解析 因为 2 008＝334×6＋4，所以黑、白两个甲壳虫各爬行完第 2 008 条棱分别停止的点是 C 和 D_1，由于 $\angle CDD_1=90°$，所以根据勾股定理：$CD_1=\sqrt{1^2+1^2}=\sqrt{2}$.

2. **答案** C

解析 设正方体的边长为 a，体积为 V，则 $\sqrt{3}a=4$，$a=\frac{4\sqrt{3}}{3}$，$V=a^3=\frac{64\sqrt{3}}{9}$.

3. **答案** A

解析 把一个正方体和一个等底面积的长方体拼成一个新的长方体，拼成的长方体的表面积比原来的长方体的表面积增加了 4 个正方形的面积，每块正方形的面积是 $50\div 4=12.5$，那么正方体的表面积是 $12.5\times 6=75$.

七、 长方体相关计算

1. 若长方体的三个面的面积分别为$\sqrt{2}$，$\sqrt{3}$，$\sqrt{6}$，则长方体的体对角线长为（　　）.

A. $2\sqrt{3}$　　B. $3\sqrt{2}$　　C. $\sqrt{3}$　　D. $2\sqrt{2}$　　E. $\sqrt{6}$

2. 长方体的同一顶点的三条棱长成等差数列，最短的棱长为 a，同一顶点的三条棱长的和为 $6a$，那么它的表面积是（　　）.

A. $10a^2$　　B. $12a^2$　　C. $20a^2$　　D. $22a^2$　　E. $24a^2$

3. 一个长方体的长、宽、高分别是 6，5，4，若把它切割成三个体积相等的小长方体，则这三个小长方体表面积的和最大是（　　）.

A. 208　　B. 228　　C. 248　　D. 268　　E. 288

解题思路

1. **答案** E

解析 设定长方体的长、宽、高三条边为 a，b，c，则根据题意可知 $ab=\sqrt{2}$，$bc=\sqrt{3}$，$ac=\sqrt{6}$，因此 $a=\sqrt{2}$，$b=1$，$c=\sqrt{3}$，$l=\sqrt{2+1+3}=\sqrt{6}$.

2. **答案** D

解析 设定长方体的长、宽、高三条边分别为 m，n，p，且 $m>n>p$，则根据题意可知

$$p=a，m+a=2n，m+n+p=6a，m=3a，n=2a，p=a，$$

$$S=2(mn+mp+np)=2\times(6a^2+3a^2+2a^2)=22a^2.$$

3. **答案** D

解析 这个长方体的原表面积为 148，每切割一次，增加两个面，切成三个体积相等的小正方体要切 2 次，一共增加 4 个面．要求增加面积最大，应增加 4 个面积为 30 的面．所以三个小长方体的表面积和最大是 $148+6\times 5\times 4=268$.

八、 点的对称问题

1. 点 P（2，3）关于原点对称的点的坐标是（　　）.

A.（2，−3）　B.（−2，3）　C.（−2，−3）　D.（2，3）　E.（3，−2）

2. 点 P（2，3）关于直线 $x+y=0$ 的对称点是（　　）.

A.（4，3）　B.（−2，−3）　C.（−3，−2）　D.（−2，3）　E.（−4，−3）

3. 点 P（−3，−1）关于直线 $3x+4y-12=0$ 的对称点 P' 是（　　）.

A.（2，8）　B.（1，3）　C.（8，2）　D.（3，7）　E.（7，3）

解题思路

1. 答案 C

解析 根据“关于原点对称的点，横坐标与纵坐标都互为相反数”可知，点 P（2，3）关于原点对称的点的坐标是（−2，−3）.

2. 答案 C

解析 点 P（a，b）关于 $y=-x$ 的对称点是（$-b$，$-a$）.

3. 答案 D

解析 根据题目可知点 P 关于直线的对称点为点 P'，则点 P 和点 P' 的中点坐标肯定在直线上，由此，利用中点公式可知，验证题目中的选项和点 P（−3，−1）的中点在直线上即可，代入法可得（3，7）与点 P（−3，−1）的中点（0，3）满足直线方程 $3x+4y-12=0$.

九、直线与直线垂直

1. 已知两条直线 $y=ax-2$ 和 $y=(a+2)x+1$ 互相垂直，则 a 等于（　　）.

A. 0　　B. 1　　C. −1　　D. 2　　E. −2

2. 若直线 l_1：$ax+2y-1=0$ 与 l_2：$3x-ay+1=0$ 垂直，则 a 等于（　　）.

A. −1　　B. 1　　C. 0　　D. 2　　E. −2

3. 直线 $(m-1)x+2my+1=0$ 与直线 $(m+3)x-(m-1)y+1=0$ 互相垂直.

（1）$m=3$.

（2）$m=1$.

解题思路

1. 答案 C

解析 由两条直线互相垂直，得 $a(a+2)=-1$，故 $a=-1$.

2. 答案 C

解析 由 $3a-2a=0$，得 $a=0$.

3. 答案 D

解析 直线 $(m-1)x+2my+1=0$ 与直线 $(m+3)x-(m-1)y+1=0$ 互相垂直，则需要 $(m-1)(m+3)+2m[-(m-1)]=0$，解得 $m=3$ 或 $m=1$，显然条件（1）、条件（2）都充分.

十、直线与直线平行

1. 已知直线 l_1：$(k-3)x+(4-k)y+1=0$ 与 l_2：$2(k-3)x-2y+3=0$ 平行，则 k 的值是（　　）.

A. 1 或 3　　B. 1 或 5　　C. 3 或 5　　D. 1 或 2　　E. 1 或 4

2. 如果直线 $ax+2y+2=0$ 与直线 $3x-y-2=0$ 平行，那么系数 a 等于（　　）.

A. -3　　B. -6　　C. $-\frac{3}{2}$　　D. $\frac{2}{3}$　　E. 1

解题思路

1. 答案　C

解析　当 $k=3$ 时，两条直线平行，当 $k\neq3$ 时，由两条直线平行，斜率相等，得 $\frac{3-k}{4-k}=k-3$，解得 $k=5$.

2. 答案　B

解析　由两条直线平行，得 $\frac{a}{3}=\frac{2}{-1}\Rightarrow a=-6$.

十一、 直线与圆的位置关系

1. 直线 $y=x+1$ 与圆 $x^2+y^2=1$ 的位置关系为（　　）.

A. 相切　　B. 相交但直线不过圆心　　C. 直线过圆心

D. 相离　　E. 以上答案均不正确

2. 过圆 C：$(x-1)^2+(y-1)^2=1$ 的圆心，作直线分别交 x，y 正半轴于点 A，B，$\triangle AOB$ 被圆分成四部分（如右图所示），若这四部分图形面积满足 $S_{\text{I}}+S_{\text{IV}}=S_{\text{II}}+S_{\text{III}}$，则直线 AB 有（　　）条.

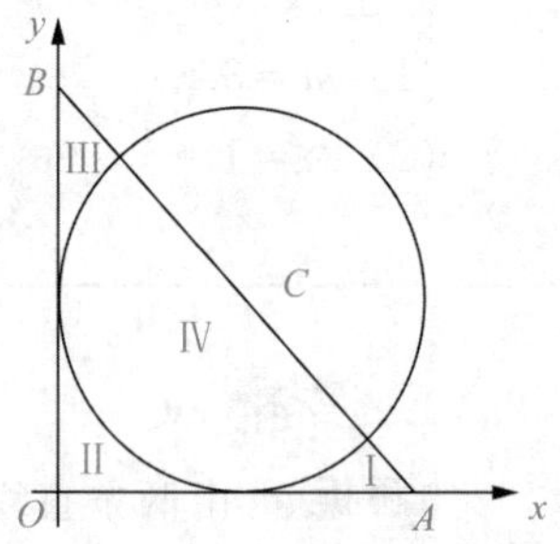

A. 0　　B. 1　　C. 2

D. 3　　E. 4

3. 若直线 $3x+y+a=0$ 过圆 $x^2+y^2+2x-4y=0$ 的圆心，则 a 的值为（　　）.

A. -1　　B. 1　　C. 3　　D. -3　　E. 0

4. 直线 $y=2x+k$ 和圆 $x^2+y^2=4$ 有两个交点.

(1) $1\leqslant k<\sqrt{5}$.

(2) $-1\leqslant k<2\sqrt{5}$.

解题思路

1. 答案　B

解析　圆心 $(0,0)$ 到直线 $y=x+1$，即 $x-y+1=0$ 的距离为 $d=\frac{1}{\sqrt{2}}=\frac{\sqrt{2}}{2}$，而 $0<\frac{\sqrt{2}}{2}<1$.

2. **答案**　B

解析　由已知，得 $S_{Ⅳ}-S_{Ⅱ}=S_{Ⅲ}-S_{Ⅰ}$，由图形可知 $S_{Ⅳ}-S_{Ⅱ}$ 为定值，而 $S_{Ⅲ}-S_{Ⅰ}$ 的值会随直线 AB 绕着圆心 C 移动而变化，在此过程中只可能有一个位置符合题意，即直线 AB 只有一条.

3. **答案**　B

解析　圆 $x^2+y^2+2x-4y=0$ 的圆心为 $(-1,\ 2)$，代入直线 $3x+y+a=0$，得 $-3+2+a=0$，所以 $a=1$.

4. **答案**　D

解析　圆与直线有两个交点，$d<r$，$d=\dfrac{|0-0+k|}{\sqrt{4+1}}<r$，得 $-2\sqrt{5}<k<2\sqrt{5}$，条件（1）和条件（2）均满足条件.

十二、圆与圆的位置关系

1. 已知圆 C 与圆 $x^2+y^2-2x=0$ 关于直线 $x+y=0$ 对称，则圆 C 的方程为（　　）.

A. $(x+1)^2+y^2=1$　　B. $x^2+y^2=1$　　C. $x^2+(y+1)^2=1$

D. $x^2+(y-1)^2=1$　　E. $(x-1)^2+y^2=1$

2. 两个圆 C_1：$x^2+y^2+2x+2y-2=0$ 与 C_2：$x^2+y^2-4x-2y+1=0$ 的公切线有且仅有（　　）.

A. 1 条　　B. 2 条　　C. 3 条　　D. 4 条　　E. 5 条

3. 半径分别为 2 和 5 的两个圆，圆心坐标分别为 $(a,\ 1)$ 和 $(2,\ b)$，它们有 4 条公切线.

（1）点 $P(a,\ b)$ 在圆 $(x-2)^2+(y-1)^2=49$ 的里面.

（2）点 $P(a,\ b)$ 在圆 $(x-2)^2+(y-1)^2=49$ 的外面.

解题思路

1. **答案**　C

解析　方法一：根据题意，$(x-1)^2+y^2=1$，圆心为 $P(1,\ 0)$，作图易得 $P(1,\ 0)$ 关于 $x+y=0$ 的对称点的坐标为 $P'(0,\ -1)$，从而圆 C 的方程为 $x^2+(y+1)^2=1$.

方法二：由于 $x+y=0$，得 $y=-x$，$x=-y$，分别代入圆的方程即得结果.

2. **答案**　B

解析　两个圆的圆心分别是 $(-1,\ -1)$，$(2,\ 1)$，半径分别是 2，2. 两个圆的圆心距离：$\sqrt{(-1-2)^2+(-1-1)^2}=\sqrt{13}<4$，说明两个圆相交，因而公切线只有 2 条.

3. **答案**　B

解析　两个圆有 4 条公切线 $\Leftrightarrow$ 两个圆相离 $\Leftrightarrow d>r_1+r_2\Leftrightarrow\sqrt{(2-a)^2+(b-1)^2}>7\Leftrightarrow(a-2)^2+(b-1)^2>49$.

十三、线性规划

1. 曲线 $y=|x|$ 与圆 $x^2+y^2=4$ 所围成区域的最小面积为（　　）.

A. $\frac{\pi}{4}$　　B. $\frac{3\pi}{4}$　　C. π　　D. 4　　E. 6

2. 设直线 $nx+(n+1)y=1$（n 为正整数）与两坐标轴围成的三角形面积为 S_n，$n=1, 2, \cdots, 2\,019$，则 $S_1+S_2+\cdots+S_{2\,019}=$（　　）.

A. $\frac{1}{2}\times\frac{2\,019}{2\,018}$　　B. $\frac{1}{2}\times\frac{2\,018}{2\,019}$　　C. $\frac{1}{2}\times\frac{2\,019}{2\,020}$　　D. $\frac{1}{2}\times\frac{2\,020}{2\,019}$　　E. 1

3. 设变量 x，y 满足约束条件 $\begin{cases}x-y\geqslant -1,\\ x+y\geqslant 1,\\ 3x-y\leqslant 3,\end{cases}$ 则目标函数 $z=4x+y$ 的最大值为（　　）.

A. 4　　B. 11　　C. 12　　D. 14　　E. 16

解题思路

1. **答案** C

解析 曲线 $y=|x|=\begin{cases}x, & x\geqslant 0,\\ -x, & x<0\end{cases}$ 与圆 $x^2+y^2=4$ 所围最小面积为圆的四分之一，故所围成的面积为 π.

2. **答案** C

解析 直线 $nx+(n+1)y=1$（n 为正整数）与两坐标轴围成的三角形面积为 $S_n=\frac{1}{2}\left(\frac{1}{n}\times\frac{1}{n+1}\right)$，故可知

$$S_1+S_2+\cdots+S_{2\,019}=\frac{1}{2}\left(\frac{1}{2}+\frac{1}{6}+\cdots+\frac{1}{2\,019\times 2\,020}\right)=\frac{1}{2}\left(1-\frac{1}{2\,020}\right)=\frac{1}{2}\times\frac{2\,019}{2\,020}.$$

3. **答案** B

解析 只需画出线性规划区域，如下图所示，可知，$z=4x+y$ 在点 $A(2, 3)$ 处取得最大值为 11.

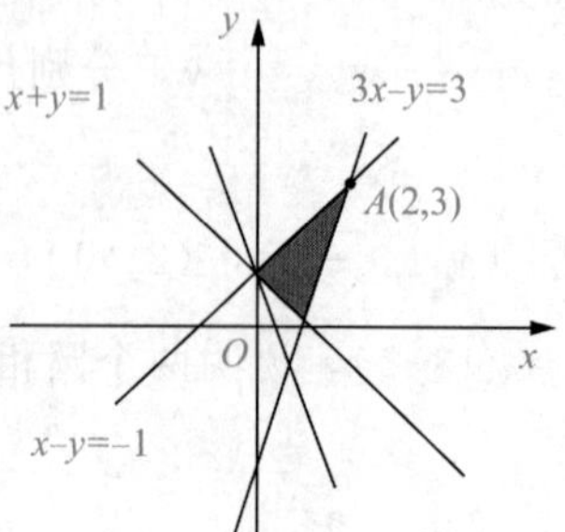

第三节　丢分陷阱

一、三角形边长的讨论

例题　在$\triangle ABC$中，$a=m^2-n^2$，$b=m^2+n^2$，$c=2mn$，其中m，n均为正整数，且$m>n$，则$\triangle ABC$为（　　）.

A. 直角三角形　　B. 等边三角形　　C. 等腰三角形

D. 等腰直角三角形　　E. 锐角三角形

解析　m，n均为正整数，且$m>n$，故b是最长边（斜边），很明显$a^2+c^2=b^2$.

陷阱　题干并未明确直角三角形三条边a，b，c中哪一条边为直角边，哪一条边为斜边，求面积时需要分类讨论，需先确定最长边（斜边），否则很明显$a^2+b^2>c^2$，从而误选E.

答案　A

二、直线方程忽略截距为0的情况

例题　过点（1，2），且在两坐标轴上截距相等的直线方程为（　　）.

A. $x+y-3=0$　　B. $x-y+3=0$　　C. $x+y+3=0$

D. $x-y-3=0$　　E. $x+y-3=0$或$y=2x$

解析　当截距不为0时，由题意设所求方程为$\frac{x}{a}+\frac{y}{a}=1$，将点（1，2）代入得$a=3$，故所求方程为$x+y-3=0$；当截距为0时，即直线过原点，设所求方程为$y=kx$，将点（1，2）代入得$k=2$，故所求方程为$y=2x$.

陷阱　本题考生很容易忽略直线方程截距为0的情况而误选A.

答案　E

三、直线方程忽略斜率不存在的情况

例题　经过点（2，3），且与点（1，1）的距离为1的直线方程为（　　）.

A. $4x-3y+6=0$　　B. $3x-4y+6=0$　　C. $3x+4y+6=0$

D. $4x+3y+6=0$　　E. $3x-4y+6=0$或$x=2$

解析　若斜率存在，设所求直线方程为$y-3=k(x-2)$，即$kx-y-2k+3=0$，由题意得，$\frac{|k\times1-1-2k+3|}{\sqrt{k^2+1}}=1\Rightarrow k=\frac{3}{4}$则直线方程为$3x-4y+6=0$. 若斜率不存在，则

直线方程为 $x=2$.

陷阱 本题考生容易忽略斜率不存在的情况而误选 B.

答案 E

四、圆方程中忽略斜率不存在的切线

例题 已知圆 $(x-1)^2+y^2=1$ 与过点 $(2,3)$ 的直线 l 相切，则直线 l 的方程为（　）.

A. $4x-3y+1=0$　　B. $3x+4y-1=0$

C. $4x-3y+1=0$ 或 $x=2$　　D. $4x+3y-1=0$

E. $3x-4y+1=0$

解析 若直线 l 的斜率存在，则设 l 的方程为 $y-3=k(x-2)$，即 $kx-y-2k+3=0$，因与圆相切，故圆心 $(1,0)$ 到 l 的距离：$\frac{|k-2k+3|}{\sqrt{k^2+1}}=1\Rightarrow k=\frac{4}{3}$，所以 l 的方程为 $4x-3y+1=0$. 若直线 l 的斜率不存在，则 l 的方程为 $x=2$，此时圆心 $(1,0)$ 到直线 l 的距离等于圆半径 1.

陷阱 本题考生容易忽略斜率不存在的情况而误选 A.

答案 C

五、圆方程中忽略圆上点的取值范围

例题 已知点 $P(x,y)$ 在圆 $(x-2)^2+y^2=1$ 上移动，则 $3x+y^2$ 的最大值为（　）.

A. $\frac{37}{4}$　　B. $\frac{37}{8}$　　C. 12

D. 9　　E. $\frac{37}{14}$

解析 由 $(x-2)^2+y^2=1$ 得 $y^2=1-(x-2)^2$，代入得 $3x+y^2=-\left(x-\frac{7}{2}\right)^2+\frac{37}{4}$，因为点 $P(x,y)$ 在圆上移动，所以有 $1\leqslant x\leqslant 3$，当 $x=3$ 时，$3x+y^2$ 有最大值 9.

陷阱 本题考生容易忽略 x 的取值范围而误选 A.

答案 D

第四章　数据分析高分进阶

第一节　技巧点拨

一、估算法

例题 1　有两个独立的报警器，当紧急情况发生时，它们发出信号的概率分别是 0.95 和 0.92，则在紧急情况出现时，至少有一个报警器发出信号的概率是（　　）.

A. 0.920　　B. 0.935　　C. 0.950　　D. 0.996　　E. 0.945

解析　其中一个报警器的报警概率已经达到 0.95，因此两个报警器至少一个报警的概率必定大于 0.95，所以只能选答案 D.

如此判断的依据在哪里？假设一个报警器报警的概率为 0.95，另一个报警器报警的概率为 x，按照基本方法计算有：$1-(1-0.95)(1-x)=1-0.05(1-x)>1-0.05$. 因为 $1-x<1$. 可见，解选择题未必都要算出答案.

答案　D

例题 2　用数字 1，2，3，4，5 可以组成没有重复数字，并且大于 20 000 的五位偶数有（　　）个.

A. 18　　B. 24　　C. 36　　D. 20　　E. 12

解析　5 个数字组成无重复的偶数共有 $2P_4^4=48$ 个. 在这 48 个偶数中，显然大于 20 000 的数要比小于 20 000 的数多，因为除了 1 打头的五位数之外，其余的都大于 20 000. 也即大于 20 000 的五位数肯定会超过半数，于是可以直接选出答案 C.

答案　C

二、列举法

例题 1　A，B，C，D，E 五支篮球队相互进行循环赛，现已知 A 队已赛过 4 场，B 队已赛过 3 场，C 队已赛过 2 场，D 队已赛过 1 场. 则此时 E 队已赛过（　　）场.

A. 1　　B. 2　　C. 3　　D. 4　　E. 0

解析　A，B，C，D 已赛的场次之和为 $4+3+2+1=10$（场）. 注意任何两支队伍只要比赛一场，都会使得总场次增加 2，所以总场次必为偶数. 故 E 队赛过的场次只能是偶数，排除 A，C 选项. 又因为是循环赛，任何两队只能相遇一次，A 已经打满 4 场，D 已经打过 1 场，故 A 和 D 打过比赛，则 D 和 E 没打过比赛，且 E 和 A 打过比赛，故 E 不可能打 4 场或 0 场，故只能是打过 2 场.

如果不会上述归纳分析，则可用穷举法算出结果.

A 队赛 4 场，故 A 必须与其他 4 队都赛；

D 队已赛 1 场，D 队只与 A 队赛；

B 队已赛 3 场，B 队只能与 A，C，E 分别赛；

C 队已赛 2 场，C 队只能与 A，B 分别赛；

此时，E 队与 A，B 分别赛过，且未与 C，D 赛过，故为 2 场.

答案 B

例题 2 若以连续掷两枚骰子分别得到的点数 a 与 b 作为点 M，则 $M(a, b)$ 落入圆 $x^2+y^2=18$ 内（不含圆周）的概率为（　　）.

A. $\frac{7}{36}$　　B. $\frac{2}{9}$　　C. $\frac{1}{4}$　　D. $\frac{5}{18}$　　E. $\frac{11}{36}$

解析 掷两枚骰子得到点数的总可能数为 36 种.

使 (a, b) 落入圆 $x^2+y^2=18$ 内，要求 $a^2+b^2<18$，可列举如下：

(1，1)，(1，2)，(1，3)，(1，4)，(2，1)，(2，2)，(2，3)，(3，1)，(3，2)，(4，1）共 10 种可能. $P=\frac{10}{36}=\frac{5}{18}$，故选 D.

答案 D

三、概念定义法

例题 1 从 1 到 10 这 10 个数的质数中任取 2 个数组成的积和商不同值的个数分别为（　　）.

A. 10，20　　B. 20，10　　C. 12，6　　D. 6，12　　E. 12，20

解析 1 到 10 这 10 个数中的质数有 2，3，5，7 这 4 个数，在这 4 个数中任取 2 个数组成的积和商的不同值中，乘法有交换律，不存在顺序，而除法没有交换律，存在顺序，故不同的方法数为 C_4^2 和 P_4^2，即为 6 和 12.

答案 D

例题 2 在 $(x^2+3x+1)^5$ 的展开式中，x^2 的系数为（　　）.

A. 5　　B. 10　　C. 45　　D. 90　　E. 95

解析 巧妙利用 $[1+(x^2+3x)]^5$，$T_{r+1}=C_5^r(x^2+3x)^r=C_5^r x^r(x+3)^r$，$r$ 仅为 1 或 2 时满足条件，推出结果为 $C_5^1+9C_5^2=95$.

答案 E

例题 3 3 个 3 口之家一起观看演出，他们购买了同一排的 9 张连座票，则每一家的人都坐在一起的不同坐法有（　　）.

A. $(3!)^2$ 种　　B. $(3!)!$ 种　　C. $(3!)^3$ 种　　D. $(3!)^4$ 种　　E. $9!$ 种

解析 有序选排列，无序选组合．该题有序选全排列，每个家庭成员间有排列为 $P_3^3=3!$，而三个家庭间也有排列为 $P_3^3=3!$，故坐法应为 $(3!)^4$ 种.

答案 D

例题 4 已知 $3C_{x-3}^{x-7}=5P_{x-4}^{2}$，则 $x=$（　　）.

A. 5　　B. 7　　C. 8　　D. 10　　E. 11

解析 （1）因为 $x\in\mathbf{N}$，又因 $x\geqslant7$，且 $x=7$ 又明显不满足，故排除选项 A，B.

（2）利用代入排除法：

当 $x=8$ 时，有 $3C_5^1=15\neq5P_4^2$，排除选项 C；

当 $x=10$ 时，有 $3C_7^3=3\times\dfrac{7\times6\times5}{3\times2\times1}=3\times5\times7\neq5P_6^2=5\times5\times6$，排除选项 D；

只剩下选项 E，故只有选项 E 满足.

答案 E

例题 5 击中来犯敌机的概率为 99%.

（1）每枚炮弹击中敌机的概率为 0.6.

（2）至多有 4 枚击中敌机.

解析 本题显然属于伯努利（重复事件）概型，由公式

$$P\{x=k\}=C_n^k p^k(1-p)^{n-k}\quad(0\leqslant k\leqslant n),$$

要想求出概率需三个条件 n，p，k，条件（1）、条件（2）或联合条件（1）和条件（2）都不足三个条件，因此明显单独、联合都不充分.

答案 E

四、尾数法

例题 一个篮球运动员定点投篮的命中率为 80%，连续三次定点投篮至少投中两次的概率为（　　）.

A. 0.488　　B. 0.512　　C. 0.640　　D. 0.896　　E. 0.915

解析 该题显然属于伯努利（重复事件）概型，由公式 $P\{X=k\}=C_n^k p^k(1-p)^{n-k}$ $(0\leqslant k\leqslant n)$，得概率为 $P\{X\geqslant2\}=P\{X=2\}+P\{X=3\}=C_3^2(0.8)^2(1-0.8)^1+C_3^3(0.8)^3=0.6\times0.8^2+0.8^3$，因最后和式 $0.6\times0.8^2+0.8^3$ 中，前者尾数为 4，后者尾数为 2，故尾数和值为 6，显然只有选项 D 满足.

答案 D

—— 第二节　高频考点 ——

一、打靶问题

1. 两个射手独立射击一目标，甲射中目标的概率为 0.9，乙射中目标的概率为 0.8，在

一次射击中，甲、乙同时射中目标的概率是（　　）.

A. 0.72　　B. 0.85　　C. 0.1　　D. 0.38　　E. 0.2

2. 打靶时，甲每打 10 次可中靶 8 次，乙每打 10 次可中靶 7 次，若两人同时打靶一次，他们都中靶的概率为（　　）.

A. $\frac{3}{5}$　　B. $\frac{3}{4}$　　C. $\frac{12}{25}$　　D. $\frac{14}{25}$　　E. $\frac{17}{25}$

3. 某人在打靶时射击 8 枪，命中 4 枪，若命中的 4 枪有且只有 3 枪是连续命中的，那么该人射击的 8 枪，按“命中”与“不命中”报告结果，不同的结果有（　　）.

A. 720 种　　B. 480 种　　C. 24 种　　D. 20 种　　E. 360 种

4. 某射手射击一次，击中目标的概率是 0.9，他连续射击 4 次，且各次射击是否击中目标相互没有影响，给出下列结论：

① 他第 3 次击中目标的概率是 0.9；

② 他恰好 3 次击中目标的概率是 $0.9^3\times0.1$；

③ 他至少有一次击中目标的概率是 $1-0.1^4$；

④ 他至少有一次击中目标的概率是 $0.9\times0.1+0.9^2\times0.1$.

其中正确结论的个数是（　　）.

A. 0　　B. 1　　C. 2　　D. 3　　E. 4

解题思路

1. **答案** A

解析 甲射中目标的概率为 0.9，乙射中目标的概率为 0.8，所以甲、乙同时射中目标的概率 $P=0.9\times0.8=0.72$.

2. **答案** D

解析 $P=\frac{4}{5}\times\frac{7}{10}=\frac{14}{25}$.

3. **答案** D

解析 首先，对未命中的 4 枪进行排列，它们形成 5 个空位，注意到未命中的 4 枪“地位平等”，故只有一种排法；其次，将“连中的 3 枪”视为一个元素，与命中的另一枪从前面 5 个空位中选 2 个排进去，有 P_5^2 种排法．最后，由乘法原理知，不同的报告结果有 $P_5^2=20$.

4. **答案** C

解析 ① 他第 3 次击中目标的概率是 0.9，此是正确命题，因为某射手射击 1 次，击中目标的概率是 0.9，故正确；

② 他恰好 3 次击中目标的概率是 $0.9^3\times0.1$，此命题不正确，因为恰好 3 次击中目标的概率是 $C_4^3\times0.9^3\times0.1$，故不正确；

③ 他至少有 1 次击中目标的概率是 $1-0.1^4$，由于他 1 次也未击中目标的概率是 0.1^4，故至少有 1 次击中目标的概率是 $1-0.1^4$. 此命题是正确命题，同理④是错误的．综上①，

③是正确命题.

二、涂色问题

1. 一个地区分为 5 个行政区域，现给每个区域涂色，要求相邻区域不得使用同一种颜色，现有 4 种颜色可供选择. 则不同的涂色方法共有（　　）.

A. 18 种　　B. 48 种　　C. 128 种　　D. 72 种　　E. 84 种

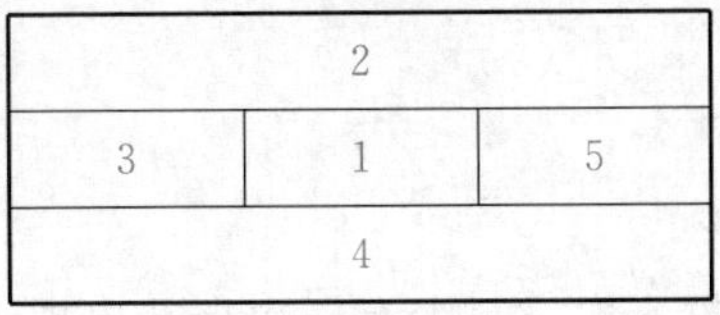

2. 用红、黄、蓝、白、黑 5 种颜色涂在如图所示的 4 个区域内，每个区域涂一种颜色，相邻两个区域涂不同的颜色. 如果颜色可以反复使用，共有（　　）种不同的涂色方法.

A. 180　　B. 480　　C. 120　　D. 720　　E. 260

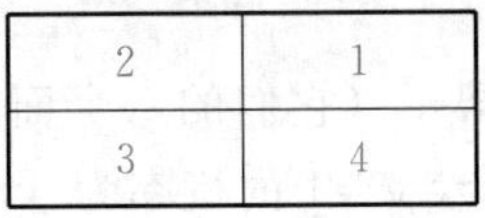

3. 如图所示，用 4 种不同的颜色对图中 5 个区域涂色（4 种颜色全部使用），要求每个区域涂 1 种颜色，相邻的区域不能涂相同的颜色. 则不同的涂色种数有（　　）.

A. 144　　B. 72　　C. 96　　D. 108　　E. 120

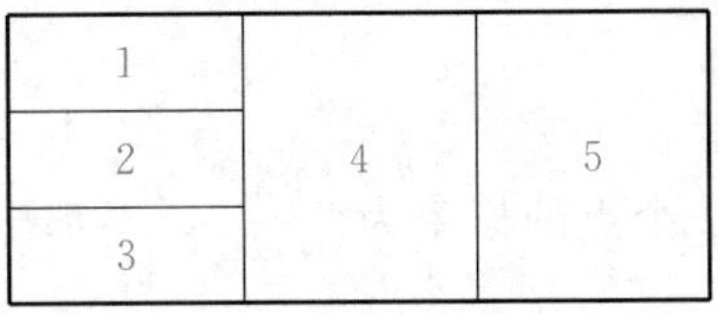

解题思路

1. **答案** D

解析 当使用 4 种颜色时，有 $4\times3\times2\times2\times1=48$ 种涂色方法；当仅使用 3 种颜色时：从 4 种颜色中选取 3 种有 C_4^3 种方法，先涂色第 1 区域，有 3 种方法，剩下 2 种颜色涂其他 4 个区域，只能是一种颜色涂第 2，4 区域，另一种颜色涂第 3，5 区域，有 2 种涂色方法，由乘法原理有 $C_4^3\times3\times2=24$（种）. 综上共有：$48+24=72$（种）.

2. **答案** E

解析 可把问题分为三类：

四格涂不同的颜色，方法种数为 P_5^4；

有且仅两个区域涂相同的颜色，即只有一组对角小方格涂相同的颜色，涂法种数为 $2C_5^1P_4^2$；

两组对角小方格分别涂相同的颜色，方法种数为 P_5^2.

因此，所求的方法种数为 $P_5^4+2C_5^1P_4^2+P_5^2=260$.

3. **答案** C

解析 由题意知本题是一个分步计数问题. 第一步，涂区域 1，有 4 种方法；第二步，涂区域 2，有 3 种方法；第三步，涂区域 4，有 2 种方法（此前 3 步已经用去 3 种颜色）；第四步，涂区域 3，分两类，第一类，3 与 1 同色，则区域 5 涂第四种颜色；第二类，区域 3 与 1 不同色，则涂第四种颜色，此时区域 5 就可以涂区域 1、区域 2 或区域 3 中的任意一种颜色，有 3 种方法. 所以，不同的涂色种数有 $4\times3\times2\times(1\times1+1\times3)=96$.

三、 骰子问题

1. 10 枚骰子同时掷出，共掷 5 次，至少有一次全部出现一个点的概率是（　　）.

A. $\left[1-\left(\frac{5}{6}\right)^{10}\right]^5$　　B. $\left[1-\left(\frac{5}{6}\right)^{6}\right]^{10}$　　C. $1-\left[1-\left(\frac{1}{6}\right)^{5}\right]^{10}$

D. $1-\left[1-\left(\frac{1}{6}\right)^{10}\right]^5$　　E. 以上答案均不正确

2. 先后抛掷两枚均匀的正方体骰子（它们的六个面分别标有点数 1，2，3，4，5，6），骰子朝上的点数分别为 x，y，则 $\log_{2x}y=1$ 的概率为（　　）.

A. $\frac{2}{7}$　　B. $\frac{7}{60}$　　C. $\frac{3}{8}$　　D. $\frac{7}{64}$　　E. $\frac{1}{12}$

解题思路

1. **答案** D

解析 10 枚骰子都出现一个点的概率为 $\left(\frac{1}{6}\right)^{10}$，不都出现一个点的概率为 $1-\left(\frac{1}{6}\right)^{10}$，5 次不都出现一个点的概率为 $\left[1-\left(\frac{1}{6}\right)^{10}\right]^5$，5 次至少一次全都出现一个点的概率为 $1-\left[1-\left(\frac{1}{6}\right)^{10}\right]^5$.

2. **答案** E

解析 $\log_{2x}y=1$，所以 $y=2x$，满足条件的 x，y 有 3 对 (1，2)，(2，4)，(3，6)，而骰子朝上的点数 x，y 共有 36 对，所以概率为 $P=\frac{1}{12}$.

四、 考试通过问题

1. 一学生通过某种英语听力测验的概率为 $\frac{1}{2}$，他连续测验 2 次，则恰有 1 次获得通过的概率为（　　）.

A. $\frac{1}{4}$　　B. $\frac{1}{3}$　　C. $\frac{1}{2}$

D. $\frac{4}{3}$　　E. 以上答案均不正确

2. 一道数学竞赛试题，甲学生解出它的概率为$\frac{1}{2}$，乙学生解出它的概率为$\frac{1}{3}$，丙学生解出它的概率为$\frac{1}{4}$，由甲、乙、丙 3 人独立解答此题只有 1 人解出的概率为（　　）.

A. $\frac{1}{6}$　　B. $\frac{1}{90}$　　C. $\frac{4}{25}$　　D. $\frac{5}{9}$　　E. $\frac{11}{24}$

解题思路

1. **答案** C

解析 $P=\frac{1}{2}\times\frac{1}{2}+\frac{1}{2}\times\frac{1}{2}=\frac{1}{2}$.

2. **答案** E

解析 $P=\frac{1}{2}\times\frac{2}{3}\times\frac{3}{4}+\frac{1}{2}\times\frac{1}{3}\times\frac{3}{4}+\frac{1}{2}\times\frac{2}{3}\times\frac{1}{4}=\frac{11}{24}$.

五、配对问题

1. 4 名优等生保送到 3 所学校去，每所学校至少有 1 名，则不同的保送方案的总数是（　　）种.

A. 48　　B. 36　　C. 24　　D. 18　　E. 12

2. 一个年级有 7 个班，考试时只允许其中的 3 位教师监考本班，则不同的监考方案有（　　）种.

A. 105　　B. 90　　C. 315　　D. 420　　E. 650

3. 高三年级的 3 个班到甲、乙、丙、丁 4 个工厂进行社会实践，其中工厂甲必须有班级去，每班去何工厂可自由选择，则不同的分配方案有（　　）.

A. 16 种　　B. 18 种　　C. 37 种　　D. 48 种　　E. 38 种

4. 将数字 1，2，3，4 填入标号为 1，2，3，4 的四个方格里，每格填一个数，则每个方格的标号与所填数字均不相同的填法有（　　）.

A. 6 种　　B. 9 种　　C. 11 种　　D. 23 种　　E. 24 种

解题思路

1. **答案** B

解析 方法一：分两步，先将 4 名优等生分成 2，1，1 共 3 组，有 C_4^2 种分法；然后，为 3 组学生安排 3 所学校，即进行全排列，有 P_3^3 种分法．依乘法原理，共有 $C_4^2P_3^3=36$（种）.

方法二：分两步，每个学校至少有 1 名学生，每人进 1 所学校，共有 P_4^3 种分法；然后，再将剩余的 1 名学生送到 3 所学校中的 1 所学校，有 3 种分法．值得注意的是，同在一所学校的 2 名学生是不考虑进入的先后顺序的．因此，共有 $\frac{1}{2}P_4^3\times3=36$（种）．

2. **答案** C

解析 老师和监考班级中 3 组对应，4 组不对应，$C_7^3\times9=315$（种）．

3. **答案** C

解析 用间接法．先计算 3 个班自由选择去何工厂的总数，再扣除甲工厂无人去的情况，即 $4\times4\times4-3\times3\times3=37$（种）方案．

4. **答案** B

解析 第一步，把 1 填入方格中，符合条件的有 3 种方法；第二步，把被填入方格的对应数字填入其他三个方格，又有三种方法；第三步，填余下的两个数字，只有一种方法．共有 $3\times3\times1=9$（种）填法．

六、排队问题

1. 5 名男生和 3 名女生排成一排，3 名女生必须排在一起，有（　　）种不同排法．

A. 3 840　　B. 4 320　　C. 1 280　　D. 5 760　　E. 3 680

2. A，B，C，D，E 5 人排成一排，如果 B 必须在 A 的右边（A，B 可以不相邻），那么不同的排法有（　　）．

A. 24 种　　B. 60 种　　C. 90 种　　D. 120 种　　E. 240 种

3. 若有 A，B，C，D，E 5 个人排队，要求 A 和 B 两个人必须站在相邻位置，则有（　　）种排队方法．

A. 24　　B. 36　　C. 72　　D. 48　　E. 144

4. 4 对夫妻排成一排照相，每对夫妻要排在一起的方法数为（　　）．

A. 384　　B. 246　　C. 128　　D. 576　　E. 368

解题思路

1. **答案** B

解析 把 3 名女生视为 1 个元素，与 5 名男生进行排列，共有 P_6^6 种排法；然后女生内部再进行排列，有 P_3^3 种排法．所以共有 $P_6^6P_3^3=4\ 320$（种）排法．

2. **答案** B

解析 由于 B 排在 A 的右边和 B 排在 A 的左边的概率相等，而 5 人排成一排的方法数为 P_5^5，故满足条件的排法为 $\frac{1}{2}P_5^5=60$（种）．

3. **答案** D

解析 题目要求 A 和 B 两个人必须排在一起，首先将 A 和 B 两个人“捆绑”，视其为"1个人"，也即对"A，B"，C，D，E 视为"4个人"进行排列，有 P_4^4 种排法；又因为捆绑在一起的 A，B 两人也要排序，有 P_2^2 种排法．根据分步乘法原理，总的排法有 $P_4^4P_2^2=24\times2=48$（种）.

4. 答案 A

解析 第一步，每对夫妻左右互换的方法数为 $2\times2\times2\times2=16$；

第二步，把每对夫妻"捆绑"在一起看成1个人排成一排的方法数为 $P_4^4=24$.

故满足条件的排法数为 $16\times24=384$.

七、定序问题

1. 三人互相传球，由甲开始发球，并作为第一次传球，那么经过5次传球后，球仍回到甲手中，则不同的传球方式有（　　）种.

A. 6　　B. 8　　C. 10　　D. 12　　E. 14

2. 某人制订了一项旅游计划，从7个旅游城市中选择5个进行游览．如果 A，B 为必选城市，并且在游览过程中必须按先 A 后 B 的次序经过 A，B 两城市（A，B 两城市可以不相邻），则不同的游览线路有（　　）.

A. 120种　　B. 240种　　C. 480种　　D. 600种　　E. 720种

3. 一部电影在相邻5个城市轮流放映，每个城市都有3个放映点，如果规定必须在一个城市的各个放映点放映完以后才能转入另一个城市，则不同的放映次序有（　　）种.

A. $(3!)^5$　　B. $(3!)^4 5!$　　C. $(3!)^3(5!)^2$　　D. $(3!)^5 5!$　　E. $(3!)^3 5!$

解题思路

1. 答案 C

解析 设先传球给乙．为使第5次传球时球回到甲手中，必须使第4次传球后球不在甲手中，这有5种情况；同理，甲先传球给丙，也有5种情况．故共10种方式传回甲手中，如下图所示.

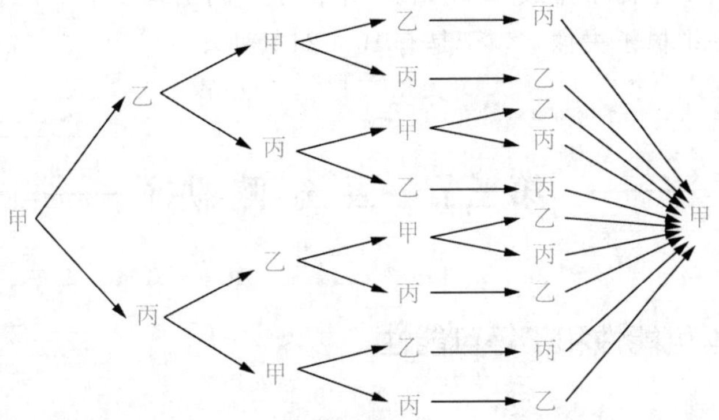

2. 答案 D

解析 已知 A，B 两个城市必选，则从剩下的5个城市中再抽取3个，有 $C_5^3=10$（种）不同的情况；此时5个城市已确定，将其全排列，可得共 $P_5^5=120$（种）情况；又由

A，B 顺序一定，则根据分步计数原理，可得不同的游览线路有 $\frac{C_5^3P_5^5}{P_2^2}=600$（种）.

3. 答案 D

解析 3 个放映点放映有顺序为 3!，有 5 个城市轮流放映为 $(3!)^5$，5 个城市有顺序，故结果为 $5!(3!)^5$.

八、插空问题

1. 甲、乙、丙、丁、戊站成一排照相，要求甲必须站在乙的左边，丙必须站在乙的右边，有（　　）种不同的排法.

A. 60　　B. 32　　C. 24　　D. 31　　E. 20

2. 3 个人坐在一排 8 个椅子上，若每个人左右两边都有空位，则坐法的种数有（　　）种.

A. 14　　B. 9　　C. 72　　D. 48　　E. 24

解题思路

1. 答案 E

解析 先把甲、乙、丙按指定顺序排成一排只有 1 种排法，再在甲、乙、丙的两端和之间 4 个空档中选 1 个位置让丁站有 C_4^1 种不同的方法，再在这 4 人之间和两端 5 个空档中选 1 个位置让戊站有 C_5^1 种不同的站法，根据分步计数原理，符合要求的站法有 $1C_4^1C_5^1=20$（种）.

2. 答案 E

解析 方法一：先将 3 个人（各带一把椅子）进行全排列有 P_3^3，○*○*○*○，在四个空中分别放一把椅子，还剩一把椅子再去插空有 P_4^1 种，所以每个人左右两边都有空位的排法有 $P_4^1P_3^3=24$（种）.

方法二：先拿出 5 个椅子排成一排，在 5 个椅子中间出现 4 个空，*○*○*○*○*再让 3 个人每人带一把椅子去插空，于是有 $P_4^3=24$（种）.

第三节　丢分陷阱

一、混淆了等可能性和不等可能性

例题 任意投掷两枚均匀骰子，则出现点数之和为奇数的概率为（　　）.

A. $\frac{1}{6}$　　B. $\frac{5}{11}$　　C. $\frac{1}{2}$　　D. $\frac{2}{3}$　　E. $\frac{6}{11}$

解析　由于骰子均匀，掷两枚骰子可看成等可能事件，结果表示为数组（i，j），其中 i，j（i，$j=1$，2，3，…，6）表示两枚骰子的点数，共有 36 种，其中点数之和为奇数的数组（i，j）共计 18 种，所以概率为$\frac{1}{2}$.

陷阱　考生容易错解为：点数之和为奇数，取 3，5，7，9，11 共 5 种，点数之和为偶数可取 2，4，6，8，10，12 共 6 种，所以概率为$\frac{5}{11}$，从而误选 B. 实际上给出的点数之和为奇数与偶数的 11 种情况并不是等可能的．例如，点数之和为 2 仅出现 1 次（1，1），点数之和为 3 出现 2 次（1，2）和（2，1）.

答案　C

二、挡板法误用

忽略挡板法的使用条件，m 个元素分为 n 份，每份的元素个数均不少于 1 时方可使用.

例题　将 20 个相同的小球放入编号分别为 1，2，3，4 的四个盒子中，要求每个盒子中的球数不少于它的编号数，放法总数为（　　）.

A. C_{20}^{3}　　B. C_{20}^{2}　　C. C_{13}^{3}　　D. C_{13}^{2}　　E. C_{11}^{3}

解析　先在编号 1，2，3，4 的四个盒子内分别放 0，1，2，3 个球，有 1 种方法；再把剩下的 14 个球分成 4 组，每组至少 1 个，可知有 $C_{13}^{3}=286$（种）.

陷阱　考生容易错解为第一步先在编号 1，2，3，4 的四个盒子内分别放 1，2，3，4 个球，有 1 种方法；第二步把剩下的 10 个相同的球分成 4 组，放入编号为 1，2，3，4 的盒子里，共有 C_{11}^{3} 种，从而误选 E. 使用挡板法时，要求每份元素至少 1 个．错解中把剩下的 10 个相同的球分成 4 组，实际上任何一组都可以为 0 个.

答案　C

三、混淆了独立和互斥

例题　甲、乙两人投篮相互独立，甲投篮命中率为 0.8，乙投篮命中率为 0.7，每人投 3 次，两人恰都命中 2 次的概率约为（　　）.

A. 0.375　　B. 0.825　　C. 0.5　　D. 0.625　　E. 0.169

解析　设“甲投中 2 次”为事件 A，“乙投中 2 次”为事件 B，易见 A 与 B 独立，故两人恰好都投中 2 次的事件为 AB，概率为 $P(AB)=P(A)P(B)=C_3^2\times0.8^2\times0.2\times C_3^2\times0.7^2\times0.3\approx0.169$.

陷阱　考生容易错解为

$$P(A+B)=P(A)+P(B)=C_3^2\times0.8^2\times0.2+C_3^2\times0.7^2\times0.3=0.825,$$

从而误选 B.

答案　E

真题实战篇

2023 年全国硕士研究生招生考试管理类综合能力考试数学试题及答案

2024 年全国硕士研究生招生考试管理类综合能力考试数学试题及答案

2023 年全国硕士研究生招生考试管理类综合能力考试数学试题及答案

试　题

一、问题求解：第 1～15 小题，每小题 3 分，共 45 分。下列每题给出的五个选项中，只有一个选项是最符合试题要求的。

1. 油价上涨 5%后，加一箱油比原来多花 20 元，一个月后油价下降 4%，则加一箱油需要花（　　）.

A. 384 元　B. 401 元　C. 402.8 元　D. 403.2 元　E. 404 元

2. 已知甲、乙两公司的利润之比为 3∶4，甲、丙两公司的利润之比为 1∶2，若乙公司的利润为 3000 万元，则丙公司的利润为（　　）.

A. 5000 万元　B. 4500 万元　C. 4000 万元　D. 3500 万元　E. 2500 万元

3. 一个分数的分子与分母之和为 38，其分子分母都减去 15，约分后得到$\frac{1}{3}$，则这个分数的分母与分子之差为（　　）.

A. 1　B. 2　C. 3　D. 4　E. 5

4. $\sqrt{5+2\sqrt{6}}-\sqrt{3}=$（　　）.

A. $\sqrt{2}$　B. $\sqrt{3}$　C. $\sqrt{6}$　D. $2\sqrt{2}$　E. $2\sqrt{3}$

5. 某公司财务部有 2 名男员工，3 名女员工，销售部有 4 名男员工，1 名女员工．现要从中选 2 名男员工，1 名女员工组成工作小组，并要求每部门至少有 1 名员工入选，则工作小组的构成方式有（　　）种．

A. 24　B. 36　C. 50　D. 51　E. 68

6. 甲、乙两人从同一地方出发，甲先出发 10 分钟，若乙跑步追赶甲，则 10 分钟可追上，若乙骑车追赶甲，每分钟比跑步多行 100 米，则 5 分钟可追上，那么甲每分钟走的距离为（　　）.

A. 50 米　B. 75 米　C. 100 米　D. 125 米　E. 150 米

7. 已知点 $A(-1,2)$，点 $B(3,4)$，若点 $P(m,0)$ 使得 $|PB|-|PA|$ 最大，则（　　）.

A. $m=-5$　B. $m=-3$　C. $m=-1$　D. $m=1$　E. $m=3$

8. 由于疫情防控，电影院要求不同家庭之间至少间隔 1 个座位，同一家庭的成员座位要相连，两个家庭看电影，一家 3 人，一家 2 人，现有一排 7 个相连的座位，则符合要求的坐法有（　　）种．

A. 36　B. 48　C. 72　D. 144　E. 216

9. 方程 $x^2-3|x-2|-4=0$ 的所有实根之和为（　　）.

A. -4　B. -3　C. -2　D. -1　E. 0

10. 如下页图 1，从一个棱长为 6 的正方体中截去两个相同的正三棱锥，若正三棱锥的

底面 AB 边长为 $4\sqrt{2}$，则剩余几何体的表面积为（　　）.

A. 168　　B. $168+16\sqrt{3}$　　C. $168+32\sqrt{3}$　　D. $112+32\sqrt{3}$　　E. $124+32\sqrt{3}$

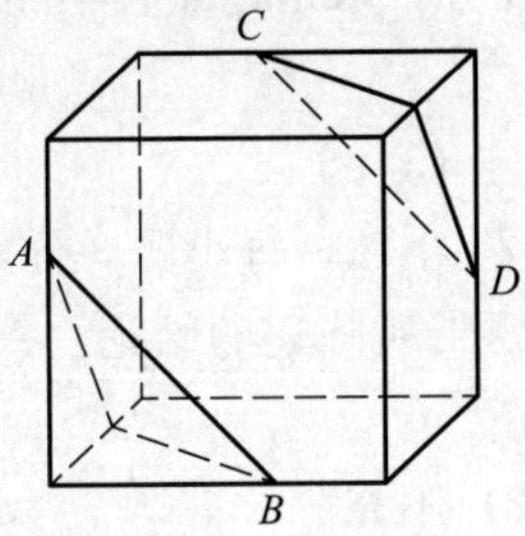

图 1

11. 如图 2，在三角形 ABC 中，$\angle BAC=60^\circ$，BD 平分$\angle ABC$，交 AC 于 D，CE 平分$\angle ACB$，交 AB 于 E，BD 和 CE 交于 F，则$\angle EFB=$（　　）.

A. 45°　　B. 52.5°　　C. 60°　　D. 67.5°　　E. 75°

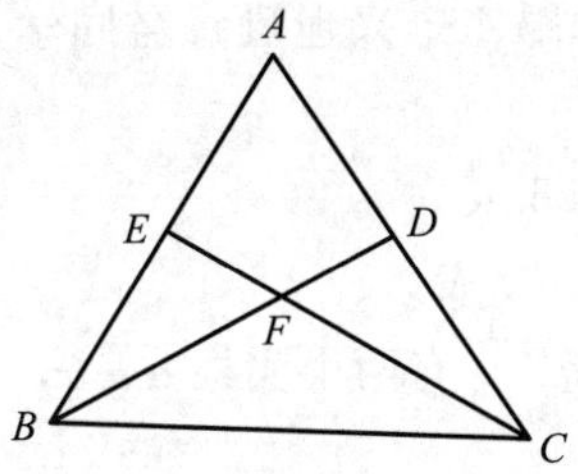

图 2

12. 跳水比赛中，裁判给某选手的一个动作打分，其平均值为 8.6，方差为 1.1，若去掉一个最高分 9.7 和一个最低分 7.3，则剩余得分的（　　）.

A. 平均值变小，方差变大　　B. 平均值变小，方差变小

C. 平均值变小，方差不变　　D. 平均值变大，方差变大

E. 平均值变大，方差变小

13. 设 x 为正实数，则$\dfrac{x}{8x^3+5x+2}$的最大值为（　　）.

A. $\dfrac{1}{15}$　　B. $\dfrac{1}{11}$　　C. $\dfrac{1}{9}$　　D. $\dfrac{1}{6}$　　E. $\dfrac{1}{5}$

14. 如图 3，在矩形 $ABCD$ 中，$AD=2AB$，EF 分别是 AD，BC 的中点，从 A、B、C、D、E、F 中任选 3 个点，则这 3 个点为顶点可组成直角三角形的概率为（　　）.

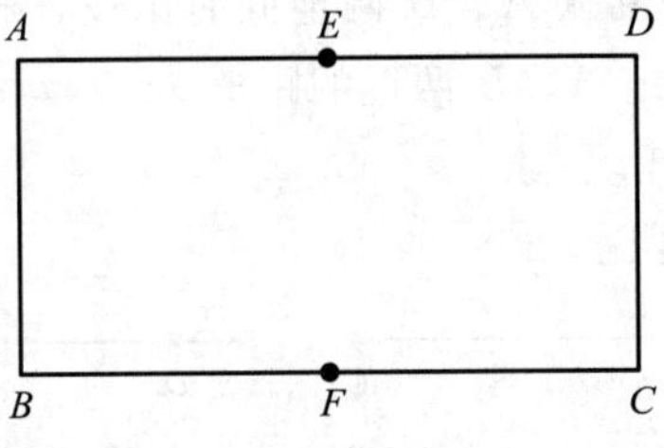

图 3

A. $\frac{1}{2}$ B. $\frac{11}{20}$ C. $\frac{3}{5}$ D. $\frac{13}{20}$ E. $\frac{7}{10}$

15. 快递员收到 3 个同城快递任务，取送地点各不相同，取送件可穿插进行，不同的送件方式有（ ）种.

A. 6 B. 27 C. 36 D. 90 E. 360

二、条件充分性判断：第 16～25 小题，每小题 3 分，共 30 分。要求判断每题给出的条件（1）和条件（2）能否充分支持题干所陈述的结论。A，B，C，D，E 五个选项为判断结果，请选择一项符合试题要求的判断。

A. 条件（1）充分，但条件（2）不充分.

B. 条件（2）充分，但条件（1）不充分.

C. 条件（1）和（2）单独都不充分，但条件（1）和条件（2）联合起来充分.

D. 条件（1）充分，条件（2）也充分.

E. 条件（1）和（2）单独都不充分，条件（1）和条件（2）联合起来也不充分.

16. 有体育、美术、音乐、舞蹈 4 个兴趣班每名同学至少参加 2 个，则至少有 12 名同学参加的兴趣班完全相同.

（1）参加兴趣班的同学共有 125 人.

（2）参加 2 个兴趣班的同学有 70 人.

17. 关于 x 的方程 $x^2-px+q=0$ 有两个实根 a，b，则 $p-q>1$.

（1）$a>1$.

（2）$b<1$.

18. 已知等比数列 $\{a_n\}$ 的公比大于 1，则 $\{a_n\}$ 是递增数列.

（1）a_1 是方程 $x^2-x-2=0$ 的根.

（2）a_1 是方程 $x^2+x-6=0$ 的根.

19. 设 x，y 是实数，则 $\sqrt{x^2+y^2}$ 有最小值和最大值.

（1）$(x-1)^2+(y-1)^2=1$.

（2）$y=x+1$.

20. 设集合 $M=\{(x,y) \mid (x-a)^2+(y-b)^2\leqslant 4\}$，$N=\{(x,y) \mid x>0, y>0\}$，则 $M\cap N\neq\varnothing$.

（1）$a<-2$.

（2）$b>2$.

21. 如图 4，甲、乙两车分别从 A、B 两地同时出发，相向而行，1 小时后，甲车到达 C 点，乙车到达 D 点，则能确定 A、B 两地的距离.

（1）已知 C、D 两地的距离.

（2）已知甲、乙两车的速度比.

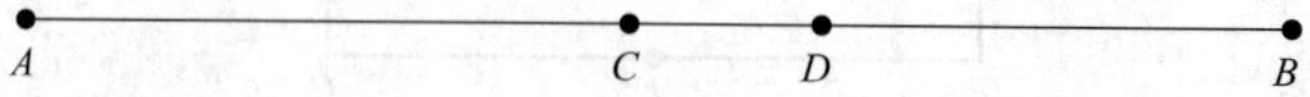

图 4

22. 已知 m，n，p 是三个不同的质数，则能确定 m，n，p 的乘积.

(1) $m+n+p=16$.

(2) $m+n+p=20$.

23. 八个班参加植树活动，共植树 195 棵，则能确定各班植树棵数的最小值.

(1) 各班植树的棵数均不相同.

(2) 各班植树棵数的最大值是 28.

24. 设数列 $\{a_n\}$ 的前 n 项和为 S_n，则 a_2，a_3，a_4，…，a_n 为等比数列.

(1) $S_{n+1}>S_n$，$n=1, 2, 3, \cdots$.

(2) $\{S_n\}$ 是等比数列.

25. 甲有两张牌 a，b，乙有两张牌 x，y，甲、乙各任意取出一张牌，则甲取出的牌不小于乙取出的牌的概率不小于$\frac{1}{2}$.

(1) $a>x$.

(2) $a+b>x+y$.

答　　案

一、问题求解

1.D　2.B　3.D　4.A　5.D

6.C　7.A　8.C　9.B　10.B

11.C　12.E　13.B　14.E　15.D

二、条件充分性判断

16.D　17.C　18.C　19.A　20.E

21.E　22.A　23.C　24.C　25.B

2024年全国硕士研究生招生考试管理类综合能力考试数学试题及答案

试　题

一、问题求解：第1～15题，每小题3分，共45分。下列每题给出的A，B，C，D，E五个选项中，只有一项是符合试题要求的。请在答题卡上将所选项的字母涂黑。

1. 甲股票上涨20%后价格与乙股票下跌20%后的价格相等，则甲、乙股票的原价格之比为（　）.

A. 1∶1　　B. 1∶2　　C. 2∶1　　D. 3∶2　　E. 2∶3

2. 将3张写有不同数字的卡片随机地排成一排，数字面朝下．翻开左边和中间的2张卡片，如果中间卡片上的数字大，那么取出中间的卡片，否则取出右边的卡片．则取出卡片上的数字是最大数字的概率为（　　）.

A. 5/6　　B. 2/3　　C. 1/2　　D. 1/3　　E. 1/4

3. 甲、乙两人参加健步运动．第一天两人走的步数相同，此后甲每天都比前一天多走700步，乙每天走的步数保持不变．若乙前7天走的总步数与甲前6天走的总步数相同，则甲第7天走了（　　）步.

A. 10500　　B. 13300　　C. 14000　　D. 14700　　E. 15400

4. 函数 $f(x)=\dfrac{x^4+5x^2+16}{x^2}$ 的最小值为（　　）.

A. 12　　B. 13　　C. 14　　D. 15　　E. 16

5. 已知点 $O(0,0)$，$A(a,1)$，$B(2,b)$，$C(1,2)$，若四边形 $OABC$ 为平行四边形．则 $a+b=$（　　）.

A. 3.　　B. 4　　C. 5　　D. 6　　E. 7

6. 已知等差数列 $\{a_n\}$ 满足 $a_2a_3=a_1a_4+50$，且 $a_2+a_3<a_1+a_5$，则公差为（　　）.

A. 2　　B. −2　　C. 5　　D. −5　　E. 10

7. 已知 m，n，k 都是正整数，若 $m+n+k=10$，则 m，n，k 的取值方法有（　　）.

A. 21种　　B. 28种　　C. 36种　　D. 45种　　E. 55种

8. 如图1，正三角形 ABC 边长为3，以 A 为圆心，以2为半径作圆弧，再分别以 B，C 为圆心，以1为半径作圆弧，则阴影面积为（　　）.

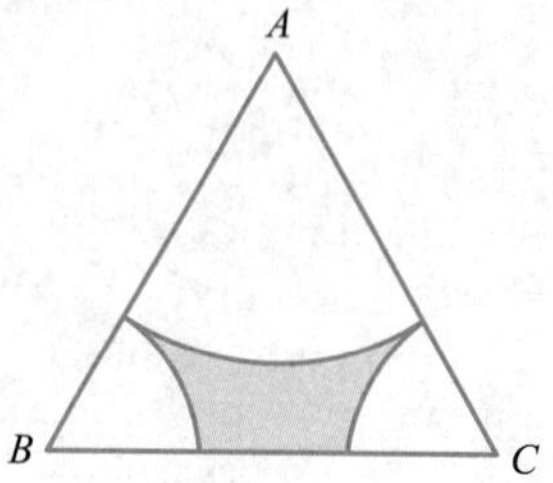

图1

A. $\frac{9\sqrt{3}}{4}-\frac{\pi}{2}$　B. $\frac{9\sqrt{3}}{4}-\pi$　C. $\frac{9\sqrt{3}}{8}-\frac{\pi}{2}$　D. $\frac{9\sqrt{3}}{8}-\pi$　E. $\frac{3\sqrt{3}}{4}-\frac{\pi}{2}$

9. 在雨季，某水库的蓄水量已达警戒水位，同时上游来水注入水库，需要及时泄洪，若开 4 个泄洪闸，则水库的蓄水量到安全水位要 8 天，若开 5 个泄洪闸，则水库的蓄水量到安全水位要 6 天，若开 7 个泄洪闸，则水库的蓄水量到安全水位要（　　）.

A. 4.8 天　B. 4 天　C. 3.6 天　D. 3.2 天　E. 5.3 天

10. 如图 2，在三角形点阵中，第 n 行及其上方所有点个数为 a_n，如 $a_1=1$，$a_2=3$，已知 a_k 是平方数，且 $1<a_k<100$，则 $a_k=$（　　）.

图 2

A. 16　B. 25　C. 36　D. 49　E. 81

11. 如图 3，在边长为 2 的正三角形材料中，裁剪出一个半圆形．已知，半圆的直径在三角形的一条边上，则这个半圆的面积最大为（　　）.

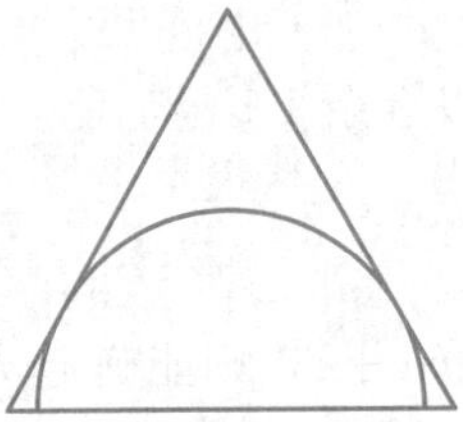

图 3

A. $\frac{3}{8}\pi$　B. $\frac{3}{5}\pi$　C. $\frac{3}{4}\pi$　D. $\frac{\pi}{4}$　E. $\frac{\pi}{2}$

12. 甲、乙两码头相距 100 km，一艘游轮从甲地顺流而下，到达乙地用了 4 h，返回时游轮的静水速度增加了 25%，用了 5 h．则航道的水流速度为（　　）.

A. 3.5 km/h　B. 4 km/h　C. 4.5 km/h　D. 5 km/h　E. 5.5 km/h

13. 如图 4，圆柱形容器的底面半径是 $2r$，将半径为 r 的铁球放入容器后，液面的高度为 r，液面原来的高度为（　　）.

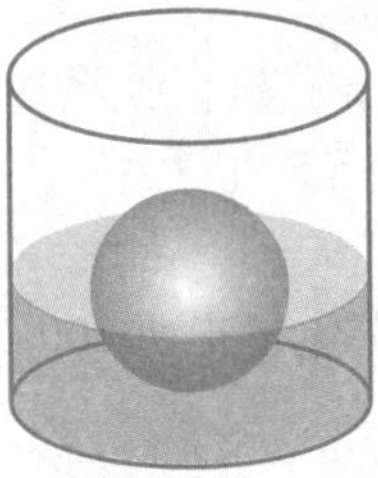

图 4

A. $\frac{r}{6}$　　B. $\frac{r}{3}$　　C. $\frac{r}{2}$　　D. $\frac{2r}{3}$　　E. $\frac{5r}{6}$

14. 有 4 种不同的颜色，甲、乙两人各随机选 2 种，则两人颜色完全相同的概率为（　）.

A. $\frac{1}{6}$　　B. $\frac{1}{9}$　　C. $\frac{1}{12}$　　D. $\frac{1}{18}$　　E. $\frac{1}{36}$

15. 设非负实数 x，y 满足$\begin{cases}2\leqslant xy\leqslant 8,\\ \frac{x}{2}\leqslant y\leqslant 2x,\end{cases}$且；则 $x+2y$ 的最大值为（　）

A. 3　　B. 4　　C. 5　　D. 6.　　E. 10

二、条件充分性判断：第 16～25 题，每小题 3 分，共 30 分。要求判断每题给出的条件（1）和条件（2）能否充分支持题干所陈述的结论。A，B，C，D，E 五个选项为判断结果，请选择一项符合试题要求的判断，在答题卡上将所选项的字母涂黑。

16. 已知袋中装有红，黑，白三种颜色的球若干个，随机抽取 1 球，则该球是白球的概率大于$\frac{1}{4}$.

（1）红球数量最少.

（2）黑球数量不到总量的一半.

17. 已知 n 是正整数，则 n^2 除以 3 余 1.

（1）n 除以 3 余 1.

（2）n 除以 3 余 2.

18. 设二次函数 $f(x)=ax^2+bx+1$，则能确定 $a<b$.

（1）曲线 $f(x)$ 关于直线 $x=1$ 对称.

（2）曲线 $f(x)$ 与直线 $y=2$ 相切.

19. 设 a、b、c 为实数，则 $a^2+b^2+c^2\leqslant 1$.

（1）$|a|+|b|+|c|\leqslant 1$.

（2）$ab+bc+ac=0$.

20. 设 a 为实数，$f(x)=|x-a|-|x-1|$，则 $f(x)\leqslant 1$.

（1）$a\geqslant 0$.

（2）$a\leqslant 2$.

21. 设 a，b 为正实数，则能确定 $a\geqslant b$.

（1）$a+\frac{1}{a}\geqslant b+\frac{1}{b}$.

（2）$a^2+a\geqslant b^2+b$.

22. 兔窝位于兔子正北 60 m，狼在兔子正西 100 m，狼和兔子同时直奔兔窝，则兔子率先到达兔窝．

（1）兔子的速度是狼速度的 2/3.

（2）兔子的速度是狼速度的 1/2.

23. 设 x，y 为实数，则能确定 $x\geqslant y$.

(1) $(x-6)^2+y^2=18$.

(2) $|x-4|+|y+1|=5$.

24. 设曲线 $y=x^3-x^2-ax+b$ 与 x 轴有三个不同的交点 A，B，C，则 $|BC|=4$.

(1) 点 A 的坐标为 (1，0).

(2) $a=4$.

25. 设 $\{a_n\}$ 为等比数列，S_n 是 $\{a_n\}$ 的前 n 项和，则能确定 $\{a_n\}$ 的公比.

(1) $S_3=2$.

(2) $S_9=26$.

答　　案

一、问题求解

1. E　2. C　3. D　4. B　5. B

6. C　7. C　8. B　9. B　10. C

11. A　12. D　13. E　14. A　15. E

二、条件充分性判断

16. C　17. D　18. C　19. A　20. C

21. B　22. A　23. D　24. C　25. E